JN169841

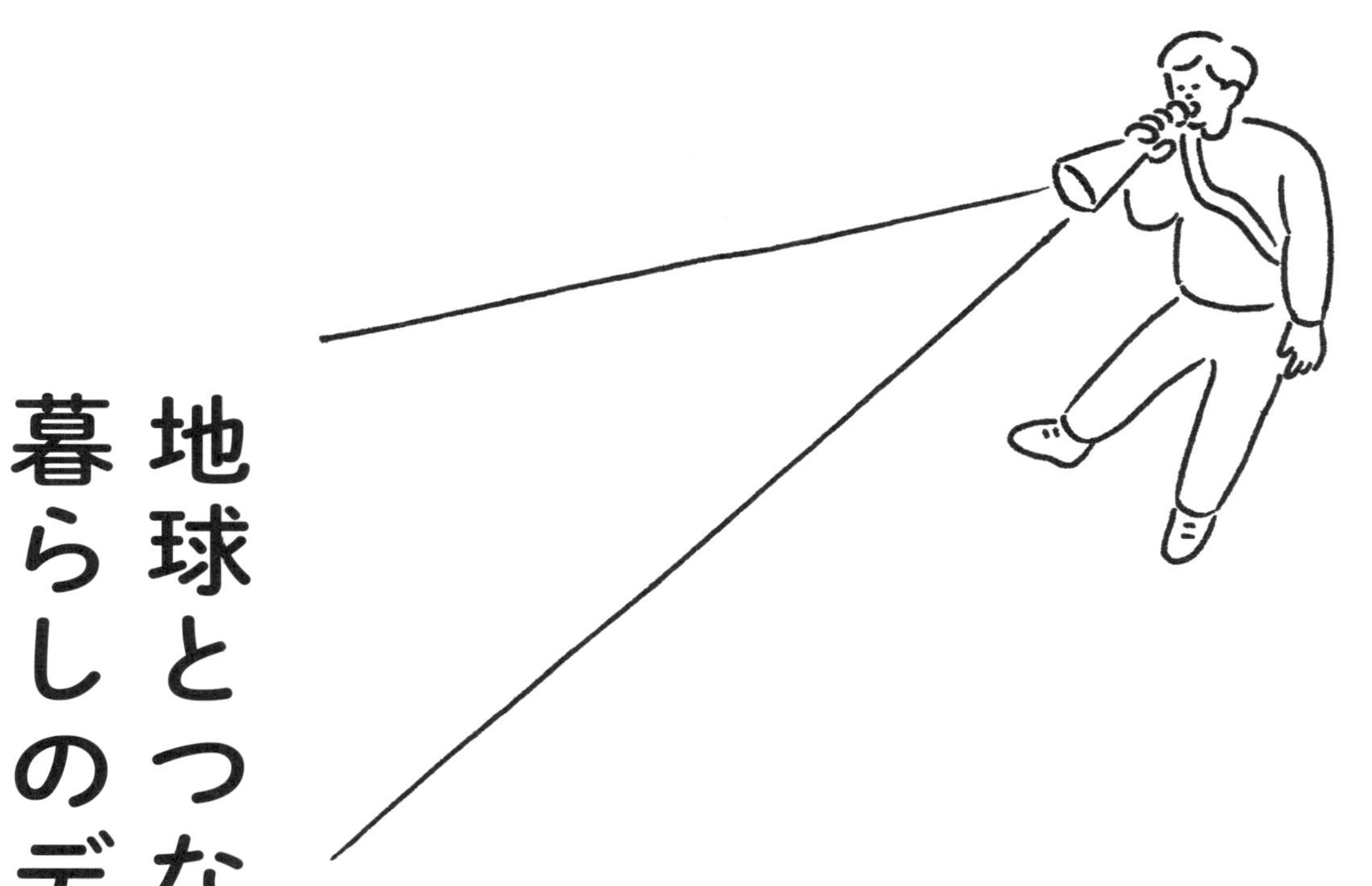

地球とつながる暮らしのデザイン

編著　小林 光
豊貞佳奈子

木楽舎
KIRAKUSHA

もくじ
contents

第3章 地球ともっとつながる暮らしのヒント

本書に掲載した執筆者プロフィールは本書の刊行時点のものですが、執筆後に執筆内容と異なった職域、担当に異動した場合などは、執筆時点までのプロフィールを掲げています。

はじめに

私たちの住む星、地球については、昨今、暗いニュースばかりが聞こえてきます。私たちにとってこの宇宙にたったひとつしかない、かけがえない住みかが、増えつつある人口を載せて喘いでいるようにも感じます。

この事態へどう対処すればよいかは、実は、ほとんどの人がとっくに気づいていることです。地球のほうに人類に逆らわずもっとサービスしろと命ずるわけにはいかない以上、私たちのほうが、地球に対し、あるいはその上に生きる人類やその他の生物に対して、全体としてもっと平和で低侵襲の行動を行うよう徹底するしか処方箋はありません。問題は、処方箋の中身の是非にあるというより、この分かり切った処方箋をどうしたら実行するか、にあるのです。

この本は、消費者・生活者が、その主役になろうと訴えるものです。ここでは、消費者・生活者こそが人類が地球と仲良くできるようになるための鍵を握っているとの発想から、その鍵の使い方を提案しています。

消費者・生活者には力がある。

「グリーンな消費」という言葉があります。1980年代の末頃には使われるようになりました。この本は、グリーンな消費の実現を目指してはいますが、グリーンな消費を単純に礼賛しているわけではありません。もう少し戦略的に消費者パワー、国民主権を使おう、と考えています。

グリーン消費が陥りやすい問題点を見てみましょう。たとえば、消費者が意識して選択するようになっても結果的に世の中全体の環境負荷が大きくは減らない、といったことがあり得ます。科学的に見ると間違った情報が流布していることもあります。もともと大した違いのない選択肢しかない場合にもそのようなことが起きます。せっかく気配りしても、チリが山にならないケースです。また、消費生活の場面だけに限れば、出てくる環境への負荷は確かに減っても、その製造や流通の段階ではかえって余分に負荷を出してしまう物やサービスを選択してしまう場合もあります。さらに、そもそも生産・流通の舞台裏も含めてグリーンであっても、余分に大量消費したのでは、やっぱり大きな環境負荷が生じてしまいます。ある面で節約したことが、別の面での浪費を誘うこともあります。私たちは、十分な情報をもって行動する必要があります。

さらに、グリーンな消費を単純に勧められない背景としては、これらの技術的な理由のほか、それがもっと大きな構造的な問題から消費者・主権者の目をそらす働きをすることになることも指摘されています。

優れた環境性能を有する製品が、そうでない製品に打ち負かされてしまうのは、消費者が賢明でないからというよりは、上市できる製品の環境性能に関する規制が甘いから起きている、といったケースも多くあります。たとえば、自動車エンジンの排ガス性能の改善といった、本来は生産者が担うべき仕事を消費者が代わりに果たせないのは自明です。そうした仕事が必要になる取り組みは、消費者の責任範囲にはないはずですが、にもかかわらず、消費者を自動車による大気汚染を改善する際の主役のように扱うことは、解けない形へと問題をすり替え、生産者を免責することになってしまうのです。

この点は、米国の『グリーンピース』の代表アニー・レオナード女史が口を酸っぱく述べている[1]ところで、まことにもっともなことです。

したがって、消費者・生活者は自分の身の周りだけをきれいにすることで満足するのではいけなくて、それも大事ですが、身の周りのバウンダリーを越えて世の中全体を環境と仲良いものに変えていくための行動をも担う必要があります。その場合に行使する力は何でしょう。

それは、商品・サービスの選択力はもちろんとして、それだけでなく、金融資産の使い方、投票に際しての選択などを含む幅広いものになると思われます。そうした力があれば、消費者・生活者が世の中の主人公としての役割を期待されるだけでなく、実際にもよりよく果たすことができることになるはずです。チリがたくさん積もって山になるのではなく、梃でもって山を大きく動かすこともできるに違いありません。

本書は、そこで、商品・サービスの環境性能を見る眼力を、その家庭での使用段階はもちろん、

[1] WRI (World Watch Institute) が2013年に刊行した「State of the World」の第23章、「個人の変容から社会の変容へ」(Annie Leonard執筆) による。

製造や流通、廃棄の段階まで含めて考えられるものとして養えるよう、たくさんの論考を収めました。それだけでなく、自分の蓄えたお金をどう投ずるのがよいのか、そして、消費者の賢明な選択を助けて世の中を大きく変える力のあるよい環境政策とはどんなものなのか、といった投資や政策についての目利きもできるようにも工夫をしました。

誰でもどこからでも始められる

私は、行政官を辞めた後、大学の教師をしましたが、教室では、学生に次のような質問をしてみています。皆さんは、おいしいラーメンなら、それにいくらの値段まで払って食べてみたいと思いますか、という問いです。

１０００円くらいまではたくさんの手が上がります。では、1万円のラーメンも最近はあるけど、食べてみたい人は、と聞くとさすがに手は上がりません。数百円と１０００円のラーメンの味の違いは分かっても、９０００円のラーメンと1万円のラーメンの違い、味の優劣の真贋が分かるほどには舌が肥えていないのでしょう。

けれども私などがびっくりするのは、ラーメンが、空腹を満たし栄養を摂るだけのものであれば、もっと安い、それこそ３００円程度でも充分供給できるはずなのに、もっと高い付加価値が、栄養ではなくその味付けから生まれていることです。最近では、ミシュランガイドの1つ星レストランに日本国内のラーメン屋さんが登場しました。ここのラーメンは、ちなみに８５０円からと聞きます。ラーメンがおいしい味になっていったのは、顧客の支持があったからです。高い値段でもおいしければお客が来る、そのことが味の進化を進めました。次いで、味がよくなれば、顧客の舌も一層肥えて、店主のさらなる努力が報われるようになりました。生物の教科書にある共進化がラーメンで起きたのです。そして、日本のラーメンは世界に進出していっています。

ラーメンで起きたようなことを、環境性能のよい商品やサービス、さらには社会の仕組みにおいても起こしましょう。つまりは、環境の目利きをつくっていけば、長い目では、商品・サービスの環境性能はそれに応じて進化していくことが期待できるのです。この共進化の過程では、消費者、供給者どちらもイニシアチブが取れます。互いに、より一層違いが分かるようになっていけば、ウインウィンの好循環が自律的に発展を始めます[2]。

この本は、この過程を、逡巡して時間をつぶすよりはまずは消費者側から進めることを意図しています。これは、消費者の責任を強調し、義務としての環境保全を訴えたものでは決してありません。消費者が報われる世の中を消費者自身の取り組みでつくっていくスキルを説明し、主権を発揮する楽しさ、愉快さを訴えたものです。全部がつながっているのが、生態系の現実であり、よいところです。どこから始めても変化は全体にダイナミックに及んでいきます。誰が悪い、変わるべきは誰だなどと考えて、自分は行動しないのが最悪です。本書も参考に、よい世の中を自分から楽しくつくっていきましょう。

深いのにわかりやすいのが身上、本書の方法と構成

この本が想定する読者は、老若男女を問わず、一般の生活者です。後に述べるようなプロセスで、前提知識が特段なくても読み進むにつれ理解が深まっていくように工夫をして編集しました。相当に平易な表現ですが、かなり先端的な知識、スキルそして事例も扱っているため、一般の方々だけでなく、実は、BtoCのビジネスを展開する企業や商店での環境側面を向上する場合にも、担当者のお役に立つのではないかと思っています。

本書では、その工夫として、まず第1章において、暮らしと地球との間の関係を概観したうえで、この関係の善し悪しを見る場合にしばしば使われる横断的な視点や方法を分かりやすく解説しました。たとえば、商品やサービスの一生に関わる、原料採取から、製造、流通、使用、そして廃棄・リサイクルまでのバリュー・チェーン全体での環境負荷を考えるライフサイクルアセスメントや、住宅の環境評価についてです。

次に、第2章では、私たちの暮らしの舞台となっている環境について、さまざまな側面からその良否を判断する具体的な方法、発想、指標などを説明しています。この部分は、大学で言えば「環境学概論」みたいなものですが、そこは、学生用ではなく書かれています。一般の方々が日常生活で役立つこと、具体的には、昔の流行言葉ではありませんが、「違いの分かる」人になれるようになることを主眼に、推敲を重ねていただいた論考となっています。執筆者は、それぞれ日本を代表

[2] 小林の著書のなかでは、『環境でこそ儲ける』(東洋経済新報社、2013年)がサプライ・サイドから始められることを訴えており、『地球の善い一部となる。』(清水弘文堂書房、2016年)がサプライ、ディマンドの両サイドの取り組みが成功するよう支える市場ルールや政策を論じている。本書と合わせてお目通しを願いたい。

するその道の権威の方々ですが、読んでみると平易なので驚かれると思います。収めた環境の範囲も、汚染から生態系、ごみから文化的な風流までに及んでいます。

第3章では、暮らしのほうを取り上げ、それをさまざまな側面に分けて、環境との関わりを見ています。暮らしのなかでどのように行動することが、自分の利益を高め、また、環境の恵みを増やして、自分や子や孫などの利益を高めることができるかを具体的に説明し、さまざまな魅力的な提案を行っています。この章では、衣食住といった、暮らしの典型的な側面を取り上げることはもちろん、さらに、お金の使い方、政策の適否の見分け方から利用の仕方までをカバーし、いかにしたら地球と私たちの暮らしとをもっと親しい関係にデザインできるのか、を論じています。ここが本書の核心部分です。

執筆者には、企業の専門家にも加わってもらいました。消費者が、なにげなく行っている商品選択の裏では、企業がどのような努力をしているのかを知ること、すなわち、見かけを超えたもっと深いところでの「違いが分かる」ことが、消費者の選択を一層味わいのあるもの、満足のいくものに変えるに違いありません。学界の専門家だけでなく、企業も登場していることが本書の大きな特色です。

これまで、環境負荷を減らす百の方法、といったノウハウを集めた本や、環境にやさしい暮らしの哲学を論じた本はありましたが、この本は、以上の通り、かなり風変わりな本で類書はありません。主眼としたことは、生活者の深いところからのエンパワーメントです。ノウハウも収めましたが、日進月歩のノウハウにこだわって知識が古くなることを避けるため、長持ちする発想の仕方などにこそこだわったのが本書です。

なぜ本書が生まれたのか

この本の発端は、ふたつあります。ひとつは東京大学の花木啓祐先生や、鼎談に登場する栗栖聖先生が進める、ライフサイクルアセスメントの結果を教育場面で活用することを目指した研究に、助言者として関わった時に感じたことです。この研究は、ライフサイクルアセスメントに親しんでもらうために教育的なゲームアプリを開発しようといった目的のものでした。その過程では、中学や高校で使われる技術家庭科の教科書が、消費者・生活者の環境エンパワーメントという観点ではすでに相当に高い水準にあることを知ることができました。しかし同時に、こうした優れたテキストを、もっと一般に親しみやすい形、喜んで買っていただける形で普及することが課題だな、との印象も強くもちました。

そのような問題意識をもっていたなかで、福岡女子大学の豊貞佳奈子先生から、エコライフ学の研究室の先生になるがよいテキストはないものか、と相談をされました。テキストはないのです。ないなら、つくってみよう、となったのです。

第二の発端は、『木楽舎』の社主の小黒一三さんの言葉です。従前にソトコト新書として我が家の経験を上梓して以来のお付き合いでしたが、相談したところ「類書がないような本こそ出してみたい」という一言で出版を快諾してくださいました。

このような経緯から、エコライフという難題にさまざまにアプローチする各編を、深いけれど分かりやすい記述のものとすることがとても重要になりました。そこで、言い出しっぺの豊貞先生に、読者のいわば代表選手となっていただき、生活者目線での査読を全編について行っていただくことにしました。私は、執筆者の方々を選定し、参加の承諾を得ることに注力し、文章の査読はすべて豊貞先生にお願いをいたしました。豊貞先生は副編集長とも言うべき役割を果たしてくれました。

環境は、この世の森羅万象のすべてです。したがって、とても幅広く、また奥深く、別の言い方をすれば、到底ひとりの人が全般を通じ統一的に取り扱えるテーマではありません。豊貞先生が、分かりやすさの点で査読はしましたが、各論考の主張の点は、それぞれの執筆者独自の着眼であり、考えです。なかには、論考の間に矛盾を感じる読者もいらっしゃると存じます。しかしそれが、環境への関わりをデザインするなかでは、独創性を発揮することが求められている証拠だな、と受け止めていただければ幸いです。

以上のように、この本は極めて多くの方々のご協力、ご参加で完成しました。けれどもエコライフを楽しいものとして具体化するのは読者のお仕事です。ぜひ、独創的な実践をお聞かせください。

２０１６年４月　小林 光

第1章
地球と暮らしのつながりを見る方法

地球と暮らしのつながりを見る方法

豊貞佳奈子

私たちは地球の自然環境である大気・水・土、地球に降り注ぐ太陽エネルギーを使って生きています。図1-1に示すように、私たちは、衣、食、住、エネルギー、水、ごみ、緑、移動、お金、政策と、多方面から地球とつながっていると言えます。また、人間が引き起こした地球温暖化、資源枯渇、生物多様性損失といった地球環境問題は、それぞれが複雑に関係し連鎖しています。本書は、私たち生活者、消費者が主役となり、悲鳴をあげている地球への負担を軽減していく方法を提案するものです。

私たちの取り組みは、一つひとつは小さいけれども、積み上げるととてつもなく大きな効果を生むことが特徴です。本書で取り上げる幅広い方面の方策から、各人が実践できることを積み上げるだけで、地球への負荷を減らすことができるのです。さらに、消費者が動けば、生産者（企業）も環境にやさしい製品づくりを競うようになり、世の中はダイナミックに変わっていきます。また、できるだけ多くの人が長く続けることが重要なので、快適性・健康・安全を犠牲にすることなく、実践できるさまざまな方策、考え方、価値観の変容にいたるまで、本書には各分野の専門家

〈図 1-1　地球と暮らしのつながり〉

からの論考が集められています。

その前段となる第1章では、私たちの暮らしに密着したCO_2やエネルギー、水と暮らしの関わりと、製品のライフサイクルでの環境負荷を考えるLCA、住宅の環境性能評価など、地球と暮らしのつながりを見る方法について見ていきましょう。

暮らしとCO_2

地球環境問題のなかでも、私たちの暮らしにもっとも関わりが深いのが地球温暖化です。地球温暖化の原因となる「温室効果ガス（GHG：Green House Gases）」の代表が二酸化炭素（CO_2）ですが、CO_2という言葉は分かるが数字を出されてもピンとこないと言う人がいます。筆者は授業のなかで、世界のCO_2排出量は1年間で300億t、日本は13億t、日本の家庭では1人1日あたり6kg、ついでに1世帯1か月あたりの電力消費量は300kWh、という数字をまず覚えるように言います。もちろん年度によって異なりますが、3のつく数字や3の倍数が覚えやすいのと、大きい数字（世界全体や日本全体）と小さい数字（1人1日あたりなど）をおさえておけば、何となく大きさのイメージが掴めるからです。

では、もう少していねいに見ていきましょう。

世界のCO_2排出量（2013年度・エネルギー起源）は322億t、日本は世界全体の3・8%を占めています（図1-2）。1人あたりのCO_2排出量で見ると、日本は9・

〈図1-2　世界のCO_2排出量（2013年度・エネルギー起源）〉

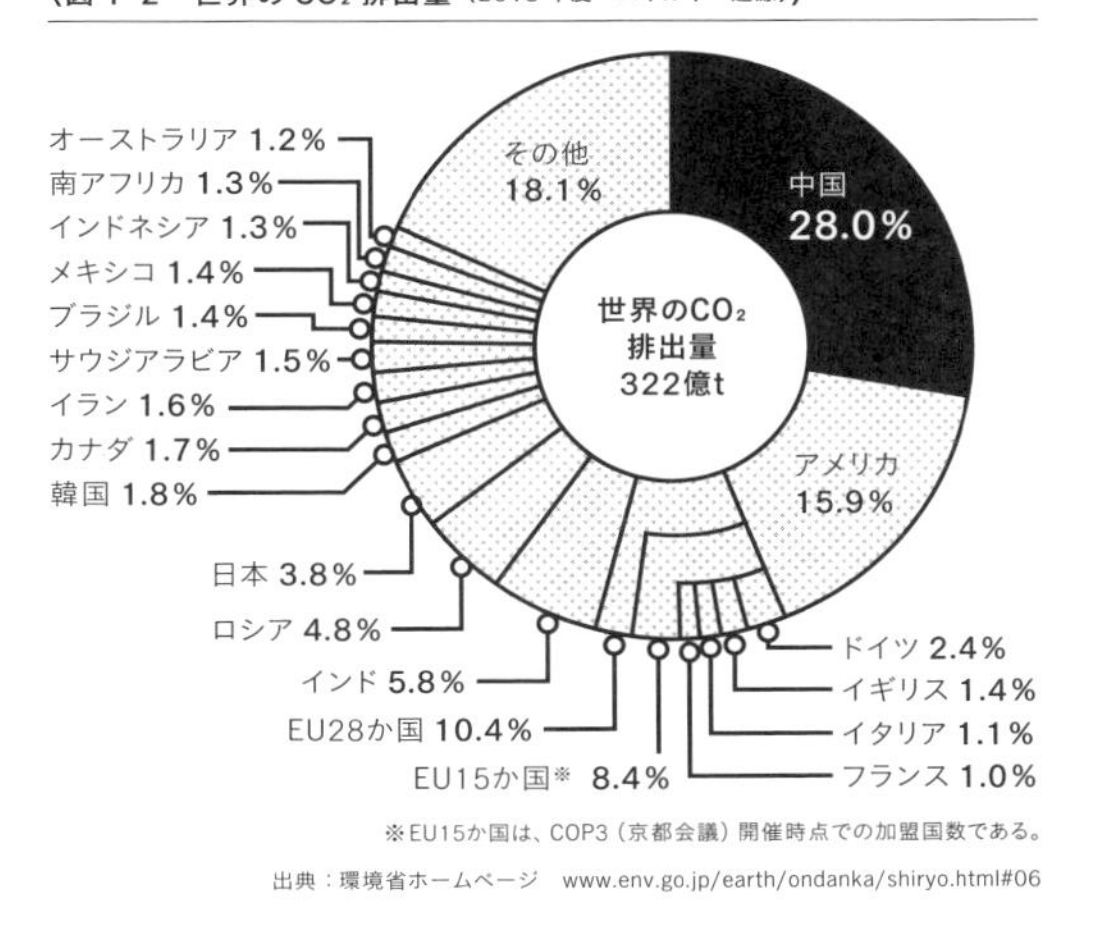

※EU15か国は、COP3（京都会議）開催時点での加盟国数である。

出典：環境省ホームページ　www.env.go.jp/earth/ondanka/shiryo.html#06

〈図1-3　主な国別一人あたりのCO_2排出量（2013年度・エネルギー起源）〉

国	(tCO_2/人)
世界平均	4.52
カタール	33.38
アラブ首長国連邦	17.93
オーストラリア	16.70
サウジアラビア	16.39
アメリカ	16.18
カナダ	15.26
韓国	11.39
ロシア	10.79
日本	9.70
ドイツ	9.25
南アフリカ	7.91
イギリス	7.00
イラン	6.79
中国	6.60
イタリア	5.58
フランス	4.79
メキシコ	3.82
ブラジル	2.26
インドネシア	1.70
インド	1.49
ナイジェリア	0.35

出典：環境省ホームページ　www.env.go.jp/earth/ondanka/shiryo.html#06

[1] CO_2の大半は燃料の燃焼で排出される「エネルギー起源」。廃棄物の燃焼や工業プロセスの化学反応などで排出されるのが「非エネルギー起源」。

7tと、世界平均（4・52t）の2倍以上排出しています（図1-3）。

日本のCO_2排出量（2013年度）は13億1100万tです。こちらは非エネルギー起源[1]のCO_2が含まれますので、前述の世界のCO_2排出量322億tの3・8％＝約12億2360万tよりも少し大きくなっています。日本ではCO_2排出量を産業部門、業務その他部門、家庭部門、運輸部門、エネルギー転換部門に分けて部門別管理を行っています（図1-4）。このうちもっとも大きな割合を占めるのが産業部門（製造業、建設業、鉱業、農林水産業でのエネルギー消費）ですが、経団連の自主行動計画などによる排出削減努力により、1990年以降削減が進んでいます。

一方、私たちの暮らしから直接排出されるCO_2が分類される「家庭部門（家庭での冷暖房、給湯、家電の使用など）」は、1990年以降、増加傾向にあります。人口減少や家電製品の省エネ化による減少要因がある一方で、世帯数や家電製品普及率上昇が増加要因として挙げられます。なお、暮らしと密接なつながりのある自家用車、水道、ごみは、家庭部門以外に計上されています。そこで、国立環境研究所・温室効果ガスインベントリオフィスでは、家庭部門と自家用車（家庭分）、水道（生活用水分）、ごみ（一般廃棄物分）をまとめて「家庭からのCO_2排出量」として算出しています（図1-5）。家庭からのCO_2排出量は日本全体の21％（うち15％が家庭部門）を占めていますが、

〈図 1-5　家庭からの CO_2 排出量（2013年度・用途別）〉

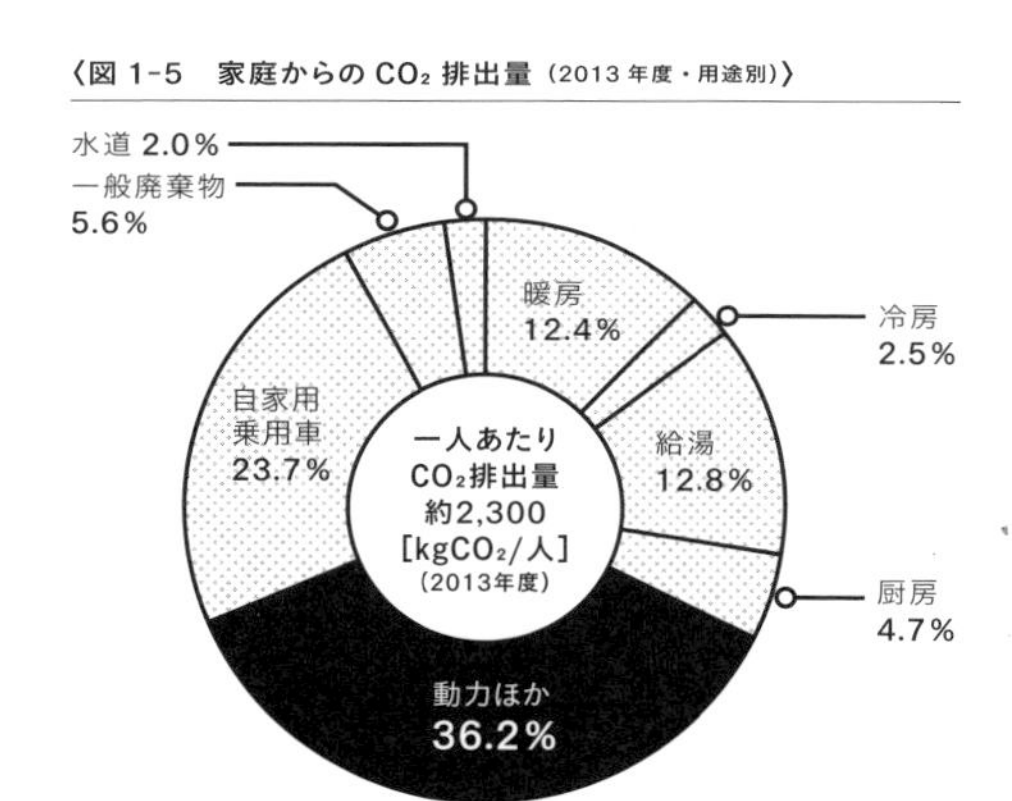

〈図 1-4　日本の部門別 CO_2 排出量（2013年度）〉

家庭 約21%
一般廃棄物 1%
水道（家庭） 0.4%
産業廃棄物 2%
工業プロセス 4%
エネルギー転換部門 8%
家庭部門（家庭での冷暖房・給湯、家電の使用など）
15%
運輸部門（家庭の自家用車）
5%
業務その他部門 21%
産業部門 33%
12%
運輸部門（貨物車、企業の自家用車、船舶など）
産業など 約79%
工業プロセス 4%
廃棄物 2%
エネルギー転換部門 8%
家庭部門 15%
業務その他部門 21%
運輸部門 17%
産業部門 33%
合計 13億 1,100万t (2013年度)

図1-4, 1-5出典：環境省国立環境研究所・温室効果ガスインベントリオフィス、日本の温室効果ガス排出量データ（1990〜2013年度）確報値をもとに作成

その内訳は私たちが冷暖房や給湯、家電製品を使ったり、自家用車を走らせるときに排出されるCO_2です。また、私たちが購入した家電製品や車、食料品などを「つくる」ときに排出されるCO_2は産業部門に、「運ぶ」ときは運輸部門に分類されます。つまり、私たちの暮らしは日本全体の21%（家庭）だけでなく、物を買う行為などを通して、ほかの部門にも大きな影響を与えています。物を「使う」ときだけでなく、「つくる」「運ぶ」「捨てる」といった、物のライフサイクル全体での環境負荷量を考えるライフサイクルアセスメント（LCA）については、後ほど詳しく説明します。

家電製品の普及で暮らしが変わった？

ここで、家庭部門CO_2排出量の増加要因として挙げられた家電製品の普及率を図1-6に示します（便宜上、乗用車も含めています）。1960年頃に「三種の神器」と言われた白黒テレビ、冷蔵庫、洗濯機は、1970年には普及率が90%を超え、新たに「新三種の神器」として豊かさの象徴となったカラーテレビ、クーラー、自動車も、現在ではどの家庭でも当たり前に使われています。温水洗浄便座は日本発の技術ですが、衛生・健康面から普及率を伸ばしています。現在の家電製品の機器別電力使用量の内訳を図1-7に示します（2009年度が最新データ）。年中スイッチを入れっぱなしの冷蔵庫の電力使用量がもっとも多く、照明、テレビ、エアコンと続きます。家庭で使われ

〈図1-6　日本の家電製品普及率推移〉

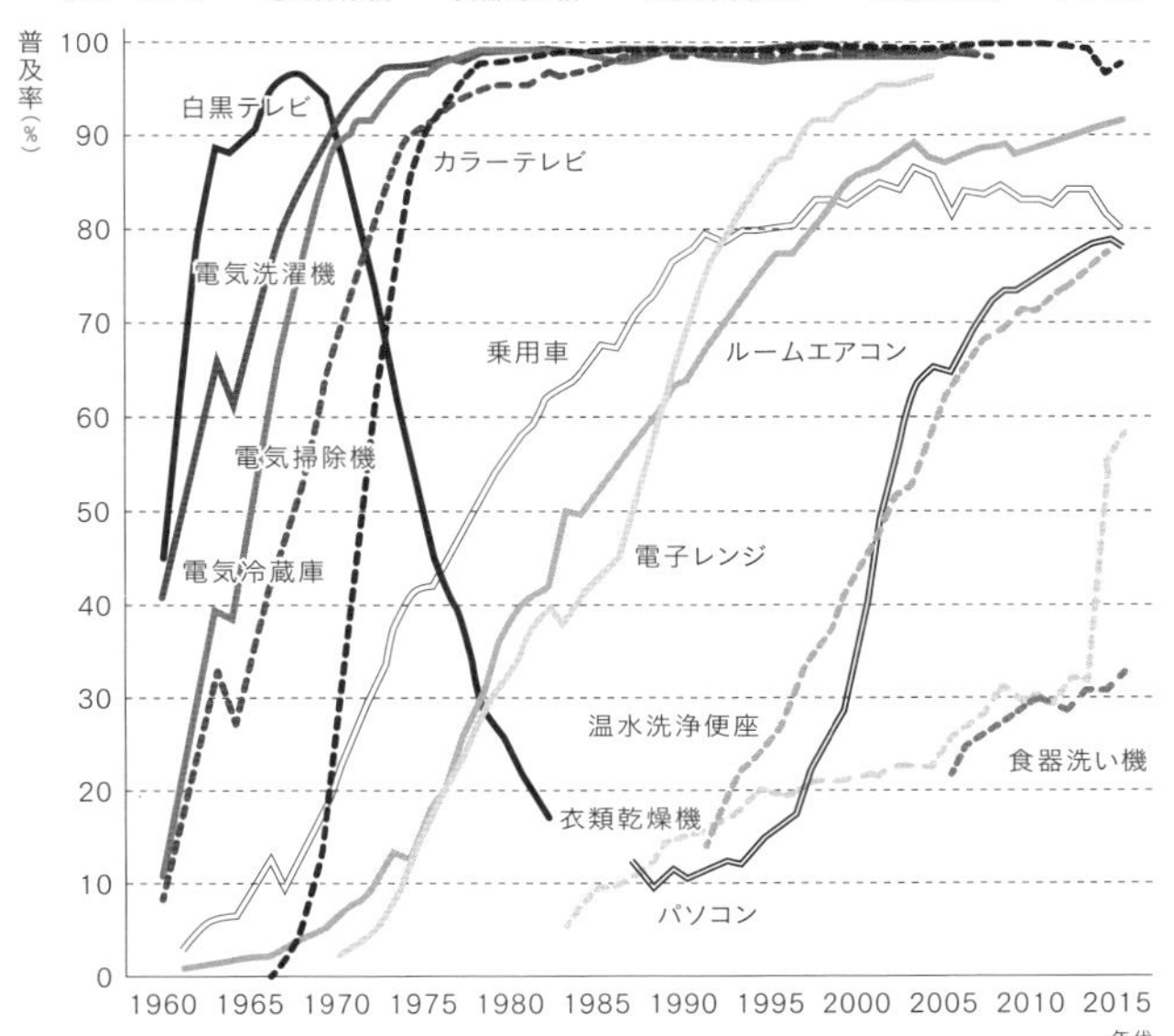

出典：内閣府：消費動向調査・主要耐久消費財等の普及率（一般世帯・2015年3月現在）をもとに作成

〈図1-7　家庭部門機器別電気使用量の内訳〉

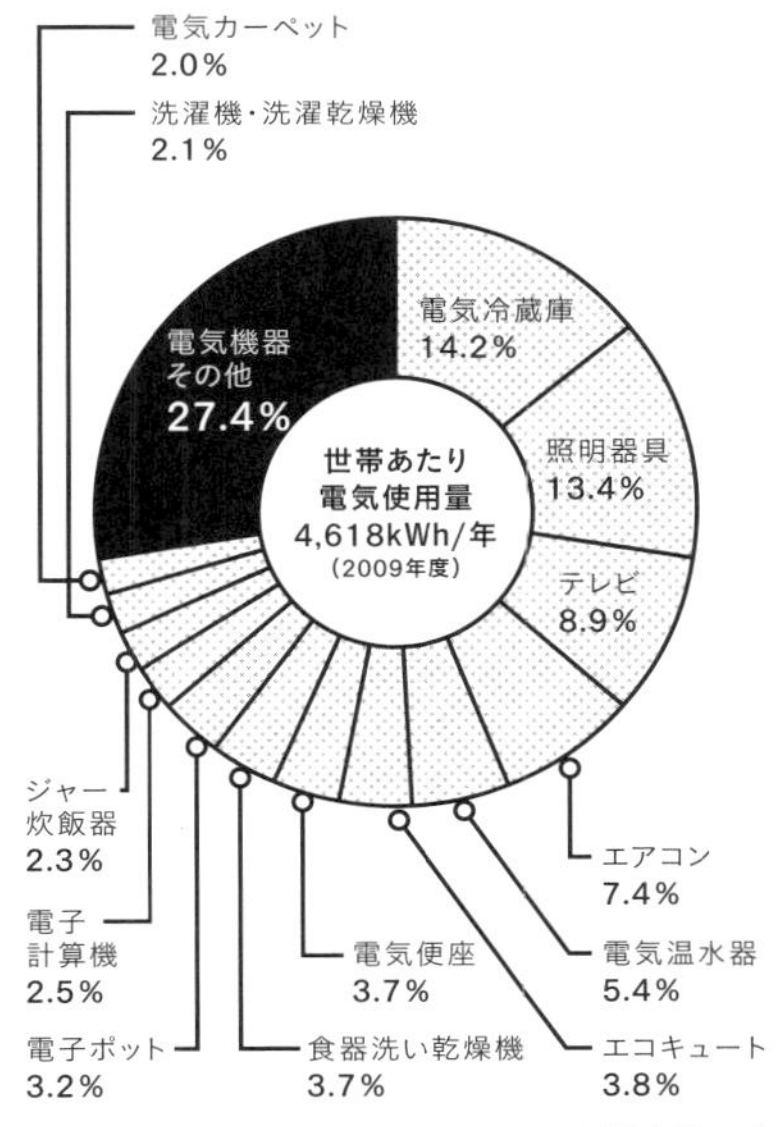

出典：総合資源エネルギー調査会 省エネルギー基準部会（第17回）「参考資料1 トップランナー基準の現状等について」をもとに作成

るエネルギー源は電気のほかにガスや灯油などもあります。他のエネルギー源を含めた機器別エネルギー消費量の内訳を図１-８に示します。家庭部門エネルギー消費の約３割を占める給湯の熱源はガスが大半を占めますが、電気を熱源とする電気温水器、エコキュートも1割を超えています。厨房では、ガスコンロが大半を占めるなか、電気を熱源とするＩＨクッキングヒーターが約1割を占めます。家電製品の普及によりエネルギー源のうち電力が占める割合が年々増え、現在では全体の5割を超えています。

それでは、これら家電製品の登場で私たちの暮らしはどう変わったのでしょうか？　ＮＨＫ放送文化研究所による国民生活時間調査（5年ごとに実施）では、家事時間に関する貴重な報告データがあります。図１-９は報告データをもとに筆者が作成したものです。１９６０、１９６５年は面接法、１９７０年以降は配布回収法と調査方法が変わったため、65年と70年の間の数値の移り変わりが不明なこと、１９９０年までは調査対象が女性全体に対し１９９５年以降は主婦に限定した家事時間となっていることから、単純な比較が難しいのですが、誤解を恐れず時系列で表示しました。家電の普及率（図１-６）と合わせて見ていただくと、冷蔵庫、洗濯機、掃除機などの家電製品の普及が女性の家事労働を軽減させ、社会進出を後押ししたとも言えるのです。

家電の普及が家庭からのエネルギー消費、CO_2排出を増やしたことは間違いないですが、同時に、私たちは自己実現や社会貢献のための自由な時間、健康や福祉、安全、快適面で多くの価値を享受してきました。私たちが手に入れた安全で快適なライフスタイルを享受しながら、地球への負荷を下げるにはどうすればよいでしょうか？

それにはまず、家電製品自体の環境性能を高くすることが重要です。そのために、１９９８年の「エネルギーの使用の合理化に関する法律（以下、省エネ法）」の改正に合わせて導入されたのが「トップランナー制度」です。トップランナーとは、家電や自動車などの省エネルギー基準を、各機器において現在商品化されている製品のうち、エネルギー消費効率がもっとも優れている機器の性能以上にするという考え方です。企業は目標年度までにその基準を達成する必要があるため、売り場に並ぶ家電製品の環境性能は年々向上しているのです。冷蔵庫、照明、テレビ、エアコン、電気便座、炊飯器など、図１-７に示した家電製品のうち約6割がトップランナー制度の対象品です。

次に、私たちが環境性能の高い家電を選ぶ必要があります。そのために、トップランナー基準に基づいて省エネ性能を★の数で表す「統一省エネラベル」[2]があります。冷蔵庫、テレビ、エアコン、電気便座など、エネルギー消費量が大きく、製品ごとの省エネ性能の差が大きいものが対象で、省エネ性能を5つ星から１つ星までの5段階で省エネ性能の高い順に表示しています。２００９年にはこのラベルを活用し、４★以上の製品を買うとさまざまな商品やサービスと交換できる特典が得られる「家電エコポイント制

［2］統一省エネラベル：P293参照

度」も施行されました。

ここまでは電力消費量を下げる話でしたが、電力消費によるCO_2排出量は、電力消費量（kWh）×CO_2排出係数（kg-CO_2/kWh）で計算します。つまり、同じ電力消費量でも、CO_2排出係数の小さい電力を使えば、CO_2排出量を減らすことができるのです。電力のCO_2排出係数は、その地域の電力会社の電源構成（火力発電、原子力発電、水力発電などの割合）によって決まり、これまでは消費者が選択することはできませんでした。しかし2016年4月から「小売り電力市場の全面自由化」が始まり、消費者が電力を選択できるようになりました。しかしながら、現状では、もっとも環境負荷の高い（＝CO_2排出係数が高い）石炭火力発電の価格が安いため、電力自由化によってCO_2排出量が増えることが危惧されるなど、多くの問題を抱えています。[3]水力発電をはじめとする再生可能エネルギーによる発電を多く取り入れた電力（＝CO_2排出係数の低い電力）が普及するような仕組みづくりなど、私たち消費者の役割は大きいと言えます。

本書の「エネルギーでつながる」の章では太陽光発電、直流など、発電や電力使用量抑制のための最新技術を紹介しています。また、ライフスタイルの変革として、家電など極力モノを所有しない選択肢もあります。第2章の鈴木菜央さんのタイニーハウスは、大変参考になるものです。

暮らしと水、水とCO_2

〈図 1-9　家事時間の推移〉

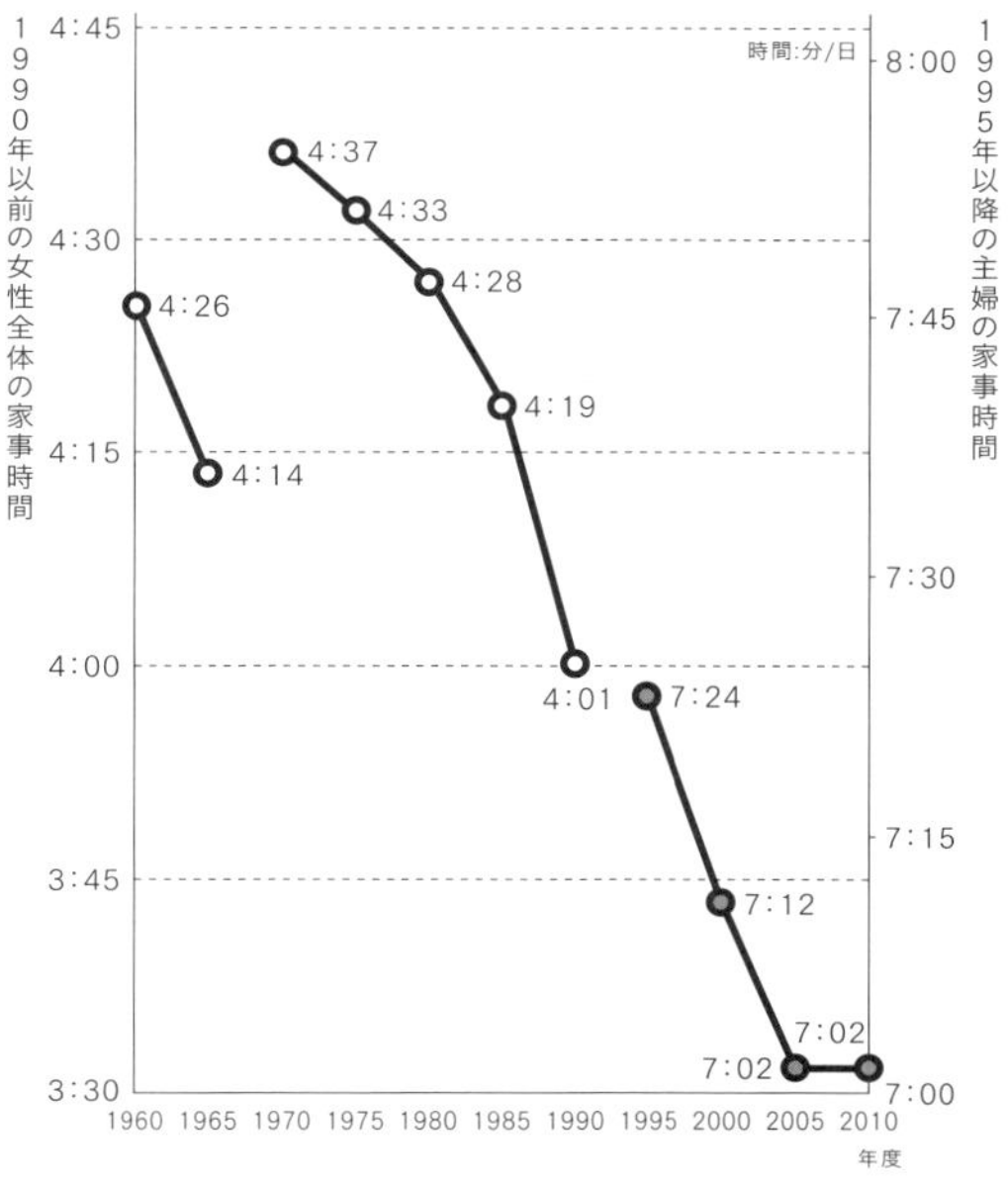

出典：NHK放送文化研究所：2005年国民生活時間調査報告書，2010年国民生活時間報告書データをもとに作成

〈図 1-8　家庭部門機器別エネルギー消費の内訳〉

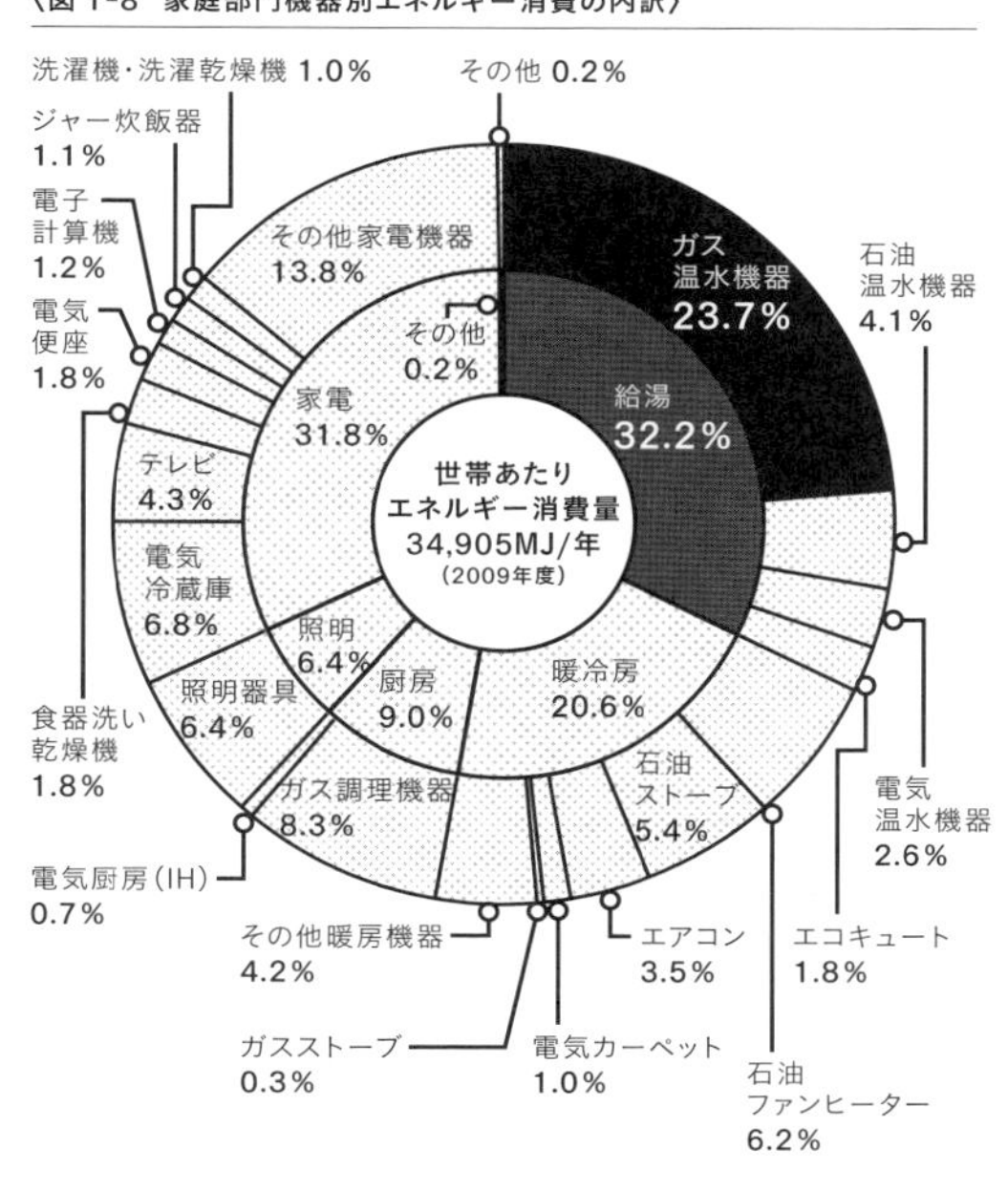

出典：総合資源エネルギー調査会 省エネルギー基準部会（第17回）「参考資料1 トップランナー基準の現状等について」をもとに作成

[3] 第3章「消費者が育てる、自由化時代の電力市場」参照

次に、私たちの生命、生活に欠かせない水について見ていきましょう。

アジアをはじめとする発展途上国の急激な経済成長と人口増加に伴う水需要の増大により、多くの国で水資源不足が深刻化しています。世界各国の降水量と水資源量を図1-10に示します。日本は、世界でも有数の多雨地域であるモンスーンアジアの東端に位置し、年平均降水量は世界平均の約2倍となっています。一方、一人あたり年降水総量で見ると、日本は世界平均の3分の1程度、一人あたり水資源量は世界平均の2分の1以下となっており、決して水資源が豊富とは言えないことが分かります。日本は、狭い国土に大勢の人が住んでいます。さらに川の流域が狭く急勾配なので、かなりの部分が洪水となり、水資源として利用されないまま海に流出してしまうのです。

水資源保全のため、多くの先進国では大便器洗浄水量の規制が行われています。これは、家庭で使う水のうちトイレでの使用水量がもっとも多いからです。1992年にアメリカで制定されたEnergy Policy Act法により、大便器の1フラッシュあたりの洗浄水量：6L以下が義務付けられ、ヨーロッパ、中国、シンガポールなどの一部でも同様の水量規制が設けられています。しかしながら、日本ではこのような節水規制はありません。第3章で紹介する日本の大便器の節水技術は世界一のレベルを誇り、アメリカや中国の公的機関で実施された便器洗浄試験では、日本製品が上位を占めました。筆者はアメリカ、オーストラリア、

〈図1-10　世界各国の降水量・水資源量〉

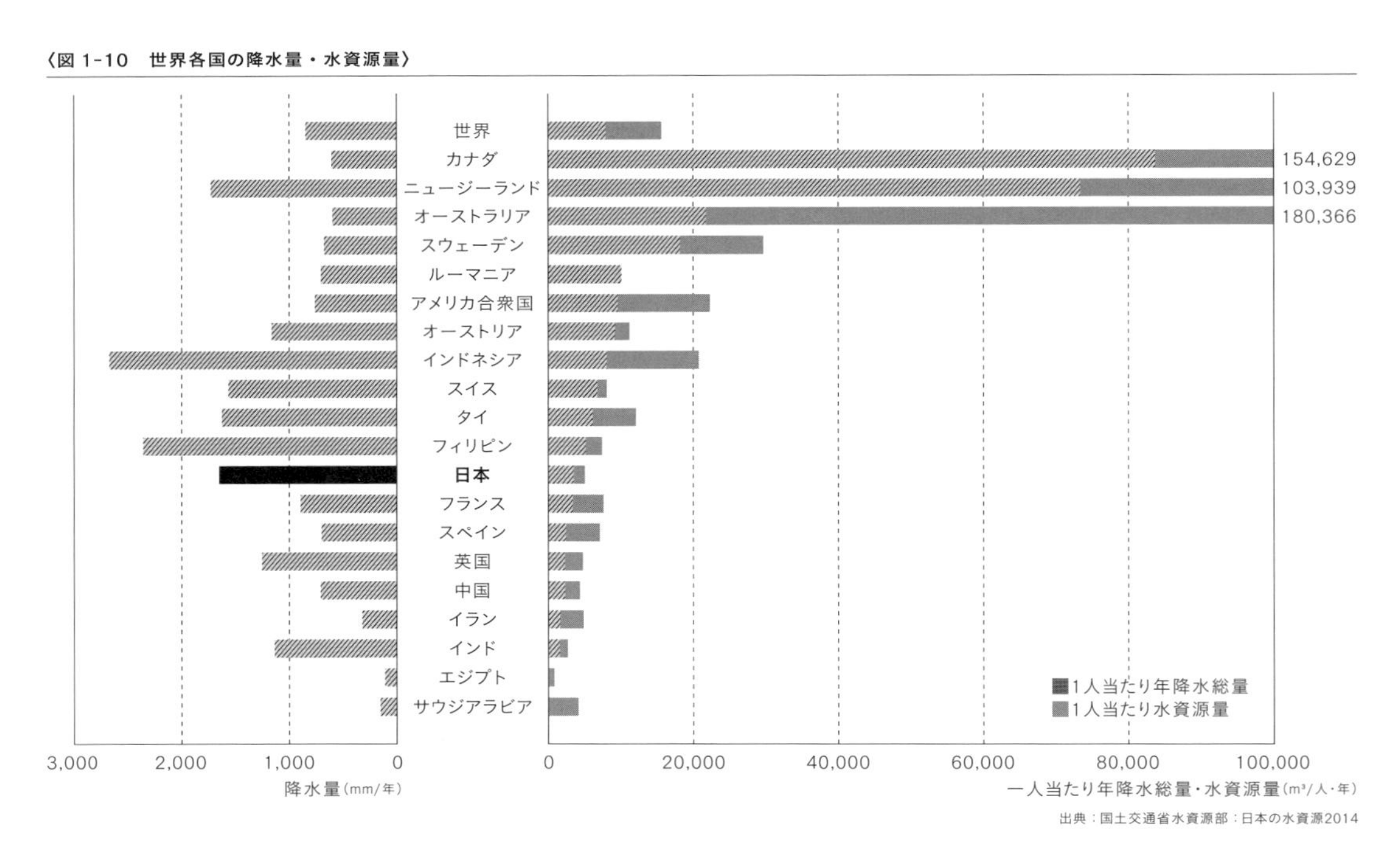

出典：国土交通省水資源部：日本の水資源2014

ＥＵの水関係の学会・政府機関とのミーティングに何度か参加しましたが、世界一の節水技術を有する日本になぜ節水規制がないのか、いつも質問を受けます。水資源は地域により偏在しており、日本では高松市、松山市、福岡市が渇水地域として有名ですが、東京や大阪といった大都市圏で水不足が問題視されることが少ないため、節水規制にいたっていないと考えています。

一方、節水は、水資源保全だけでなく、上下水道システムの運転・維持に必要な電力量などの削減に直結し、結果としてCO_2の削減にも寄与するコベネフィット（多重効用）を提供できるものとして、注目され始めています。水まわりでは、河川水などを浄化して水道水にする浄水場、移送ポンプ、使用後の排水を浄化する下水処理場での電力・エネルギー消費、および水の加熱によるエネルギー消費から、CO_2が排出されます（図１-11）。言い換えると、節水が社会の節電とCO_2削減につながります。水使用によるCO_2排出量は、図１-５の「水道」、水の加熱エネルギーは「給湯」に分類されます。特に家庭での給湯エネルギーの割合が大きいため、省エネ法にもとづく「住宅・建築物の省エネ基準」のなかで「節湯水栓金具」が定義されています。また２０１２年に施行された「都市の低炭素化の促進に関する法律（エコまち法）」では、節湯水栓に加えて節水便器も推奨項目に入りました。このように、日本では節水によるCO_2削減を目的に節水機器の普及が進んでいます。機器や節水の方法については第３章をご覧くださ

〈図 1-11　水と CO_2 の関係〉

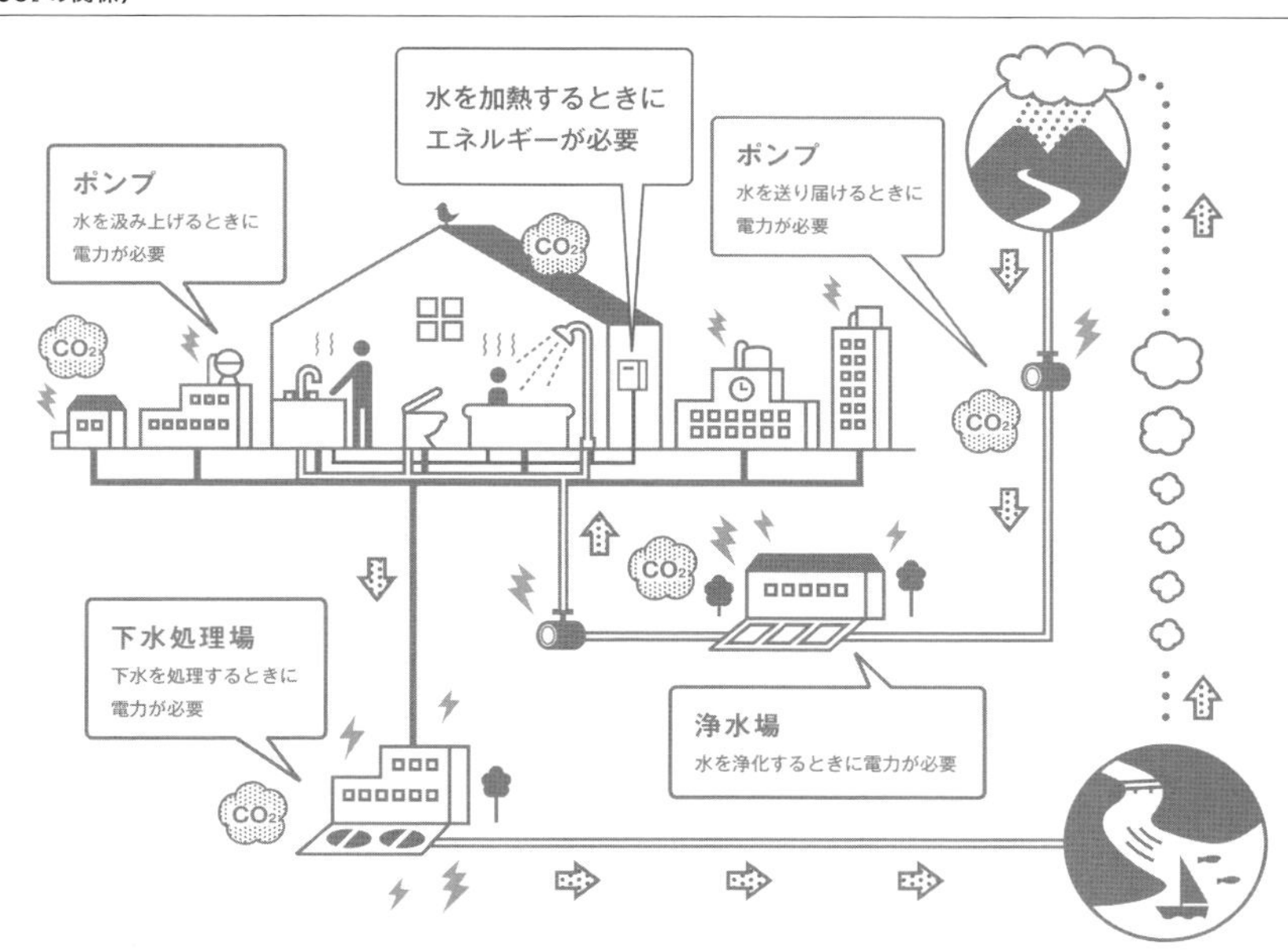

出典：TOTOお客様向け環境コミュニケーションサイト「水まわりから環境へ」

い。

水資源保全には節水（水使用の抑制）だけでなく、雨水や再生水利用も有効です。ごみ処理の3Rにたとえると、節水＝Reduce、雨水利用＝Reuse、再生水利用＝Recycleとなるでしょうか。雨水は排水再利用と比べ、原水の汚染度が低いため、低エネルギー、低コストでの処理が可能です。上水（＝水道水）使用、雨水使用、再生水使用時のエネルギー効率を比較すると、雨水使用の効率がもっとも高く、再生水使用（排水再利用システム）がもっともエネルギー多消費であるとの報告事例もあります。[4] 雨水や再生水は事務所や学校、デパートなどで便器洗浄水として使われていますが、住宅ではほとんど使われていません。建物内の給水配管は、衛生面から、上水と雨水や再生水系統を区分する必要があり、上水系統とその他の系統が直接接続されること（＝クロスコネクション）が禁止されています。住宅に雨水利用システムを導入する場合は、給水配管系統を増設せねばならず、コスト面、クロスコネクションへのリスク面から、現状では課題が多いと言えます。しかしながら、雨水利用は水資源保全、エネルギー効率の両面で有利ですので、今後住宅への普及が望まれます。

なお、筆者が出席した国連の水戦略策定部門：UN-Waterの会議[5]では、エネルギーと水の関係（Energy-Water Nexus）に関する議論が行われました。前述の「水をつくるためのエネルギー（上下水道での電力などエネルギー消費）」だけでなく、「エネルギーをつくるための水」が議論の中心となりました。今後の人口増加と経済発展で、火力発電に必要なタービン用水、冷却水が足りなくなり、水リスクがエネルギーリスクに直結する、というものです。水とエネルギー（CO_2）は複雑に関係しており、ともに大切にしていく必要があります。

〈図1-12　ISO14040規格によるLCAの手順〉

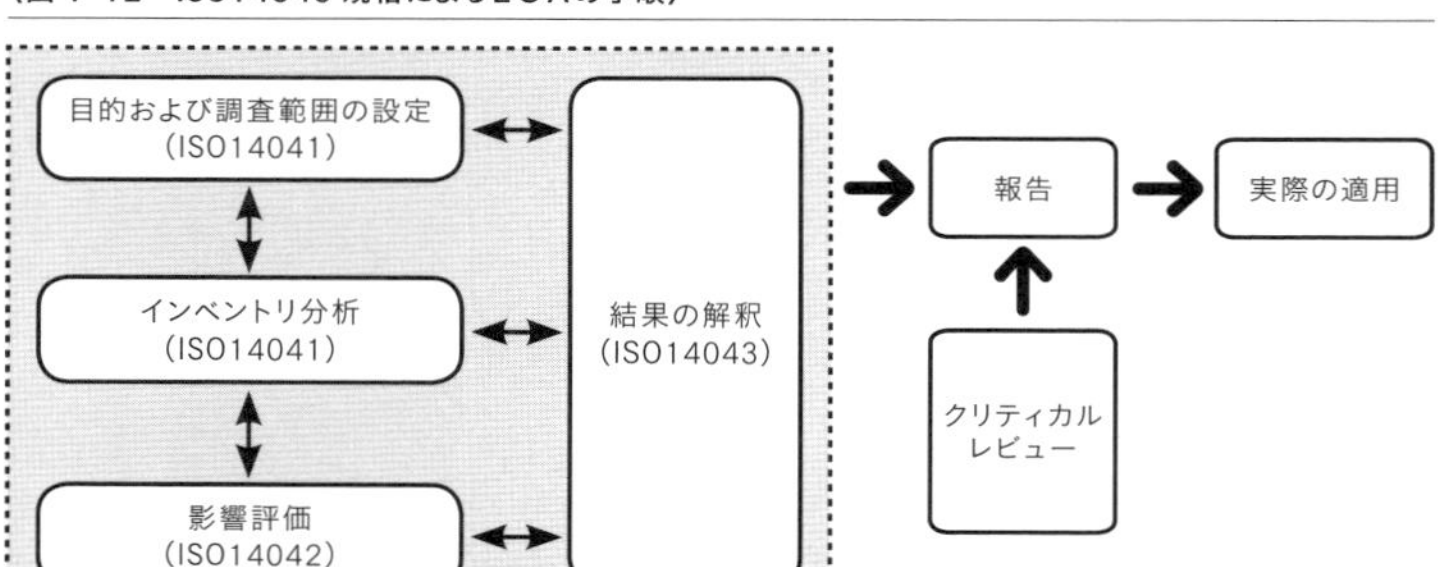

ライフサイクルアセスメント

[4] 清水康利著：水の環境戦略, TOTO出版, 2014.8
[5] International Conference, Partnerships for improving Water & Energy efficiency and sustainability, Zaragoza, Spain, January 2014

「暮らしとCO_2」の最後に述べたように、CO_2などの環境負荷量算定の際には、使用時だけでなく、その製品がつくられてから捨てられるまでのライフサイクル全体で考える必要があります。この考え方をライフサイクルアセスメント（ＬＣＡ）と言い、原材料採取、製造・組立て、使用、廃棄、リサイクルと、それぞれの工程に送る輸送時の環境負荷すべてが算定対象となります。

ＬＣＡは１９６９年にアメリカの『コカ・コーラ』がリサイクル可能な瓶と使い捨てペットボトルのどちらが環境にやさしいかを比較評価したことが始まりです。その後、欧米でさまざまなＬＣＡ研究が行われ、１９９７年には国際標準規格ＩＳＯ１４０４０（ＬＣＡの原則及び枠組み）が制定されました。その和訳版がＪＩＳＱ１４０４０です。図１-12にＩＳＯによるＬＣＡの手順を示します。まず評価の目的と範囲を設定し、インベントリ分析では、対象とする製品の製造、使用、廃棄時にそれぞれ、投入される資源、エネルギー、生産される製品および排出物のデータを収集し、資源と環境負荷の一覧表を作ります。次に影響評価では、この一覧表を地球温暖化、酸性化、大気汚染、富栄養化、生態毒性といった環境影響カテゴリーに分類し、影響の大きさと重要度を評価します。このようにＬＣＡは、製品のライフサイクルでのCO_2排出量やエネルギー消費量を算定するだけでなく、さまざまな環境負荷を環境影響というひとつの指標に統合し（＝特性化）評価するところまでを含みます。しかしながら、実際はインベントリ分析まで（各環境負荷量の算定まで）の評価を「ＬＣＡ」と表現することもあります。

社団法人『産業環境管理協会』（ＪＥＭＡＩ）では、タイプⅢ[6]の「エコリーフ環境ラベル」を２００２年に運用開始し、印刷・複合機関連の企業を中心にラベルが公開されています。ラベルには、製品のライフサイクルでの温暖化負荷（CO_2換算）、酸性化負荷（ＳＯ２換算）、エネルギー消費量および温暖化負荷に関しては製造時・使用時・廃棄時などの内訳が示されています。家庭からのCO_2排出量の多くを占める家電製品や給湯は使用時負荷が圧倒的に大きくなりますが、使用時にエネルギーを使わないもの（事務用品、食品など）は製造・物流時の負荷が多くを占めます。[7] エコリーフ算定のためのルールである「製品別算定基準」（ＰＣＲ：Product Category Rule）は、製品区分ごとに業界団体などが話し合って案が出されます。筆者もＰＣＲ策定に関わったことがありますが、たとえば各家庭までの輸送距離など個別に把握するのが難しい部分はデフォルト値を使うなど、業界団体でルールを決めます。食品のエコリーフで使用時負荷がゼロになっていないことを、筆者が疑問に思いＰＣＲを調べたところ、使用時の算定に「家庭での保管プロセス」が含まれており、冷蔵庫の電力消費量がカウントされていました。このように、ＬＣＡデータを見るときは、評価範囲を把握することが大切です。

ＪＥＭＡＩが２０１２年から運用開始した制度として、ライフサイクルでの環境負荷のうち、温室効果ガス排出量

[6] ISOでは環境ラベルを目的別に3つに分類している。第三者評価による基準合格を目的とするものをタイプⅠ、各事業者が独自に行う自己宣言による環境主張をタイプⅡ、第三者評価による定量的製品環境負荷データの開示がタイプⅢとなる。
[7] 主な家電製品はエコリーフに登録されていない。

をCO_2に換算して、「見える化」（表示）する仕組みである「カーボンフットプリント（CFP）」があります。CFPは欧米、特にイギリスで先行して導入された制度で、日本では2008年から検討が開始されました。現在はJEMAIが事務局となり、生活用品、食品、印刷関連を中心に運用され、製品にカーボンフットプリントマークとCO_2排出量の数値が表示されます。CO_2の算定方法は、エコリーフと同じPCRが使われています。

温室効果ガス（GHG）排出量について、「スコープ1、2、3」という表現があります。GHGプロトコル[8]のなかに定義されているもので、本書でも旭硝子や阪急電鉄の項で使われているように、企業活動でのGHG排出量の範囲を示します。スコープ1は企業が所有・管理する施設から直接排出されるもの（燃料の燃焼時の排出）です。スコープ2は企業が購入したエネルギーの製造時の排出で、主に電力使用が該当します。最近話題になることの多いスコープ3は、企業活動外の間接的な排出を指します。たとえば、家電メーカーの場合は、取引先の部品メーカーがその部品の製造時に排出したGHG、販売した家電が各家庭で使用される際の電力消費によるGHGなどが対象となります。当然ながら、スコープ3の算定には多くのデータが必要となりますが、特に大企業には、サプライチェーン全体でのGHGを把握、開示することが求められています。

ここまで見てきたのは製品のライフサイクルでの環境負荷ですが、私たちの日常行動からの環境負荷はどのように把握すればよいでしょうか？　本書の鼎談に登場いただいた東京大学の栗栖先生、花木先生が中心に進められている「プラットフォーム化を目指した日常行動に関わるLCAデータの整備と教材開発（平成27年度環境研究総合推進費）」では、日常生活のなかで特に家事行動を対象とした、LCAデータベース構築が進められています。たとえばお湯を沸かす際に、電気ケトルを使うか、やかんとガスコンロを使うかを迷ったとき、このデータベースにアクセスすれば、どちらが環境にやさしいか分かる、というものです。これまでに個別の研究報告は多くあるものの、データベース化は初めての試みですので、完成が楽しみです。

そのほかの環境を測る方法として、九州大学の馬奈木俊介先生を中心に国連で検討されている「新国富」という指標があります[9]。国の豊かさを示す「国富」は、国民全体が保有する資産から負債を引いた額ですが、この「新国富」では、化石燃料、鉱物、森林資源などの「自然資本」と、教育、健康などの「人的資本」、設備・道路などの「設備資本」を指標とするもので、自然を含めた豊かさの表示が可能となります。

住宅の環境性能評価

筆者は、地球にやさしい暮らしのポイントは、安全で快適なライフスタイルを享受しながら、環境への負荷を思い切って減らす道を探し、実現することだと確信しています。贅沢を肯定するものではありませんが、多様な価値を同時

[8] 事業者の温室効果ガス排出算定及び報告についての標準化ガイドライン
[9] 馬奈木俊介, 2014. 経済運営,「新国富」向上軸に. 2014/12/31付; 日本経済新聞 朝刊 経済教室

に達成することは、同志を増やすうえでもとても大切だと考えています。

そこで、本章の最後に、私たちの一番身近な環境である住まいを、安全で快適なものにするために、専門家がどのような評価基準をつくり、どう測っているか、見ていきましょう。

建物の環境性能評価はイギリスのBREEM（ブリーム）から始まり、表1-1に示すように各国で運用されています。アメリカのLEED（リード）はもっとも有名です。日本では2002年にCASBEE（キャスビー）が提案されました。対談に登場いただいた村上周三先生が開発されたもので、「建物の環境品質（Q）」と「建物の環境負荷（L）」の両側面から、「環境効率」の考え方を用いて評価している点が他国にはない大きな特徴です。また、評価結果が「Sランク（すばらしい）」から、「Aランク（大変よい）」「B+ランク（よい）」「B-ランク（やや劣る）」「Cランク（劣る）」という5段階のランキングが与えられることも特徴的です。CASBEEは建物を対象に新築、既存、改修などの種類がありますが、新築の戸建住宅を対象としたものが「CASBEE-戸建（新築）」です。どの種類でも、評価には図1-13に示すように、分子に環境品質（Q）、分母に環境負荷（L）をおいた評価指標であるBEE（建物の環境効率、Built Environment Efficiency）を使います。Q、L、BEEの添え字の「H」は「Home（戸建）」の略です。環境品質が高いほど、そして環境負荷が低いほど、

〈表1-3　CASBEE戸建の評価基準例〉

レベル	基準
レベル1	日本住宅性能表示基準「5-1 断熱等性能等級」における等級1を満たす。
レベル2	日本住宅性能表示基準「5-1 断熱等性能等級」における等級2を満たす。
レベル3	日本住宅性能表示基準「5-1 断熱等性能等級」における等級3を満たす。
レベル4	日本住宅性能表示基準「5-1 断熱等性能等級」における等級4を満たす。
レベル5	レベル4を超える水準の断熱性能を満たす。

表1-2、1-3の出典：（財）建築環境・省エネルギー機構（IBEC）：CASBEE-戸建（新築）2014年版・PartII CASBEE-戸建（新築）の評価方法

〈図1-13　CASBEE戸建と既存制度の評価対象範囲〉

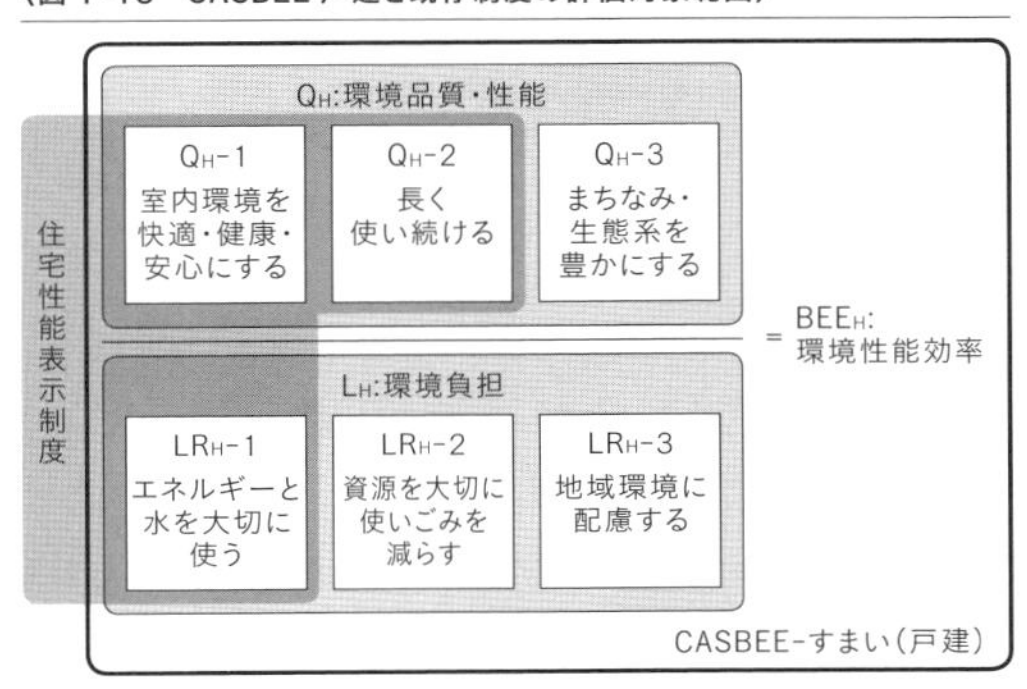

出典：JSBC編，村上周三ほか著：CASBEE-すまい（戸建）入門，2009年3月

〈表1-1　海外の建物環境性能評価〉

評価システム名	開発国	開発年
BREEAM	イギリス	1990
BEPAC	カナダ	1993
LEED	アメリカ	1996
GBTool	国際的	1998
ESGB	台湾	1999
NABERS	オーストラリア	2001
CASBEE	**日本**	**2002**
GOBAS	中国	2003

出典：JSBC編，村上周三ほか著：CASBEE-すまい（戸建）入門，2009年3月

〈表1-2　CASBEE戸建の評価項目例〉

中項目	小項目	採点項目
1.暑さ・寒さ（0.50）	1.1基本性能（0.50）	1.1.1断熱等性能の確保（0.80）
		1.1.2日射の調整機能（0.20）
	1.2夏の暑さを防ぐ（0.25）	1.2.1風を取り込み、熱気を逃す（0.50）
		1.2.2適切な冷房計画（0.50）
	1.3冬の寒さを防ぐ（0.25）	1.3.1適切な暖房計画（1.00）
2.健康と安全・安心（0.30）	2.1化学汚染物質の対策（0.33）	
	2.2適切な換気計画（0.33）	
	2.3犯罪に備える（0.33）	
3.明るさ（0.10）	3.1昼光の利用（1.00）	
4.静かさ（0.10）		

環境効率：BEEは高くなります。

図1-13に示すように、分子：環境品質（Q_H）の評価項目（大項目）は、Q_H-1：室内環境を快適・健康・安心にする、Q_H-2：長く使い続ける、Q_H-3：まちなみ・生態系を豊かにする、分母：環境負荷（L_H）の評価項目（大項目）は、LR_H-1：エネルギーと水を大切に使う、LR_H-2：資源を大切に使いごみを減らす、LR_H-3：地域環境に配慮する、の各3項目です。このうち、Q_H-1、Q_H-2、LR_H-1は、住宅性能表示制度[10]に定めた基準を採用し、整合性を図っています。

ここで、「Q_H-1：室内環境を快適・健康・安心にする」の中項目、小項目、採点項目を表1-2に示します。ほかの大項目も同様に細分化されており、CASBEE-戸建（新築）の評価項目は全6分野合わせて46項目で構成されています。そのうちの「断熱等性能の確保」の評価基準を表1-3に示します。前述のように住宅性能表示の評価基準を積極的に利用し、性能表示の温熱環境等級でレベル分けしています。

この等級の設定根拠となる人の温熱感覚を測る方法について見ていきましょう。Q_H-1の中項目「1．暑さ・寒さ」は人の感覚で判断されます。人体の熱収支を図1-14に示します。人は摂取した食物を燃焼させてエネルギーをつくります。これが代謝量（M）です。代謝を、皮膚からの水分蒸発（E）、放射（R）、対流（C）によって放熱し、代謝と放熱が釣り合ったとき（M=E+R+C）、人は温熱

〈表1-4　温熱環境要素〉

環境側	気温
	相対湿度
	熱放射（平均放射温度）
	気流速度
人体側	着衣量
	代謝量

〈表1-6　予測平均温冷感申告 PMV〉

PMV	温冷感	予測不満足者率（PPD）
+3	非常に暑い	99%
+2	暑い	75%
+1	やや暑い	25%
+-0	どちらでもない	5%
-1	やや寒い	25%
-2	寒い	75%
-3	非常に寒い	99%

出典：図解住居学編集委員会：住まいの環境第二版，彰国社，2011年4月

〈表1-5　各作業の代謝量〉

活動	W/m²	met
睡眠	40	0.7
椅子座安静	60	1.0
車の運転	60〜115	1.0〜2.0
調理	95〜115	1.6〜2.0
テニス	210〜270	3.6〜4.0
バスケットボール	290〜440	5.0〜7.6

出典：社団法人空気調和・衛生工学会：新版・快適な温熱環境のメカニズム 豊かな生活空間を目指して，丸善㈱，平成18年3月 をもとに作成

[10]「住宅の品質確保の促進等に関する法律（品確法）」にもとづき、温熱環境、空気環境、音環境、光・視環境、高齢者などへの配慮、防犯、構造の安定、維持管理・更新への配慮、劣化の軽減、火災時の安全の10分野で住宅の性能を評価するもの。

的に快適と感じます。また、MがE＋R＋Cより大きいときは放熱不足で「暑い」と感じ、MがE＋R＋Cより小さいときは放熱過多で「寒い」と感じます。

■温熱環境6要素

この熱収支と関係のある環境側の4要素、人体側の2要素を表1-4に示します。「暑さ・寒さ」の感覚は、気温を目安としますが、湿気（湿度）や日差し（放射）、風（気流速度）も大きく影響します。暑さ寒さを調整する着衣や、人の活動状態（代謝量）も影響します。この6要素を温熱環境要素と言い、人はこの6要素の影響を受けて、快適、不快を感じるのです。

着衣量は「clo（クロ）値」で表現します。裸の状態が0clo、室温21℃、相対湿度50％、気流速度0・1m／sの状態で椅座安静状態（基礎代謝時）の成人が快適と感じる着衣量（衣服の熱抵抗）が1cloです。各種作業の代謝量を表1-5に示します。椅座安静状態での代謝量が1met（メット）です。

■温熱環境の評価指標

人が感じる温熱環境の感覚を物理量で表す指標については、さまざまな研究が行われてきました。物理計測にもとづく指標としては、黒球（グローブ）温度や湿球温度、実験、経験にもとづく指標としては、有効温度ET、修正有効温度CET、不快指数、熱平衡式にもとづく指標としては、作用温度OT、新有効温度ET*、標準新有効温度SET*、予測平均温冷感申告PMVがあります。このなかから第2章以降で使われている評価指標について解説します。

①平均放射温度MRT（Mean Radiant Temperature）

人は室内では、表面温度が不均一な周壁に取り囲まれ、壁や天井との間で放射熱をやりとりしています。平均放射温度MRT（℃）は、周壁の表面温度が均一と仮定したときに、実際の環境と等価な放射熱を受ける壁面温度のことです。人や物を取り囲む壁表面の平均温度と同程度となります。[11]

②新有効温度ET*（イーティースター）（Effective Temperature）

人体の熱平衡式から得られる気温、湿度、風速、平均放射温度の影響を考慮した指標です。実際の環境と温熱的に

〈図1-14　人体の熱収支〉

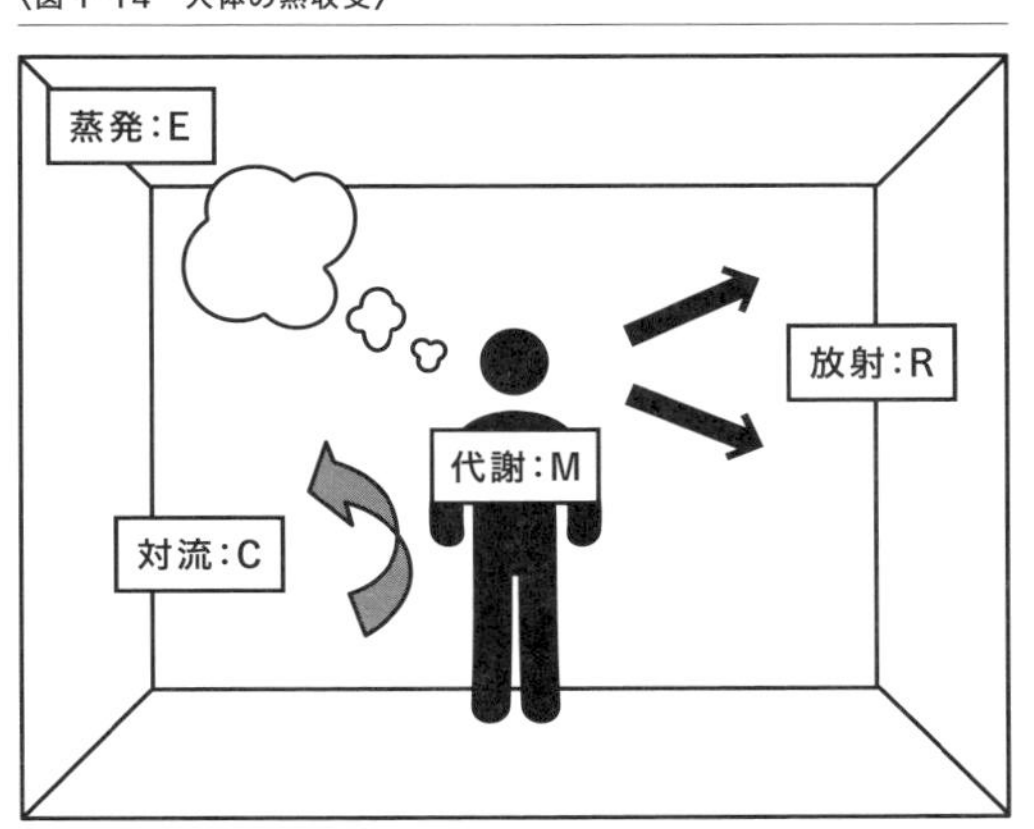

[11] 平均放射温度MRTは温熱環境の評価指標ではなく環境温度である。

等価の条件のもとに、相対湿度を50％に標準化したときの気温（気温＝ＭＲＴとする）を意味します。

③標準新有効温度ＳＥＴ*（エスイーティースター）(Standard New Effective Temperature)

新有効温度ＥＴ*に着衣と代謝を考慮したものです。無風、着衣量０・６clo（軽装）、代謝量１met（椅座安静の作業状態）の状態のときの気温（気温＝ＭＲＴとする）を意味します。

④予測平均温冷感申告ＰＭＶ（Predicted Mean Vote）

人が快適と感じる人体熱平衡式を基準として、気温、湿度、風速、平均放射温度、着衣量、代謝量の６つの温熱環境要素を用いて、その温熱環境が快適な条件からどの程度離れているかを快適方程式により算出したものです。表１-6に示すように非常に暑い（+3）から非常に寒い（-3）までの７段階の温冷感申告値で環境を直接評価するものです。

■住宅の外皮の熱性能評価

住宅の外皮（外壁や窓など）の熱性能を理解するために、まずは壁を熱が伝わる熱移動について説明します。図1-15に示すように、壁をはさんで内外に温度差があると、高温側から低温側へと熱流（単位：Ｗ）が生じます。これを貫流熱流と言います。熱の伝わり方には、固体部分を伝わる伝導、壁に隣接する空気と壁表面の間を伝わる対流、壁表面間を電磁波によって伝わる放射によるものがあります。熱伝導率（Ｗ／（ｍ・Ｋ））は、各種建築材料（壁・天井や断熱材）の熱の伝わりやすさを表し、一般に密度が大きい材料ほど熱伝導率が大きく（熱が伝わりやすく）なります。建物の壁はさまざまな建築材料を組み合わせてつくられますが、壁全体の熱性能（熱の伝わりやすさ）には、熱貫流率（Ｗ／（㎡・Ｋ））を使います。壁をはさんで内外に１℃の温度差があるときに、壁１㎡を流れる熱流を表しています。本書では木の熱の伝わりやすさとして熱伝導率の数値が示されています[12]。

住宅の外皮の熱性能については、２０１４年の住宅・建築物の省エネルギー基準改正により評価指標も変更となりました。外皮の熱性能のみの基準に、建物全体の省エネルギー性能を評価する「一次エネルギー消費量」の基準が加わったこと、そして、外皮の熱性能については、年間暖冷

〈図 1-15　熱移動の三態と貫流熱流〉

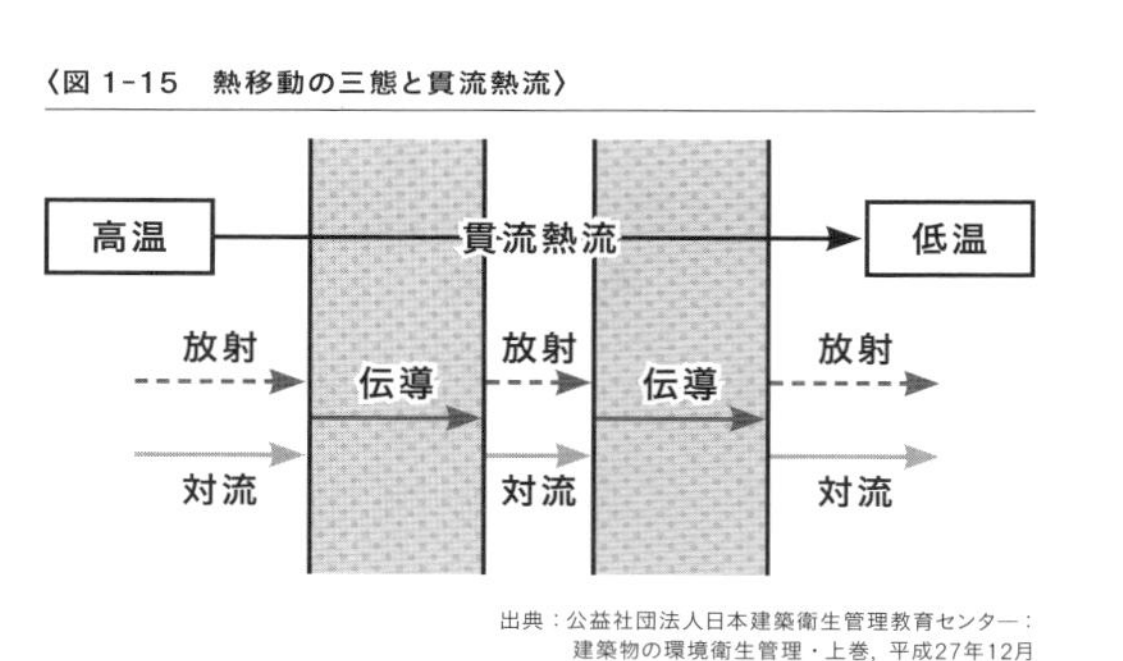

出典：公益社団法人日本建築衛生管理教育センター：建築物の環境衛生管理・上巻，平成27年12月

[12] 熱伝導率はP274を参照

房負荷および熱損失係数（Q値）・夏期日射取得係数から、外皮平均熱貫流率・冷房期の平均日射熱取得率の基準へ変更となったことが大きな改正点です（図1-16）。改正前の評価指標であるQ値や日射取得係数は、本書の2章以降にも登場するように、現在でもよく使われる指標ですので、改正前後の指標について以下に解説します。

①熱損失係数Q値（W／（㎡・K））…改正前

建物内外の温度差が1℃のときの部位毎の熱損失量の合計を延床面積で割った値。Q値が小さいほど断熱性能が高く、冷暖房時に使う単位床面積あたりのエネルギーが少なくなります。換気損失も考慮しているので、すきま風の大きい木造住宅などではQ値は大きくなる傾向があります。

②外皮平均熱貫流率U_A値（W／（㎡・K））…改正後

建物内外の温度差が1℃のときの部位毎の熱損失量の合計を外皮表面積の合計で割った値。U_A値が小さいほど断熱性能が高く、冷暖房時に使う単位床面積あたりのエネルギーが少なくなります。換気による熱損失は含まれていません。

③夏期日射取得係数（μ値）…改正前

夏期の部位ごとの日射熱取得率と外皮表面積と方位係数の積の合計を、延床面積で割った値。μ値が小さいほど日射が入りづらく、冷房効率が高くなります。

④冷房期の平均日射熱取得率（η_A値）…改正後

冷房期の部位ごとの日射熱取得率と外皮表面積と方位係数の積の合計を、外皮表面積合計で割った値。η_A値が小さ

〈図1-16　改正前後の熱性能基準（住宅・建築物の省エネルギー基準）〉

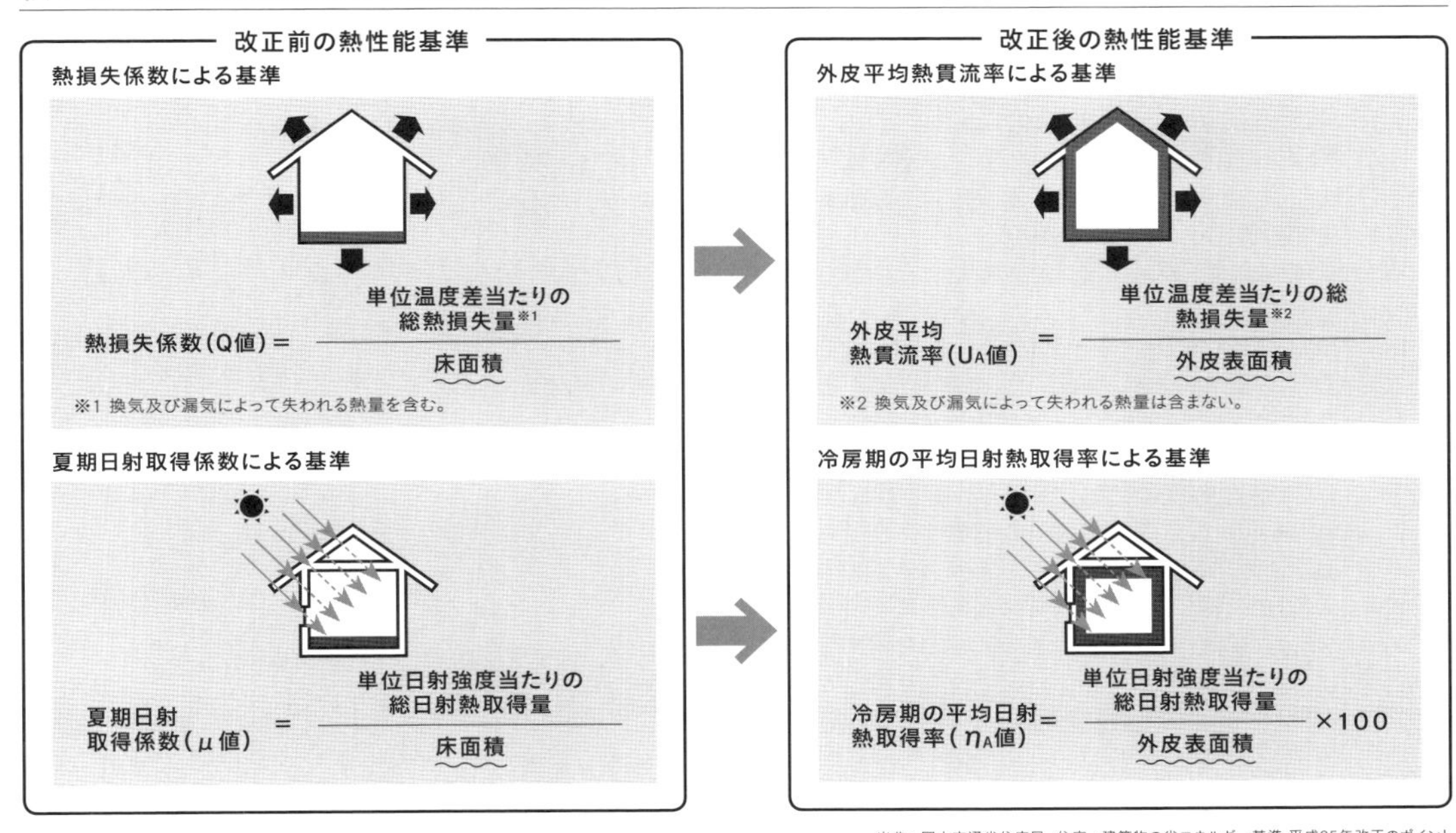

出典：国土交通省住宅局，住宅・建築物の省エネルギー基準 平成25年改正のポイント

いほど日射が入りづらく、冷房効率が高くなります。

本章では、地球と暮らしのつながりを見る方法について解説しました。後半は少し難しい話もありましたが、住宅の環境性能評価では、人の感覚を物理量に置き換えて、快適性を損なわずに環境負荷をおさえる知恵を発展させてきたことが分かります。読者の皆様も、こうした知恵を使いこなして、高い次元で環境を守りながら、快適に暮らしていただきたいです。本書がそのお役に立てればと思います。

それでは、いよいよ次章から、各分野の専門家による論考へと、歩みを進めてください。

とよさだ・かなこ
福岡女子大学国際文理学部環境科学科エコライフスタイル学研究室准教授。博士（工学）。一級建築士。専門は建築環境・設備。1994年日本女子大学家政学部住居学科卒業。同年、東陶機器（現、TOTO）株式会社入社。同社ESG推進部の環境研究グループリーダー、研究担当部長を経て、2015年4月より現職。

column

温度と湿度

私たちの周りにある空気は、乾燥空気に水蒸気を混ぜた「湿り空気」です。ある状態の空気は図1-17に示す「湿り空気線図」上の1点で表されます。つまり、この図にある乾球温度、湿球温度※、絶対湿度、相対湿度、水蒸気分圧のうちの2つが分かれば、残りの3つは線図から読み取れます（図では比エンタルピー、顕熱比、熱水分比、比容積を省略しています）。本書P.79に「気温30℃, 相対湿度50％のときの湿球温度は22℃」とありますので、図にこの点（A点）をプロットしました。確かに湿球温度が22℃を示しているのが分かります。ここでA点を利用して、露点温度（水蒸気を含む空気を冷却したとき、凝縮が始まる温度）の定義を見ていきましょう。A点の空気を冷却する（＝乾球温度を下げる）と、破線に沿ってA点から左側に状態が変化していきます。相対湿度100％になると、それ以上の水蒸気を含みもつことはできなくなり、100％を超えたものは凝縮して水滴になります。この相対湿度100％になったときの乾球温度（図では18.5℃程度）が露点温度となります。冬場に窓ガラスに水滴がつく現象はこの露点温度によるものです。

〈図 1-17　湿り空気線図〉

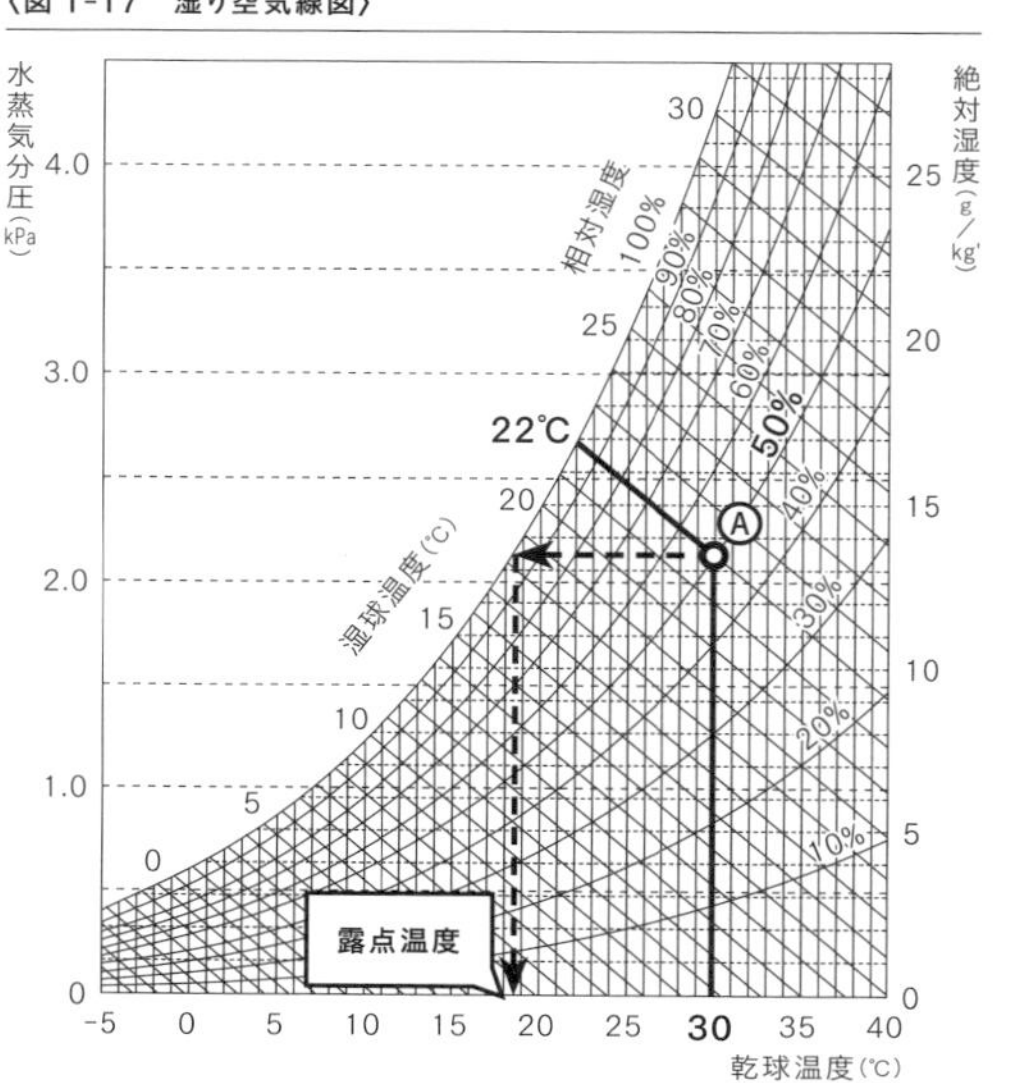

※湿球温度は、球部を濡れたガーゼで覆った温度計で測定され、周囲空気の対流によって移動する熱量と温度計表面から水分蒸発で失う熱量の収支がつり合った状態での温度。通常、周囲空気の温度（乾球温度）より低くなる。

第2章 暮らしやすい環境を探そう

働くための理想の環境

イトーキ　八木佳子
（株式会社イトーキ ソリューション開発部）

働くための理想の環境とは

働くための理想の環境とはどのようなものだろうか。単純に考えれば「仕事がはかどる快適な環境」となりそうである。効率よく仕事ができれば、無駄なエネルギーを使うことなく時間を有効に活用できる。よりよい仕事ができれば、評価や報酬はより高いものとなる。仕事も生活の一部の大切な時間なので、自分にとって快適な環境であることは重要だ。自分にとって快適であるだけでなく、環境に与える負荷の少ないものであれば言うことはない。

では仕事がはかどる快適な環境とはどんなものだろう。身近な仕事の例として、ＰＣや書類を扱う、いわゆるデスクワークを取り上げて考えてみよう。

楽な環境が理想ではない

デスクワークがはかどる快適な環境は、少し前まではわりとシンプルに定義されていた。背もたれがあり、足が床にきちんと届く座面の高さの椅子と、この椅子に座ったときに天板が肘の高さにあり、かつ書類やＰＣを適度に目から離して置ける広さのある机があること。さらに、明るさが十分で、適度な温湿度があり、うるさすぎない環境、というものだ。よい姿勢であっても、同じ姿勢を長く続けていることは好ましくないので、適宜休憩をはさむことも大切である。

これらは快適な環境の基本のキではあるものの、これだけでは不十分だということが話題になっている。座位は確かに楽な姿勢だが、一日のなかで座っている時間が長すぎると、消費エネルギーが少なすぎることからメタボリックシンドロームなどを招きかねないという研究結果が、ここ数年、相次いで発表されたためである。しかし現実的には、休憩をはさむにしても状況の制約や限界があるし、やるべき仕事がある以上、それに集中しなければならない。

そこで注目されているのが、デスクワークを立って行う「立ち作業」である。基本的には「理想的な座位」で仕事をしつつ、時々立位をはさむ——というスタイルになる。ＰＣや書類を載せたまま高さを変えられるデスクがあれば理想的だが、そうしたものがない場合は、書類やモバイルＰＣをカウンターや適度な高さのキャビネットの上などに移動させて、立ったまま作業を行う。1回の立ち作業は15～20分ほどから始め、慣れてきたら少しずつ長くしていく。立位は座位に比べて同じ時間で約1・5倍のカロリーを消費すると言われる。座位と立位とでは負担のかかる部位も異なることから、座位の合間に適宜立位をはさむことは健康に有効なだけでなく、作業効率を高めることがいくつもの実験で確かめられている。

立つことによって覚醒が促される。つまり眠気がなくなるので、午後一番の眠い時間帯に睡魔と闘うよりよっぽどいいし、座りっぱなしの姿勢から立ち姿勢に変わるだけで体も楽になる。ちなみにオフィスワーカー32人が、1日合計2時間の立ち仕事をするよう取り組んでみたところ、1か月半でウエストが平均約1センチ減っていた。

すべてに適した理想の環境はない

先に一言で「デスクワーク」と書いたが、デスクワークにもいくつかの種類がある。ひたすら計算したり入力したりする単純な作業から、あれこれ考えながら情報を探したり集めたりする作業、集めた情報や自分の考えをもとにアイデアを練りまとめる作業。その種類によって、適した環境は当然異なる。一般的には、比較的単純な作業のときには、その流れを中断しない静かで集中できる環境が望ましく、あれこれ考える要素が多い作業では、ひらめきを促すような刺激がある環境のほうがよいと言われている。

ひらめきは少しリラックスしているときに訪れる、とい

〈図 2-1-1　ウエストの変化〉　※自社調べ

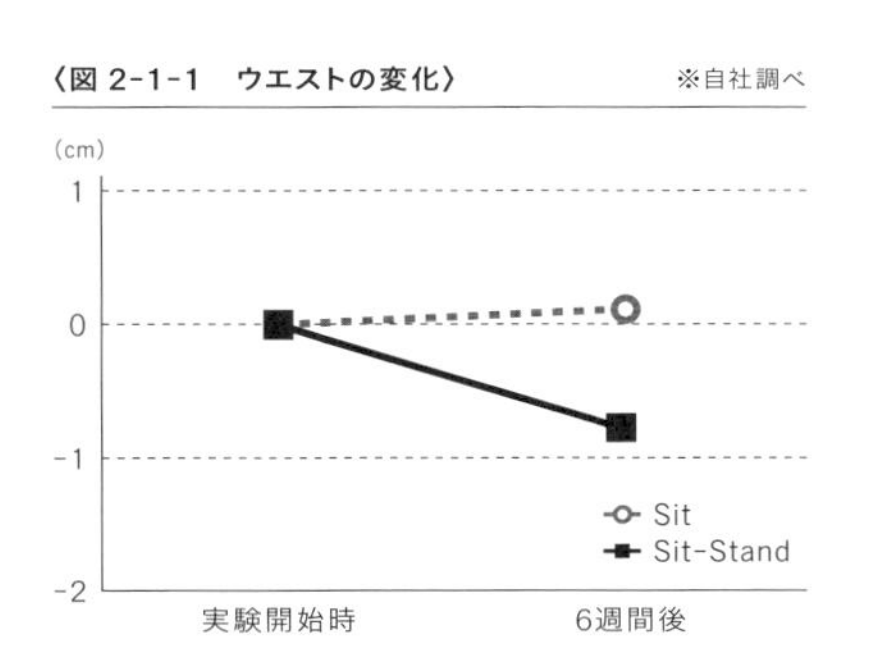

〈図 2-1-3　いろいろな設えのあるオフィス〉

〈図 2-1-2　照明と集中・リラックスの関係〉

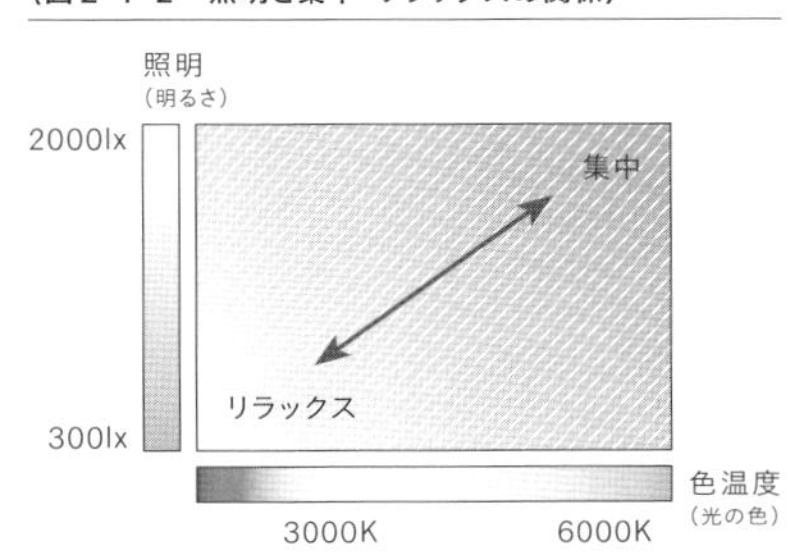

うのは洋の東西を問わず経験的に言われていることだが、「集中しやすい」環境と「リラックスしやすい」環境は、相反する要素をもつ。つまり、仕事の内容によって適する環境は異なるのである。

たとえば照明ひとつとっても、明るく白っぽい光のほうが集中しやすく、やや暗めで黄色からオレンジがかった光のほうがリラックスしやすい。可能であれば、単純作業を淡々とこなすときは白くて明るい照明に、アイデアを練るときは少し明るさを落として電球色のような照明にするとよい。一般的な日本のオフィスでは、白色の照明が煌々と点いていることが多いが、本来は仕事の内容によって明るさを抑えたほうがよい場合もある。

とは言え、ホームオフィスで仕事をしている人や個室が与えられた人でもない限り、自分の仕事の内容に合わせて照明を調節することは容易ではない。そこで最近注目されているのが、オフィスの中にいろいろな場を用意しておいて、仕事の内容によって場所を選ぶという方法である。

照明だけでなく、先に挙げた立ち作業のできる机やゆったり座れるソファなどの家具、音、内装、植栽、運用ルールなどいろいろなアイテムを使って、とにかく集中しやすい場所、雑談もOKなリラックスワークスペース、といった具合に設えを変えておく。あるいは外部の図書館やカフェなどを利用してもいい。こうすることで、たとえばちょっとざわついた場所で行きかう人を眺めながらアイデアを練り、よい案を思いついたところで集中しやすい場所へ移動して企画書をまとめ上げる、といった働き方ができる。

十分な環境が、仕事がはかどる快適な環境

こうした例からも分かるように、仕事がはかどる快適な環境はひとつではない。楽すぎてもよくないし、いつでも静かで明るい環境がよいわけでもない。しいて言うなら「場面に応じた十分な環境」が理想だろうか。そのことが結果的には仕事の効率や質を高め、不要なエネルギーの使用を抑制し、自分の健康維持にもつながる。

だがしかし、こうした「場面に応じた環境」をつくったり選んだりするためには、少しばかり知恵が必要だ。どんな仕事をしているときに、どんな設定だったら、あるいはどんな場所のときに作業がはかどったのか、あるいは快適だったのかを把握し、それに合わせて無駄なく調節し選択していく必要がある。理想の働く環境は、そうしたていねいな働き方があってこそ実現できるものなのである。

やぎ・よしこ
1998年大阪市立大学大学院生活科学研究科修了。株式会社イトーキ ソリューション開発部 部長。オフィスとそこでの働き方についての研究と、研究に基づくソリューション開発に従事。認定人間工学専門家。

良好な睡眠の環境

伊香賀 俊治

睡眠不足や睡眠障害は、さまざまな疾患の原因となり、生命の維持に悪影響を与えるほか、欠勤・遅刻・早退、作業効率の低下、交通事故、産業事故などによって日本の経済損失は年間3兆9694億円に上ると推計されており、[1][2]睡眠の量的・質的改善は大きな課題となっている。睡眠に影響を与える原因としては、性別、年齢、精神的ストレス、生活習慣などの生体に関わる要素と、温熱や光、音、空気質などの寝室の物理環境が挙げられている。[3]

本稿では、筆者の研究室メンバーがこれまでに実施してきた住まいの断熱性能、無垢木材などの自然素材内装と住まい方が、睡眠の質に及ぼす影響に関する実態調査と被験者実験の結果を紹介しながら、良好な睡眠が得られる住まいの環境について提示する。

住まいの温熱環境と睡眠の質

実生活での実態調査を実施し、個人属性や生活習慣を考慮した分析を行うことで、住まいの温熱環境と睡眠の質の関係を明らかにした。さらに、冬季においては同一対象者の高断熱住宅への転居前後での実態調査を実施し、住まいの断熱性能向上による温熱環境の改善と睡眠の質向上の関係を分析した。

実態調査では2013～2014年の夏季と冬季に、高知県梼原町と山梨県上野原市の戸建住宅に住む成人男女を対象に実施した。また、2014～2015年の冬季には、高断熱住宅へ転居する成人男女を対象に、転居前後で実態調査を実施した。対象者数は夏季63名（52世帯）、冬季387名（228世帯）であり、のべ450名（280世帯）であった。

夏季・冬季の約2～4週間、睡眠効率（総就床時間中の総睡眠時間の割合）と温湿度を測定した。温湿度は寝室の寝床高さにて、10分間隔で連続測定した。同期間中にアンケート調査も実施し、住まい・住まい方（断熱性能、冷暖房使用状況など）に加え、睡眠への影響が指摘されている個人属性（年齢、性別など）や生活習慣（運動習慣、飲酒など）を把握した。

冬季における寝室の就寝中平均SET*、就寝中最高SET*、就寝中最低SET*を断熱性能及び暖房使用状況別に図2-2-1に示した。SET*（Standard New Effective

[1] 内山真，睡眠障害の社会生活に及ぼす影響と経済損失，日本精神科病院協会雑誌，Vol.31，No.11，99，pp.61-67，2012
[2] 三島和夫，睡眠と生活習慣病，公衆衛生，2011
[3] 北堂真子，良質な睡眠のための環境づくり，バイオメカニズム学会誌，2005

Temperature：標準新有効温度）とは、気温、湿度、気流、放射、着衣量、代謝を総合的に評価できる熱平衡式にもとづいた体感温度に近い指標で、相対湿度50％の標準環境の気温を示している。無断熱住宅で暖房不使用の場合と比較して、間欠使用の場合では、就寝中平均SET*が2・2℃高いものの就寝中最大SET*差（就寝中最高SET*-就寝中最低SET*）が2・0℃大きかった。一方、高断熱住宅で間欠使用の場合では、就寝中平均SET*が6・7℃高く、就寝中最大SET*差も0・2℃小さかった。

住まいの温熱環境が睡眠に及ぼす影響度を把握するために、個人レベルの変動（長期的影響：SET*（期間平均）、個人属性、生活習慣など）と日レベルの変動（短期的影響：SET*（日毎）など）の階層構造を分離し、同時に分析を行うことのできるマルチレベルの多変量解析を行った。従属変数を睡眠効率とし、独立変数には就寝中平均SET*、就寝中SET*差、また個人属性、生活習慣の諸項目とした。冬季調査における分析結果を表2-2-1に示す。各独立変数の推定値は変数1増加に対する睡眠効率の増分と評価できる。すなわち冬季においては就寝中平均SET*1℃の上昇が日レベルでは睡眠効率0・7pt、個人レベルでは0・9ptの向上に相当すると解釈できる。同様に、就寝中最大SET*差1℃の減少が日レベルでは睡眠効率0・5pt、個人レベルでは0・7ptの向上に相当すると解釈できる。高断熱住宅で暖房間欠使用の場合、無断熱住宅で暖房不使用の場合と比較して睡眠効率が日レベルでは4・8pt、個人

〈図 2-2-1　住まいの断熱性能と就寝中体感温度 SET*（冬季実測の結果）〉

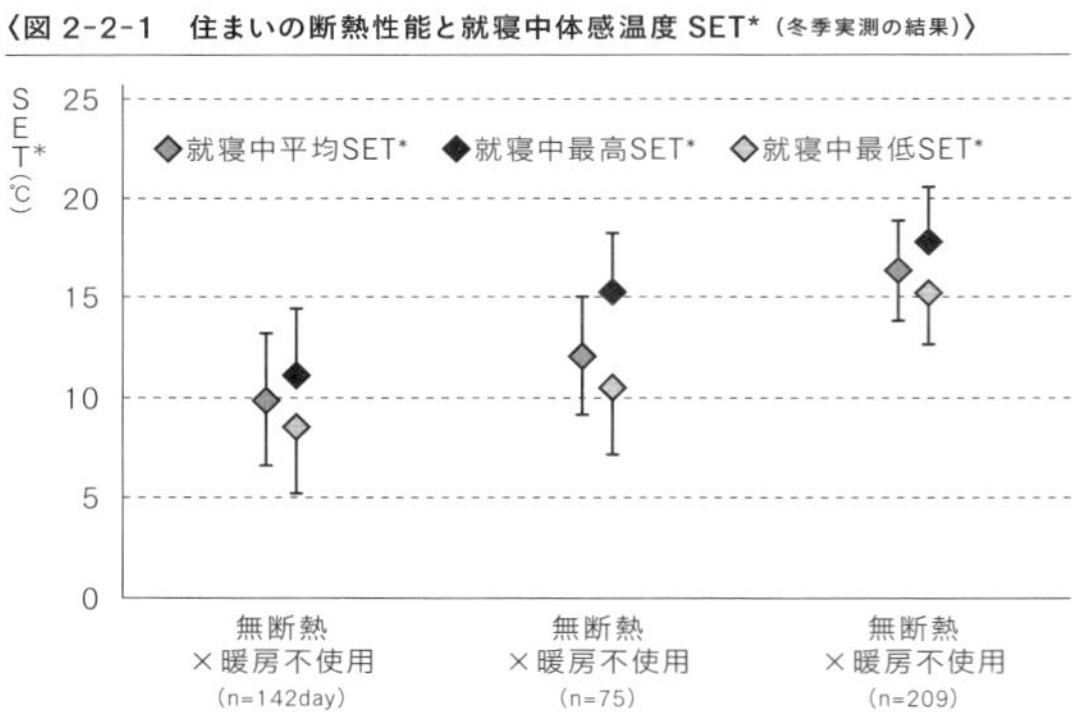

〈図 2-2-2　高断熱住宅転居前後の体感温度 SET* と睡眠効率の変化〉

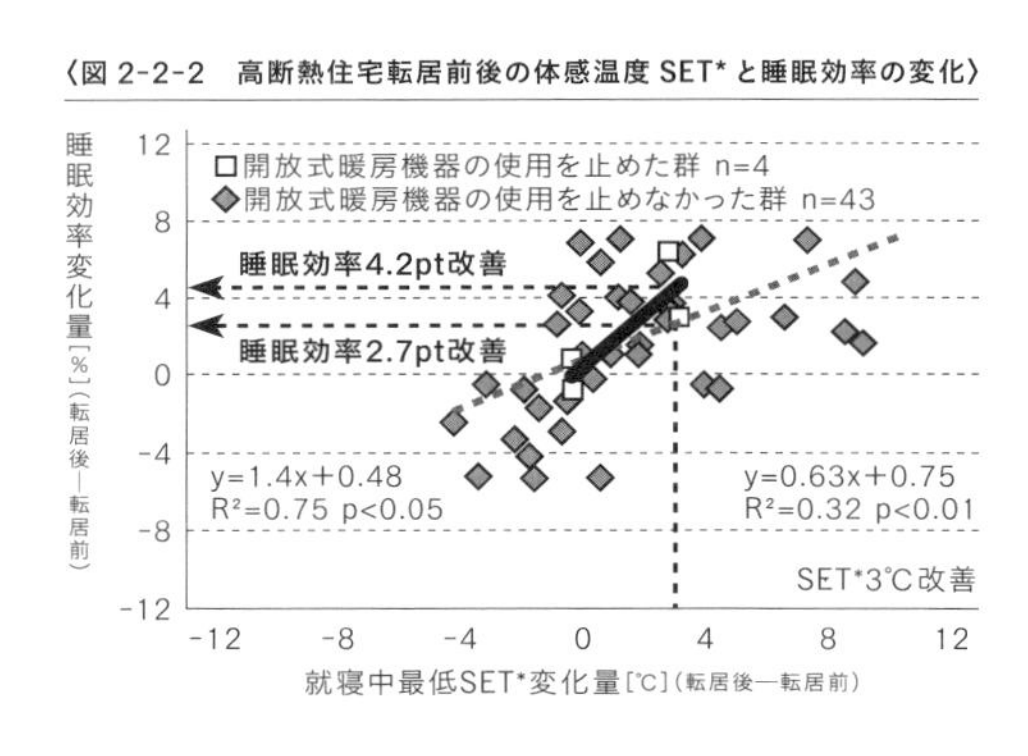

〈表 2-2-1　睡眠効率に影響を及ぼす要因のマルチレベル分析〉

レベル	説明変数		推定値	有意水準
―	切片		88.2	★★★
個人レベル	年齢	[実数]	-0.4	★★
	性別	[1.男性 2.女性]	1.2	★★★
	BMI	[実数]	-0.6	★
	運動習慣	[×1.不足～ 4.+○]	1.4	★★★
	ストレス	[×1.高～ 4.低○]	1.7	★★★
	飲酒	[○ 0.なし 1.あり×]	-2.3	★★★
	就寝中平均SET*	[実数]	0.9	★★★
	就寝中SET*差	[実数]	-0.7	★★★
日レベル	飲酒	[○ 0.なし 1.あり×]	-1.8	★★
	就寝中平均SET*	[実数]	0.7	★★
	就寝中SET*差	[実数]	-0.5	★★

1℃暖かい住宅の睡眠効率
0.9pt増
（長期的影響）

1℃暖かい日の睡眠効率
0.7pt増
（短期的影響）

〈図 2-2-3　エアコンによる冷房設定の違いが睡眠効率に与える影響〉

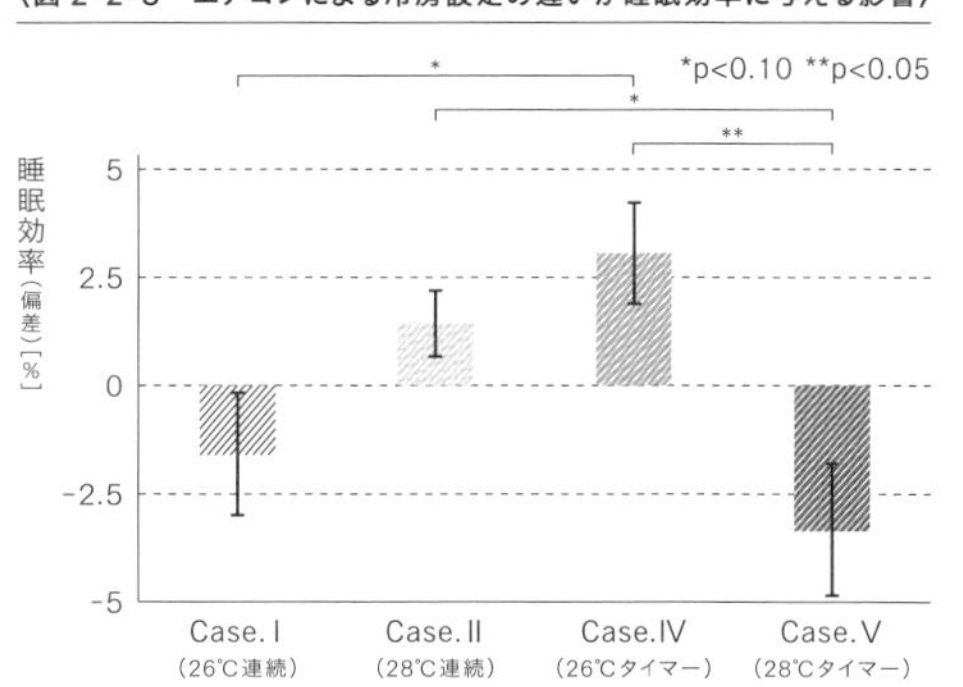

レベルでは6・2pt向上することが期待できる。

断熱性能のよい住まいへの転居前後での就寝中最低SET*の変化と睡眠効率の変化の関係を図2-2-2に示す。転居後も寝室の空気を汚染する灯油ファンヒーターなどの開放式暖房機器の使用を改めなかった群では、就寝中の最低SET*が3℃暖かくなることによって、睡眠効率が2・7ポイント改善されたことがわかる。さらに寝室の空気を汚染する開放式暖房機器の使用を改めた群では、睡眠効率が4・2ポイントも改善されている。住まいの断熱性能向上とともに、室内空気を汚染しない暖房機器の使用に改めることの大切さが分かる。

さらに、断熱性能の高い住宅への転居前後での睡眠効率の変化を従属変数とした重回帰分析すると、個人属性や転居前後の生活習慣、音・光環境の変化を考慮したうえでも、就寝中最低SET*の上昇が睡眠効率向上に寄与していることが分かった。

作業効率を向上させる夏季の寝室環境

民生家庭部門におけるエネルギー消費量の削減に向け、冷房使用の抑制による省エネ行動の実施が求められている[4]。一方、冷房を使用しない過度な省エネ行動は睡眠環境を悪化させる危険性が示唆されている[5]。睡眠の質低下は作業効率の低下を引き起こすことが指摘されており[6]、甚大な経済損失に繋がる可能性がある。そこで、被験者実験にもとづき、「冷房制御が睡眠の質と作業効率およびエネルギー消費量に与える影響の経済性評価」を実施した結果を紹介する。

睡眠の質と翌日の作業効率を向上させる夏季の寝室環境に関する実験を、2013年~2015年の8月に男子大学生を対象として実施した。寝室の睡眠環境として、自然通風（1ケース）、対流式冷房（4ケース）、放射冷房（1ケース）の合計6ケースを設定し、睡眠の質として「寝つきのよさ」「中途覚醒時間の短さ」の総合的な指標とされる睡眠効率（総就床時間中の総睡眠時間の割合）を用いて、8時間（23時~7時）の睡眠効率を測定した。翌日は、オフィスを模擬した作業空間に移動し、作業効率を測定した。

図2-2-3は、対流式冷房の運転方式が睡眠効率に与える影響を比較した結果を示したものだ。Case.Ⅳ（26℃タイマー運転）において睡眠効率が向上する傾向が確認された。さらに、対流式冷房と放射冷房の比較では、図2-2-4に示すように放射冷房の利用が睡眠効率の向上に寄与する傾向が示唆された。不感気流の上限とされる風速0・10m/s以上を記録した合計時間数は、対流式冷房を用いたケースでは気流の影響が有意に長いことが確認された。これにより、冷気流が睡眠効率低下の一因となったと考えられる。

睡眠効率と翌日の作業効率の関係

睡眠効率の向上に伴う影響を作業効率の向上による賃金の増加として貨幣価値に換算するため、睡眠効率と作業効率は、個人差が非常に大きいため、偏差（被験者の日ごと

[4] 環境省：環境省の省エネルギー・低炭素化推進に関する取り組み, 2015.1 www.meti.go.jp/committee/sougouenergy/shoene_shinene/sho_ene/pdf/009_03_02.pdf (2016.1.26参照)
[5] 玄地裕, 井原智彦, 宮沢和貴ほか：居住環境における健康維持増進に関する研究 その10外気温上昇が居住者の睡眠障害に及ぼす影響, 日本建築学会大会学術講演梗概集, D-I, pp.1003-1004, 2009.7
[6] 厚生労働省健康局：健康づくりのための睡眠指針2014, p.4-11, 2014.3 www.mhlw.go.jp/file/06-Seisakujouhou-10900000-Kenkoukyoku/0000047221.pdf (2016.1.26 参照)

の値—実験期間中の被験者ごとの平均値）を用いて、睡眠効率と作業効率の関係を分析した。その結果、睡眠効率が10Pt向上することよって、文章入力の作業成績が7・1Pt向上することが分かった。

この実験から、冷房制御が作業効率の向上（睡眠効率の向上）とエネルギー消費量の削減に与える経済的影響を算出した結果を図2-2-5に示した。作業効率の向上は賃金の増加として、エネルギー消費量の削減は冷房費の削減として推計を行った。作業効率の向上による便益は、省エネによる便益を大きく上回ることが示された。運用段階における冷房制御ケース別の経済的価値の比較では、Case.Ⅵ（放射冷房）がもっとも価値の高い冷房制御である傾向が示された。

内装木質化が、良好な睡眠をもたらす

生活習慣、健康状態、寝室の床・壁・天井の内装材への木材の使用状況、無垢材の使用状況、寝室の床・壁・天井で使用している内装材の種類や、寝室の見た目・香り・触り心地と木の香りの有無といった問いを設けて、木質化が日常生活に与える効果を把握し、自宅にて温湿度と睡眠状態の測定を行った。本調査で用いた睡眠計は、前記の被験者実験で使用したものと同じく枕元に設置し、簡単なボタン操作を行うことで居住者自身に睡眠効率の測定を依頼した。

日常生活での睡眠効率が自宅の内装木質化の違いによっ

〈図 2-2-4　エアコン冷房と放射冷房が睡眠効率に与える影響〉

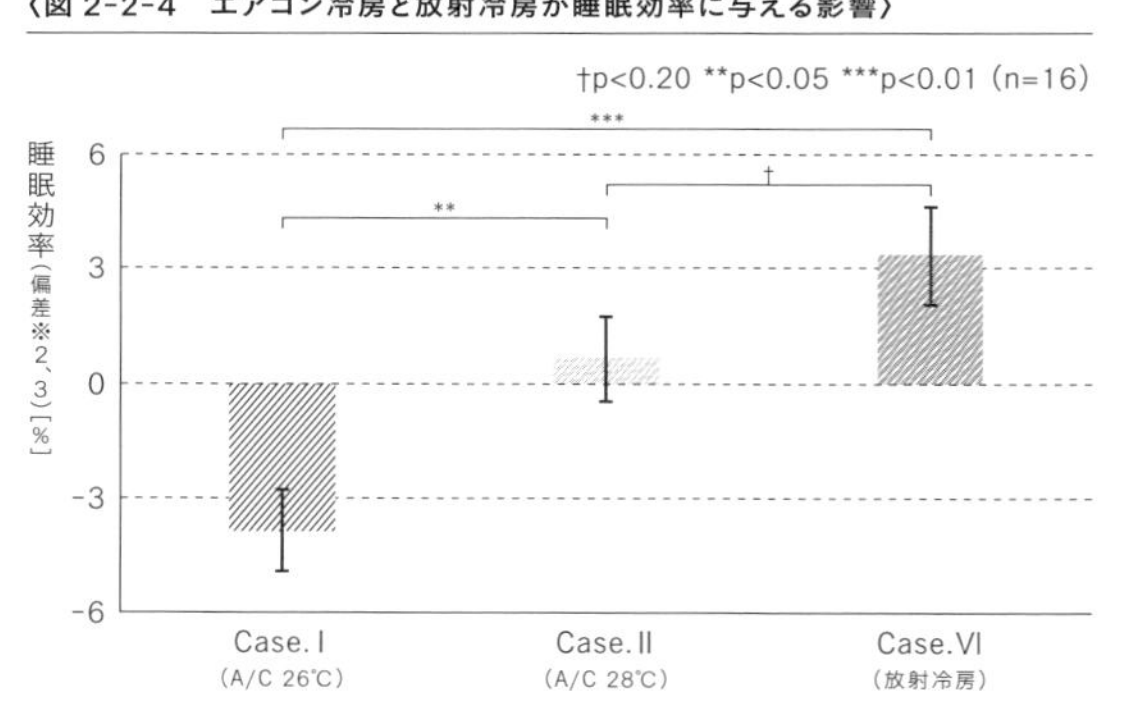

〈図 2-2-5　寝室の冷房方法による睡眠と作業効率の便益評価〉

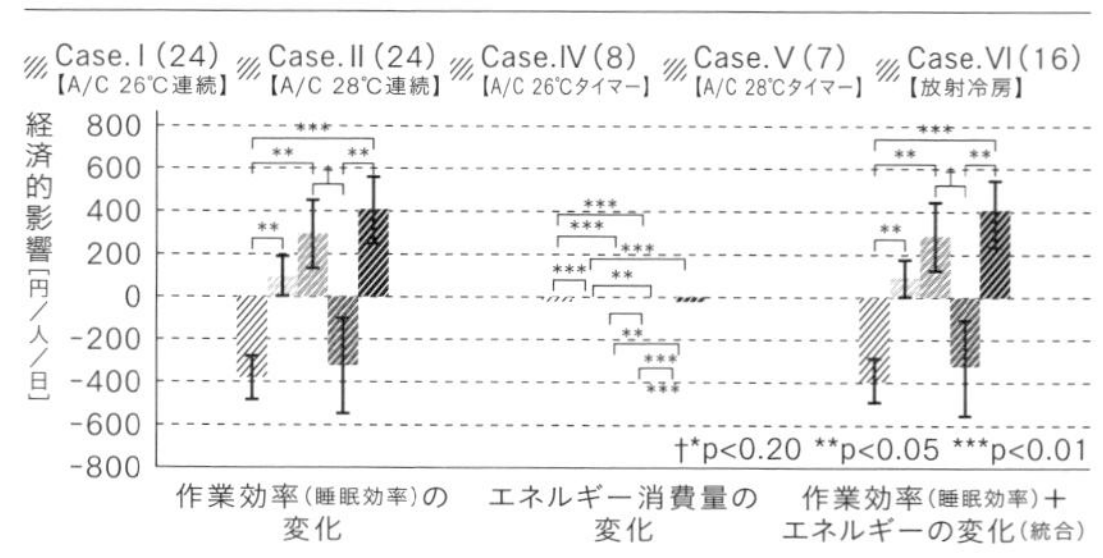

※1（ ）内はサンプル数　※2 算出式は多和田友美、伊香賀ら「オフィスの温熱環境が作業効率及び電力消費量に与える総合的な影響」日本建築学会環境系論文集、第75巻、第648号、213-219,2010.2を参考に設定

〈図 2-2-6　住宅の内装木質化率と日常生活での睡眠効率の比較（全59世帯の男女74名）〉

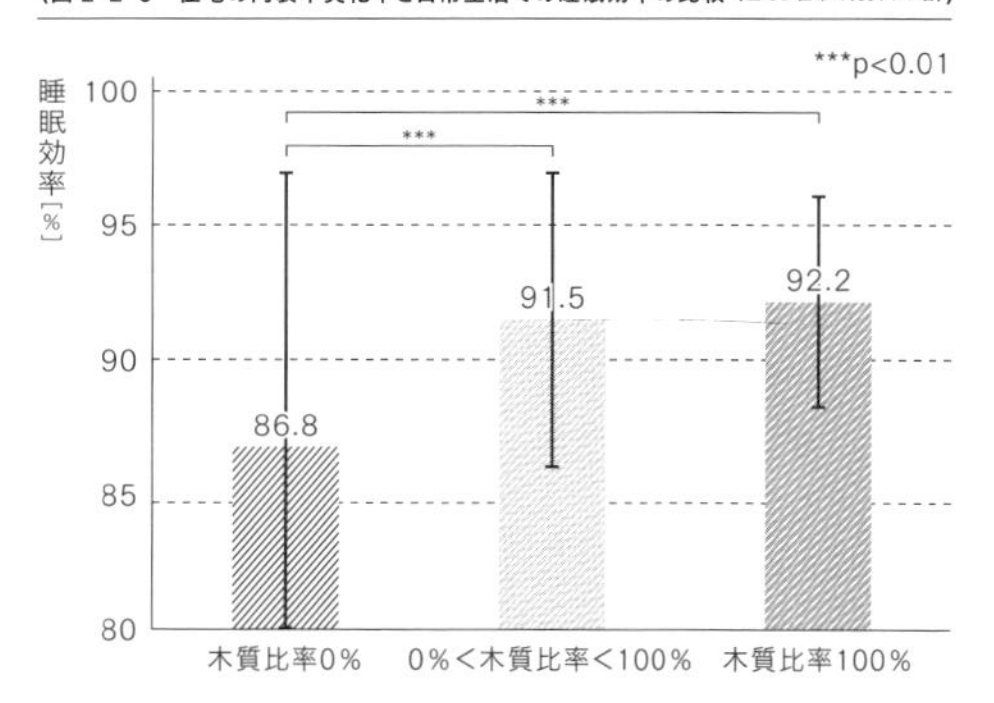

〈図 2-2-7　内装木質化率と新睡眠時間の関係〉

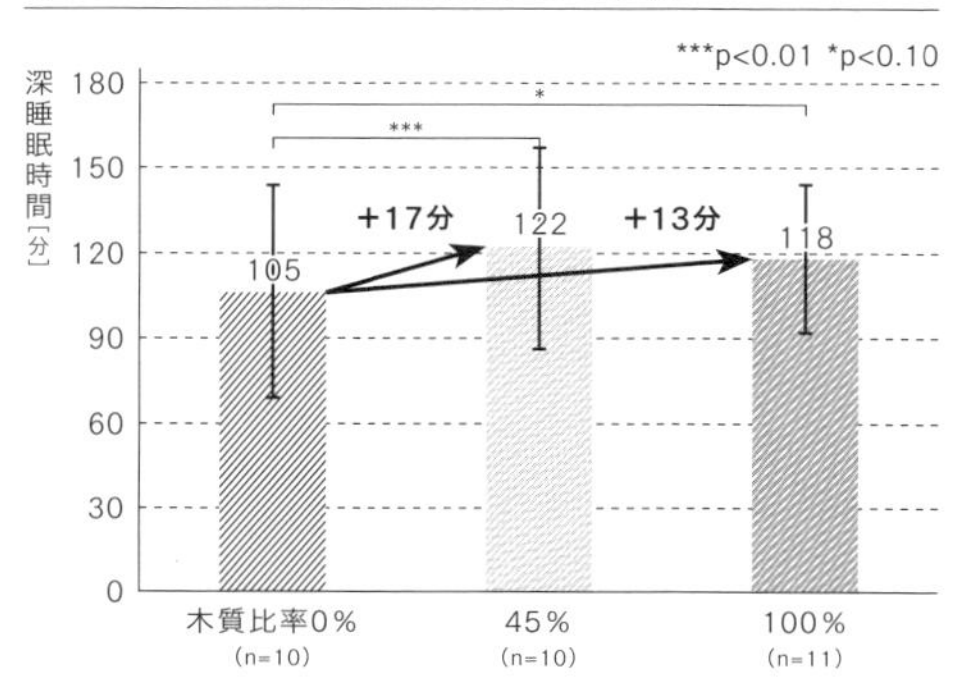

てどの程度異なるかを調べるために、住宅を新築した工務店を通じて居住者にアンケート調査と、２週間の温湿度自動測定と睡眠効率測定を依頼した。調査対象者数は１４１世帯２１３名であったが、年齢、性別、体型、睡眠薬使用の有無といった個人属性、寝室の温熱環境、住宅の築年数によって睡眠効率が異なる。そこで、住宅新築後4年以下、年齢20歳以上65歳未満（平均年齢40歳）、肥満度を示す体格指数ＢＭＩが18・5以上25・0未満の標準体型の59世帯74名を分析対象とした。

自宅の内装木質化率と睡眠効率の関係を、木質化率0%、0%＜木質化率＜１００%、木質化率１００%の3群に分けて比較した。内装木質化率とは、窓と扉を除く、部屋の床・壁・天井の総面積のうち、木質材料による仕上げ面積の割合と定義した。一元配置分散分析を行った結果、木質化率0%と比較して木質内装の住宅では睡眠効率が高い傾向が示された。

住宅の内装木質化と作業効率の関係

オフィス執務者の疲労蓄積による作業効率の低下は甚大な経済損失をもたらすため、日々の疲労の十分な回復が重要である。主な疲労回復の場となる住宅における内装木質化はリラックス状態や睡眠の質向上をもたらすことから、疲労回復を介した日中の知的生産性低下の防止が期待される。また、住宅内装への木材使用量に着目すると、内装木質化率により居住者の心理・生理に与える影響が異なることから、内装木質化率の違いが疲労回復と翌日の作業効率に及ぼす影響について、より詳しく調べるため次の実験を行った。

標準的な体型の男子大学生6名を対象に、２０１５年11月にN社のモデル住宅と会議室にて1ケース2日間×3ケースの計6日間行った。被験者は18時に集合した後、モデル住宅の実験室ですごし、23時から8時間の睡眠状態の測定をした。翌日は会議室でオフィス業務を模擬した作業を行った。非木質内装として木質化率0%ケース、木質内装として木質化率45%ケース、１００%ケースを設定した。

リラックス状態を示す指標として実験室滞在時の脈拍数を比較したところ、木質化率 45%ケースで脈拍数が低い傾向（p＜0・10）を示し、木質内装のリラックス効果が示唆された。また、良好な睡眠を表す睡眠効率とは別の指標として、熟睡時間を表す深睡眠時間を測定した結果を図2-2-7に示す。木質化率0%ケースと比較して45%ケースで深睡眠時間が長く（p＜0・05）、１００%ケースでも長い傾向（p＜0・10）を示した。起床時の疲労感の主観評価でも、木質化率 0%ケースと比較して45%、１００%ケースでは「起床時に疲れが残っていない」と回答した割合が多く、深睡眠時間の増加が起床時の疲労感を低減したと考えられる。

翌日のオフィスを模擬した会議室では、文章入力の作業効率を測定した。文章入力では、木質化率0%ケースと比較して45%ケースで作業成績が高く（p＜0・05）、１０

0%ケースでも高い傾向（p＜0・10）を示した。疲労感低減による単純ミスの減少が作業成績に寄与したと考えられる。

木質化率45%、100%ケースともに内装木質化が疲労回復、日中の知的生産性を維持する可能性が示唆された。つまり、住宅の内装木質化は疲労回復・翌日の作業効率維持につながるようだ。

本稿では、良好な睡眠が得られる住まいの環境とは何かを提示するため、筆者の研究室メンバーがこれまでに実施してきた住まいの断熱性能、無垢木材などの自然素材内装と住まい方が睡眠の質に及ぼす影響に関する実態調査と被験者実験の結果を紹介した。

〈図 2-2-8　内装木質化率と翌日の作業成績の関係〉

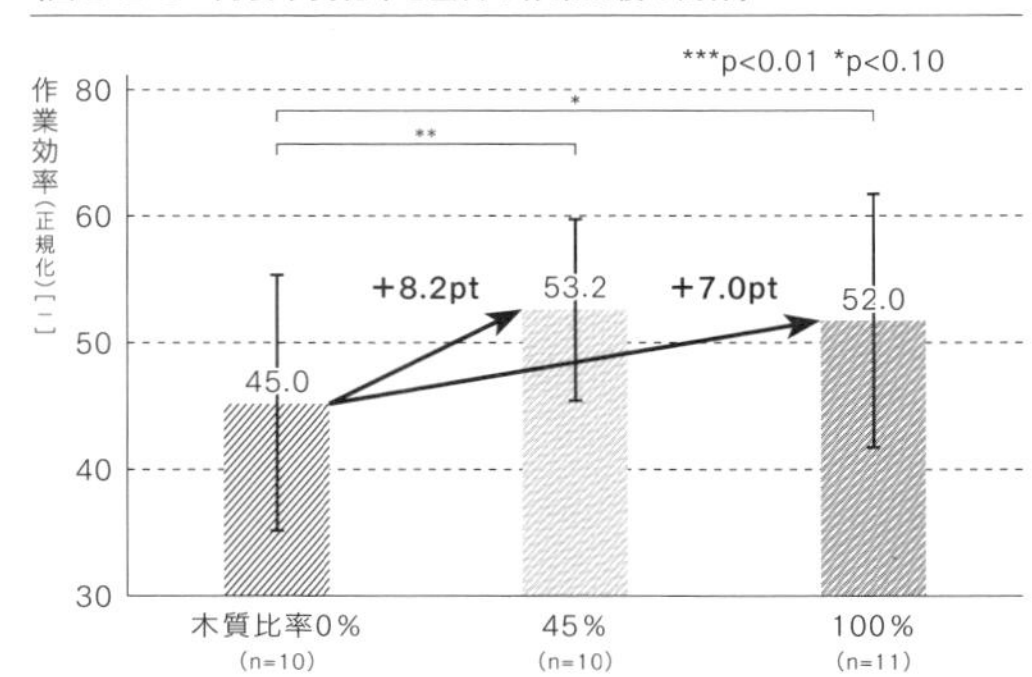

※1 時間内の総正打数を作業成績と定義。習熟曲線を導出し、習熟の影響を補正
※2 個人の能力差を考慮し、作業成績（正規化）＝50+10×（(作業成績) －（個人の平均作業成績)）／標準偏差を算出

これから住宅の新築または改修を検討されている方には特に、以上のことに配慮していただくことを期待したい。

いかが・としはる
慶應義塾大学理工学部システムデザイン工学科教授。1959年東京都生まれ。早稲田大学理工学部建築学科卒業、同大学院修了。日建設計 環境計画室長、東京大学助教授などを経て、2006年より現職。専門は建築・都市環境工学。

本稿は、科学研究費補助金・基盤研究（A)、科学技術振興機構戦略的創造研究事業（社会技術研究開発)「健康長寿を実現する住まいとコミュニティの創造」、林野庁委託事業「木造建築物等の健康・省エネ性等データ収集・分析」並びにハイアス・アンド・カンパニー（株)「高性能住宅R+houseの健康モニター調査」の研究資金を得て、慶應義塾大学伊香賀研究室の岡村玲那、大橋知佳、本多英里、西村三香子の卒業論文・修士論文としての成果をもとに作成したものである。

森林浴の新しい可能性

塩田清二、竹ノ谷文子

森林の力はフィトンチッドから

森林の中に入り、樹木から発せられるいろいろな香りを嗅いだり浴びたりすることで健康を促進、増進する森林浴。本節では、自然のもつ力としての森林浴の効能について考えていきたい。

森林浴がもたらす効能は、鳥のさえずりや風の音などの聴覚刺激、木々の色や木漏れ日などの視覚刺激、森林の中で地面と触れたりする触覚刺激、あるいはそこでの食事を通して味覚が刺激されるなど、五感刺激作用もあると考えられる。

もうひとつ考えられるのが、転地により得られるリラクセーション効果である。森林内の空気は、排気ガスをはじめとする人体にとって有害な物質の含有量が少ない。都心の環境から、森林の中に身を置く転地療法で得られる効果は大きいだろう。森林浴が、身体への直接的な作用よりも、精神面に影響をおよぼす作用が大きいと言われるのは、こうした理由もある。現代社会に蔓延している生活習慣病、うつ病や認知症などの精神神経疾患が大きな社会問題とな

〈図 2-3-1　森林浴の心身に及ぼす作用と効果〉

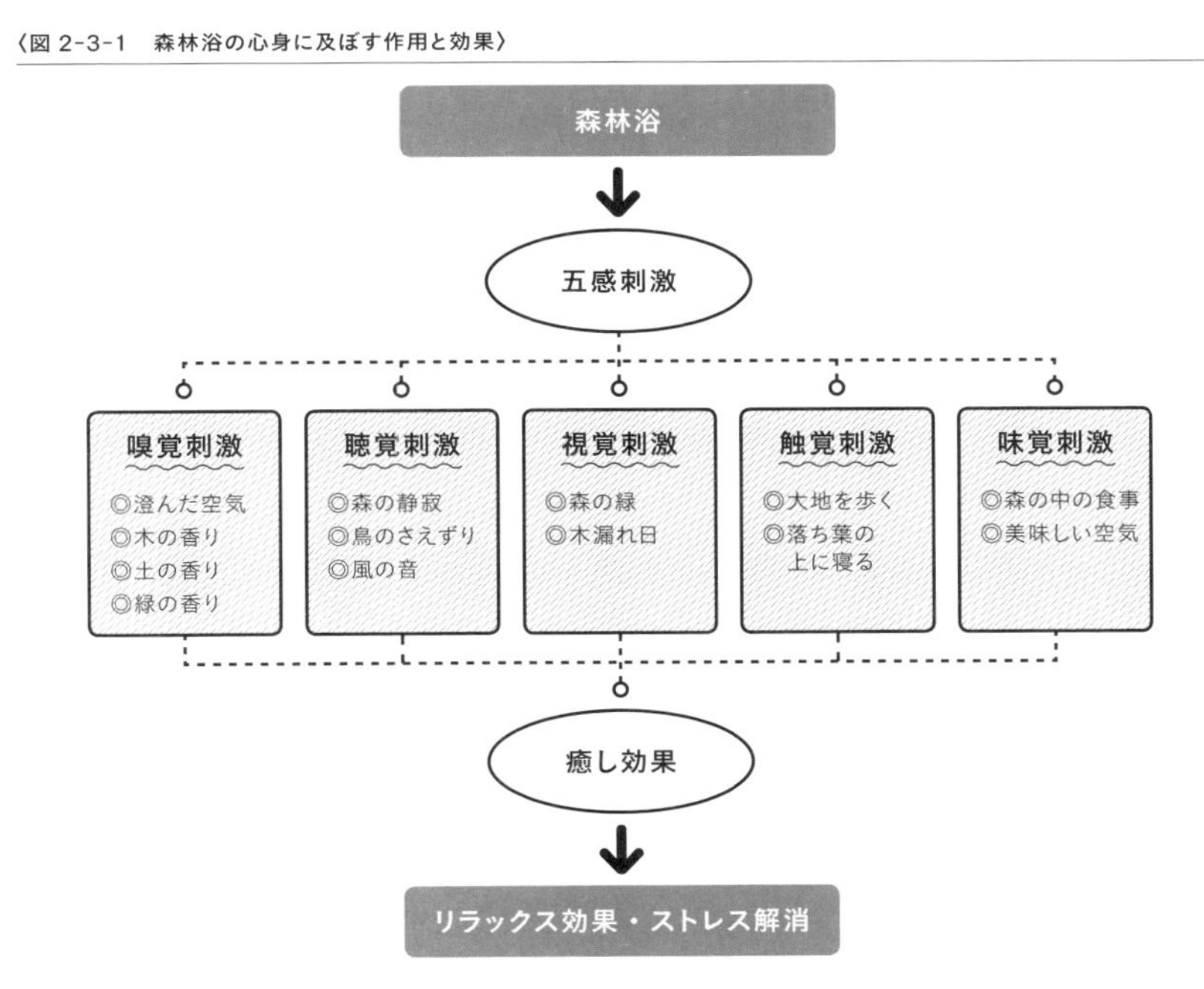

っているが、そうした私たちが森林浴に求めることは、ただ漫然と気持ちがよいという受動的なものではなく、ストレスから逃れ、それを解消して健康になりたいというより能動的なものになってきている。加えて、森林浴を通して地元に還元される経済的効果も期待できるだろう。

森林浴がなぜ健康促進に有効なのか。効能の要因として考えられているのが、樹木が発散するフィトンチッドと呼ばれる物質である。フィトンチッド（phytoncide）は、樹木などが発散する揮発性物質で、微生物の活動を抑制し殺菌する作用をもっており、ヒトの心身に安らぎを与える効果があると考えられている。

フィトンチッドという言葉は１９３０年頃、ロシア人のボリス・トーキンという研究者によって命名された。植物を傷つけると、その周囲の細菌が殺菌される。フィトンは「植物」、チッドは「殺傷する」という意味で、このふたつの言葉を合体してつくられた造語である。

この物質は、特にマツやヒノキなどの針葉樹で多くつくられる。植物の木の中に含まれているテルペノイドには殺菌作用をもつ成分が多数含まれており、これらの物質がフィトンチッドの本体である。テルペノイドは常時生産され森林内に放出されていると考えられている。

森林の科学的なセラピー効果

近年、健康志向を反映し、従来の西洋医学に頼らない自然療法的なさまざまなセラピーの存在が注目されている。セラピーは、フィジカルセラピー（物理的療法）とサイコセラピー（心理的療法）に分けられる。フィジカルセラピーは、電気、温・寒熱、水、光線、力などの物理的エネルギーを生体に応用して、生体機能の活性化と恒常性の維持・改善を図る方法である。一方、サイコセラピーは、神経症のような心因性疾患に対して心理的療法を用いて治療する方法である。森林セラピーは、その両方を有するセラピーと捉えることが可能だ。

森林浴のもつリラクセーション効果は、感覚的には理解されているものの、その科学的な根拠についての研究は最近になってようやく行われるようになってきた。森林浴からさらに一歩進み、医学的な証拠に裏づけされた森林浴効果ということになる。こうしたことから森林セラピーでは、森林に親しみながら心身の健康維持や病気の予防を目的とすることに変わってきている。

日本国内の森林セラピーは、「クナイプ療法」（ドイツバイエルン州のバート・ウェーリスホーフェン市が発祥地と言われる）などをモデルとしている。具体的にどのようなことが行われるかといえば、森林浴をしながらの軽い運動（ウォーキングなど）、ヨガ、アロマセラピーなどが挙げられる。さらに森林の近くで温泉につかったり、食を楽しんだりすることで、より健康維持・増進にプラスとなる。

森林セラピーには、「森林セラピー基地」と「セラピーロード」のふたつの森林が利用される。これらの森林は、癒しの効果や病気の予防効果が科学的に証明された森林で、

２００６年に登録が始まった。現在、国内に60箇所が登録されている。この登録は、特定非営利活動法人森林セラピーソサエティが受けている。申請を受けると森林セラピーソサエティの職員が、基地候補の森林と都心部で生理・心理・物理的な実験を行う。その結果、セラピー効果のあることが実証された森林が認可される。認可された森林には、「森林セラピーガイド」や「森林セラピスト」など森の案内人がおり、森林セラピーを正しく行うための指導や案内が行われる。

森林セラピーの選定地は、２００６年には全国で10箇所、翌年には14箇所が「心身の改善効果をもたらすことが科学的に証明された森」として発表されている。現在、同様の調査が各地の森林で進められており、将来的には全国の森林で健康増進のメニューが展開されるであろう。

赤沢自然休養林（木曽）　出典：『BISES No.98』(2015)

森林セラピーが生み出す健康効果

森林セラピーが生み出す健康効果として、どのようなものがあるのだろうか。認定のための実験では、脳波測定・脈圧・唾液中のストレスホルモンの濃度・心拍数の変動・心理的調査などを用いたリラックス効果など、さまざまなデータが測定される。人体の測定データに基づいた定量的測定と解析が行われ、森林セラピーによる身体への影響が科学的に測定され評価される。

以下、具体的にどのような健康効果があるのかをまとめてみよう。

❶ストレスホルモン（コルチゾール）[1][2][3]

唾液中のストレスホルモンにコルチゾールがある。都心部で高値を示していたものが、森林浴をすることで低下する。森林の中を歩行することでストレスホルモンが低値となったという報告もあるが、そうでない結果も報告されており、定説とはなっていない。

❷自律神経（交感神経・副交感神経）[3][4][5][6][7]

森林浴をすると、心拍数が減少し交感神経系の活動が低下するという報告は多いが、最近の論文では変化しないというものもあり、定説とは言えない。一方、収縮期血圧、拡張期血圧、脈拍数などは森林浴によって低下するという報告が多くなされている。おそらく森林浴をすると都心部にいる時と比べて、リラクセーション効果は高いと言える。

❸心理的効果[5][8]

アンケート用紙を用いた人での気分（緊張、不安、活気など）をＰＯＭＳ（Profile of Mood Status：感情状態尺度）を用いて測定する。森林浴で歩行すると都心部と比較して「緊張」「疲労」などの気分が緩和されて「活気」が高まることが報告されている。

❹免疫機能効果[9][10]

[1] Park B-J, Tsunetsugu Y, Kasetani T et. Al. Physiological effects of Shinrin-yoku –using salivary cortisol and cerebral activity as indicators. J Physiol Anthropol 26: 123-28 (2007)
[2] Sung J, Woo J-M, Kim S-K. et al. The effect of cognitive behavior therapy based 'forest therapy' program blood pressure, salivary cortisol level, and quality of life in elderly hypertensive patients. Clin Exp Hypertension 34: 1-7 (2012)
[3] Ochiai H, Ikei H, Song C et al. Physiological and psychological effects of forest therapy on middle-aged males with high-normal blood pressure. Int J Res Public Health 12: 2532-42 (2015)

森林浴の翌日に採血をして血中のＮＫ（Natural Killer cell）活性を測定した結果では、1日目に27％、2日目に53％増強したという報告がある。森林浴によりＮＫ活性が増加すれば、がんに対する抵抗性も高まると予測される。

❺抗がんタンパク質の増加作用[10][11]

森林浴2日間で抗がんタンパク質（グラニュライシン、パーフォリン、グランザイム）などが増加したという報告がある。この変化でがんに対する抵抗性が高まった可能性がある。1か月後にも継続してＮＫ活性が高いことから、森林浴によるＮＫ活性の持続作用もあると報告されている。

❻抗糖尿病効果[12][13]

高齢糖尿病患者が森林浴を行うことで血糖値が有意に低下したという報告がある。生活習慣病の予防としても森林セラピーが有効である可能性は高い。

グリーンレジリエンスの可能性

グリーンレジリエンスという言葉は聞きなれない言葉だが、森林浴などを活用して「自発的な治癒力」を回復したり、高めたりすることと言ってよい。自然は、平時には豊かで健康的な暮らしを支え、地域のコミュニティーの活性化に寄与している。しかし、洪水、地震、津波などの災害時には河川の氾濫、地滑りなどの山地災害、沿岸地域への影響は大きく、建物の破壊や交通の分断などを招く。

これまでの日本では、自然資本を有効活用して防災、減災や地域創生に役立たせるという考え方が希薄だった。しかしこれからは、自然が発揮する多面的な機能を知り、再発見することでその重要性を認識する必要がある。そして、防災、減災や地域創生に役立つビジネスモデルを構築するためにグリーンレジリエンスの活用が必要となってくる。

このグリーンレジリエンスを理解し、それを実践するために設定されたのが「みんなの地球公園」であった。グリーンレジリエンスの持続的な実現を産官学民で推進するために、レジリエンス協議会が2015年12月に設立された。グリーンレジリエンスを実現するためには、パークインダストリー（公園・公共空間の創造）とパークマネジメントが必要と考えられる。この場合のパーク（公園）という言葉は、広義の意味で言われている公共空間や共有空間ではなく、地域の課題（高齢化、ペット社会、にぎわいの創出、

〈図 2-3-2　グリーンレジリエンスの多面的な波及効果〉

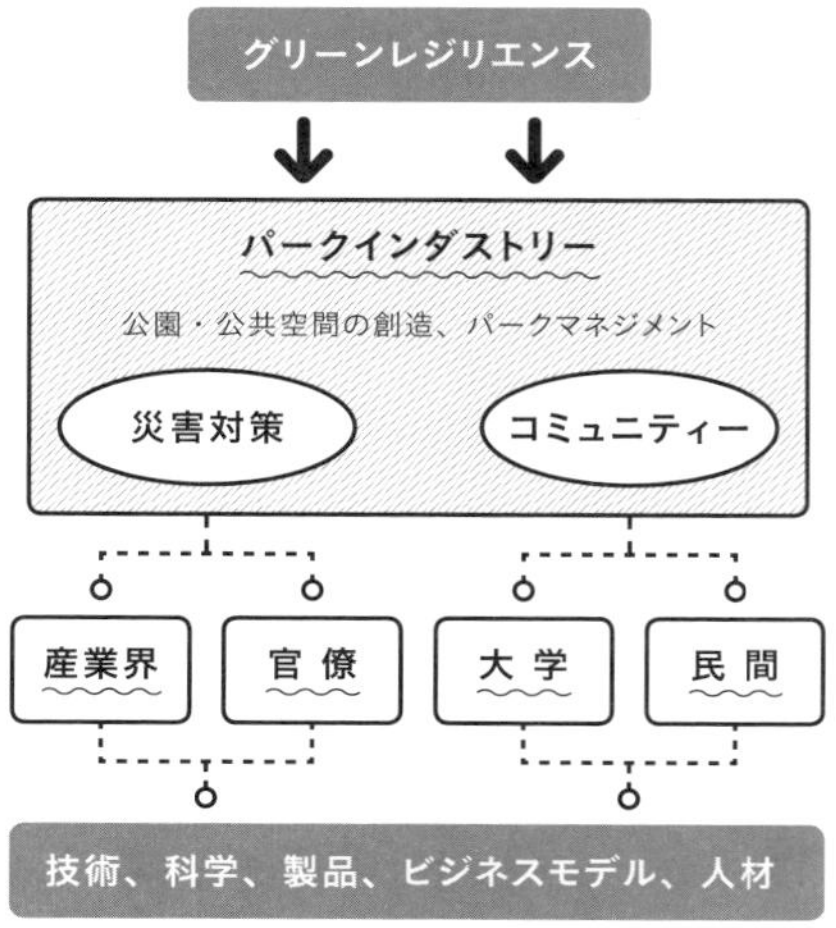

[4] Kozaki T, Horinouchi K, Noguchi J et al. Atmosphere (II) Blood pressure and heart rate variability. J Physiol Anthropol Appl Human Sci 24: 188-189 (2005)
[5] 武田淳史、近藤光彦　森林浴の健康増進効果　リハビリテーションスポーツ　28: 30-35 (2009)
[6] 赤壁善彦　森林浴における木のリラックス効果への寄与　Aroma Res 51: 229-234 (2012)
[7] Kobayashi H, Song C, Kagawa T et al. Analysis of individual variations in autonomic responses to urban and forest environments. Evidence-Based Complementary Alternative Med 2015 ID 671094 (2015)

健康対策など）を解決する対策を立てるための癒しの空間として使われている。

パークインダストリーという言葉は、経済的、システム的、人的に持続可能なものを実現するための公園という意味で捉えられている。広い分野の異なる領域の連携を深めて融合を促進し、新たな文化や産業の創出を目指すことで、さまざまな分野の活性化が促される。これまで科学とは縁遠かった公園であるが、これからはスマートパークやヘルシーパークが、都市や社会の抱えている諸問題を解決するための重要な拠点となる。市民や企業などの連携によってパークマネジメントは公園経営の自立化を促進し、新たな産業を生み出す可能性がある。

グリーンレジリエンスでは、自然資本を活用した減災・防災や地域創生にプラスとなるビジネスモデルの構築が求められる。自然のもつ潜在能力を再発見・再認識し、それらを活用することが必要となる。それを実現するためには、公園の研究開発、実証試験、人材育成など多面的な研究や実践を行っていく必要がある。

アロマセラピーの新しい機能と価値

芳香療法（アロマセラピー）は、植物から精油や細胞エキスを抽出し、それを人体の健康維持に役立てる療法である。単に香りを嗅ぐことでリラクセーション効果を期待するだけのものではない。

我々は低温真空抽出法という特殊な方法でレモングラスから細胞エキスを抽出し、それを使って認知症の予防や改善効果のあることを老人保健施設で実証してきた。[14] 今後は、うつ病などに対してもレモングラスの香りが効果的であることを検証する予定である。

同じように、桜から細胞エキストラクトを抽出し、その効果について、新潟県五泉市とともに実証実験を進めている。日本人が昔から愛でてきた桜であるが、桜の細胞エキスの香りにはリラクセーション効果があり、その香りを嗅ぐことでストレスホルモン（コルチゾール）が低下することが明らかになっている。また、桜の細胞エキスは抗酸化作用が極めて高く、その香りを嗅ぐと唾液中の抗酸化力が有意に増加することを私たちは明らかにしている。

スギ（大分県日田市飫肥スギ）から抽出した細胞エキスと残渣にも、桜と同様に高いリラクセーション効果があることが明らかになった。

〈図 2-3-3　飫肥杉の細胞エキストラクト吸引後の唾液の検体量とコルチゾール値〉

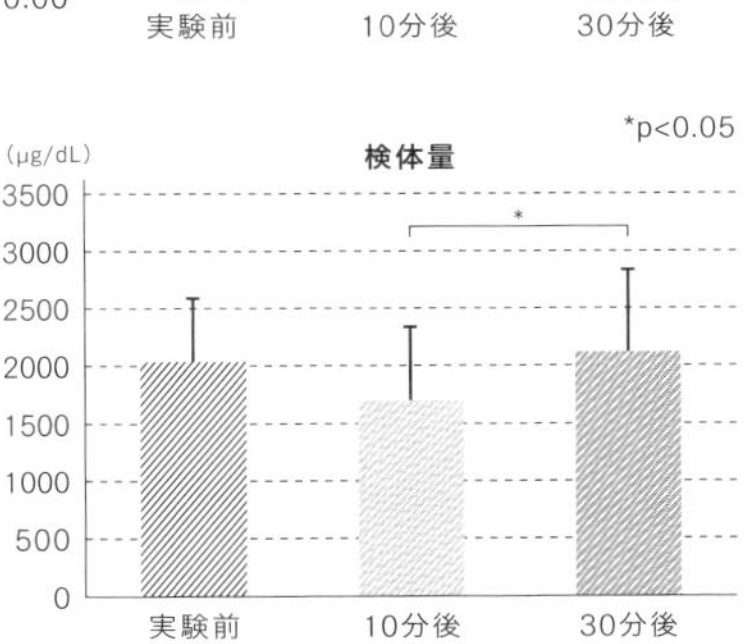

[8] Shin WS, Shin CS, Yeoun PS The influence of forest therapy camp on depression in alcoholics. Environmental Health Preventive Med
[9] 李卿、中台亜星、松島弘樹他　フィトンチッドのヒトNK細胞機能への影響　日本衛生学雑誌　60: 292 (2005)
[10] Li Q, Morimoto K, Nakadai A et al. Forest bathing enhances human natural killer activity and expression of anti-cancer proteins. Int J Immunopathol Pharmacol 20: 3-8 (2007)
[11] Li Q, Morimoto K, Kobayashi M et al. A forest bathing trip increase human natural killer activity and expression of anti-cancer protein in female subjects. J Biol Regul Homeost Agents 22: 45-55 (2008)

心身に持続的・恒久的・継続的な安らぎの効果をもたらす癒しの力は、さまざまなエビデンスに裏づけされた科学的な力なのである。アロマセラピーも科学的な視点から捉え直すことで、さらに新しい機能と価値が生まれつつある。

しおだ・せいじ
早稲田大学教育学部生物学科卒業。医学博士（昭和大学）。昭和大学医学部解剖学教室教授を経て星薬科大学特任教授、米国チューレン大学兼任教授、アロマセラピー学会理事長。

たけのや・ふみこ
日本体育大学体育学部卒業。医学博士（昭和大学）。星薬科大学運動生理学教室講師を経て同大学准教授。日本糖尿病・肥満動物学会理事、日本アロマセラピー学会評議委員。

[12] 大塚義則、藪中宗之、高山茂　高齢者糖尿病患者における運動療法としての森林浴の意義　日本温泉気候物理療法医学会誌 61: 101-05 (1998)
[13] Ohtsuka Y, Yabunaka N, Takayama S Shinrinyoku effectively decreases blood glucose levels in diabetic patients. Int J Biometeol 41: 125-7 (1998)
[14] 塩田清二　香りはなぜ脳に効くのか　―アロマセラピーと先端医療―　NHK出版 (2012)

大気と健康

武林 亨

地球とつながる
暮らしのデザイン

大気汚染と疾病の関係

公衆衛生の分野で、疾病負担と呼ばれる指標がある。死亡だけでなく、早世することによって失われた年数と障害によって失われた年数を合算した障害調整生存年（disability-adjusted life year：DALY）によって集団の健康状態を推定したものだ。これを世界レベルで推計し、世界の地域間あるいは年代間の比較を行ってきたのが、世界の疾病負担研究（Global Burden of Disease：GBD）である。[1] 1990年の開始以降、世界の人々の健康を守るために必要な公衆衛生上の知見を数多く提供してきた。

そのGBD研究の2013年の分析結果「GBD2013」が、2015年12月のLancet誌に公表された。[2] 世界188か国を対象に、79の行動・環境・職業・代謝（肥満など）といった疾病リスク要因が、疾病負荷にどの程度関わっているかを世界全体で順位づけしたレポートである。その結果によると、世界の疾病負担のおよそ4割は、喫煙・飲酒・食事などの行動要因、脂質異常症・高血圧・高血糖などの代謝要因、水・大気・放射線あるいは職業などの環境要因の三大要因で説明が可能だった。特に大気汚染は、合計550万人の死亡の原因となっていた。表2-4-1で示すように、疾病負荷の原因としては、食事、高血圧、タバコ煙などのライフスタイルに密接に関わる生活習慣病リスク、そして開発途上国の健康問題としてしばしば指摘される母子の低栄養が続く。それに次いで、大気汚染が全リスク要因中の第5位に位置していた。2000年には第4位であったことからも、世界の健康を考えるにあたり、大気汚染対策の占める重要性がよくわかる。とりわけ粒子状

〈表 2-4-1　GBD2013 における世界 188 か
障害調整生存年（DALY）の上位 5 リスク要因〉

	2000 年	2013 年
第1位	母子の低栄養	食事要因
第1位	食事要因	高血圧
第1位	高血圧	母子の低栄養
第1位	大気汚染	タバコ煙
第1位	タバコ煙	大気汚染

※文献［2］から作成

［1］www.healthdata.org/gbd
［2］GBD 2013 Risk Factors Collaborators. Global, regional, and national comparative risk assessment of 79 behavioural, environmental and occupational, and metabolic risks or clusters of risks in 188 countries, 1990-2013: a systematic analysis for the Global Burden of Disease Study 2013. Lancet. 2015 Dec 5;386 (10010) :2287-323.

物質による大気汚染は、2000年から疾病負荷に占める割合が増加し、世界全体で第12位の個別リスク要因と位置づけられている。

大気汚染の歴史と日本

世界の歴史を振り返ると、国家の近代化は社会に対してさまざまな影響を与えてきた。近代化は工業化とともに進み、それに伴って人々は集団で暮らすようになり、都市を形成するようになる。都市化である。都市化が健康に与える影響はさまざまに議論されているが、都市部のほうが農村部より貧困率は低く、また、水をはじめとするインフラや医療などの基本的な公共サービスへのアクセスもよくなることから、全体としての健康状態は都市部のほうが良好であると考えられている。[3]

そもそも、平均寿命は国の経済発展の度合いと一定の関係が観察されてきた。平均寿命と国民一人あたりの国内総生産（GDP）との間には正の相関があり、特に低GDP国では、GDPの増加によって寿命延伸が著しく高くなることが報告されている。[4] すなわち、経済発展が人々の暮らしを衛生面からも栄養面からも改善し、結果として、寿命が著しく延びると推察される。日本でも1947年には50歳、54歳に過ぎなかった平均寿命が、2014年には80歳、86歳へと延伸している。

しかしその経済発展の前半には、負の側面として、公害病の歴史が残されていることも周知の事実である。1955年から1965年頃にかけて、日本のいたるところで石炭燃焼プラントや石油精製所から放出される、ばいじん及び二酸化硫黄（SO_2）による呼吸器障害、いわゆる大気汚染エピソードが頻発した。日本でもっともよく知られているSO_2のエピソードは、三重県の四日市で発生した。1960年に多くの石油化学プラントが動き始め、わずか数年で一部地域の住民が喘息様症状を訴えるようになったもので、硫黄酸化物の年間排出量は1963〜1964年にかけて13万〜14万tと推定されている。1967年に起こされた四日市大気汚染訴訟では、SO_2による大気汚染と健康障害の因果関係だけでなく、地域企業6社の共同責任についても疫学的因果関係に基づいて認められている。[5]

時を前後して発生した水俣病、第二水俣病、イタイイタイ病といった公害病とともに四大公害病が大きな社会問題となっていた状況を背景に、1967年に「公害対策基本法」（1993年「環境基本法」に改正）が制定された。国民の健康の保護と生活環境の保全を目的に、国・地方公共団体・事業者の責務を明確にし、環境基準や公害防止計画の策定や被害者救済などを含むものであった。これに対応して、1962年に制定されていた「ばい煙の規制等に関する法律」は1968年に「大気汚染防止法」となり、大気汚染に対しても、規制地域の拡大とともに、排出基準設定方式の合理化や特別排出基準の設定、自動車排出ガスの規制などが行われるようになり、四日市においても大気汚染レベルは改善した。[6]

[3] World Bank. Global Monitoring Report 2013: Rural-Urban Dynamics and the Millennium Development Goals. https://openknowledge.worldbank.org/handle/10986/13330
[4] World Bank. World development report 2006. Equity and Development. http://go.worldbank.org/T5GDMUEE40
[5] Yoshida K, et al. Epidemiology and environmental pollution: a lesson from Yokkaichi asthma, Japan. In: Willis IC editors. "Progress in environmental research". ISBN 978-1-60021-618-3, 2007.
[6] Ministry of the Environment. Japan's regulations and environmental law. www.env.go.jp/en/coop/pollution.html

しかしその後も、都市化の進展による光化学オキシダント（おもにオゾン）、さらには自動車社会の到来に伴う窒素酸化物（NOx）による大気汚染と、汚染源や汚染物質は多様化しつつ、1970年代以降も、大気汚染による健康障害は社会的な問題のひとつであり続けた。このことは世界でも同様であった。

大気汚染による健康への影響

すでに述べたように、これまでSO_2などの硫黄酸化物、窒素酸化物、光化学オキシダント（オゾン）や粒子状物質（径7〜10µm程度未満）などによる健康障害が世界中で発生している。世界保健機関（WHO）は、これら大気汚染に関連する健康影響を表2-4-2のようにまとめている。[7]

〈表 2-4-2　大気汚染物質に関連する健康影響（[7] を一部改変）〉

短期曝露による影響
死亡
呼吸器・循環器疾患による入院や救急・かかりつけ医の受診
医薬品の使用
活動の制限や欠勤・欠席
喘鳴、咳嗽、喀痰、呼吸器感染症などの急性症状
呼吸機能などの生理機能変化

長期曝露による影響
呼吸器・循環器疾患死亡
肺がんや喘息、慢性閉塞性呼吸器障害などの疾患や循環器疾患
慢性的な生理機能変化
低体重児出産や子宮内発育遅延

この表からも分かるように、大気環境は日常生活と密につながった身近な環境のひとつであり、大気環境濃度の日々の変動と悪化は、肺や気管支といった呼吸器のみならず、心臓などの循環器の疾患による入院や受診、投薬、あるいは活動の制限や欠勤・欠席を短期的に引き起こす。特に高齢者や小児、喘息患者のように、日々の変動に対する感受性や脆弱性が高い集団はその影響を受けやすく、これをいかに防止するかは重要な課題である。また長期間にわたる大気環境の影響が、がんや呼吸器疾患、循環器疾患といった慢性疾患に現れることもよく知られている。

具体的に、現在、世界の大気汚染物質対策でもっとも課題となっている微小粒子状物質（particulate 2.5：PM2・5）を取り上げよう。環境省のウェブサイトによれば、PM2・5とは大気中に浮遊している2・5µm以下の小さな粒子のことで、従来から環境基準を定めて対策を進めてきた浮遊粒子状物質（SPM：10µm以下の粒子）よりも小さな粒子です。PM2・5は非常に小さいため（髪の毛の太さの1／30程度）、肺の奥深くまで入りやすく、呼吸系への影響に加え、循環器系への影響が心配されています」[8]としている。

ほかの大気汚染物質との大きな違いは「粒子状物質には、物の燃焼などによって直接排出されるものと、硫黄酸化物（SOx）、窒素酸化物（NOx）、揮発性有機化合物（VOC）などのガス状大気汚染物質が、主として環境大気中での化学反応により粒子化したものとがある。発生源とし

[7] WHO: Air Quality Guidelines Global Update 2005, Geneva .
[8] www.env.go.jp/air/osen/pm/info.html#ABOUT

ては、ボイラー、焼却炉などのばい煙を発生する施設、コークス炉、鉱物の堆積場などの粉じんを発生する施設、自動車、船舶、航空機など、人為起源のもの、さらには土壌、海洋、火山などの自然起源のものもあります」（同サイトより）[8]という点であり、一次発生に二次発生を加えると、多様な汚染物質が含まれることになる。従って、粒子の大きさに加え、構成成分の組成によっても、健康への影響に違いがある可能性が考えられる。

粒子状物質の健康影響については、従来、径が10μm前後の粒子による健康障害の防止が進められてきたが、1993年に公表されたハーバード6都市研究[9]で、大気汚染レベルの異なる米国6都市で無作為に選んだ25〜74歳の約8000人を14〜16年間追跡して大気汚染物質レベルによる死亡リスクを比較したところ、より低い濃度レベルから、もっとも明確な関連が認められたのが小さなサイズの粒子PM2・5であったことから、世界中で注目されるにいたった。当初は関連性の真偽を巡って論争もあったが、数多くの疫学研究が繰り返し同様の結果を報告したことで、因果関係があることが広く受け入れられるようになったのである。

2009年に行われた日本の中央環境審議会の専門委員会報告においても「微小粒子状物質（PM2・5）への短期曝露及び長期曝露と循環器・呼吸器疾患死亡、肺がん死亡との関連に関する疫学的証拠には一貫性が見られることから、これらの健康影響の原因のひとつとなりうると考えられる。微小粒子状物質への短期曝露と循環器系の機能変化及び呼吸器症状・肺機能変化との関連に関しても多くの疫学的証拠がある。また、これらの疫学知見の評価と生物学的妥当性や整合性の検討結果を総合的に評価すると、微小粒子状物質が総体として人々の健康に一定の影響を与えていることは、疫学知見並びに毒性学知見から支持されており、微小粒子状物質への曝露により死亡及びそのほかの人口集団への健康影響が生ずることには、十分な証拠が存在する」とまとめられている。

大気汚染から健康を守るために

PM2・5のように、健康への悪影響が明らかになった場合、どのようにして国民の健康を守ることにつなげればよいのであろうか。

経済発展を支える産業活動と国民の健康を守る環境保健活動は、しばしばトレードオフの関係になることは、すでに公害の歴史に学んだ通りである。これを社会として適切にマネジメントし、バランスの取れた発展を目指そうと提案されたのが、リスクアセスメントとリスクマネジメントの手法であった。米国学術研究会議は、リスクアセスメントの要素を、①有害性の同定、②量-反応評価、③曝露評価に区分し、アセスメント結果に基づく公衆衛生・経済・社会・政治的な影響の評価と意思決定・実行（規制や勧告の実施）をリスクマネジメントとしている[10]。また、リスクマネジメントを社会として効果的に行うためには、社会全

[9] Dockery, DW et al. N. Engl. J. Med.1993, 329, 1753-1759
[10] National Research Council. Risk Assessment in the Federal Government: Managing the Process. 1983

体での理解と自律的な行動が重要であることから、第3の要素として、リスクコミュニケーションの重要性も広く説いている。

リスクを巡るこの3つの活動は、いずれも環境と健康を両立させるうえで重要だが、本稿では、これらの活動をつなぐ重要な役割をもつ許容曝露基準（日本では環境基準）について触れることにする。許容曝露基準とは「当該物質の濃度がその水準以下であれば、その曝露によって、好ましくない健康影響が起こらないレベル」を意味する。概念的には、リスクアセスメントのステップにおいて、まず定性的に起こりうる健康影響（重篤度の観点から好ましくないもの）の種類を定め、その健康影響と曝露濃度との関係を明らかにし、結果として健康影響が起こらないと想定される濃度水準を見出すという手順で設定することができる。いわば、社会全体として許容しうる健康リスクレベルに対応した環境濃度を設定することになるので、定期的に行う環境濃度モニタリングの結果と照らし合わせることで、地域や国全体でのリスクマネジメント施策や対策強化の必要性を評価するものさしとして機能することになる。

日本では、環境基本法第16条において、環境基準は「健康保護と生活環境の保全の上で維持されることが望ましい基準として、物質の濃度や音の大きさというような数値で定められるもの。この基準は、公害対策を進めていく上での行政上の目標として定められるもので、ここまでは汚染してもよいとか、これを超えると直ちに被害が生じるといった意味で定められるものではない」としている。

健康のための「ものさし」をどう設定するか

PM2・5に話を戻そう。PM2・5の許容曝露基準は2006年以降、アメリカ、EU、日本と相次いで設定や改訂が行われ、現在、日本が年平均値15μg／m³、24時間平均値35μg／m³であるのに対して、2012年に再改訂したアメリカ（環境保護庁）は、年平均値12μg／m³、24時間平均値35μg／m³、欧州は年平均値25μg／m³となっている。その設定理由など詳細は省くが、このように同じ科学的知見をベースとしていても、許容基準のレベルは必ずしも一致しないことに留意しなければならない。

日本についてはアメリカで明らかとなっているPM2・5濃度15μg／m³を下回る濃度域での循環器疾患への影響が、疾患構造が大きく異なる日本でもあてはまるのかどうかが重要な論点となる。低濃度領域で報告のある小児の肺機能発達への影響の有無とともに、自らの国民の健康を保護するためにさらに詳細な情報が必要となってくる。

このようにして各国は、それぞれに設定した環境基準をひとつの「ものさし」として、さまざまなリスク低減施策を行っている。PM2・5対策は、許容基準の設定でも見られたように先進国で先行して進められているところだが、世界に目を転じると、都市化が進む開発途上国でも大きな問題となっている。中国やインドあるいはアジア諸国での大気汚染の話題が多く報道されるようになっていることからも明らかであるが、世界銀行の「Global Monitoring Report 2013」によれば、開発途上国の急速な発展に伴い、急速かつ調和がとれないまま都市化が進んでいることで、たとえば、インド、バングラデシュや、アフリカの一部、中東、中国北部などで、都市部の大気環境レベル（特に粒子状物質）が著しく悪化しているという。まさに、工場から大気への排出の増加、人口増加と収入増加による自動車などからの排出の増加に、環境対策が追いついていないことを示している。大気汚染の問題は、いかなる段階の社会においても常に対応が必要な、古くて新しい健康リスクであることを念頭に置いて、持続可能な発展の実現を目指していかなければならない。そのとき、私たち一人ひとりは、このような大気環境の健康リスクに関する取り組みをどのように理解して、自らの健康に役立てればよいのであろうか。

ＰＭ２・５の大気環境濃度は、工場や発電所や自動車といった社会・経済活動からの発生のみならず、域外からの流入や噴火のような自然現象、大気汚染物質である光化学オキシダントの発生とも関連しており、その変動も大きい。健康への影響が起こりうるＰＭ２・５の濃度レベルと環境基準とが近接していることが数多くの研究で明らかになっている。つまり、大気環境濃度を完全に健康影響の起こらないレベルにコントロールすることは不可能であり、結果として健康リスクを完全にゼロにすることもできない。すでに述べたようなリスクマネジメントの枠組みは、このようなことを前提にして健康リスクを実施可能な範囲で適切に低減させる方策を提示し実践していると理解することが第一歩となろう。そのうえで、年齢や健康状態によってＰＭ２・５による健康影響の起こりやすさが異なることを考慮した対応をとっていく必要がある。そのためには、情報の質を見抜き、科学的知見に基づいた良質な情報を手にしていくことが重要となってくるだろう。

近年、説かれていることは、私たち国民が単なる情報の受け手に留まるのではなく、リスクマネジメントの枠組みを正しく理解し、発信される情報に基づいて主体的に行動していくことの重要性である。そのためのさまざまな取り組みもなされるようになってきている。環境省の大気汚染物質広域監視システム「そらまめ君」[11]によるリアルタイムの大気環境濃度の公表などは、その一環と捉えることができる。

私たちは、複雑に関連し合っている複数の健康リスク要因が存在するなかで生活しており、常にその選択を迫られている。どのように大気環境リスクとほかのリスク要因のバランスをとりながら発展を目指すのか？　そのなかで個々の健康をどのように守っていくのか？　市民も参画した社会全体での議論が欠かせない。

たけばやし・とおる
慶應義塾大学健康マネジメント研究科委員長・医学部教授。１９８９年、慶應義塾大学医学部卒業。慶應義塾大学大学院医学研究科予防医学系博士課程（１９９３年）、Harvard School of Public Health・Master of Public Health 課程（１９９４年）修了。

[11] http://soramame.taiki.go.jp

香りと音のある風景

行木美弥

香りと音をどう感じるか

音や香りは空間の心地よさを変える力があります。静かな音楽、ラベンダーなど植物の香りのリラックス効果はよく知られており、落ち着いた空間の演出に使われたり、医療現場で用いられたりすることもあります。

音や香り／匂い（ここでは人が「よい」と感じるものを「香り」、「嫌」と感じるものを「匂い」とします）は、私たちの暮らしと密接な関わりがあります。目覚まし時計のアラーム音で目を覚ます人は多いでしょう。小鳥のさえずりや、誰かが淹れてくれたコーヒーの香りで目を覚ます幸運な人もいるかもしれません。食べることはごみを伴いますし、トイレも使います。ばたばたと足音をたてて走り回って身支度をし、通勤・通学で交通機関を使うことも多いでしょう。音の出ない乗り物はまずありません。ごく普通の家庭生活だけを考えても、私たち自身、音や匂いをまったく出さないで生活することはできません。

音や匂いについては、同じものであっても受け取り方には個人差がある、ということを知っておく必要があります。

香水のように香りを意図的につけるものでも、匂いが強すぎれば不快に感じる人もいます。大好きな音楽であれば大きな音で聴くのも楽しいものですが、好みが違えば騒音となります。香る物質のなかには微量だといい香りでも、濃度が高いと悪臭になるものもあります。いつも側にある時計の音で、普段は気づきもしなくても、深夜耳についてしまってイライラするようなこともあります。

嫌な匂いや音は人間を不快にさせます。車のクラクションや、ガス漏れを防ぐためガスにつけられる人工的な悪臭など、音や匂いは危険を感知させるためにあえて嫌なものを使用する場合もあります。嫌な音や匂いが続くと気分が悪くなったり、体調に影響が出てくることもあります。

音や香りは暮らしに密接なものです。それだけに悪臭や騒音に関する苦情は毎年、地方公共団体に1万件以上寄せられています。さまざまな公害のなかでも、悪臭と騒音は苦情件数が多く、特に騒音については2014年には公害のなかでも一番苦情件数が多くなっています。

悪臭や騒音に関する苦情は、かつては工場・事業場によるものが多かったのですが、最近はその件数は減ってきており、増えているのはいわば「都市型」の、近隣からの騒音や悪臭によるものとなってきています。その理由はさまざまで、工場・事業場での対策が進んだという側面もあるでしょうし、一方で、より都市部に人口が集中するようになり、近所の店やお隣との距離が近くなってきているということもあります。

低周波はなぜ不快か

さて、騒音に目を向けると、ここ10年ほど、「低周波音」に関する苦情が増えてきています。２０１３年には２４０件ほどの苦情が地方自治体に寄せられました。騒音全体に対する苦情件数は同じ年に１万７０００件近くでしたから、この件数は決して割合として多いわけではありません。しかし、低周波音に関する苦情はここ15年ほどで6倍近くに増えてきています。またその苦情の原因も、15年ほど前は工場・事業場によるものが多かったのですが、最近では家庭生活やそのほかによるものが増えてきており、省エネルギー型の給湯器などに対する苦情も増えてきています。

また、風力発電施設の設置にあたり、低周波音による影響を不安とする声もあります。インターネットを見ると「低周波音による健康影響」として、「症状として、睡眠障害、頭痛、耳鳴り、吐き気、抑うつ、不安、腹・胸部の圧迫感、肩こり、手足の痺れ、動悸、顎の痛み、脱毛、ストレス、脱力感」が現れるといった情報も見受けられます。そのなかには「騒音のほかに体に悪い低周波が出る」といった表

〈図 2-5-1　種類別公害苦情受付件数の推移〉

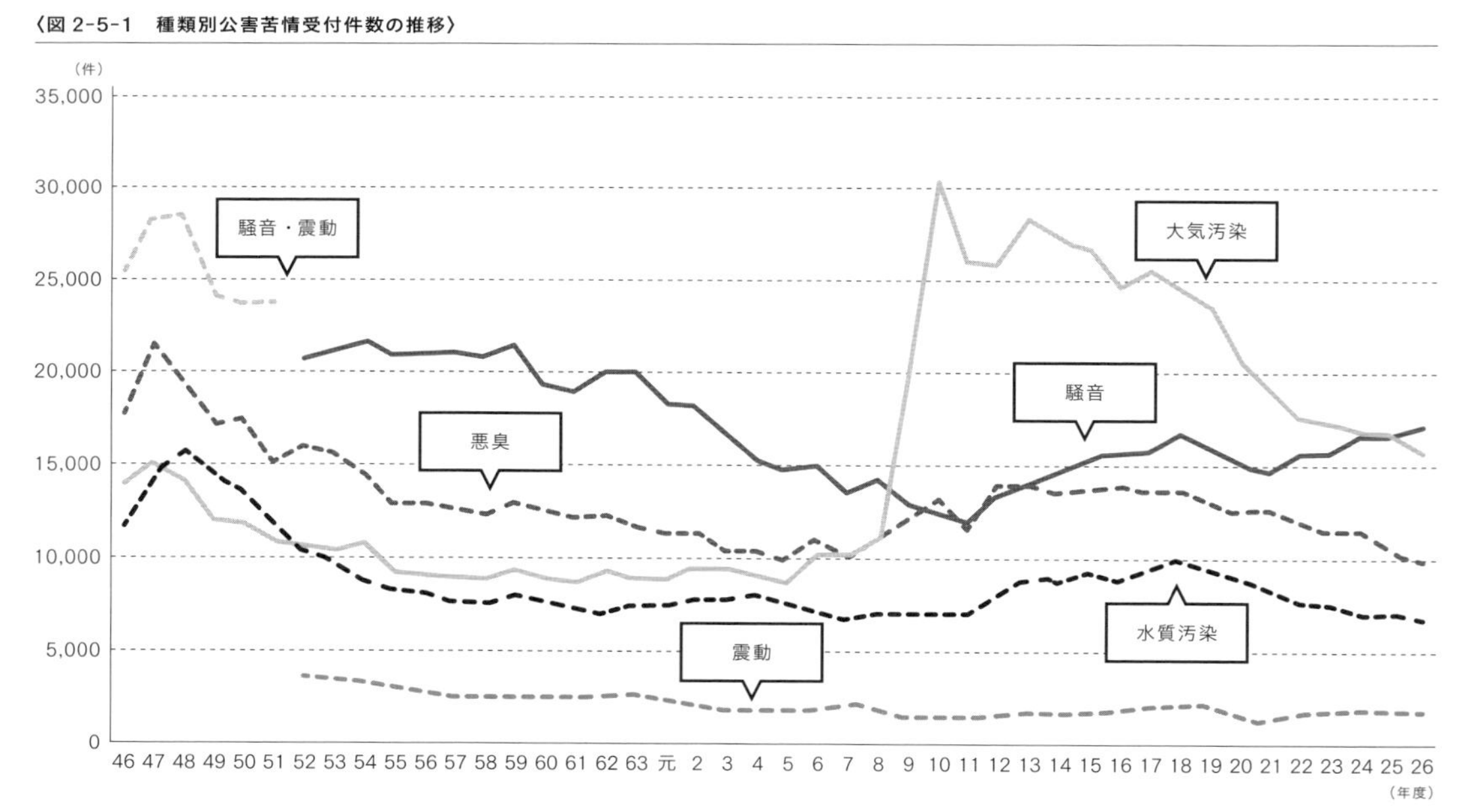

出典：総務省公害等調整委員会

現もあります。

「低周波」「低周波音」とは何なのでしょうか。「低周波音」という言葉は、国際的に決まった特別な定義があるわけではなく、低い周波数の音を指します。音のうち、周波数が低い、つまり低めの音といった意味合いです。日本では慣用的に100Hz（ヘルツ）以下の音を指しています。一体、どんな音なのでしょうか？　音楽の好きな方のなかには、迫力のある重低音を楽しむためにスピーカーにウーハーをつける方もいます。私たちの耳は低い音ほど感じにくいようにできています。ウーハーとは、普通のスピーカーでは充分再生できない100Hz以下の音を再現するためのスピーカーシステムで、低周波音をあえてよく聞くために設置するものです。

普通のピアノ（88鍵）の一番低い音は27・5Hzです。低周波音は滝の音など自然の音にも含まれていますし、飛行機やバスなどのエンジン音にも含まれています。飛行機の中では普通の室内の1000倍ものエネルギーの低周波音にさらされると言われています。低周波音自体は、私たちの身の周りにもよくあるものです。

なお、「低周波」という言葉は「周波数が低い」ことをいっているだけです。周波数とは1秒間に振動する回数（波の数）。音であれば低めのもの、振動であればゆっくりとしたものを指します。低周波と名のつくものには、低周波音のほかに、低周波電磁波や低周波地震があります。低周波という何か特別なものが存在しているわけではありませ

〈図 2-5-2　人が音を知覚する周波数と音圧レベルの関係〉

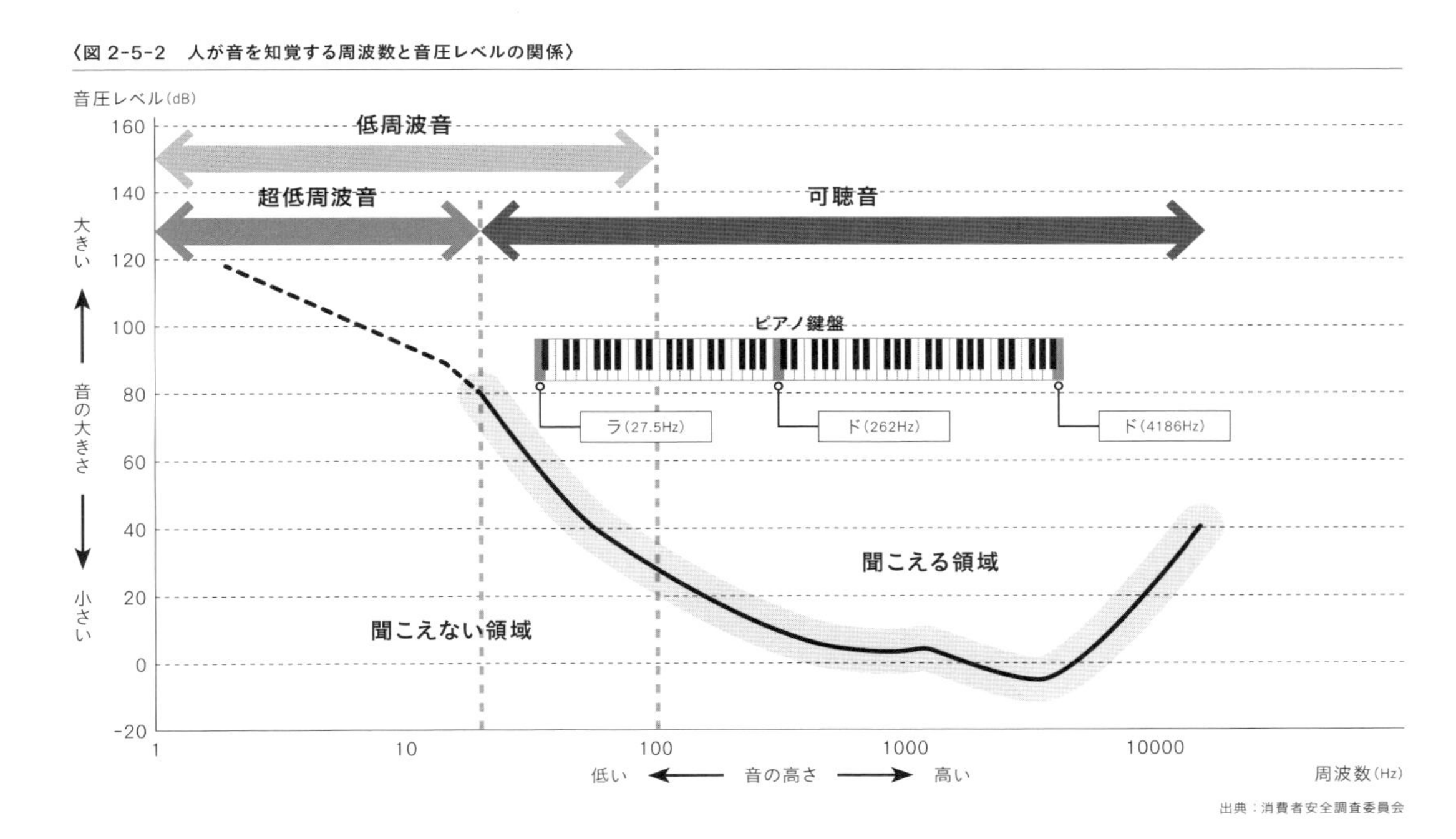

出典：消費者安全調査委員会

ん。

音の周波数が低くなると、聞こえるというより感じるといった感覚になります。さらに周波数が低くなると、よほど大きなレベルでないと音を感じません。これが、「超低周波音」と呼ばれる音です。超低周波音には国際的な定義があり、一般的な人の聞こえる範囲の周波数よりも低い20Hz以下の音とされています。超低周波音も、さまざまな身近な音のなかに含まれています。聞こえる音と同じように、距離とともに減衰していきます。[1] 普通存在するような大きさでは私たちが気づくことはありません。

ところが、聞こえない音であっても、音のエネルギーがとても大きい場合には、物が揺れてがたついたり、心理的な圧迫感や不快感を覚えたりすることがあります。物ががたつくような場合、揺れるのはその超低周波音と同じように振動するものだけです。たとえば部屋にあるほかの物は何も動かないのに窓だけがガタガタ揺れる、というようなことがあります。何も見えないし聞こえないのに一部の物だけ動く、というのは気持ちのいいものではありません。

超低周波音は健康に影響を及ぼすのか

超低周波音による影響が疑われる場合は、その発生源と思われるものの稼働状況と、起きている問題が対応しているかを見ることで原因を確認し、必要な対応を検討していくことになります。超低周波音は測定機器で測ることができます。また、どれくらいの大きさになるとがたつきや圧迫感を感じ始めるかということについて一般的に参考となる目安の値も示されています。

発生源の場所や向きを変えたり、振動しないような対策を加えたりすることで問題が解決することもあります。何か気になることがあればまずは原因を確認することです。ただ、物ががたつくかどうかは誰が見ても同じですが、心理的な不快感や圧迫感などについては、個人個人によって感じ方には若干差があります。一般的にこれくらいから感じ始めるという目安はありますが、その値でもまったく平気な方もいれば、もっと小さいものでも不快に思う方もいます。原因となりそうなものを動かしたり止めたりして、不快感が対応するかどうかを確認することが大切ですが、知識のある第三者に入ってもらわないとなかなかできないかもしれません。何か気になることがある場合にはお住まいの自治体にご相談ください。

超低周波音による健康影響はあるのでしょうか。超低周波音の影響についてはさまざまな研究がありますが、今のところ、聞こえないと言っても音が大きくなってくると圧迫感を感じることは知られていますが、それ以外は国際的にも統計的にきちんと説明できるような健康影響との関わりは分かっていません。

超低周波音を含む発生源として、最近話題になるもののひとつに風力発電施設から発生する音があります。風力発電施設から発生する音（超低周波音だけでなく発生する音すべて）については、近年、健康影響について国際的にも

[1] 音は距離とともに減衰します。この減衰は低い周波数の音でも高い周波数の音でも同じです。高い周波数だと、さらに空気中を伝わったり地表面を伝わったりする際に減衰します。

さまざまな研究が進んでいます。それらの研究でも、風力発電施設から出る音が大きいとわずらわしいと感じる度合いが強くなり、睡眠障害につながることもあるということ以外は、きちんと統計的に説明できるような健康への影響は見られませんでした。

風力発電施設からは、羽根が回って風を切る際のシュッシュッという独特の音が出ます。これは、それほど大きなものではありませんが、珍しい音でもありますし、風力発電が設置されるのは、もともと静かな場所が多い、ということもあって気づきやすいという特徴があります。また、風力発電施設のなかには発電機や増速機からブンブン音が出るものがあり、不快に感じられる場合もあります。

なお、日本の多くの風力発電施設で実際に測ってみたところ、超低周波音は多少発生していますが、ほかの環境騒音と比べて特に大きいといったことはなく、物ががたついたり、心理的な影響を受けたりするようなレベルでもありませんでした。同じくらいの大きさの超低周波音は、滝の音や交通騒音に多く含まれています。これらが特別なわけではなく、人は低い音も高い音も含まれた環境で生活しています。低い周波数の音に限らず、音が極端に大きければ影響はあるでしょうが、今のところ特別な心配の必要はありません。

筆者は、風力発電施設や省エネルギー型給湯器から発生する音は健康に影響が全くない、と言っているのではありません。もしも、これらの施設が寝室のすぐ側に設置されてしまうと音が大きいまま伝わってしまいます。設置の仕方やメンテナンスが悪くて、普通なら出ない音が出る場合もあります。一部の施設から発生する音には耳障りな嫌な音が混じっていることがあり、そのような音が長い間聞こえていると不快・不安となり、音の大きさ、音色や変化の仕方など場合によっては、騒音の影響で健康を損なうことがあります。設置の際には場所をよく考え、音の状況をきちんと確認する必要があります。超低周波音の問題としてではなく、聞こえる音の問題として、側の人に迷惑をかけないよう対応する必要があります。

インターネットは大変便利なものですが、一方でなかには根拠のない誤った情報も出回っています。よく目にする話が科学的に正しい、というわけでは全くありません。いたずらに不安になるのではなく、根拠を確認して冷静に判断するようにしましょう。

音と匂いに対する理解を深める

音にしろ匂いにしろ、感覚に関わることは、それを心地よいと感じるか、不快と感じるか個人差があります。日々の暮らしのなかで出る音や匂いによって、近隣でトラブルになることもあるので気をつけましょう。何か問題となった場合、その原因となる音や匂いをできるだけ元から断つのが大事です。でも、それ以外にもできることがあります。お互いに静かにしたい時間を知ることができれば、その時間をさけて活動することで嫌な思いをさせないですむことができます。相手が洗濯物に匂いがつくのが嫌だ、ということを知っていれば、匂いを出す場所の工夫ができます。病気の方がいて、洗濯機を普通よりも頻繁に使わなければならないという事情があると知れば、音にイライラする度合いも変わるかもしれません。お互いの暮らしを知れば、相手の事情が分かり、迷惑をかけない配慮もできます。日頃からのコミュニケーションが重要です。

音・匂いは上手に使えば暮らしを豊かにしてくれるものです。日本人は古来より、音や匂いも取り入れて生活してきていました。夏の暑いときには、風鈴や水の音が涼しさを運んでくれます。植物の香りは季節のうつろいを教えてくれます。植物のなかには芳香を放つものもあります。沈丁花の香りで春が近づいたことを感じ、金木犀の香りで秋を感じた経験がある方も多いのではないでしょうか。

自然の音や匂いは、多くの場合、人工のものよりは弱いものです。自然の変化を感じるという視点からも、先に述べたように近隣の方の生活を尊重するという視点からも、暮らしのなかで出てくる人工の音や匂いは適度に保つことが大切です。自然の音や香りを楽しむことを意識し、五感の喜びを大事にする暮らしは、今の日本では一番ぜいたくなことかもしれません。

なめき・みみ
千葉県生まれ、北海道育ち。東京大学大学院修了（環境学博士）。1995年環境庁（当時）入庁。水質保全、化学物質対策、地球温暖化対策などを担当。現在は環境省にて悪臭・騒音対策などを担当。

column

匂いにはすぐ慣れる

私たちの鼻は、同じ匂いにはすぐ慣れてしまうという性質をもっています。お酒や香水などの匂いを嗅ぎ分けようとして、何度も嗅いでいるうちに分からなくなった経験がある方もいるでしょう。これは、環境の変化にすぐ対応できるようにするためと考えられています。違う匂いが漂ってきたときにすぐ感知できるよう、同じ匂いには慣れてしまうようなセンサーとなっているのです。自分の体臭や家の匂いにはなかなか気がつかないのもそのせいです。これを専門用語では「匂いへの順応」と言います。

※本稿は筆者個人の見解であり、筆者の所属する組織の意見を反映するものではありません。

きれいな水とはどんな水か

大塚佳臣

水質と水のきれいさは同じではない

日本にはもともと多くの河川があるが、稲作中心の食糧生産が始まって以降、灌漑農業のための用水路が各地で整備されるようになった。日本の地域社会の形成は、農業生産と相まって、河川や用水路の存在・意義が重要な要素であり続けた。居住地にあまねく存在する河川や用水路だけでなく、国土の四方を囲む海を含め、日本人にとって、水辺はもっとも生活に密着した存在であった。人は、水や水環境に対して強い関心を抱いてきた。

1950年代に始まった高度経済成長に伴って、さまざまな環境汚染が急速に進行し、公害問題が顕在化した。これに対応するため、1967年には公害対策基本法が制定され、水環境については、公共用水域の水質汚濁に係る環境基準が設定された[1]。これらの基準達成に向けて、1970年には「水質汚濁防止法」が制定され、家庭や事業所などからの排水に対して、水質汚濁物質排出に関する規制が行われるようになった[2]。

その結果、都市部の水域における物理化学的な水質は徐々に改善し、多くの水域で環境基準を達成するまでに回復したが、水質改善に対する市民の評価はそれに伴っていないという現状がある[3]。

本章では、まず、物理化学的な視点からの水質保全の考え方とその状況を紹介し、市民の水質の捉え方を心理的側面から解説する。そのうえで物理化学的な側面と心理的側面の双方から「水のきれいさ」のあり方を考え、その評価を高めるための施策について考えてみたい。

物理化学的な視点から見た水質保全

水質汚濁に係る環境基準は、「人の健康の保護」および「生活環境の保全」のふたつの観点から対象物質が定められている。

「人の健康の保護」に関する項目（以下、健康項目と呼ぶ）は、水環境の汚染を通じ、人の健康に影響を及ぼすおそれがある物質（カドミウム、水銀類など）を対象とし、その基準は全国一律に定められている。

「生活環境の保全」に関する項目（以下、生活環境項目と呼ぶ）は、生活環境を保全するうえで維持することが望ま

[1] 環境省「環境基準について」www.env.go.jp/kijun
[2] 総務省「水質汚濁防止法」http://law.e-gov.go.jp/htmldata/S45/S45HO138.html
[3] 環境省 中央環境審議会水環境部会（第17回）資料6「水環境の健全性指標について」www.env.go.jp/council/09water/y090-17/mat06.pdf

しい基準として設定された項目を対象としている。よごれの指標としては、河川ではＢＯＤ（Biochemical Oxygen Demand：生物化学的酸素要求量）、海域・湖沼ではＣＯＤ（Chemical Oxygen Demand：化学的酸素要求量）が用いられる。これらは、後述する有機物のよごれの指標であり、数値が大きければ大きいほど水がよごれていることを示す。河川、湖沼、海域の各公共用水域について、水道、水産、工業用水、農業用水、水浴などの利用目的に応じていくつかの水域類型が設けられ、各水域はいずれかの水域類型に設定されている。

健康項目は、人間やそのほかの生物に対して毒性があることが科学的に明らかになっている物質で、その基準値は、水環境を通じてそれらの物質にさらされる場合（摂取や暴露）、どの程度の量（濃度）までであれば、影響がないかという観点から決定される。また生活環境項目は、水環境の利用（利水、親水、自然環境保全など）という観点からその目的や利用状況に応じて、いくつかの段階の基準が設定されている。

よごれとその影響の関係

よごれでもっとも基本的な項目は有機物である。有機物とは炭素（Ｃ）の化合物の総称である。地球上のあらゆる生物は炭素でできており、生物が存在するところからは必ず有機物が汚濁物質として排出される。酸素呼吸をする微生物は、水中の有機物を栄養として取り入れて自身のエネルギーを得ると同時に増殖に利用する。その際、炭素は酸化されて二酸化炭素になる。下水道や浄化槽は、基本的にこの微生物の働きを利用して有機物を除去している。有機物が多ければ多いほど、微生物の増殖が進むが、微生物の利用可能量を上回る有機物が流入すると、それらは水環境に蓄積されることになる。

地球上の生物はタンパク質を含んでいる。タンパク質は主に窒素（Ｎ）と炭素（Ｃ）からなる物質で、自身の遺伝子情報を有するＤＮＡ（デオキシリボ核酸）にはリンの化合物（リン酸）が含まれている。窒素成分やリン成分は、炭素成分（有機物）同様、あらゆる場所から排出されるが、食品系排水、排泄物、農地肥料などにも多く含まれている。

植物性プランクトンは、光合成によって空気中の二酸化炭素を取り込み、炭素を得ている。通常の水環境では、植物性プランクトンが増殖する際に必要となる二酸化炭素が、水に溶けている窒素・リン成分に比べて圧倒的に多いので、植物性プランクトンの増殖速度は窒素・リン成分の量によって制限されている。しかし、人為的な排水によってこれらが多く流入するとその制限がくずれ、植物性プランクトンが爆発的に増殖する。

これらの植物性プランクトンが死滅すると、それ自身が有機物のよごれとなり、水環境に蓄積することになる。このように有機物、窒素・リン成分は水の中の生態系を形成するうえで、ある程度は必要な物質だが、過剰になると水環境に悪影響を与える。

生活環境の基準が類型化される理由

生活環境項目にある有機物、窒素・リン成分といった汚濁物質は、産業排水、生活排水のように発生源が点で特定できるもの（ポイントソース：点源）だけでなく、山地、農地、市街地から雨天時に面的に流出するもの（ノンポイントソース：面源）もある。河川の場合、上流で流入した汚濁物質は、流下して下流に集積するため汚濁物質濃度は相対的に高くなる。また、湖沼や湾などの閉鎖性水域では、周辺から流入した汚濁物質が蓄積されやすい。特にノンポイントソースは発生源の特定が難しく、発生抑制の対策も容易ではない。

このように、生活環境項目は地域の環境によってその排出形態が大きく異なることから、地域の特性や水の利用方法に応じて水域類型を設け、個別に達成目標値が定められる。この法整備に対応して、産業排水処理の義務化、下水道、浄化槽の整備など、主にポイントソースへの対策が進められた。その結果、有機物に関する水質指標のBOD・COD値の環境基準達成率は、海域では80%前後と横ばいであるものの、河川では、30年前に比べ70%台から90%台に、湖沼では、40%台から50%台となり、水域の水質汚濁は徐々に改善されている（図2-6-1）。

河川に着目すると、よごれの代表的な成分BOD値は、平均値で2mg／L以下（アユが生息できるレベル）、全体でも4mg／L以下となっており、確実に水はきれいになっ

〈図 2-6-1　環境基準達成率の推移（BOD または COD）〉

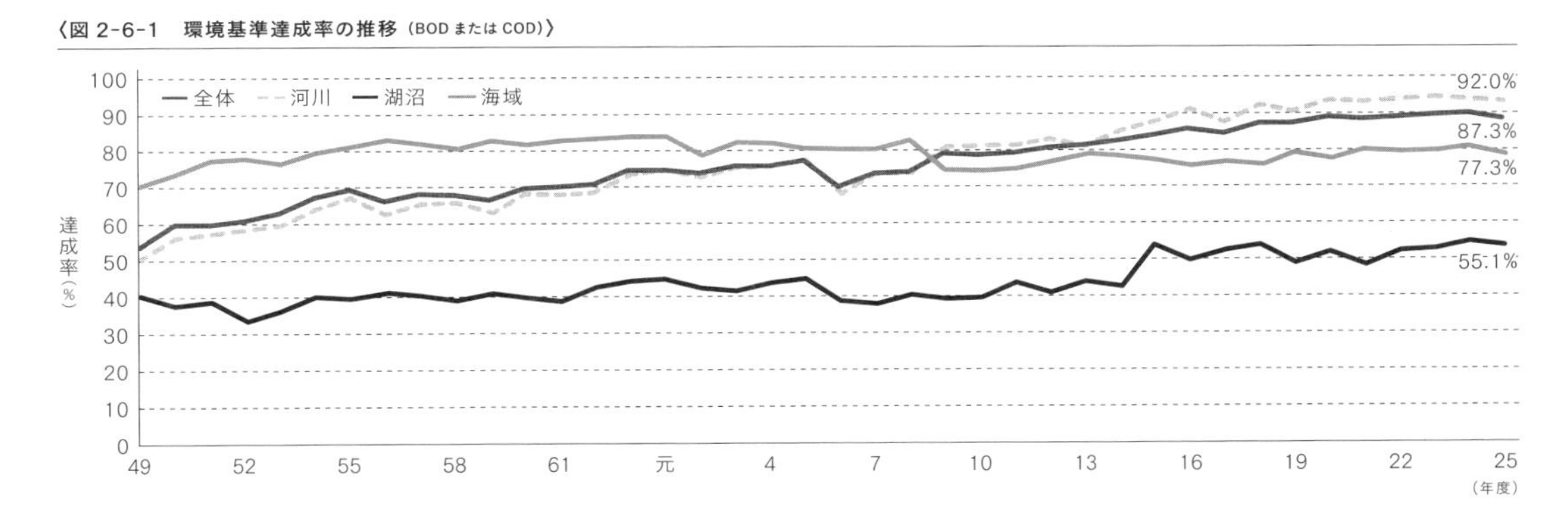

〈図 2-6-2　河川における類型別水質の推移（BOD 年間平均値）〉

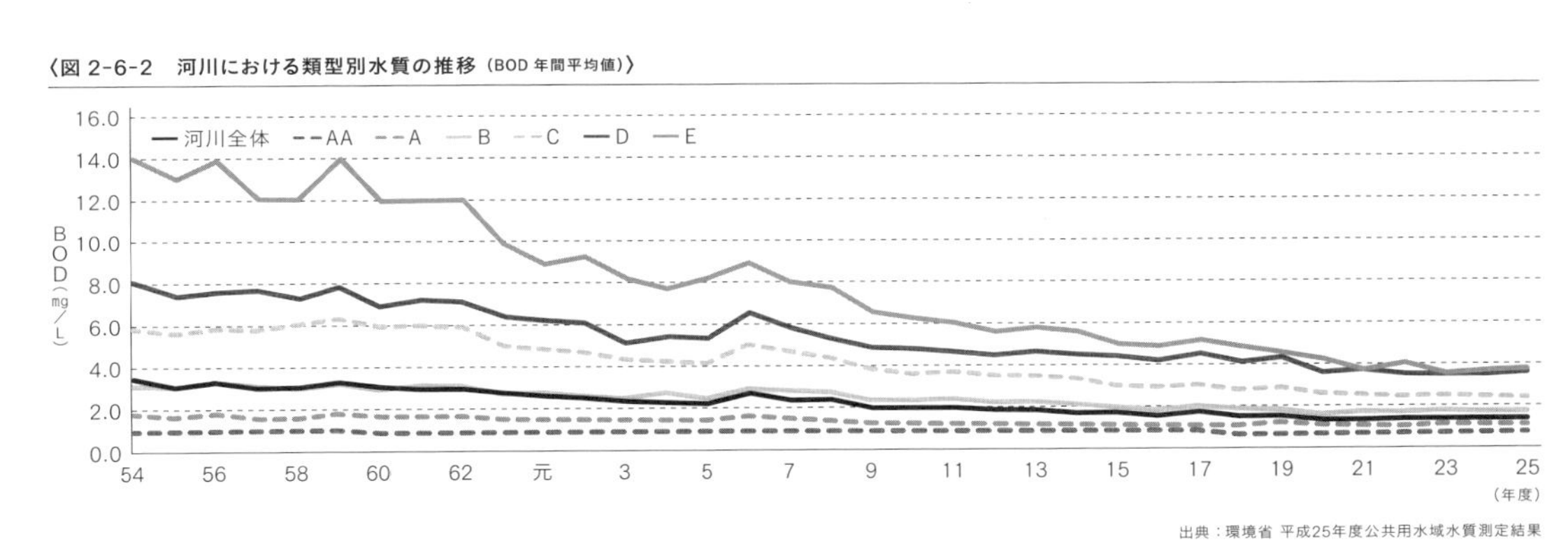

出典：環境省 平成25年度公共用水域水質測定結果

ている（図2-6-2）。しかし、「水に関する世論調査[4]」によると、身近な水辺の環境に対する満足度について、40.7%が「満足している」と答えている一方で、29.6%が「水質が悪い」と答えており、水質の改善の度合い（環境基準の達成度）に比して、水質に対する満足度は高まっていない。これは市民が物理化学的な水質のよさだけで「水のきれいさ」を評価しているわけではないことを示している。

人々は水質をどう捉えているのか

生活水準の向上に伴い、人々は物質的豊かさより精神的豊かさを求めるようになった。水環境に対しても、利水・治水の側面だけでなく、親水・アメニティに着目するようになってきている。水環境は、水質、水量、水の流れといった水がもつ物理化学的な性質だけでなく、生物の生息、さまざまな水の利用、さらには快適性や地域・歴史・文化を背景とした人と水との係わりまで、幅広い要素で捉えられるものとなった。これらの要素が、地域の水環境の性格や特徴に応じて健全に保たれてようやく、水環境の改善が人々に実感されるようになると考えられる[3]。

水環境に求められる役割として、利水機能、親水機能、生き物の生息環境の提供が挙げられるが、水質は、その機能を決定づけるもっとも重要な因子である。

親水機能に着目すると、同じ水辺を見ても水がきれいと感じる人がいる一方で、そう思わない人もいる。また同じ水質であっても、その水が存在する状況（流れ、深さ、周囲の景観など）によって、きれいと感じたりきたないと感じたりする。水のきれいさや水質に対する評価は、物理化学的な水質だけでなく、水環境そのものに対する意識や、水質以外の物理的要因の影響を受けているのである。

人間は、自然環境や地域環境といった物理的環境のなかでも、自分の過去の経験や現在の要求、感受性などによって心理的環境（主観的環境）をつくり上げる。そして心理的環境は、必ずしも物理的環境（客観的環境）と同一ではなく、行動・評価は、主に心理的環境によって引き起こされるとされている（相互作用論的モデルと呼ばれる[5]）。

一方で、人はその場所がもつ目的や意義に新しい解釈を与えることで、その環境への評価を変えてしまう[6]。都市河川を例にとると、治水目的で開削・整備された排水路をオープンスペースと捉え、アメニティ価値を求めて散歩・散策に利用することなどが挙げられる。

さらに人は、環境から感じたことに意味づけをする。人が、自分自身の行動に目的をもたせている環境から、どのように情報を得ているのかということについて、ジョージ・A・ケリーは「人間は経験を通じて構築されたコンストラクト・システムと呼ばれる各人に固有の認知構造をもち、その認知構造によって環境およびそこでのさまざまな出来事を理解し、またその結果を予測しようと努めている」というパーソナル・コンストラクト理論（Personal Construct Theory）を提唱した[7]。

[4] 内閣府 水に関する世論調査（2008）http://survey.gov-online.go.jp/h20/h20-mizu/2-1.html
[5] Kurt Lewin, Principles of Topological Psychology: Causal Interconnections in Psychology, Munshi Press, 2008.
[6] Mirilia Bonnes and Professor Gianfranco Secchiaroli, Environmental Psychology: A Psycho-social Introduction, Sage Publications Ltd, illustrated edition, 1995.

コンストラクトとは、たとえば、「川幅が広い—狭い」「川の水が多い—少ない」といった形容詞的な一対の対立概念を示す。コンストラクト間には、たとえば「川幅が広いから水量が多い（ように感じる）」といったような認知に関する因果関係が存在し、これらの因果関係が構成する認知構造全体をコンストラクト・システムと呼んでいる。

水辺の形状で水質の評価が変わる

物理化学的な水質は同じであっても、水辺の物理的形状が異なると、水のきれいさの評価に影響を与える。これは、前述の「各人に固有の認知構造をもち、その認知構造によって環境およびそこでのさまざまな出来事を理解し、またその結果を予測しようと努めている」というコンストラクト・システムによるものと考えられる。

河川A（筆者撮影）

河川B（筆者撮影）

写真に示す河川A、Bで説明すれば、物理化学的な水質が同じであったとしても、多くの場合、Aのほうが「水がきれい」と判断される。水面（みなも）に植物が映されていると、水がきれいであると感じるが、護岸がコンクリート張りになっていると、水がきたないと感じる。これは「植生がある」→「自然な感じ」→「水はきれいなはず」、「コンクリート護岸である」→「人工的」→「水はきたないに違いない」というコンストラクト・システムが働いていると解釈できる。

同様に、水辺に住む生き物（鳥、昆虫）が多く存在すると、水がきれいであると感じ、水辺にゴミが存在すると、評価は大きく損ねられる。また、水深が浅く、流れを実感できる、水底が見えるような場所では、水がきれいと感じることが多い[8]。

こうしたことから、ある地域の市民が同じ川を見た場合であっても、水がきれいと感じる人もいれば、きたないと感じる人もいるという結果になる。もしその市民に「街にある川はきたないものだ」という先入観があれば、たとえそこの水がきれいであっても、それに気づかない・気づけないということになる。

このような先入観が生まれる背景として、幼少時の水辺体験が挙げられる。小さい時に水がよごれていた水辺しか目にしていなかった人にとっては、川の水はきたないものという先入観が生まれやすい。特に都市部で育ち、過去の水質汚濁を経験した人は、都市河川はきたないものという

[7] George A. Kelly, Psychology of Personal Constructs: Constructive alternativism, WW Norton Co, 1980.
[8] 大塚佳臣，栗栖（長谷川）聖，花木啓祐，河川の物理属性及び住民の認知に基づく類型化による都市河川の価値評価構造解析，環境システム研究論文集，Vol.37, pp.271-282, 2009.

思い込みが起こりやすいと考えられる。これは、過去の経験が、心理的環境（主観的環境）をつくり上げるという相互作用論的モデルで解釈できる。

水のきれいさの評価が特に低いのは、現在40歳代の人たちである。[9]この世代は、水質汚濁がピークとなった1970年前後に幼少期（小学生まで）を過ごしており、きれいな川を経験したことがない人が特に多い。

先入観を生むほかの要因として、保護者の教育も想定される。安全・防犯意識の高まりから、子どもを危険と考える場所へ極力近づけないようなしつけが、家庭や学校でも進んでいる。保護者が「川の水がきたない」と思えば、子どもを水辺で遊ばせる機会は少なくなるだろうし、「きたないから近づかない」ようにと教育するだろう。また、河川・水路を、線路や工事現場と同列に扱う例も見られる。

昨今では、水辺での事故防止策の不備責任を河川管理者である国や自治体に問うケースが増えており、管理側も水辺に近づけない対策を取らざるを得ない状況にある。こうしたことも、市民の水辺離れの一因となっている。水辺に触れることがなければ、水の実態（水はきれいである／きれいになっている）を知ることができず、ひとたび形成された、川の水はきたないという意識を払拭することは難しくなる。

立ち入り禁止看板（筆者撮影）

一方、水のきれいさの評価が高い人には60歳以上が多い。また、水辺を「守るべき自然」「楽しむ場所」「快適な生活環境空間を提供」と肯定的に捉えている人（以下、水辺肯定層と呼ぶ）は、水をきれいと評価する人が多い。水辺肯定層は、水辺の利用頻度が高く、また幼少時から自然や水辺に親しんだ経験が豊富である。年齢層としては60歳以上が多く、評価する水辺周辺での居住年数が長い。[8]

水辺肯定層が水をきれいであると評価する理由として、過去の肯定的な水辺経験から、自分自身にとっての価値と役割を水辺に見出していること、現在利用している水辺が

〈図 2-6-3　河川水質（類型E）の経年変化と年代別の幼少時期〉

河川における類型Eの水質の推移（BOD年間平均値）をもとに模式化

BOD（mg／L）: 0, 10, 20

1940　1950　1960　1970　1980　1990　2000　2010　2020

←50歳代→　←30歳代→
←60歳代→　←40歳代→　←20歳代→　10歳までの年代範囲

［9］大塚佳臣，栗栖（長谷川）聖，中谷隼，花木啓祐，パス解析を用いた都市河川価値評価に対する河川の状態および河川への意識の影響解析，環境システム研究論文集，Vol.38, pp.229-238, 2010.

それをある程度満たしていることから、水質に対しても肯定的な評価を下していることが考えられる。また、肯定的な意識をもって水辺を利用したり観察したりすることで、その改善具合を認識できていることが、高い評価につながっていると推察される。

幼少時に健全な水辺に触れ、肯定的な水辺経験が豊富な60歳以上の人、またその地域に長年住んでいる人は、水環境の改善によって、かつての水辺の姿に戻りつつあることを実感できるため、水質改善に対しても正当な評価をしていると考えられる。

水辺の価値の向上に向けて

水域の水質は、利水の側面から見ると、よごれがなければないほどよいと言える。しかし、下流域や閉鎖性水域は、よごれが集結するので、水域の水質を上流域と同等にすることは難しい。よごれの元を断つにしても、ノンポイントソースのすべてを断つことは不可能であることから、利水に資する水準（環境基準）を目指し、必要な分だけ浄化するアプローチが現実的である。

生態系の側面から見ると、水がきれいであればあるほど、水域生態系の下支えをしている植物性プランクトンの生育が進まず、結果として生態系は貧しいもの（種類、個体数が少ない）となる。よごれが蓄積しやすく水質改善が難しい閉鎖性水域では、その多くが条例によって、水質汚濁防止法に定める排水一律基準より厳しい規制をかけられている。その結果、瀬戸内海域では、窒素・リン成分などの栄養塩の流入が減少しすぎて、海苔や魚介類の生育に影響を与えるに至った[10]。まさに「水清くして魚住まず」という状況になったことから、瀬戸内海環境保全特別措置法を改正し（2015年10月施行）、栄養塩を還流させるなどの対処によって、生態系の回復を図ることになった。

水生生物の生息環境は、水質以外にもさまざまな要素が影響を与えるが、生き物の豊かさを実現するうえでは、ある程度のよごれも必要であり、なにがなんでも透明な水がいいというわけでもない。だからといって、山間部の河川の清らかな水によごれを入れる必要もない。それぞれの地域にはふさわしい特性がある。上流域と下流域では、周辺環境や水質汚濁物質の流入量が異なるため、同列に語ることはできない。むしろその差異が、生態系的地域らしさを形成しているといってもいい。ことに市民が多く住む下流域では、ある程度のよごれのある水が豊かな生態系を形成することを理解し、それを楽しむ姿勢が求められる。

では、この「水のきれいさ」の評価を、さらに高めるための施策にはどのようなことが考えられるだろうか。

水辺の植生の維持・復活は、水辺の生き物の生息環境を確保するために必要だが、都市部の水辺が手つかずのうっそうとした状態になったとしたら、水辺への印象はかえって悪くなるだろう。「自然である」ことが必ずしも水辺の価値を高めるわけではなく、人の手が入って保たれる里山のように、植生の維持管理を行いながら、地域の特性に適

[10] 藤原建紀，瀬戸内海の貧栄養化，水環境学会誌，Vol.34, No.2, pp.34-38, 2011.

したデザインを行っていく必要がある。

また、以前とは違うきれいな水辺になったことを知ってもらうためにも、まずは水辺に触れてもらうことが必要であろう。そのためには、植生の適切な管理と同時に、安全で近づきやすい水辺を提供する必要がある。水域全体でなくてもいい。スポット的に親水空間を整備し、気軽に利用できる場をつくることが重要である。

そうした場があることで、水の印象は大きく変わる。これまで、きたないと思っていた人たちも思い込みを改めることができる。その人たちが親世代であれば、そこで自分たちの子どもを遊ばせる機会も増えるであろう。子どもたちは、現在60歳以上の世代と同様、肯定的な水辺経験を積み重ねることで、水辺に対して正当で肯定的な意識をもつようになり、水辺を愛でる心をもった市民に育つ。教育の現場でも、こういった場を活用して子どもたちに水辺に触れる機会を増やし、遊びだけでなく、体系的に水環境を学習させる取り組みを期待したい。

おおつか・よしおみ
1969年埼玉県生まれ。東京工業大学工学部卒業。東京大学大学院都市工学専攻修了。博士(工学)。電機メーカーで環境プラント開発に従事ののち、2010年より東洋大学総合情報学部准教授。

よい光環境はエコロジカル

明石行生

明るすぎる現代日本の生活環境

文豪・谷崎潤一郎がその著書『陰翳礼讃』のなかで日本家屋における「陰翳」を賞賛したのは昭和初期。当時の西洋では、太陽の光をできるだけ多く取り込み、室内を明るくしようとしていたのに対し、日本の家屋では「室内へは、庭からの反射が障子を透してほの明るく忍び込むように」光が工夫され、暗さのなかに美を見いだし、そこに日本の伝統があるとした。一方、東京工業大学の教授であった乾正雄がその著書『夜は暗くてはいけないか――暗さの文化論』で、日本の夜が明るすぎることに疑問を投げかけたのは1998年。この70年余の間に、日本の照明は明るくなりすぎてしまったのだろうか。

たしかに、現代の日本人の生活環境における照明は、場面によっては明るすぎる。欧米のそれに比べて量的には優っているかもしれないが、質的には劣っているようにも思われる。我が国の照度の基準が高かったこと、そして日本人が欧米人と比べてまぶしさを感じにくいことが、その原因と言われている。少なくとも、日本人と比べて虹彩の色が薄い人種は、眼球内の光散乱が多いことが知られており、それがまぶしさの増加につながっていると考えられる。

日本では、蛍光ランプのような照明を裸のまま天井に取り付けて、白い内装に光を反射させることで部屋全体をまんべんなく明るく照らすことが多い。いわば、ヒトが照明器具の中にいるようなものである。これは日本人のまぶしさを感じにくい特性ゆえに可能なことで、まぶしさを感じやすい欧米人には耐え難いものがあるようだ。

谷崎が生きた時代、西洋でも室内で作業をするにも明るさが足りず、できるだけ明るく照明しようとしていた。しかし、電灯が普及し作業するのに十分な明るさを獲得した時点で、彼らはそれ以上の明るさを求めなかった。まぶしさを抑えながら、必要十分な明るさに満足したのではないだろうか。一方、日本では電灯の普及により作業をするのに十分な明るさで照明できるようになって以降も、さらに明るい空間を求めた。いまでは部屋の隅々まで明るく照明するのが一般的になった。

ここでは、明るいだけの空間や明るすぎる空間は、決して「よい光環境」ではないこと、光の量と質を両立してこそヒトと地球環境にもふさわしい「よい光環境」が実現できることを考えていこう。

タスク・アンビエント照明方式とは何か

「よい光環境」の第一は、作業をするうえで危険・不便がないことであろう。そのためには、ある程度の光の量を確保し、作業をしている場所を作業している間、十分な明るさで照明する必要がある。しかし、それでは視線を動かして部屋全体を見たとき、極端に暗く感じる場所があったり、明るいところと暗いところを交互に見ることによって、目が疲れたりしてしまうかもしれない。

視線を動かしても目が疲れない、部屋全体を見回しても違和感のある雰囲気にならない、というのが「よい光環境」の第二のありかたであろう。それを実現するためには、作業対象以外の部分や作業をする以外の時間、適度に「暗く」照明することが求められる。具体的には、作業用の照明と環境用の照明とを分けて、作業している間は作業する場所をしっかりと明るく照明し、周囲や作業しない間は少し暗めに照明する方法である。専門家は、このような作業用の照明と環境用の照明とを分けた照明方式のことをタスク・アンビエント照明方式と呼んでいる。この照明方式を採用することにより、省エネルギーにも貢献できると同時に、質的にも欧米の照明に追いつくことができる。

「よい光環境」の第三のかたちとして、ヒトの睡眠のリズムを健全に保つ照明を挙げたい。かつて人類は、日中は太陽の光を浴び、夜間は真っ暗な中で生活していた。そのため、日の出とともに目覚め、日没して暗くなると眠るという、睡眠と覚醒のリズムが健全に保たれていた。ところが現代社会では、ヒトは日中も太陽の光を浴びずに電灯の下で生活し、夜間も明るい電灯の下で過ごしている。こうした生活によって、健全な睡眠と覚醒のリズムが維持できなくなることが指摘されている。健全なリズムを保つためには、夜間は本来、照明を暗くすべきなのである。つまり、朝と夜との時間帯で、光の明るさの量にメリハリをつける必要がある。

光の成分を賢く選ぶ

「よい光環境」の第四のかたちを実現するためには、光の質的な側面を追及することになる。その手がかりが「光の成分」である。昨今の発光ダイオード（ＬＥＤ）の技術革新は、この光の成分を比較的容易に調整できるようにした技術革新でもあった。つまり、期待する効能を得るために薬の成分を調合するように、ＬＥＤは光の成分を調合することが可能なのである。

では、この光の成分とはどういうものなのだろうか。ヒトは、目で見える波長範囲のなかで、波長が短い光から波長が長い光まで、紫色、藍色、青色、緑色、黄色、橙色、赤色の光を感じることができる。白く見える光にも紫色から赤色の成分の光が含まれている場合がある。光の成分とは、波長ごとの光のエネルギーの割合のことをいう。照明

〈表 2-7-1　ランプカタログ〉

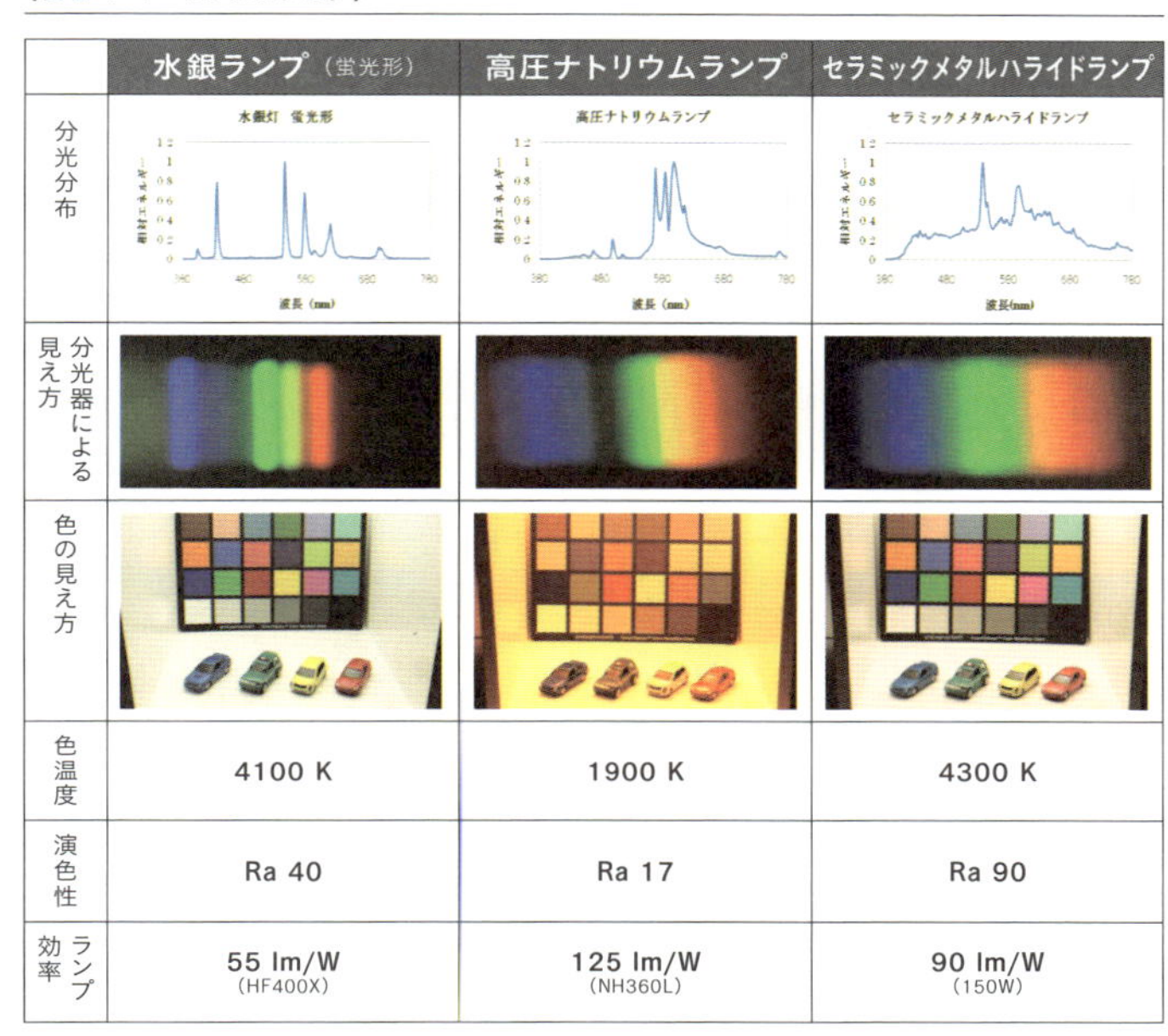

	水銀ランプ（蛍光形）	高圧ナトリウムランプ	セラミックメタルハライドランプ
分光分布	水銀灯 蛍光形	高圧ナトリウムランプ	セラミックメタルハライドランプ
分光器による見え方			
色の見え方			
色温度	4100 K	1900 K	4300 K
演色性	Ra 40	Ra 17	Ra 90
ランプ効率	55 lm/W (HF400X)	125 lm/W (NH360L)	90 lm/W (150W)

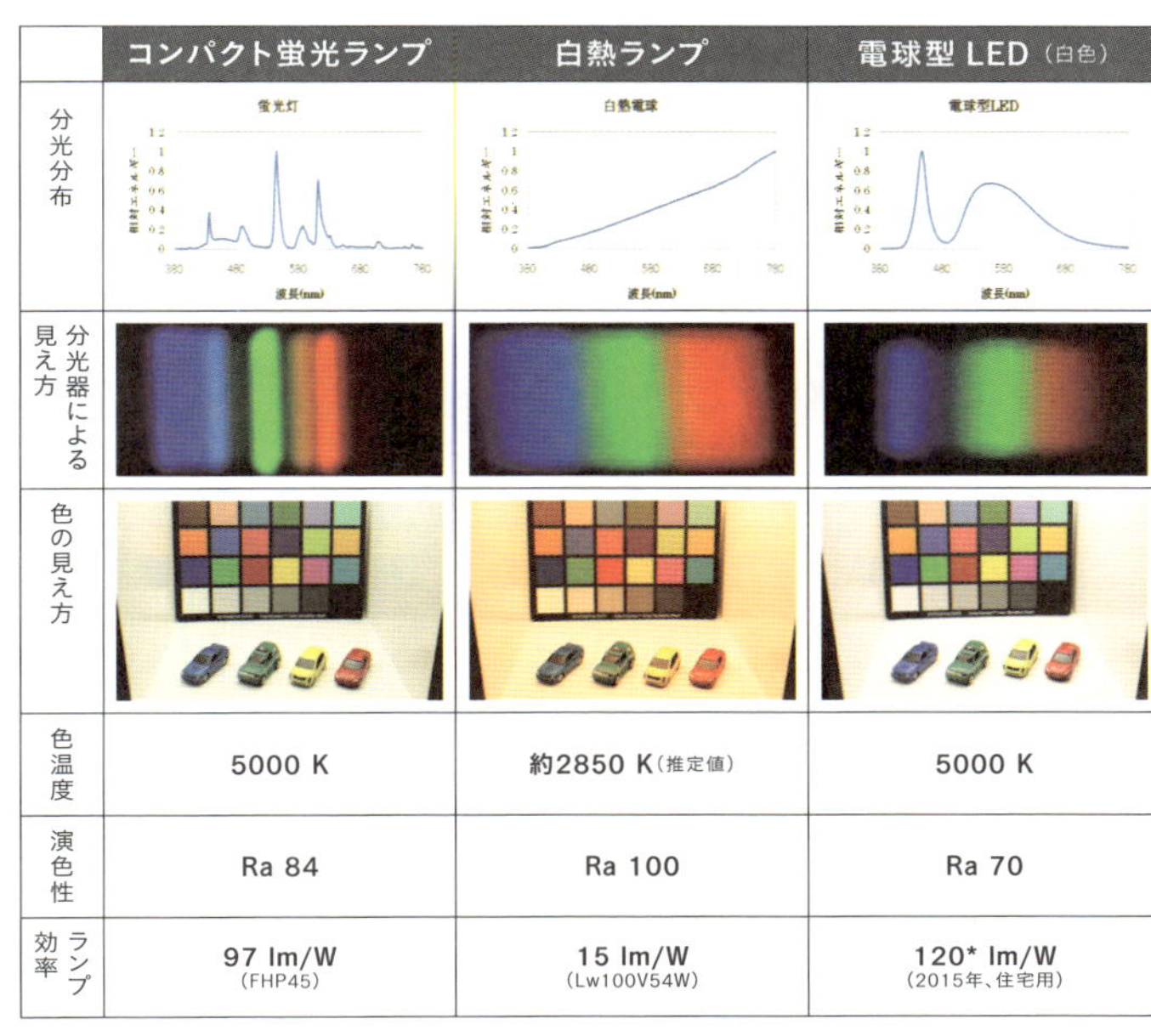

	コンパクト蛍光ランプ	白熱ランプ	電球型 LED（白色）
分光分布	蛍光灯	白熱電球	電球型LED
分光器による見え方			
色の見え方			
色温度	5000 K	約2850 K（推定値）	5000 K
演色性	Ra 84	Ra 100	Ra 70
ランプ効率	97 lm/W (FHP45)	15 lm/W (Lw100V54W)	120* lm/W (2015年、住宅用)

*2015年末において、LEDのランプ効率は製品によっては170lm/Wを超えるものもある。
この表は、2009年10月発刊の電球工業会報（No.507季刊号）の表1（37-38頁）の修正版である。

メーカーは、光源が発する光の成分をグラフに表し、カタログなどに掲載している。専門家はこのグラフを分光分布やスペクトルと呼んでいるが、ここでは光の成分と呼ぶことにする。

表2-7-1のグラフの横軸は光の波長を示す。波長の範囲（380〜780nm）は、目で見える光の波長の範囲である。縦軸は、エネルギーを示す。たとえば、高圧ナトリウムランプであれば、目で見える光の波長範囲の真ん中あたりの波長にエネルギーが集中している光の成分を有することを表す。この光の成分の差異により、エネルギー効率が高くなったり低くなったりする。また、光の色が赤っぽく見えたり、白っぽく見えたり、照らされるものの色が鮮やかに見えたり、くすんで見えたりする。

明るさを感じる目のメカニズム

こうしたメカニズムは、ヒトの目の中にあるセンサーの感度によってもたらされる。図2-7-1に、明るさを感じる目のセンサーの波長ごとの感度を示した。横軸は波長を示し、縦軸は相対的な感度を示す。そこから、明るさを感じるセンサーは、目で見える波長範囲のちょうど真ん中に当たる波長あたりをピークとして感度が高いことがわかる。表2-7-1の光源の光の成分を図2-7-1の分光感度と見比べて、両者が重なっている部分が多いほど光源のエネルギー効率が高いことを意味する。このことから、高圧ナトリウムランプはそのエネルギーが目の感度が高い波長に集中しているため、エネルギー効率が高い光源であることが分かる。

実は、図2-7-1の明るさを感じるセンサーの感度は、3つのセンサーの感度を重ね合わせたものである。3つのセンサーがあるため、明るいところでは種々の色を知覚することができる。ヒトはこの3つのセンサーにより、赤っぽかったり、青っぽかったりする光の色を知覚し、鮮やかに見えたり、くすんで見えたりなど、照らされる物の色を知覚しているわけである。

明るさのセンサーのほかに、図2-7-2の暗い環境で働く明るさセンサー、図2-7-3の生体リズムを刻む体内時計に関わるセンサーがある。興味深いことに、それぞれのセンサーは、波長ごとに感度のプロフィールが異なっている。こうしたことから、光の成分を賢く選ぶことによって、空間の用途や作業の種類に応じて、ターゲットにするセンサーを刺激することができるのである。

〈図 2-7-1　明るさセンサーの感度〉

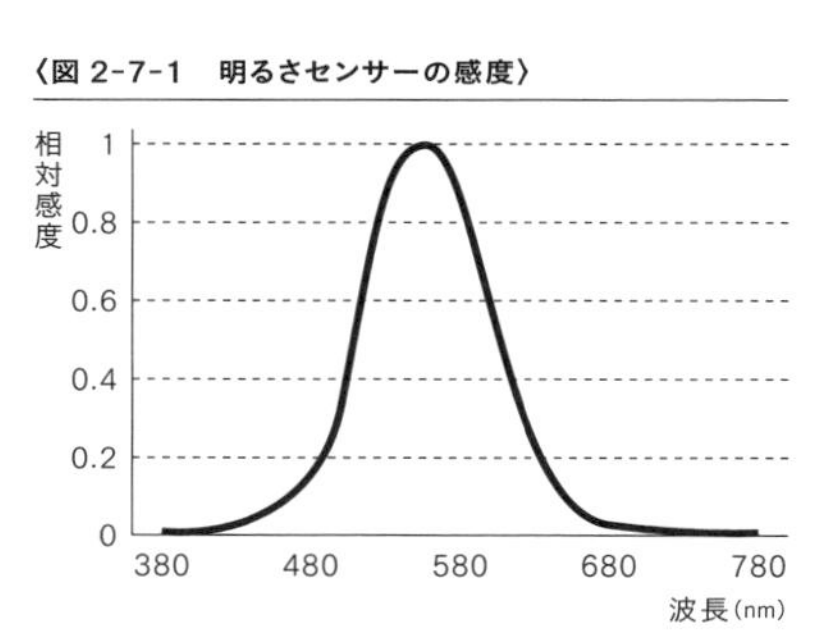

〈図 2-7-2　暗いところで働く明るさセンサーの感度〉

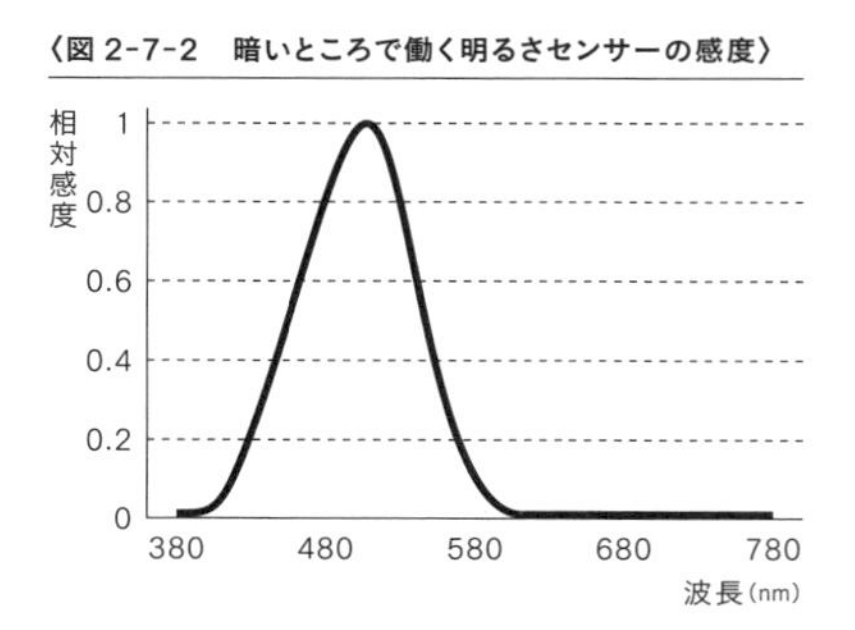

〈図 2-7-3　体内時計のセンサーの感度〉

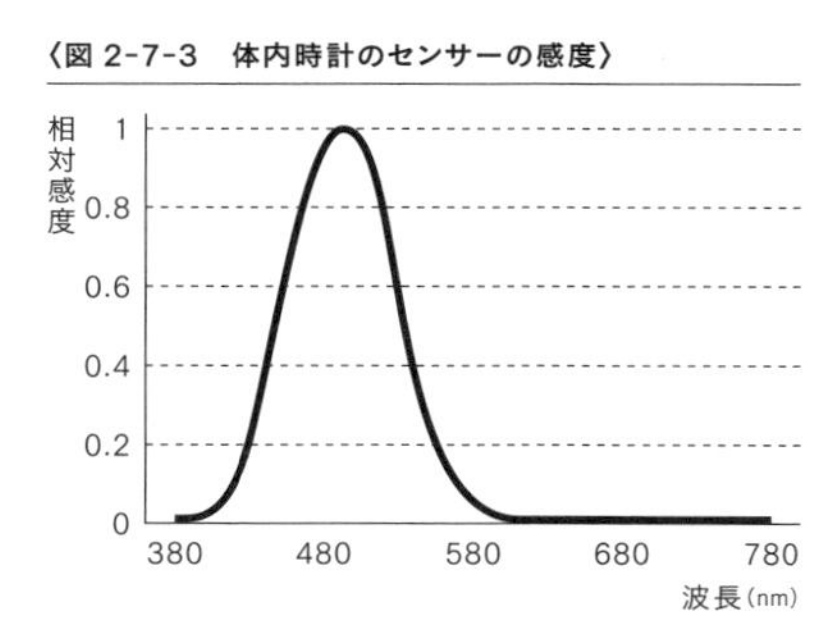

すなわち、「よい光環境」の第四のかたちとは、これらのセンサーの波長ごとの感度のプロフィールの違いを知り、期待する効能が得られるように光の成分を調合すること。このことで、より効率の高い光環境、より質の高い光環境を導くことができる。

光の成分をアレンジする

近年照明メーカーは、この光の成分をアレンジすることで、照明製品に特徴をもたせているようである。朝日や夕日に近い赤っぽい光を出す照明もあれば、明るく白っぽい光を出す照明もあるし、照らされるものの色が鮮やかに見える照明もある。「よい光環境」をつくるためには、場所と時間に合わせて適切な光の成分を選ぶことが重要である。

たとえば、食卓に食べ物が鮮やかにおいしそうに見える照明を使うと食事も楽しくなる。さらにヒトの顔の色も好ましく見える照明であれば、会話もはずむだろう。本を読むときや勉強するとき、白っぽい照明を使えば文字がくっきり見えるという報告もある。夜間の屋外のように薄暗い環境では、少し青っぽい照明を使えば明るく感じる。先ほど述べた、睡眠と覚醒のリズムに対しても、図2-7-3の波長ごとの感度を考えると、日中は波長が短い青っぽい光を多く浴び、夜間は暗く赤っぽい光にすることで、睡眠と覚醒のリズムを健全に保つことにつながる。

重ねて言うが、より「よい光環境」のためには、光の成分を調べて、用途に適した照明を選定することがポイント。そして、読者の周りにもあるだろうLEDは、異なる光の成分の使い分けをしていることを覚えておいていただきたい。

光の成分を知るためのツール

ここで、光の成分をもう少し身近に感じてもらえるツールを紹介したい。これはいわば、光の成分をビジュアル化するツールである。先に述べたように、光には紫色から赤色までのいろいろな光の成分が含まれているが、ヒトの目はそれを見分けることができない。合成された白い光が見えるだけである。照明メーカーや専門家は、光の成分を計測する専用の機器を用いて製品の開発や研究を行っているが、一般のユーザーがそのような機器をもつ機会は少ない。そこで、簡易に光の成分のイメージを目で観察できる「簡易分光器」を、福井大学の学生とともに作成した。これは、同大学の生活協同組合の売店でも販売されている。

この簡易分光器は、四角い窓に貼った特殊なフィルムによって光を分光する。フィルムは、1㎜あたりに500本の筋が刻まれた回折格子フィルム（Edmund Optics社製54509-K）である。照明の光のうち、約2㎜幅のスリットから簡易分光器に入った光は、フィルムで分光されて波長ごとに特定方向に縞を生じる。太陽光のように、紫色から赤色のすべての色の光を含んでいる場合、その縞は虹のように連続して観察できる。一方、一般的な蛍光ランプの場合は、青・緑・赤が強調された不連続な縞が観察できる。この簡易分光器は、その縞を観察するツールである。
照明メーカーの方々には、カタログとともにこの簡易分光器を消費者に提供することを提案したい。さらに、表２-７-１に示すような各種光源がもつ種々の特性値と光の成分を示すグラフ、簡易分光器で観察できる縞の画像、その光源で照明した色票の画像を提供できれば、なお理想的である。

表２-７-１の光の成分のグラフは、それを計測する専用の機器「瞬間マルチ測光システム（大塚電子株式会社製ＭＣＰＤ-７７００）」で測定した。このスペクトルと簡易分光器で観察したスペクトルを対応させると、消費者にも光の成分の意味が理解できるはずである。

よい光環境を導くLED和ろうそく

「よい光環境」を実現するために、もうひとつ紹介したい照明がＬＥＤ和ろうそくである。これは伝統的な和ろうそくの炎をＬＥＤで模したもので、夜間の暗い照明であり、日本の文化を取り戻すあかりとも呼べる照明である。

和ろうそくの光と電灯の光の最大の違いは、色とゆらぎにある。色についていえば、和ろうそくは芯の周りの炎は青く、炎の輪郭は赤く、その間の層は黄色い色を発している。そして、それぞれの色の層ごとにゆらぎの速さが異なる。この炎のそれぞれの層の色に相似させるため、数あるなかから青、橙、赤のＬＥＤを選び、それぞれの強度を調整することで光の成分を和ろうそくのそれに合わせた。

さらに、それぞれの色のＬＥＤに対して異なるゆらぎ周波数を与えた。赤の周波数は高く、青は低く、橙にはその中間の周波数を採用した。これを和紙の行灯などに入れてみると、和紙に当たる光が映しだす色のグラデーションとその変化が本物の和ろうそくのように見える。写真は、福井県足羽川の桜並木に置かれた行灯に入れたＬＥＤ和ろうそくの様子である。

ＬＥＤ和ろうそくは、そのゆらぎが見える暗い環境のなかで使ってほしい。ゆったりとした時間を過ごす室内空間などには特におすすめしたい。一般の住宅にも普及すれば、かつて陰影

簡易分光器

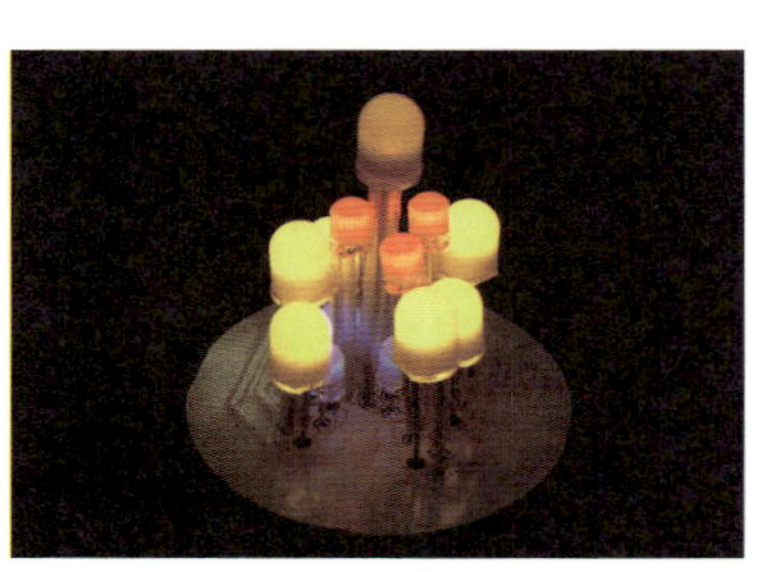

LED和ろうそく

福井県足羽川の桜並木の様子

を礼賛した日本の伝統的なあかり文化を取り戻すこともできるだろう。そして「よい光環境」の形成にも貢献できると考えている。暗さを楽しめる上質なあかりが普及してほしいと願っている。

あかし・ゆきお
1983年東京工業大学建築学科卒業、1985年同大学大学院社会開発工学専攻終了。松下電器産業株式会社照明研究所、米国Lighting Research Center, Rensselaer Polytechnic Instituteを経て2007年より福井大学に勤務。現在、同大学大学院建築建設工学専攻教授。

熱があふれた街から涼しい街へ

梅干野 晁

２０００年頃から、都市のヒートアイランド現象がマスコミなどで取り上げられるようになりました。東京、大阪、名古屋などの大都市における気温分布の実態やシミュレーションによる予測結果が、新聞のトップページにカラー画像で紹介されたことは、皆さんの記憶に新しいのではないでしょうか。

まず、ヒートアイランド現象とはどのようなことかを理解しましょう。すると、このヒートアイランド現象の形成要因は、私たちが生活する街の中にあることが分かります。街の中で生活する人は、過酷な熱環境のもとで生活しています。このことはあまり認識されていません。赤外線放射カメラの熱画像を用いて、生活空間の熱環境の実態を見てみましょう。街には熱があふれています。そして、これらの考察を受けて、熱があふれている街に涼しい生活空間（クールスポット）をつくる方法について考えてみましょう。今日の地球環境時代、環境負荷の小さい快適な街づくりが求められています。

ヒートアイランド現象とは何か

気候要素のなかでもっとも身近な気温について見ると、都市の中の気温は郊外よりも高いことが古くから知られていました。これを地図上に表現すると、都市の中に高温域が形成されて、等温線がまるで熱の島のようになることから、ヒートアイランド（熱の島）現象と呼ばれるようになりました。ヒートアイランド現象によって都市の中では上昇気流が生じ、上昇した汚染空気が光化学スモッグとなって近郊に降下するなど、複雑な気象現象も発生します。

東京を例に、ヒートアイランド現象の実態をもう少し詳しく見てみましょう。図２-８-１は、夏季における東京都内の気温分布を示したものです[1]。東京都環境科学研究所によって、小学校の百葉箱を用いた１００点以上の観測点で測定された気温観測データにより詳細な解析が行われました。２００２〜２００９年までの継続的な観測結果によると、気温の年変動はあるものの、東京都の気温の空間分布には次のような傾向のあることが明らかとなりました。

①区部では、真夏日日数が多いことが分かります。日最高気温が高い地域は、区部だけでなく多摩東部にも認められましたが、熱中症との関連が深いとされる気温30℃以上

[1] 横山他，東京都環境科学研究所年報 2010, pp45-49, 2010

の時間割合は、多摩部で小さく、区部の中心部から北部にかけて大きい傾向にあります。

②熱帯夜日数が多いとか、日最低気温が高い地域、すなわち、夜間から早朝にかけて気温が高い地域は、都心及び東京湾岸を中心とした地域に見られ、ヒートアイランドを形成しています。ヒートアイランド現象がもっとも顕著に現れるのは、冬の風のない晴天日の早朝ですが、夏の真夏日に熱帯夜日数が多くなると、日常生活の悪化を招きます。

ヒートアイランド現象はなぜ起こるのか

都市にヒートアイランド現象が形成される主な要因には、次のようなことがあります。

①土地被覆の改変
②膨大なエネルギー消費とその大気への顕熱による排熱
③大気汚染による温室効果

①の土地被覆というのは、大きく分けると、都市の中の建物や道路で構成されている空間形態と、そこを構成する材料のことです。この空間形態とそこを構成する材料が複雑に絡み合って、ヒートアイランド現象が形成されます。その状況を具体的に説明しましょう。

[1] 建物が密集し、高層建築が増えることによって地表面の凹凸が複雑になり、入射した日射が多重反射した結果、都市の表面の日射の吸収率が大きくなります。

[2] 地表面の凹凸が大きくなると、地面や壁面から天空の見える割合が減るため、大気放射冷却が阻害されます。

[3] 街の中の風速が平均的に減衰し、街の換気機能が低下します。その結果、街の中に熱気が溜まり、気温が高温になります。

[4] 緑地や裸地などの透水面が減少することで、雨水の保水能力が低下するとともに、蒸発散の潜熱による冷却作用が小さくなり、大気を直接暖める顕熱量が増大します。

[5] アスファルト舗装やコンクリートがむき出しの建物など熱容量の大きい材料や構造物が地面を覆うことで、ここに日中吸収された日射熱が蓄熱され、夕方、夜間そして朝方にかけて表面温度が下がりにくく、大気への顕熱量が増えます。

〈図 2-8-1　東京都内の夏の気温分布（2007～2009年）〉

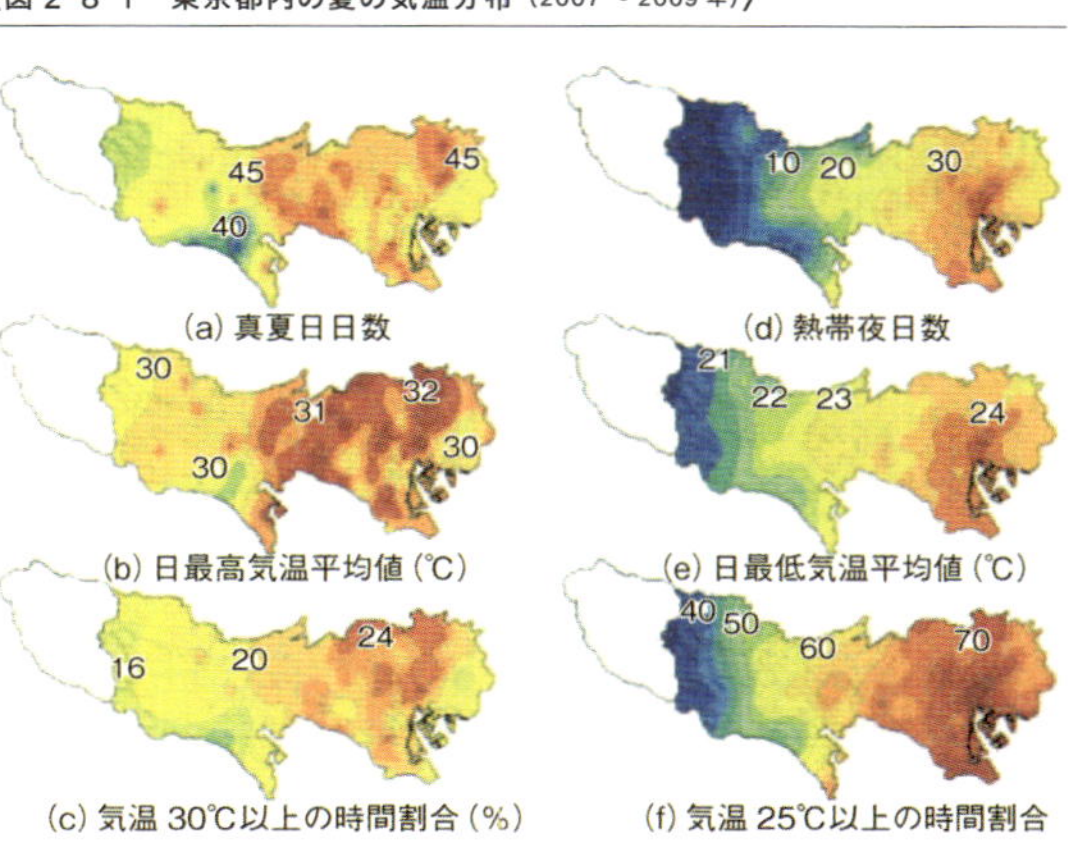

出典：東京都環境科学研究所年報2010

②の膨大なエネルギー消費とその大気への顕熱による排熱には、自動車、工場での生産工程などによる人工排熱も含まれます。

③大気汚染による温室効果について。大気汚染によってスモッグが形成され、これが温室のガラスと同様の働きをします。地面から放射される赤外線が宇宙空間へ放射されず、大気中に吸収されるため気温が上昇し、いわゆる「温室効果」が生じます。ただし、日中は大気汚染で日射の透過率が下がることで地表面の受熱日射量が減り、表面温度の上昇を抑制することもあるので、大気汚染が必ずしもヒートアイランド現象を引き起こすかどうかは微妙な関係があると言われています。

地球温暖化とヒートアイランド現象との関係について一言触れておきます。マスコミでは、近年の気温上昇について、地球温暖化とヒートアイランド現象を挙げていますが、両者による気温上昇の要因は異なります。このことは注意すべきです。

航空機リモートセンシングで捉えたヒートアイランド現象

続いて、都市のヒートアイランド現象の主要な形成要因である土地被覆の改変に着目してみましょう。リモートセンシングによる熱画像を見ると、この現象の特徴がよくわかります。

図2-8-2の上図は、航空機マルチスペクトルスキャナ（MSS）で収録した、仙台の市街地とその郊外の夏の晴天日における正午の熱画像です。下図は、航空機MSSで収録したデータを用いて作成した緑被分布図を示しています。黒色の画素は、このデータの地上分解能な10m×10mの中に緑がほとんど存在しないところ。黄色の画素は緑被率30~40%前後、白色の画素は10%以下です。郊外は森林で取り囲まれていますが、道路に沿って市街化が進み、森林を切り開いて開発された大規模集合住宅地や点在するゴルフ場が目につきます。海岸線一帯には水田が広がっています。中央は仙台の市街地ですが、市街地の中には緑がほ

〈図 2-8-2　仙台における緑被分布の夏季・晴天日正午と熱画像（気温 26℃）〉

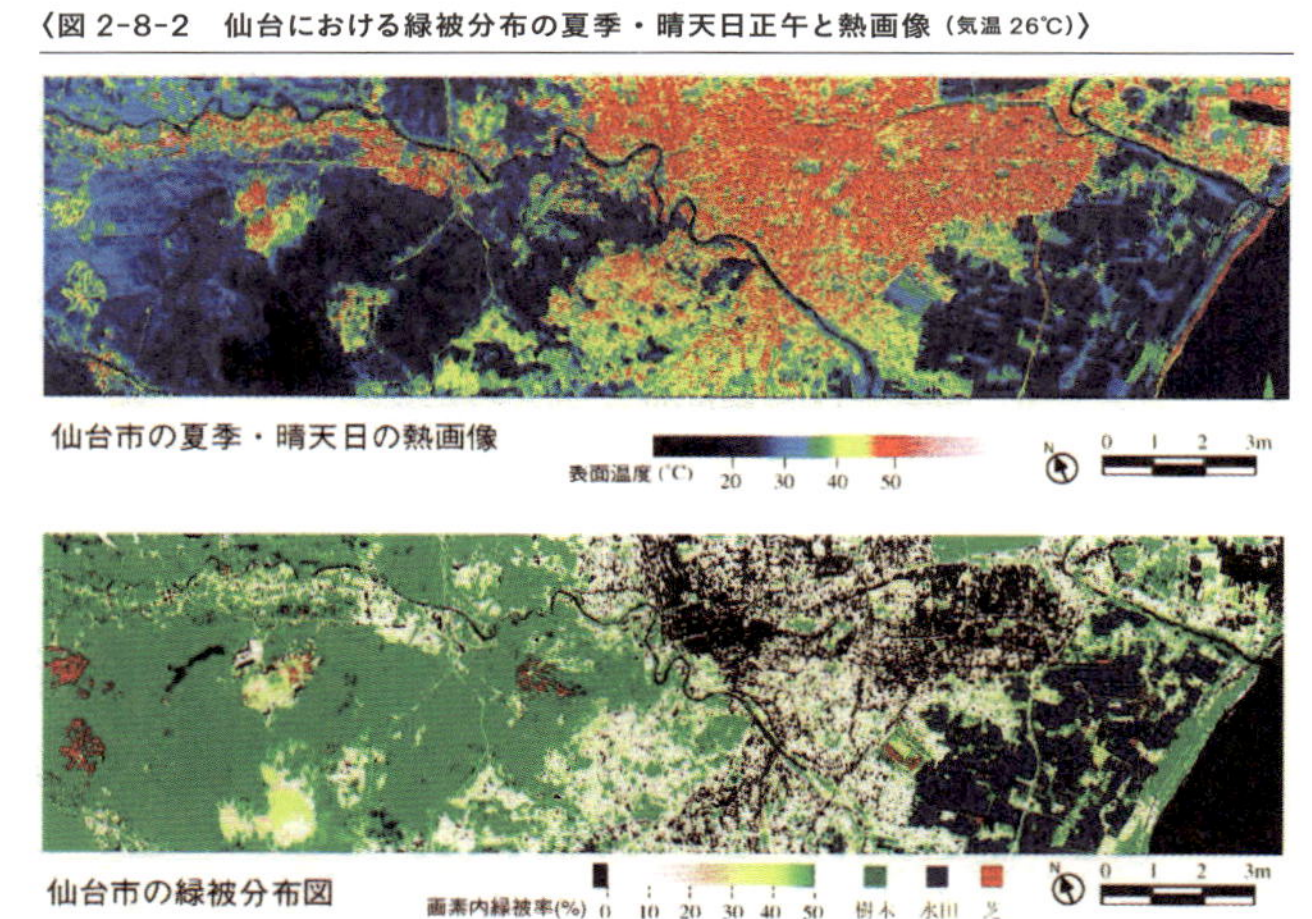

上／航空機マルチスペクトルスキャナによって収録された仙台の市街地と郊外の熱画像。まさに都市砂漠だ。
下／リモートセンシングデータを使って作成した緑被分布図。下図と比較すると緑のあるところは表面温度が低く、緑のない市街地が高温を示していることがよく分かる。杜の都・仙台と言われるが、市街地の中には緑が少ない。

とんど分布していないことが分かります。

図2-8-2のふたつの図を比較してみましょう。市街地の中でも、まとまった緑が存在する公園や青葉通り、定禅寺通りのケヤキ並木付近では表面温度が低いのですが、市街地のほとんどが表面温度50℃前後と高くなっています。この表面温度の値は、海岸線の砂浜のそれとほぼ等しく、裸足では歩けません。すなわち、建築の屋根、特に鉄板や瓦屋根や日向の舗装道路の表面温度は、日中気温より20℃以上も高くなり、これに接した街の中の空気の温度も上昇します。これが昼のヒートアイランド現象です。

これらの画像から、都市のヒートアイランド現象を抑制するためのひとつの対策は、失ってしまった緑を街の中に取り戻すことということが理解できるでしょう。都市・建築緑化については後で触れます。

日本におけるヒートアイランド問題は、東京や大阪などの大都市に焦点が当てられてマスコミなどに取り上げられてきました。2004年の春には、ヒートアイランド現象の抑制対策が閣議決定され、具体的な動きが始まりました。しかし、ヒートアイランド現象は大都市に限る問題ではありません。地方の小都市でもヒートアイランド現象が生じています。自動車社会のもとで、人工被覆面が郊外へ拡大を続けている中小都市に目を向けねばならないと考えます。

生活空間には熱があふれている

都市のスケールでヒートアイランド現象を見てきました

〈図 2-8-3　壁面に取り付けられた冷房運転中の室外機〉

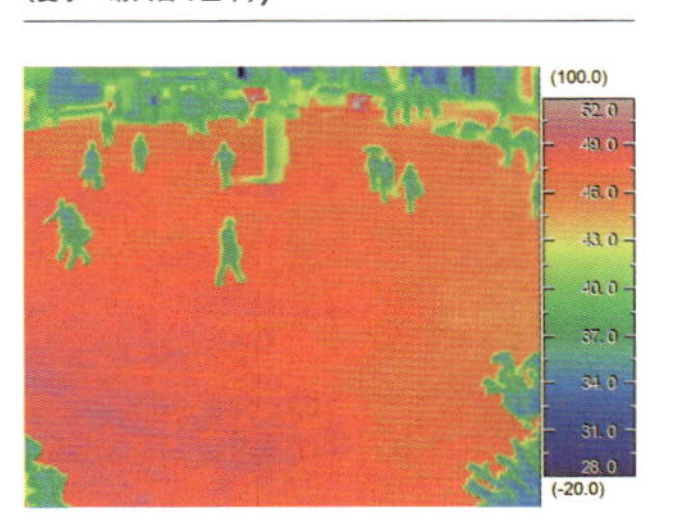

〈図 2-8-3　小公園の舗装された広場（夏季・晴天日の正午）〉

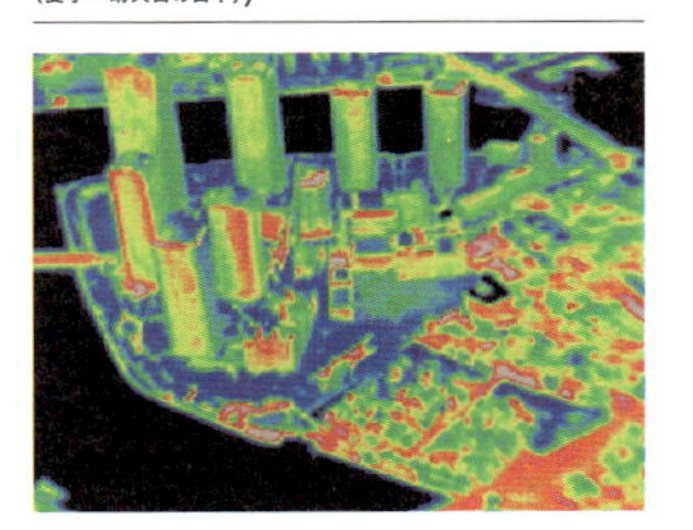

〈図 2-8-3　ヘリコプターから収録した街の熱画像（夏季・晴天日の日中）〉

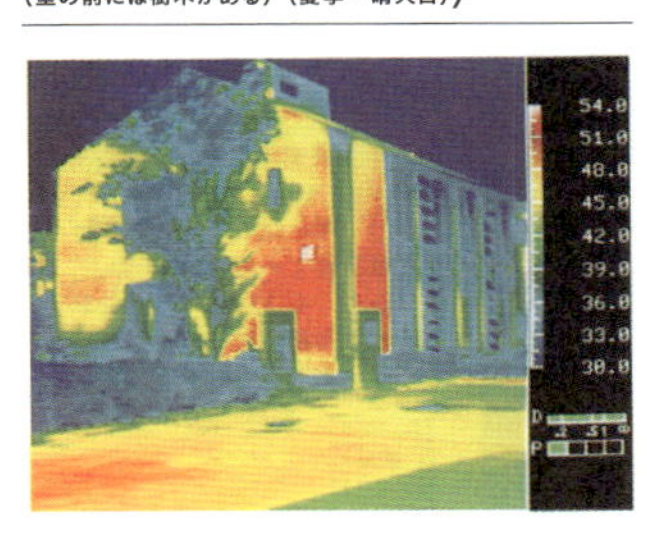

〈図 2-8-3　西日を受けた住宅の西壁（壁の前には樹木がある）（夏季・晴天日）〉

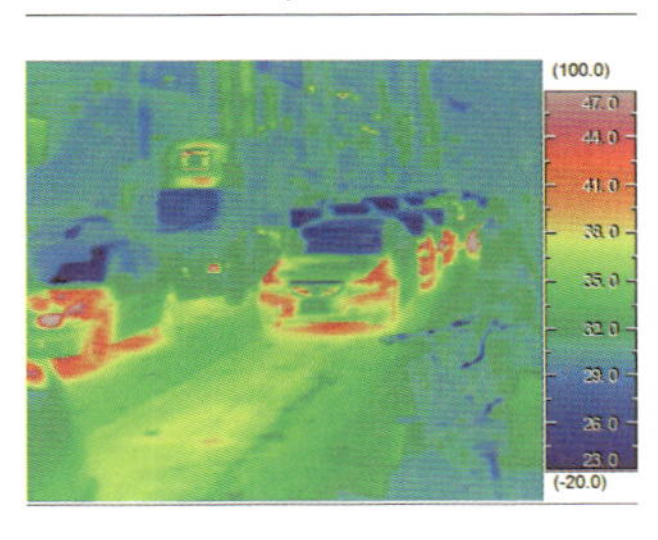

〈図 2-8-3　走行中の自動車からの排熱（夏季・晴天日・19:00）〉

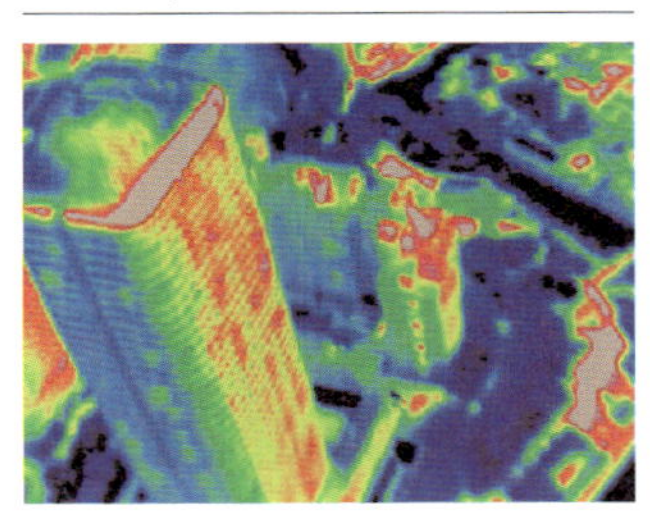

〈図 2-8-3　右側から西日を受けている高層集合住宅（夏季・晴天日）〉

が、それでは私たちが生活している街の中の熱環境はどのようになっているのでしょうか。結論から先に言いますと、夏の街の中には熱があふれています。図2-8-3にその可視化画像を示しました。赤外線放射カメラで収録した熱画像です。右側に表面温度のカラーコードを示してあります。赤いところが表面温度の高いところです。

人が建築外部空間のある場所に立ったとき、その人が周囲から受ける熱放射の程度を示す指標である平均放射温度（MRT）[2]を全球熱画像から求めてみましょう。[3]ここでは、街の中の3箇所の例を示します。

図2-8-4（上）は道路の両側に商業建築が立ち並ぶ商業地区の道路の歩道に立ったときの全球熱画像です。晴天日には、初夏でも気温は29℃を示し、日射を受けた舗装面の表面温度は45℃以上に上昇しています。歩道に立った人は、舗装面から強烈な熱放射を受けていることになります。周囲が開けた場所であれば、空との放射の授受で人体から空へ向かって放熱が行われますが、周囲が建築で囲まれている場合、放熱は抑制されます。また、この舗装面に接している空気は暖められ、道路空間の気温上昇を引き起こします。これがヒートアイランド現象を引き起こす要因です。

図2-8-4（中）は、一面舗装された駅前広場で、歩行者を雨や日射から保護するために設けられた、東西に延びる人工天蓋の下に立ったときの全球熱画像です。天蓋で直達日射は遮蔽されているため、立っているところは陰になっていますが、日向の舗装面は赤色で高温を示し、天蓋の表面温度も日射熱の焼け込みで40℃前後に達しています。天蓋による日影部分も朝方に入射した日射熱が蓄熱されていて35℃を示しています。ここの平均放射温度を算出する

〈図2-8-4　全球熱画像による生活空間の熱放射環境の評価〉

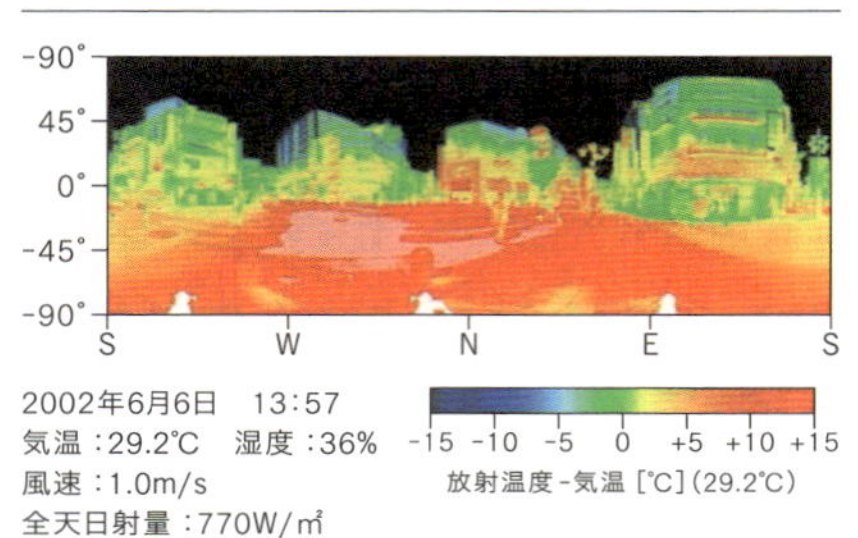

2002年6月6日　13:57
気温：29.2℃　湿度：36%
風速：1.0m/s
全天日射量：770W/㎡
-15 -10 -5 0 +5 +10 +15
放射温度－気温［℃］(29.2℃)

商業地における交差点の歩道（東京都新宿区、新宿駅東口周辺）下半分は気温より15℃上昇した表面温度の舗装面に囲まれている。

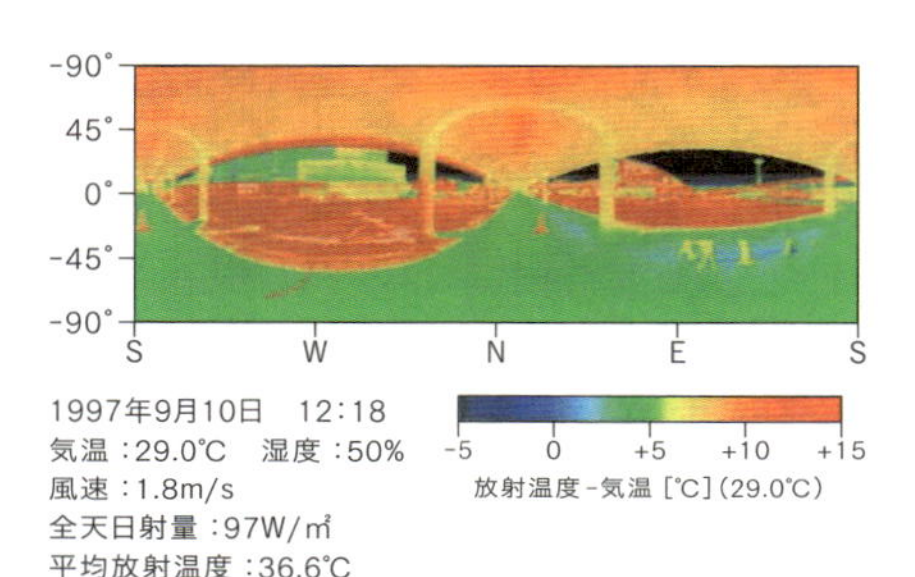

1997年9月10日　12:18
気温：29.0℃　湿度：50%
風速：1.8m/s
全天日射量：97W/㎡
平均放射温度：36.6℃
-5 0 +5 +10 +15
放射温度－気温［℃］(29.0℃)

塗装された駅前広場の人工天蓋の下（東京都八王子市、南大沢駅前）平均放射温度（MRT）は気温より7.6℃も高い。

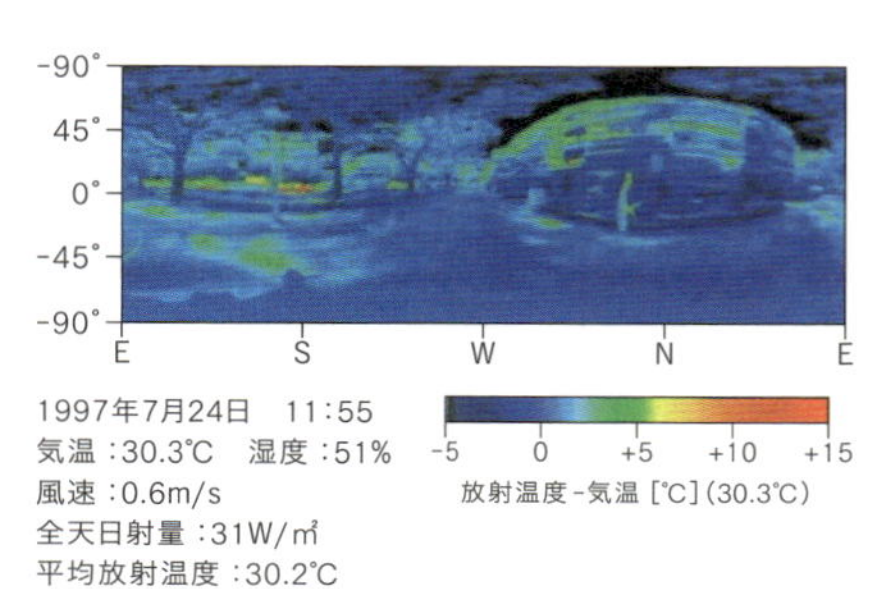

1997年7月24日　11:55
気温：30.3℃　湿度：51%
風速：0.6m/s
全天日射量：31W/㎡
平均放射温度：30.2℃
-5 0 +5 +10 +15
放射温度－気温［℃］(30.3℃)

大きな樹冠のケヤキ並木がある歩道（東京都渋谷区、表参道）MRTは気温とほぼ同じ値。

［2］平均放射温度（MRT）：周囲の全方向から受ける熱放射を平均化して温度表示したもの。
［3］全球熱画像とは、人が立っている地点に赤外線カメラ（視野角は29°〈水平〉×22°〈垂直〉）を設置し、仰角と俯角を変えて9回カメラを360°回転させることによって、その人を取り囲む周囲4πの熱画像を収録したもの。一般的な赤外線カメラ（視野角が30°×30°程度）で収録される熱画像の約72枚分に相当する。人が建築外部空間のある場所に立ったとき、その人が周囲から受ける熱放射の程度を示す指標である平均放射温度（MRT）が全球熱画像から求められる。

と36・6℃となり、顔や手の表面温度より高い。気温は30℃ですが、周囲からの熱放射で非常に不快な状態にあります。

これに対して、図2-8-4（下）の全球熱画像が収録された大きな樹冠のケヤキ並木の下の歩道では、樹冠で直達日射が遮蔽されているだけでなく、樹冠の温度は気温とほぼ等しく、前述の人工天蓋からの焼け込みもありません。そして、歩道や建築の壁面も朝から日影になっているため、それらの表面温度は気温相当に抑えられています。平均放射温度は、気温（30・3℃）とほぼ等しく、30・2℃でした。このような建築外部空間では、風が少しあれば涼しい。

もし、この歩道の舗装が、保水性舗装で湿っているとすれば、蒸発冷却で冷やされて、歩道の表面温度は湿球温度までは下がらないものの、気温より数度低くなります。その結果、平均放射温度の値は気温より低くなり、ここの歩道は周囲から冷放射を受ける空間となります。

以上のように、街の空間形態とそこに使われている材料によって表面温度は大きく異なり、熱環境を規定していることが理解できます。

これらの街づくりに向けて

蒸暑気候にある日本では、ことに近年、夏季にヒートアイランド現象が顕在化し、日中の気温上昇に加え、熱帯夜の発生日数の増加をもたらしています。屋外の生活空間も、劣悪な熱環境は滞在者の快適性の低下をもたらすばかりか、熱中症患者を増加させる原因ともなっています[4]。

現在、大都市では都市再生プロジェクトが進められており、街の活性化と環境共生を旗印にしているものの、現実は従来通りの機能性、経済性の追求に終始しているようにも見受けられます。一方、地方の中小都市においても、人口減少に相反して、里山の緑を伐採し、水田を埋め立て、市街地の無秩序な開発が進んでいます。特に、自動車社会に象徴される道路面積の増加や郊外の大型商業施設などの広大な駐車場などは、ヒートアイランド現象の大きな形成要因になっています。

こうした状況を考えると、緊急のヒートアイランド対策も必要ですが、脱ヒートアイランド都市を目指した街づくりに向けての長期的ビジョンが不可欠と言えます。すなわちヒートアイランド対策は、今までの機能性、効率優先の都市づくりとライフスタイルを見直すことから始まります。

では、このような熱があふれた街を涼しくするにはどうしたらよいでしょうか。その方法の第一は、すでに述べましたように都市に緑を増やすことです。都市建築緑化といえば屋上緑化と壁面緑化ばかりが話題になりますが、それだけでは事足りません。都市緑化と同時に街そのもののあり方を考え直す必要があります。

ヒートアイランド現象を招き、熱中症を増加させるような今日の街を構成する建物や歩道、車道、広場、さらに天蓋などの構造物で構成される空間、そしてそれらを構成する材料を再検討してみましょう。現状の街の中で緑化でき

［4］引用：国立環境研究所

る空間を探すのではなく、街の構造から考え直すことが重要です。たとえば直方体の建築、地面からもっとも遠い屋上、鉛直に切り立ったカーテンウォールの壁面などは、上階に沿ってセットバックさせることで、屋上やベランダに相当する植栽可能な空間ができます。

駅前広場では、バスターミナルやタクシープールの上に人工地盤をつくり、そこに森をつくってはどうでしょうか。

〈図 2-8-5　都市・建築緑化と街のイメージ〉

〈図 2-8-6　都市における生活空間として建築の屋上を捉える〉

森を構成する樹木の樹高が15mであれば、その2倍。すなわち30m×30mの面積があれば、完全な自然とは言えないまでも、生態系が保たれるとのことです。街の中が安らぎの得られる貴重なクールスポットとなります。

現在の街に、単に緑を取り込むという発想ではなく、街そのもののあり方から考えることによって、都市生活のための緑豊かな街づくりは可能となります。

街の中にクールスポットをつくる

高温高湿の日本の夏において、涼しいとはどのような状態なのでしょうか。物理学者の寺田寅彦は「涼しさは瞬間の感覚です。持続すれば寒さに変わってしまう」と、日本の蒸し暑い夏のなかでの涼しさを捉えています。涼しさとは、非定常的に刹那の涼を得ることではないでしょうか。

生理学において、室内における温冷感の評価として、暑い—暖かい—中立—涼しい—寒い、という5段階評価がよく用いられます。ほぼ定常的な室内の熱環境を対象としていますが、この場合5段階尺度は一次元上に位置づけられることを前提としています。これに対して、もともと蒸し暑い日本の夏のなかで涼しいという感覚は、涼しい—寒いという一次元的な評価ではないとも言われています。

以上のことを頭に入れて、涼しさが得られる環境側の条件を挙げてみると次のようになります。

[1] 気温が周囲より低いこと

[2] 適度な気流感がある（一定風速でなく、ゆらぎがあ

る）こと
［3］周囲からの冷放射があること
［4］相対湿度が低いこと（気温が28℃以上になると相対湿度が効いてくる）

街の中にクールスポットをつくるためには、徹底した日射遮蔽と適度な通風を図ることが大前提です。さらに周囲の表面温度を気温より下げて、周囲からの冷放射が得られるようにします。クールスポットがどのような空間かイメージできると思いますが、残念ながら今日このような生活の場は非常に少ないのが実状です。冷やす工夫を列挙すると、次のようなことが挙げられます。

［1］蒸発冷却
［2］蓄冷、冷熱源としての大地の利用
［3］大気放射冷却
［4］これらの複合効果

これらの工夫で得られる効果は、個々の手法ごとには太陽放射による冬の日向ぼっこの効果のように大きくありません。定量的に考えても、夏の地面が受ける太陽放射が1000W／㎡近いのに比べて、蒸発冷却や大気放射冷却などは、ほぼその1／10程度です。しかし、この100W／㎡前後、さらには数十W／㎡の差によって、早朝の朝露や霜が降りたりします。蒸発冷却や大気放射冷却によって、人を囲む面の表面温度を気温より下げることができると、人は放射冷却によって涼しさが得られます。

日本の夏のように高温高湿な地域では、大気中の水蒸気量が多いため、蒸発冷却や大気放射冷却による効果は、乾燥した砂漠地域ほど大きな効果は期待できません。しかし、日本の伝統的な生活のなかで見られる早朝や日が沈んだ後の打ち水などは、蒸発冷却によって得られる涼しさの有効な方法であることは疑う余地はないでしょう。

日向のアスファルト舗装面などでは、盛んに蒸発が行われていますが、強烈な日射を受けているため表面温度は気温より高くなってしまいます。表面温度は、表面の日射吸収率によっても異なりますが、アスファルト舗装などでは日射吸収率の値は90％近い。散水で濡れている日陰の地表面の表面温度は、湿球温度とまではいかないものの、日中では気温より数度も低く保てます（気温30℃、相対湿度50％のときの湿球温度は22℃）。水分の蒸発量は、日向に比べて日陰のほうが約2分の1ですみます。つまり、日陰に散水することによって散水量も抑えられ、長時間蒸発冷却を期待できることがわかります。このとき、蒸発量に及ぼす風速の影響が大きいことも知っておかねばなりません。

日本の伝統的な打ち水についてふりかえってみましょう。早朝、日が当たる前か、夕方、太陽高度が低くなって日影になってから打ち水するのが鉄則です。

ほやの・あきら
1948年神奈川県生まれ。東京工業大学建築学科卒業。同大学院博士課程修了。工学博士。1981年九州大学助教授、東京工業大学助教授、同教授を経て、2012年東京工業大学連携教授、放送大学教授。

食品の安全を確保する

畝山智香子

食品とは何か

私たちは何かを食べなければ生きていけません。そして食品にとって大切なことは生きていくために十分な量が供給されること（食糧安全保障）と、その食品が健康を脅かすようなことはないこと（食品安全）です。私たちが日常生活で直面する課題は主に食品安全の問題ですので、ここでは食品の安全性について考えます。

食品の安全性について考える、と言うと農薬や添加物や公害などの汚染物質を思い浮かべる人が多いかもしれません。でもそのような個別の問題について考える前に、まず食品とは何か、安全とは何かの定義から始める必要があります。最初に結論を言ってしまうと、食品の安全性にとって農薬や添加物のようなもののリスクはとても低く、今の日本人にとって最大のリスクは塩の摂りすぎと考えられています。どうしてそうなるのでしょうか。

食品とは何でしょうか。私たちが食べているもののことです。ただし世界中で食品として食べられているものは多様で、その多くは構成成分が不明です。私たちが日常的に食べているご飯やパンのようなものですら、すべてが分かっているわけではなく、安全性試験で安全性が確認されているものでもありません。

〈表 2-9-1　食品に含まれる危害要因〉

生物学的ハザード	感染性のウイルスや細菌 毒素を産生する生物 かび 寄生虫
化学的ハザード	自然毒 食品添加物・残留農薬・ 残留動物用医薬品 環境汚染物質 容器包装などから溶出する化合物 アレルゲン 加工副生成物
物理的ハザード	機械の部品、容器の破片、骨、石など 堅さや形状（窒息） 温度（火傷、凍傷）

食品は未知の化学物質（ときには微生物も含まれる）のかたまりなのです。食品は私たちが生きるために必要な栄養やエネルギーを供給します。同時に食品が原因となる無数の疾患のリスクもあります。食品に含まれる危害要因（ハザード）は大まかに生物学的ハザード、化学的ハザード、

物理的ハザードに分類されます。これらの膨大なハザードに由来するリスクを管理することで食品の安全性を確保するのです。

食品のリスクとハザード

ここでリスクとハザードという言葉を使いましたが、このふたつを明確に区別しておきましょう。ハザードとは危害要因そのもののことで、それらには病気の原因になったりする特有の性質があります。リスクとは、それらのハザードにより私たちが被害を受ける可能性を示すもので、ハザードと暴露量で決まります。

暴露量は、食品の場合では食べる量に相当します。ハザードの危害要因がどんなものであっても、食べる量が少なければ普通はリスクも低く、逆に食べる量が多ければリスクは高くなります。重金属の毒性のようなハザードそのものの性質を変えることは不可能ですので、リスクを管理することによって、つまり暴露量を一定の水準以下に維持することによって、安全を確保することになります。

では食品が「安全である」とはどういうことでしょうか。これはリスクがゼロであるということではありません。リスクが許容できるレベル以下である、ということを意味します。では「許容できるレベル」とはどのくらいなのでしょうか。実はこれこそが食品の安全性にとってとても大切でありながら困難な問いです。これは私たちみんなで決めなければならないのです。たとえば、食中毒で死亡するのは年間何人以内、食品中の発がん物質による生涯発がんリスクはどのくらい以下を目標としよう、といったふうに。数字で明確に示された「許容できるレベル」について国民が合意しているという状況は現実的にはありませんが、「なんとなく」というレベルはあります。

図2-9-1に、日本で報告された食中毒による死亡者数の年次推移を示しました。昭和の中頃は毎年数百人が死亡しており、それが当然でした。平成21年度に初めて死者がゼロとなりました。これは食中毒であることが確認されて報告された数ですので実際にはゼロではないと考えられますが、著しく改善していることは間違いありません。

ところが、一般の人にはそれだけ食品の安全性が向上したという実感はないと思います。これは「許容できるレベル」が時代とともに変わっているためでもあります。食中毒での死亡はよくあることで、よほどの大事件でもない限りニュースにならない時代から、たとえひとりでも死者が報告されれば大事件になる時代に変わってきたのです。食品はもともと危険なものなので、私たちはいろいろな工夫を重ねてより安全なものにしてきました。そしてこれからもリスクをさらに減らす努力が続けられます。

食品の安全性については、専門家と一般の人との間で、おそらく図2-9-2に示すような認識の違いがあると思われます。食品はもともと何ひとつ有害なものが含まれない100％安全なもので、そこに何かよくない人工的なものが流入するのを阻止することが食品の安全だと思っている人は多いかもしれません。しかし事実はそうではありません。

食品にはもともと膨大なリスクがあります。それをどこまで安全にしていこうかと考える必要があります。目標とするレベルはどのくらいなのか、を確認しておかないと、安全確保のための有効な対策は立てられません。

リスクを比較・定量する

リスクはどのくらいなら許容できるのか、を考えるときにはリスクの大きさをはかる「ものさし」が必要になります。食品中の化学物質の安全性について検討する際によく使われる「ものさし」には何種類かありますが、ここでは暴露マージン（ＭＯＥ）と障害調整生命年（ＤＡＬＹ）を紹介しましょう。異なる性質のものを「はかる」複数のものさしを使いこなせることが理想ではありますが、簡単で分かりやすいものだけでも十分役に立ちます。

・ＭＯＥ

ＭＯＥというのは、無毒性量やベンチマーク用量などの毒性のめやすとなる用量と、私たちが実際に暴露している量の比になります。無毒性量というのは、ある化合物を動物に与える実験をした場合にまったく毒性が出ない最大量のことです。

ベンチマーク用量とは、発がん性のように投与量がゼロであっても、ある程度のベースラインがあることから無毒性量を導き出すことが難しい場合に、一定の反応が増加

〈図 2-9-1　食中毒による死者数〉

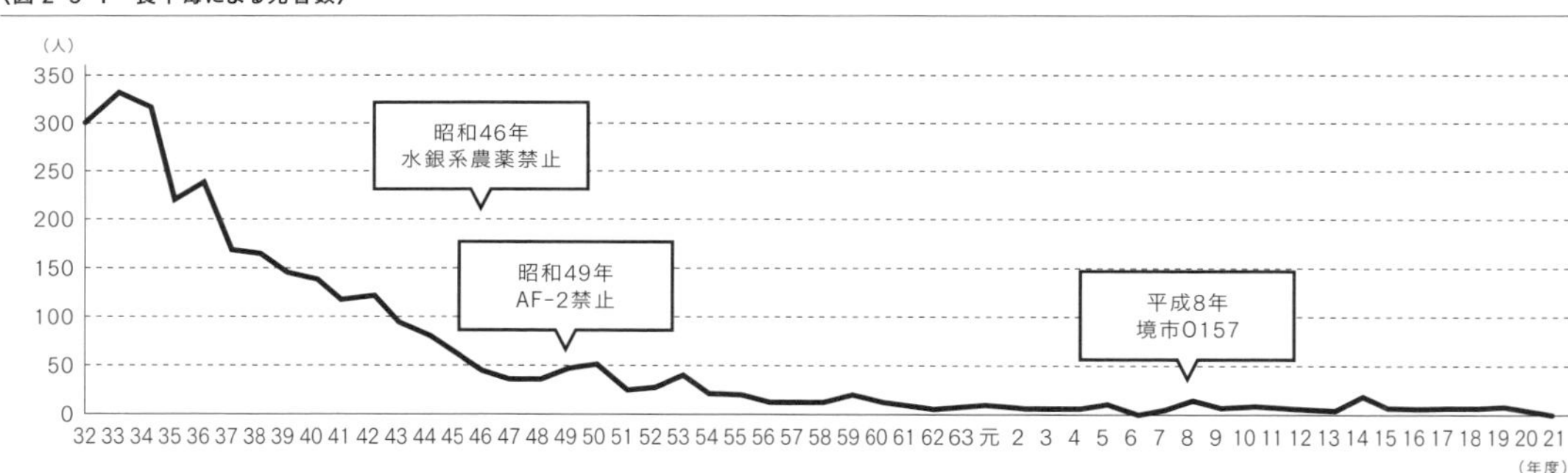

〈図 2-9-3　暴露マージン（MOE）の計算方法〉

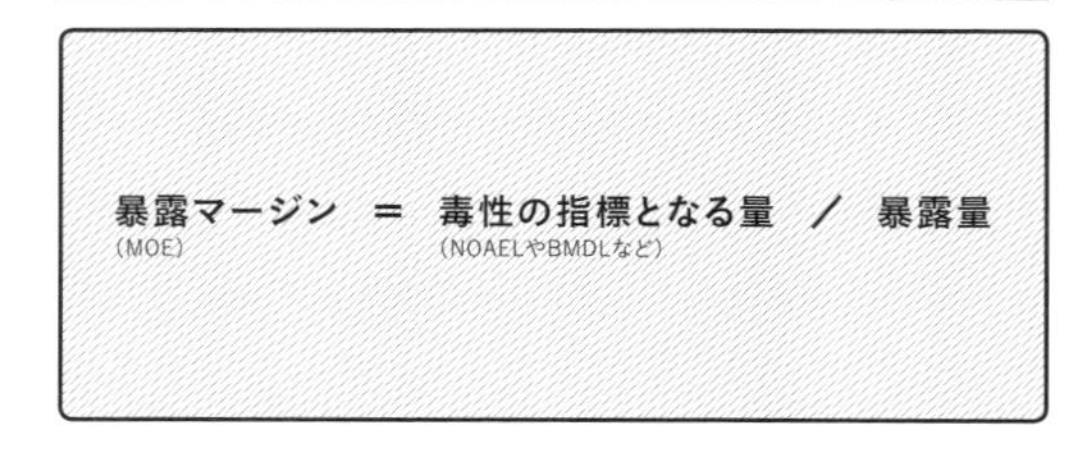

〈図 2-9-2　食品の汚染についてのイメージの違い〉

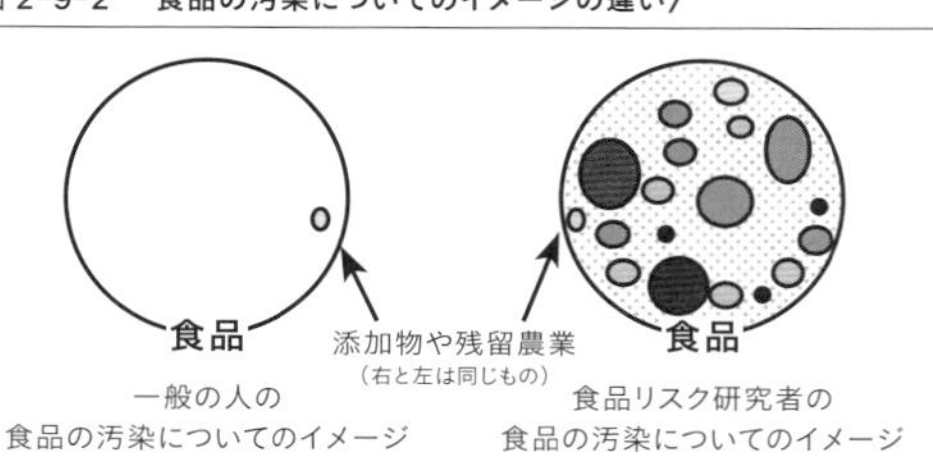

（10％や5％）する、ばらつきを統計学的に処理して導き出した量です。どちらもこの濃度であれば有害影響が現象として観察できるようなことはないと考えられる量です。

逆に言うと、この量を超えたら心配し始めましょう、という量になります。ＭＯＥはこれらの量と実際の暴露量との比で、別の言葉で表すと安全係数になります。数値が大きいほど安全側に余裕があり、数値が小さいほど余裕は少なく有害影響が出る量になる可能性が高いということです。ですからリスクを管理する場合には、ＭＯＥの小さいほうから優先的に対策していきましょう、と決めることができます。リスク管理の優先順位づけに使うのです。

具体的事例でこのＭＯＥを計算してみましょう。２００７年に、横浜の学校で給食に使う予定だった中国産の乾燥キクラゲから、基準値が設定されていない（つまり使用することが認められていない）フェンプロパトリンという残留農薬が０・02ppm（mg／kg）検出されました。このときは、基準値が設定されていない場合に適用される一律基準の０・01ppmより多い量が検出されたため廃棄されたことがニュースになりました。

この乾燥キクラゲの残留農薬のＭＯＥを計算してみましょう。まず摂取量を計算します。キクラゲは焼きそばの具に使う予定だったようなので一皿に10ｇと仮定しましょう。０・02ppmが10ｇですから、フェンプロパトリンは０・02mg／kg×０・01kg＝０・０００２mgという計算になります。食べるのは小学生で体重を20kgとしましょう。体重当たりの摂取量は０・０００２mg÷20kg＝０・００００１mg／kgです。次に毒性の指標となる量ですが、フェンプロパトリンについてはラットでの二世代繁殖毒性試験で得られた３mg／kg体重／日という値がもっとも小さい無毒性量です。複数種類の動物での毒性試験データがある場合、より低い用量で毒性が見られた実験のデータを採用します。０・００００１mg／kgと３mg／kgの比は30万ですのでＭＯＥは30万と計算されます。一般的に普通の毒性について、動物実験の値からヒトで安全な量を求める場合には安全係数１００を用いますので、30万という数字は１００に比べて非常に大きく、安全側への余裕が大きいと言えます。

別のものも計算してみましょう。私たちが毎日食べているお米にはカドミウムという有害重金属が含まれています。カドミウムと言えば公害のイタイイタイ病で知られていますが、もともと土壌中にある程度含まれている金属です。カドミウムの毒性は腎機能障害で、腎機能が低下してくると尿にタンパクが出てきます。カドミウムの摂取量としては、14・４μ（マイクロ）ｇ／kg体重／週でベータ２ミクログロブリン（β2-ＭＧ）というタンパク質が尿中に１０００μg／ｇCr（尿の濃淡をクレアチニンで補正しています）以上出てくるという日本人の研究結果をもとに、カドミウムの安全上の目安となる値が設定されています。日本では安全係数２を用いて暫定耐容週間摂取量（ＰＴＷＩ）７μg／kg体重／週とされています。

ここでは安全係数を使う前の値14・４μg／kg体重／週、

つまり約2μg／kg体重／日を使います。日本ではお米中のカドミウムの基準値は0・4ppm（mg／kg）ですので、この基準値ちょうどのお米を100g（ごはんにするとどんぶり一杯くらい）食べるとカドミウムの摂取量は0・4mg／kg×0・1kg＝0・04mgになります。食べる人の体重はフェンプロパトリンのときと同じ20kgとして考えると、0・04mg÷20kg＝0・002mg／kgです。マイクログラムで表示すると2μg／kgで、これは尿中β2-MG濃度が1000μg／gCrになる量と同じくらいです。つまりMOEは1、安全係数は1で安全側への余裕はありません。

つまり、中国産キクラゲの残留農薬と比べて、ごはんのカドミウムのほうがはるかにリスクが大きい。すなわちリスク管理の優先順位が高いということになります。ところが残留農薬が検出されたキクラゲは廃棄され、ごはんは拒否されることなく普通に食べられています。ここではお米のカドミウム含量を基準値の上限で計算しましたが、実際には多くのお米はもっと低濃度です。

土壌中のカドミウム濃度は地域によって異なり、基準値を超えるところもあれば、ずっと少ないところもあります。カドミウム濃度の高い地域では田んぼの土の入れ替えなどの対策を行っています。実は日本のお米のカドミウム濃度基準は1970年〜2011年までは1・0ppmでした。それを対策を重ねて低減してきたわけです。それと同時に、日本人のお米を食べる量が減ってきたこともあって、カドミウムによるリスクは時代とともに小さくなってきてはいるのです。

それでも残留農薬と比べれば、リスクははるかに大きいことは疑いようもありません。濃度の高い特定の地域で地元産のものだけを食べていると腎機能障害になる可能性は否定できないというレベルです。こういうことから特定の産地のものだけを食べる、地産地消のようなことは、食品の安全性確保のためには避けるべき、なのです。食品安全のためにはいろいろな産地のものを食べる、つまりリスクを分散するほうがいいということになります。

ここでもう一度、米のカドミウムについて目を向けてみましょう。日本の米のカドミウム基準は0・4ppmです。これに対して中国の基準は0・2ppm。つまり日本で普通に流通している米が中国に輸出されると「基準値違反で廃棄」になる可能性があるわけです。このように国により基準が異なるために取引がスムーズにいかないようでは都合が悪いので、国際的に流通する食品に関しては、コーデックスという組織で基準を設定しています。

コーデックスは、米のカドミウム基準を0・4ppmとしていますが、この値は中国やヨーロッパが0・2ppmを主張していたのを日本が説得して0・4ppmにしたという経緯があります。日本の食品が世界で一番安全だと思っている人もいるかもしれませんが、そんなことはありません。

ほかにいろいろな化合物について多くの国でMOEが評価されています。これらは主に遺伝毒性発がん物質と呼ばれる化合物群で、食品添加物や農薬だったら使用を認めない、で終わりになるものです。しかし、食品中にもともと存在するものを使用禁止にすることは不可能なので、リスクの大きさを評価して重要だと判断されるものから可能な限り低減化対策をとっていくことになります。

発がん物質のリスク管理のための目安としては、MOEが1万以下のものから優先的にと考えられています。現時点の知見でもっとも優先順位が高いのは無機ヒ素ですが、これもまた米に多く含まれることから日本人にとっては対策の難しい課題です。欧州では米の摂取制限が公式に助言されています。

また、個人のリスクは当然人によって異なります。自分が何を食べているのかをもとに計算して、自分にとってのリスク管理の優先順位づけをすることができます。リスク管理の優先順位を決めるのはリスクの大きさだけではなく、リスクを減らすための方法があるか否かも関わってきます。リスクが高いことはわかっていても対策が難しいものもありますし、簡単な対策で減らせるリスクもあります。リスク削減対策の費用対効果を評価する方法は別にあります。

・DALY（障害調整生命年）

DALYとは病気や障害により失われる健康な年月、を意味します。健康な1年を1DALYと定め、死亡による損失と病気により活動できない、あるいは不自由な生活を強いられることによる損失を計算して導出します。たとえば本来80年生きられたはずなのに交通事故により20歳で死亡すれば60DALYの損失。食中毒で1日動けなかったなら1／365DALYの損失と計算されます。病気や怪我により障害が残った場合にはその障害の重さに応じて係数が用いられます。この指標を用いることで健康被害の大きさを推定するわけです。

DALYによる食品由来疾患の評価では圧倒的に微生物による食中毒の影響が大きく、化学物質による健康被害は、特に日本のような先進国では小さくなります。ただし慢性疾患の寄与因子としての栄養も含めて考えると全体的に不健康な食生活は寿命損失の大きな要因となります。

表2-9-2にオランダが評価した結果を示しました。死因の上位を心血管系疾患が占めるオランダにおいては、健康的な食生活ができればそれらが予防できると考えられます。オランダ人にとっての食生活上の問題点は脂肪の摂りすぎや野菜・果物・魚不足ですが、これは日本人にとってはあてはまらない可能性があります。欧米人の死因と日本人の死因は異なります。たとえば日本では、心血管系疾患のなかでも心筋梗塞は欧米より少ないものの脳卒中は多い。乳がんや前立腺がんは欧米より日本が少ないものの胃がんや肝臓がんは日本人のほうが圧倒的に多い、といった具合です。これらのことから日本人がまず対応すべき食事由来のリスク要因は、塩の摂りすぎであろうと考えられます。食品添加物や残留農薬が健康被害を出したことはないのでDALYでの評価ではそもそも項目としても上がっていません。

たとえば食中毒の原因についての報告を見ると、原因のほとんどは細菌やウイルスです。化学物質の場合もありますが、これはすべて魚のヒスタミンで、魚に微生物がついてつくられるものですので微生物由来です。キノコやフグやジャガイモなどの自然毒による中毒は毎年報告されていますが、残留農薬や添加物が原因とされる食中毒は報告されたことはありません（農薬の意図的混入は事件であり事故による残留ではありません）。

発がん物質は計算上では一定の罹患が予想されますが、数値そのものは小さくなっています。一生の間のどこかでがんになるリスクは、発症率というものさしから考えればそれなりのリスクがありますが、がんになった結果として失われる年数というものさしではそれほど大きくはならないのです。

これはがんになるのは多くの場合高齢になってから、だからです。ＤＡＬＹというものさしはそこが特徴です。人生の時間には限りがあるということを意識させます。たとえば発がん物質を徹底的に避けようとして、そのために一生の間に費やす時間や費用が、平均的ながんで失われる数年の寿命損失に値するものなのかどうかは一考に値します。

ＤＡＬＹはまた、リスク削減政策の費用対効果を計算するのにも用いられます。ある政策を採用するとどのくらいのお金がかかってどのくらいのＤＡＬＹが減らせるのか、という計算をすることができます。少ない費用で得られるメリットの大きい政策を優先的に実行していくことが合理的です。これは家計を考えるときでも応用できます。

〈表 2-9-2　健康の損失ランキング（2006年 オランダ）〉

失われるDALY	原因
>300,000	全体として不健康な食事 喫煙プラス運動不足プラスアルコール過剰摂取
100,000-300,000	食事要因5つ（飽和脂肪・トランス脂肪・魚・果物・野菜）・運動不足
30,000-100,000	トランス脂肪の摂りすぎ・魚や野菜の不足・アルコール・交通事故
10,000-30,000	飽和脂肪の摂りすぎ・大気中微粒子・インフルエンザ
3,000-10,000	微生物による胃腸炎・受動喫煙
1,000-3,000	室内ラドン
300-1,000	食品中カンピロバクター・アレルギー物質・アクリルアミド
<300	O157・PAH・各種環境汚染物質

※残留農薬や食品添加物による健康被害はゼロなので表には記載されない。

食品と環境のために必要な知見

大雑把にまとめると、食品中化学物質のリスクは表２-９-３のようになります。食品そのもののリスクはそれほど小さくはなく、それに比べると食品添加物や残留農薬のような許認可制で管理されているもののリスクは無視していいくらい小さいものです。一方で、普通の食品からは摂取できないような量を継続して摂ることや、食経験のない形態や加工方法のものを摂ることになる、いわゆる健康食品はリスクが高くなります。

実際、食品中化学物質が原因で死者が出るような事例のほとんどはいわゆる健康食品によるものです。普通の食品については、個々の食品のリスクを考えるよりは食生活全体のなかでの役割を考えるべきでしょう。個別の食品に含まれる無数の化合物について私たちの知識は限られているため、未知のリスクがあるとみなす必要があります。そして、そうした未知のリスクのあるものを管理するもっとも効率的な方法はリスク分散です。世界中の食品安全機関が、食品安全のためにはいろいろなものを食べましょうと訴えているのはこのためです。

食品は世界中では約3分の1が食べられずに捨てられていると言われています。傷みやすい食品は食中毒にならないように適切な取り扱いが必要ですが、一方で安全性に問題のないものを単に残留農薬などの基準値違反だからといって捨ててしまっている現状は改善しなければなりません。

イギリスでは残留農薬の基準値違反が見つかった場合、安全性に問題があるかどうかを評価して、違反については再発防止のための対策は求めますが、食べても安全上のリスクとはならない農作物は廃棄しません。保存料を用いることで安全に長持ちさせる技術があるにもかかわらず、添加物は悪いものだという思い込みや、無添加を謳ったマーケティングにより増加する無用な食品廃棄を増やしたり、冷凍など環境負荷の高い流通・保存を選択することになったりします。一方で、環境にやさしい調理方法を公募したところ、ジャガイモの皮のきんぴらといった食中毒リスクの非常に高いものが寄せられたという事例もありました。

〈表 2-9-3　リスクの大きさ〉

リスクの大きさ（健康被害が出る可能性）	食品関連物質
極めて大きい	いわゆる健康食品（効果をうたったもの）
大きい	いわゆる健康食品（普通の食品からは摂れない量を含むもの）
普通	一般的食品
小さい	食品添加物や残留農薬の基準値超過
極めて小さい	基準以内の食品添加物や残留農薬

こうした知見の不足による誤った対応をしていないか、私たちは振り返ってみる必要があります。

このような混乱した状況を改善していくためには、安全性や環境負荷についてのできるだけ正確な定量評価とその知見が求められます。安全性を数値化する作業には慣れが必要かもしれませんが、身につければいろいろな場面での判断に役立ちます。

うねやま・ちかこ
1963年宮城県生まれ。東北大学薬学部卒業。同大学院薬学研究課博士課程前期2年の課程修了。国立医薬品食品衛生研究所生物試験研究センター病理部を経て現在安全情報部第三室長。薬学博士。

「ごみ屋敷」に住む人の心理と必要な支援

岸 恵美子

ごみ屋敷とは、一般的に「ごみ集積所ではない建物で、ごみが積み重ねられた状態で放置された建物、もしくは土地」を指す。悪臭やねずみ・害虫の発生などにより近隣の住民に被害が及ぶだけでなく、火災や放火などの犯罪に遭いやすく、コミュニティ全体の問題にもなりうることから、近年問題視されるようになった[1]。

居住者が自ら出したごみだけでなく、近隣のごみ集積所などからごみを運び込んだり、リサイクル業を営んでいると言って、ごみをため込んだりする人もいる。2009年11月に放映されたNHKのドキュメンタリーでは、若者にも「ごみマンション」や「ごみアパート」の状態になっている人が増えていることが放映され、高齢者に限らない問題ということが多くの反響を呼んだ。放送のなかで、処理業者の「500世帯あれば2、3件は必ず（ごみ屋敷が）ある」という言葉も衝撃的で、今やごみ屋敷問題は地域や家族の崩壊、高齢化、孤立といった現実の日本の問題を反映していると言える。

ごみ屋敷の人たちは、なぜごみに執着するのか。私が保健師として勤務しているときに出会った事例では、他者の介入を拒む孤立した人たちが多く、孤独で寄り添う人がいないため、その寂しさや不安を物で埋める心理が働いていたのではないかと思えた。海外の研究成果や著者らの研究結果から、ごみ屋敷に住む人やその予備軍の多くは、セルフ・ネグレクトのひとつのパターンであると考えられる。セルフ・ネグレクトに関する研究は近年急速に進み、これを疫学的、公衆衛生学的問題で、極めて重要な健康と社会の問題であると指摘する研究者も少なくない。

アメリカにおける大規模な調査では、高齢者のうちセルフ・ネグレクトは約9%で、年収が低い者、認知症、身体障害者では15%に及ぶことが報告されている[2]。日本においては、内閣府の調査で、セルフ・ネグレクト状態にあると考えられる高齢者の推計値は全国で9381～1万2190人と報告されている[3]。しかし2014年度の調査[4]では市町村高齢福祉担当部署の6～7割、地域包括支援センター

[1] 岸恵美子：ルポ ゴミ屋敷に棲む人々，幻冬舎，2012.
[2] Dong X,Simon M, et.al.；The Prevalence of elder self-neglect in a community-dwelling population：hoarding, hygiene, and environmental hazards. J Aging Health, 24 (3), 507-524, 2012.
[3] 内閣府；セルフ・ネグレクト状態にある高齢者に関する調査 ―幸福度の視点から 報告書，平成22年度内閣府経済社会総合研究所委託事業，2011.

の5割前後が、セルフ・ネグレクト状態にある高齢者の人数を把握していないことが明らかにされており、この推計値が妥当とは言い切れないだろう。また同調査では、地域包括支援センターが把握したセルフ・ネグレクト状態にある高齢者の相談受付時の状態として「不衛生な家屋に居住」「衣類や身体の不衛生の放置」の項目にあたる対象者が6割を超えていたことから、セルフ・ネグレクトの6割以上が不衛生な状態にあることが推察される。

本稿では、セルフ・ネグレクトの定義・概念などの基本的なことを述べたうえで、いわゆる「ごみ屋敷」に住む人びとの背景と支援方法、今後の課題を述べていく。

セルフ・ネグレクトとは

ネグレクトは「他者（親、ケア提供者など）による世話の放棄・放任」を意味する。セルフ・ネグレクトは「自己放任」、つまり「自分自身による世話の放棄・放任」ということになる。具体例としては、いわゆるごみ屋敷や多数の動物の放し飼いによる極端な家屋の不衛生、本人の著しく不潔な状態、医療やサービスの繰り返しの拒否などにより、健康に悪影響を及ぼすような状態に陥ることを指す。

現在、日本においてセルフ・ネグレクトに関する法的な定義はない。また、研究者や援助専門職のなかで共通認識化された定義も存在しない。しかし、全米高齢者虐待問題研究所（National Center for Elder Abuse：NCEA）の「自分自身の健康や安全を脅かす事になる、自分自身に対する不適切なまたは怠慢の行為」という定義[5]を平易にし、津村らは「高齢者が通常ひとりの人として、生活において当然行うべき行為を行わない、あるいは行う能力がないことから、自己の心身の安全や健康が脅かされる状態に陥ること」と定義している。[6] この定義では、認知力や判断力の低下がない者が自分の意思で行うこと（意図的）、何らかの疾患などで認知力や判断力が低下している者が行為やその結果をわからず行うこと（非意図的）、のどちらもセルフ・ネグレクトに含めている。

セルフ・ネグレクトへの対応について、東京都高齢者虐待対応マニュアル[7]では、「ひとり暮らしなどの高齢者で、認知症やうつなどのために生活能力・意欲が低下し、極端に不衛生な環境で生活している、必要な栄養摂取ができていない等、客観的にみると本人の人権が侵害されている事例」を「いわゆるセルフ・ネグレクト（自己放任）」として、高齢者虐待に準じて対応すべきとしている。認知症や精神疾患等により認知・判断力が低下してセルフ・ネグレクトの状態に陥っている場合でも、認知・判断力の低下はなく、本人が自分の意思で行っている場合であっても、生命や健康に関わる状態であれば、他者が介入して支援する必要がある。高齢者の人権を擁護し、その人らしい生活を支援することが専門職の役割であると考える。

セルフ・ネグレクトの概念とは

筆者らは、日本で初めて全国の地域包括支援センターを

[4] 公益社団法人あい権利擁護支援ネット；「セルフ・ネグレクトや消費者被害等の犯罪被害と認知賞との関連に関する調査研究事業」報告書，平成26年度老人保険事業推進費等補助金老人保健健康増進等事業，2015.
[5] Tatara T,Thomas C, et al.: The National Center on Elder Abuse (NCEA) National Incidence Study of Elder Abuse Study: Final Report, 1998.
[6] 津村智恵子，入江安子，廣田麻子他　高齢者のセルフ・ネグレクトに関する課題．大阪市立大学看護学雑誌，2：p1-10，2006.

対象にセルフ・ネグレクトの高齢者に関する調査を行い、セルフ・ネグレクトの状態を表す因子として「不潔で悪臭のある身体」「不衛生な住環境」「生命を脅かす治療やケアの放置」「奇異に見える生活状況」「不適当な金銭・財産管理」「地域の中での孤立」の6因子を明らかにした。[8] このなかで特に「不潔で悪臭のある身体」と「不衛生な住環境」の因子をもつ事例が極端に悪化した場合に、いわゆるごみ屋敷に住む人になる。またそこまでに至らないごみをため込む人びとは「極端に不衛生な家屋で生活する」セルフ・ネグレクトのひとつのパターンと捉えている。

この6因子についてさらに研究班で検討を加え、セルフ・ネグレクトの概念を図3-10-1のように整理した。[9] 研究班では、セルフ・ネグレクトの主要な概念を、「セルフケアの不足」と「住環境の悪化」のふたつとして捉えている。「セルフケアの不足」は①「個人衛生の悪化」および②「健康行動の不足」の要素をもち、「住環境の悪化」は③「環境衛生の悪化」および④「不十分な住環境の整備」の要素をもち、③「環境衛生の悪化」にいたるとして、「ため込み(hoarding)とその結果としての「家庭内の不潔(domestic squalor)」がある。そしてセルフ・ネグレクトを悪化させる、あるいはリスクを高める概念として、⑤「サービスの拒否」、⑥「財産管理の問題」および⑦「社会からの孤立」が挙げられる。

なかでも「サービスの拒否」は、セルフ・ネグレクトを悪化させ、発見を遅らせ、リスクを高めるため、主要な概念と同様に重要な概念と考えられる。つまり、「セルフケアの不足」あるいは「住環境の悪化」に該当する人は、「サービスの拒否」によって、セルフ・ネグレクトが重度化・深刻化する。また「サービスの拒否」があるために、「セルフケアの不足」あるいは「住環境の悪化」の有無が確認できず、介入も拒否されるケースが多いことから、支援がさらに遅れるという悪循環になる。

〈図 3-10-1　セルフ・ネグレクトの概念〉

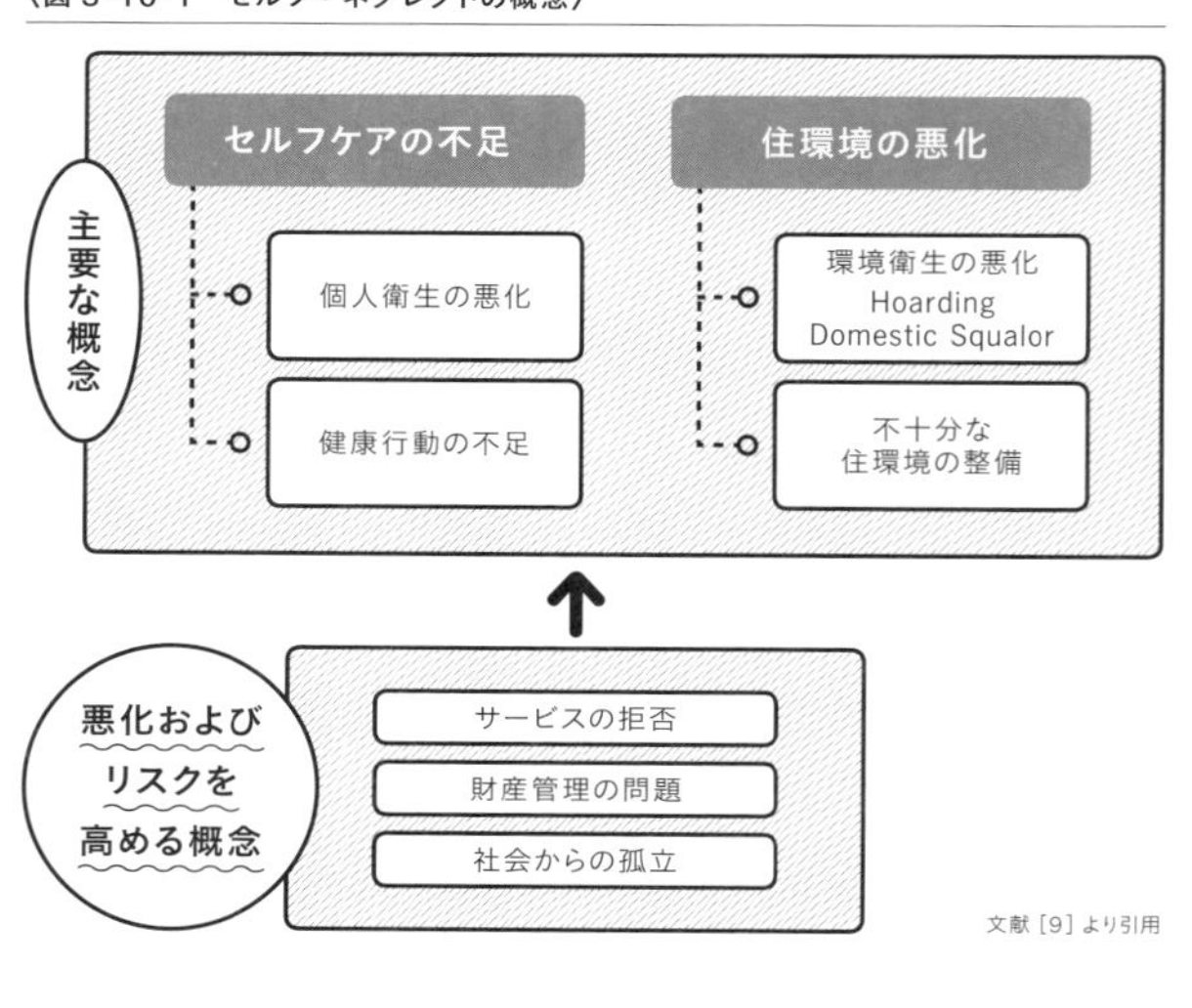

文献［9］より引用

セルフ・ネグレクトのリスクファクター

セルフ・ネグレクトのリスクファクター(危険因子)に

[7] 東京都保健福祉局高齢社会対策部在宅支援課：東京都高齢者虐待対応マニュアル―高齢者虐待防止に向けた体制構築のために, 2006.
[8] 小長谷百絵、岸恵美子他：高齢者のセルフ・ネグレクトを構成する因子の抽出；専門職のセルフ・ネグレクトへの支の認識から, 高齢者虐待防止研究9 (1), 54-63 (2013).
[9] 岸恵美子編集代表：セルフ・ネグレクトの人への支援　ゴミ屋敷・サービス拒否・孤立事例の対応と予防, 中央法規, 2015.

ついては、現段階でまだ明確になっていない部分も多い。パブロウら[10]は次の16のリスクファクターを挙げている。

①併存症（Medical Co-Morbidity）②認知症③うつ④アルコール問題⑤不安障害や恐怖症（Anxiety Disorders and Phobias）⑥統合失調症や妄想性障害⑦強迫神経症⑧人格障害や生まれながらの人格特徴⑨そのほかの精神障害⑩感覚障害（Sensory Impairments）⑪身体の障害⑫社会的孤立⑬教育⑭貧困⑮人生の困難なこと⑯自立を維持したいというプライド

これらのリスクファクターとセルフ・ネグレクトの因果関係はまだ証明されていない。

一方日本においては、内閣府が実施したセルフ・ネグレクト高齢者の調査[3]で、原因が特定できない事例が多かったものの、セルフ・ネグレクト状態に陥った背景として、「認知症・物忘れ・精神疾患等の問題」「親しい人との死別の経験」及び「家族・親族・地域・近隣からの孤立、関係悪化など」がそれぞれ約3割、「疾病・入院など」が約2割、「家族関係のトラブル」と「身内の死去」がそれぞれ約1割であったと報告している。セルフ・ネグレクトの要因については、未だ明確になっていない部分も多いが、認知症・うつ・精神疾患・疾病・貧困・社会的孤立などは海外でも日本でも共通するリスクファクターとして捉えられており、これはごみをため込む人びとも同様と考えられる。

セルフ・ネグレクトとホーディング（ため込み）

筆者らの研究では、セルフ・ネグレクトのうち、「不潔で悪臭のある身体」と「不衛生な住環境」の要素がある場合、「極端に不衛生な家屋で生活するセルフ・ネグレクト」とし、いわゆる「ごみ屋敷」に住む人あるいはごみ屋敷予備軍である「ごみをため込む人」と捉えている。

セルフ・ネグレクトについて、ロウダーによる分類[10]でも、「ため込み（hoarding）」と「不潔（squalor）」という環境面の要素が示されている。「hoarding」とは、「①使えないモノ、価値のないモノを多く入手し、捨てることができない、②ガラクタが多すぎて、スペースが本来の目的で使用されていない、③ガラクタが原因で重度のストレスや生活に支障が出ている」と定義されている。また「squalor」に関しては「家庭内の不潔（domestic squalor）」という概念で、「紙ごみ、包装紙、食品、生ごみ、箱、壊れるか廃棄した家具などの家庭ごみやほかの廃棄物を捨てられないことにより、不衛生な状態になっていること」とされる。hoarding はいわゆるごみやガラクタを多く入手し、捨てることも片づけることもできない状況、domestic squalor はセルフ・ネグレクトや hoarding の結果として、家屋内が不衛生になっている状態を示している。この観点からすると、「hoarding」、その結果としての「domestic squalor」は「環境衛生の悪化」というカテゴリーに包含される。

米国精神医学会（APA）の精神疾患の診断分類・診断基準を示したDSM-5では、ため込み症（hoarding disorder）を「強迫症および関連症候群／強迫性障害およ

[10] Pavlou MP, Lachs MS.：Could self-neglect in older adults be a geriatric syndrome? Journal of the American Geriatrics Society, 54 (5) , P831-842. 2006.

び関連症候群」のひとつに位置づけている[11]。日本におけるいわゆる「ごみ屋敷」に居住する人びとや、セルフ・ネグレクトとされる人びとがすべて「ため込み症」というわけではない。すでに述べたように、認知症や精神疾患など、また、疾患がなくてもライフイベントなどの人生のショックな出来事や人間関係のトラブルによりセルフ・ネグレクトに陥ることがあるので、なぜそのような状態になってしまったのかをまずアセスメントすることが重要になる。

いわゆる「ごみ屋敷」の実態

筆者は、ごみ屋敷について、その成り立ちから、①ごみは宝物タイプ、②片付けられないタイプ、③混合タイプという3つに分類されると考えている[12]（図3-10-2）。

「ごみは宝物タイプ」の場合は、物を集めることに積極的な感情がわき、集めることを禁止したり、一気に捨てさせたりすると不安や罪悪感にさいなまれる。いわゆるホーディング・シンドローム（hoarding syndrome：貯蔵症候群）であることが多く、対応には慎重を要する。ホーディング・シンドロームには、情報整理能力の欠如、分類する能力の欠如、記憶への信頼の欠如といった傾向があり、整理する決断や物への愛着をコントロールできない「決断と愛着の問題」が見られる[13]（図3-10-3）。

物を集めたり捨てずにため込んだりすることへの積極的な感情が存在することが多く、そのために生活するスペースが奪われ、日常の生活に大きなストレスや障害となる。しかし、自分の持ち物を処分したり、新しい物を手に入れることを止めさせようとすると否定的な感情（不安感、罪悪感、羞恥心、後悔）が起こることがあると言われる。また、物を無駄にするのではないかという感情、幸運に魅かれる心、物があることによるくつろぎや安心感を抱くことも、ホーディング・シンドロームの特徴である。

「片付けられないタイプ」は、「いつか捨てようと思ったが、なかなか捨てられなかった」というものである。高齢になって身体機能が低下し、膝関節痛や腰痛などを発症すると、ごみ置き場に行くことが億劫になる。また、年齢とともに捨てる物の決断がしにくくなり、ごみの分別が難しくうまく捨てられない。遠慮や気兼ねから、たまってきたごみの処分を誰かに頼むこともできないことも一因となる。また「混合タイプ」の場合は、当初は大事な物を集めていたが、時間の経過とともに不要な物まで堆積してしまい「大事な物もあるが、ごみもある」という状態である。

留意しなければいけないのは、支援する側の近づき方である。「片づけられないタイプ」であっても、「片づけましょう」「捨てましょう」と言ってすぐに進められるかというと、そうとは限らない。ごみを捨てずにため込んでしまったという恥の意識や、人の手を借りて片づけることの遠慮や気兼ね、自分の家の物は自分で片づけたいというプライドがあるので、一方的に片づけようとする行動は信頼関係を壊すことにもつながる。まずは信頼関係を構築することから始め、相手のプライドを損なわないように留意しな

[11] Lauder, W., Roxburgh,M., Harris, J. and Law, J. : Developing Self-Neglect Theory: Analysis of Related and Atypical Cases of People Identified as Self-Neglecting, Journal of Psychiatric and Mental Health Nursing, 16, P447-454 2009.

〈図 3-10-2　「ごみ屋敷」のタイプ〉

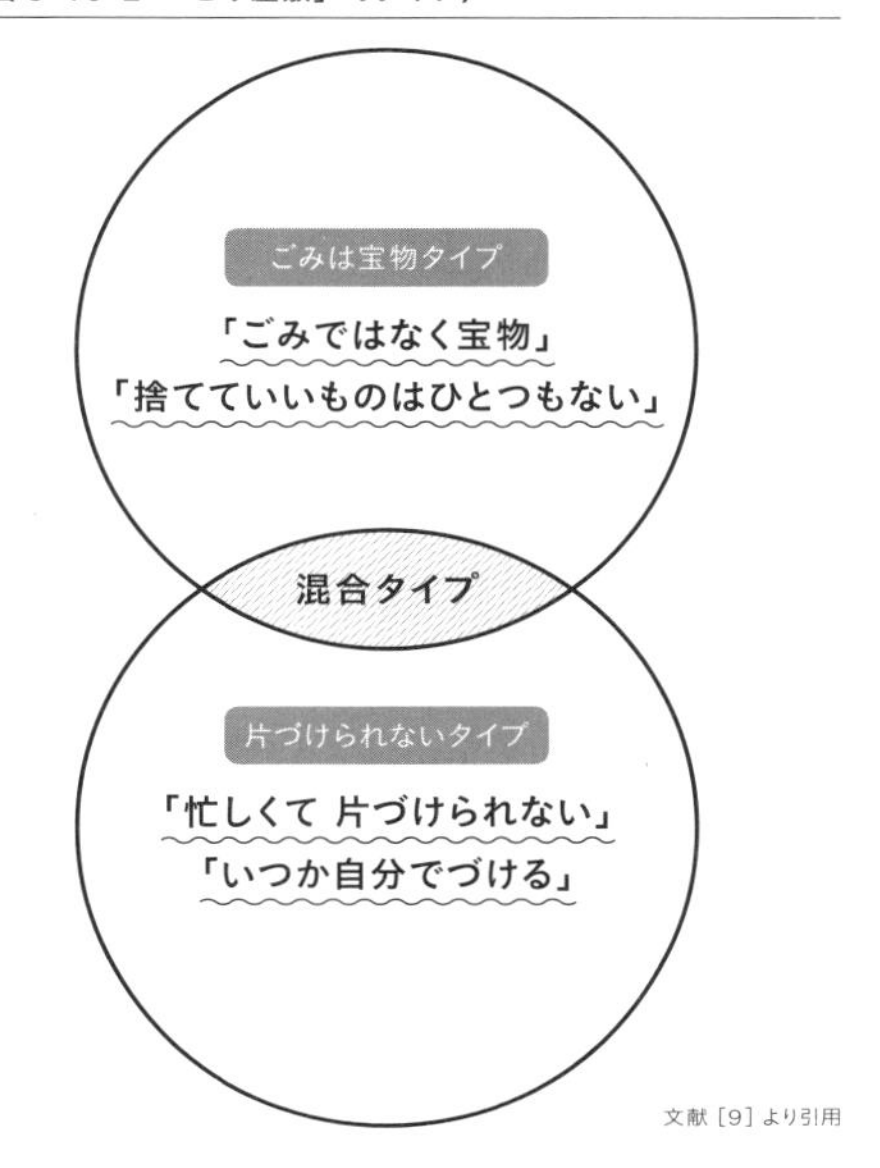

文献［9］より引用

〈図 3-10-3　決断と愛着の問題〉

◎情報を整理できない：
分類、グループ分けする能力の欠如
◎記憶への信頼の欠如：
視野に入れておくことで
物とのつながりを確認する
◎注意が持続しない

整理する
決断が
できない

◎物はアイデンティテイの一部
◎物に自分の人生を投影させる
◎物をとっておくことに責任を感じる
◎物から慰めと安心感を得る

文献［9］より引用

がら手伝わせてほしいという気持ちを伝え、近隣の人たちや支援のネットワークを構築しつつ、片づけの作業にとりかかるという流れが望ましい。

具体的な対応方法としては、まずはどのタイプかを見極める必要がある。セルフ・ネグレクトについては、まだまだ研究途上であるものの、物をため込むことによってストレスが生じているとすれば、健康や生活が損なわれていることになり、セルフ・ネグレクトと考えられる。

また、早い段階で「ごみ」「捨てる」「片づける」という言葉を発してしまうと、信頼関係を構築できないばかりか、二度と家に入れなくなることもあるため、問題ごとにどのように対応すればうまくいくのかを事例検討会などで相談し、慎重に対応していく必要がある。ホーディング・シンドロームの場合は、セルフ・ネグレクトに相当するのかどうかを見極めることも重要になってくる。

「ごみ屋敷」に住む人への支援

最近ではテレビをはじめとするマスコミが「ごみ屋敷」と言われる事例を取り上げるようになった。正確には、セルフ・ネグレクト＝ごみ屋敷ではないのだが、「ごみ屋敷」という言葉が独り歩きし、一般人にイメージとして印象づけられてしまっているように感じる。そうした報道の多くが「行政としては何もできない状況」「せっかく掃除したり片づけたりしたのに、しばらくしてもとに戻ってしまった」という事例にスポットを当てているようでもある。

[12] 日本精神神経学会・日本語版用語監修：DSM-5　精神疾患の分類と診断の手引, 医学書院, 127・128, 2014.
[13] ランディ・O・フロスト, ゲイル・スティケティー（春日井晶子訳）：ホーダーー捨てられない・片づけられない病, ジオグラフィック社, 2012.

一般に「ごみ」とされる物には「所有権」があり、第三者から見て明らかにごみが堆積していたとしても、本人が「ごみではない」と主張すれば、行政や近隣住民が強制的に排除することはできない。それが私有地であればなおさらで、正当な理由なく立ち入ることはできないし、入れば「住居侵入罪」などが成立することもある。また、「愚行権」つまり憲法でいうところの「自由権」があり、身体や生命に関わることの決定権は本人に帰属するから強制介入もできない。客観的に見てごみであっても、本人が「ごみではない」と言えば財産と見なされるため、それを勝手に処分することは「財産権の侵害」になるという難しさもある。

地域に著しい迷惑（外部不経済）をもたらす土地利用の実態把握アンケートの結果によれば、ごみ屋敷が「発生している」市区町村は全体の21％で、このうち「特に問題（影響）が大きい」市区町村は全体の6％だった。このような迷惑土地利用の発生により、周辺の地域や環境に対して「風景・景観の悪化」「悪臭の発生」「ごみなどの不法投棄等を誘発」などの影響が大きいと回答している。

ごみ屋敷に対しては、市区町村の84％が対応していると答えており、具体的な対応としては「所有者に対して適正な状態にするよう行政指導を行っている」「監視などのパトロールを実施している」「条例又は要綱を制定している」といった回答があるが、実際にはあまり成果が上がっているとは言えない。ごみ屋敷を片づけるように行政側が指導しても、「ここにあるものはごみではない。捨てていいものはひとつもない」と主張され、まったく片づけなかったり、仮に支援者が片づけても、すぐに元の状態に戻ってしまう事例が少なくなかった。

近年は、行政が条例をつくるなどして「執行権をもつ」ところも少しずつ出てきた。現在条例をつくって対応しているのは、東京・足立区、大阪市、京都市などである。条例化することで窓口が明確になり、潜在的なセルフ・ネグレクト事例が発見された場合は支援ルートの構築や関係機関との連携がとりやすくなるなどのメリットがある。

しかし条例化したからといって、簡単に片づけられたり、病院を受診させたりできるものでもない。繰り返し訪問し

〈図 3-10-4　生活の再構築のための支援〉

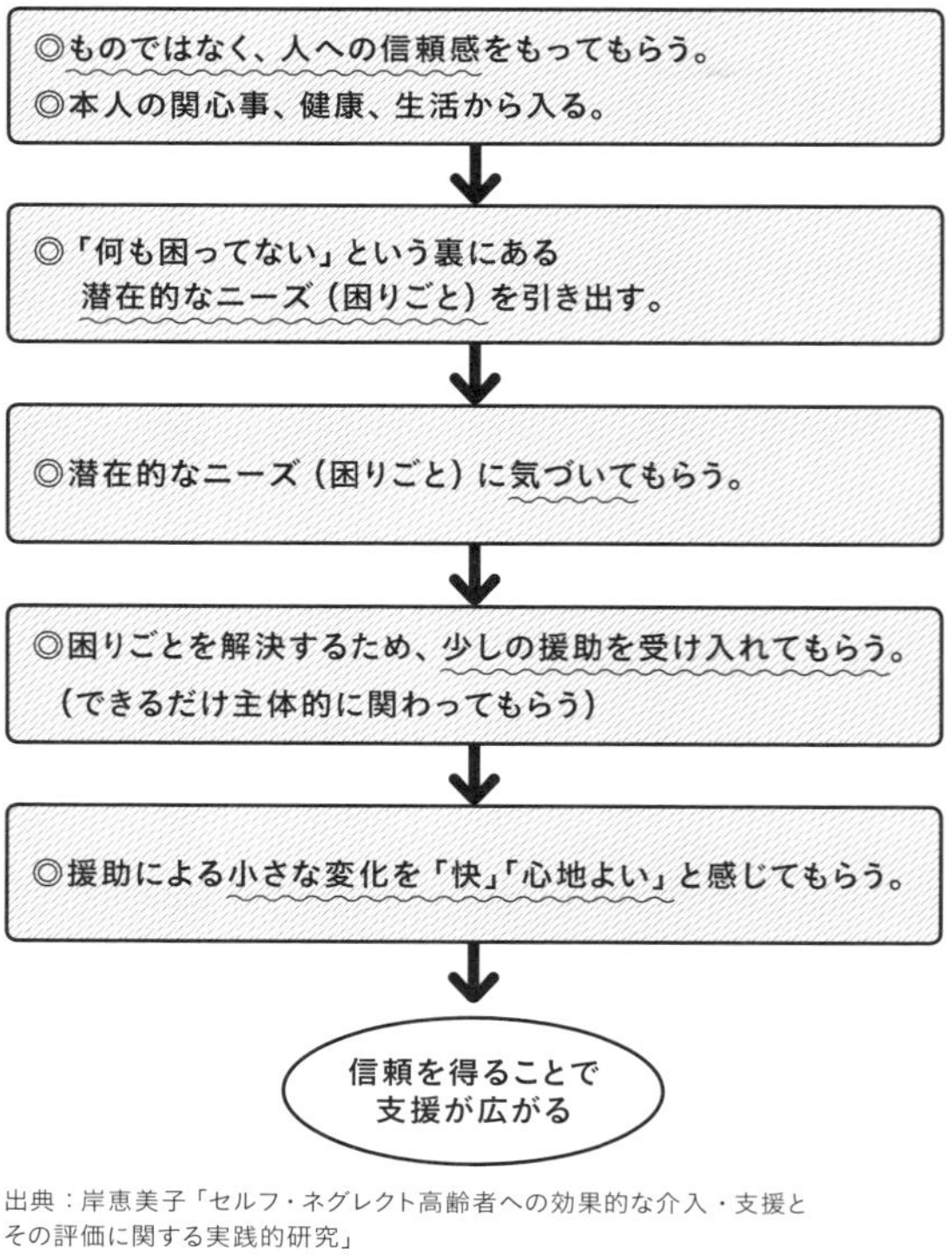

◎ものではなく、人への信頼感をもってもらう。
◎本人の関心事、健康、生活から入る。

↓

◎「何も困ってない」という裏にある
潜在的なニーズ（困りごと）を引き出す。

↓

◎潜在的なニーズ（困りごと）に気づいてもらう。

↓

◎困りごとを解決するため、少しの援助を受け入れてもらう。
（できるだけ主体的に関わってもらう）

↓

◎援助による小さな変化を「快」「心地よい」と感じてもらう。

↓

信頼を得ることで
支援が広がる

出典：岸恵美子「セルフ・ネグレクト高齢者への効果的な介入・支援とその評価に関する実践的研究」

説得しても片づけが進まず、近隣の安全が損なわれるとして、2015年12月、京都市が日本で初めて行政代執行を行ったが、実際には100回以上の訪問指導がなされた後の対応であり、条例ができたからといって、簡単に解決できるものではない。条例をつくることによって主管部署が明確になり、プロセスを踏んでシステム的に対応する仕組みづくりがスタートしたことは評価できる。

条例制定はごみを撤去することが目的ではない。近隣からの苦情という形で把握できたセルフ・ネグレクトの人の住まいを繰り返し訪問し、その人の悩みを聞きながら生活を支援していく。こうした支援を通して、自分らしい生活を再構築するために、ごみを片づけることを自己決定してもらうというプロセスを踏むことが重要なのである。

制度や条例がないなかで、自由権と生存権の狭間でどのように対応したらよいのか、迷う人は多いかもしれないが、まずは頻回に訪問して信頼関係をつくることから始めることが近道である。ごみをためてしまう人のなかには、人への信頼がもてないため物に執着し、不安や寂しさなどの心の隙間を埋めるために物を集め、物を捨てられない人が多いことがこれまでの事例でも実証されている。

現在、ごみ屋敷の片づけや掃除などに対応するNPO法人や、特殊清掃業者のなかに「福祉整理」として、低額で高齢者の状態に配慮しながら行う業者も増えている。また、地域の自治会長が中心となって本人を説得して、住民皆で片づけにこぎつけた事例もある。支援については、まずは小さな変化を受け入れてもらうところから始めることが、プロセスとして重要な一歩になる（図3-10-4）。こうした支援は専門職だけが行うことには限界がある。近隣住民が日頃から声をかけ、ちょっとした支援や手伝いをすることで、本人が心を開いてくれることが期待できる。

今後の課題としては、ごみ屋敷になってから対応を始めるのではなく、「ごみをため込む人」「ごみをため込むリスクのある人」を早期に発見し、支援することが重要になってくるだろう。また、本人の人権を尊重するだけでなく、近隣住民の人権にも配慮しなければならない。ごみ屋敷が放置され、近隣住民の生活に悪影響を及ぼせば、本人がますます孤立しコミュニティから疎外されることにもなりかねない。行政が中心となって本人と近隣住民との調整をしていく必要がある。

現在日本には、生命や健康に悪影響を及ぼしているセルフ・ネグレクト事例に介入できる直接的な法律がない。自治体の条例化に頼るだけではなく、セルフ・ネグレクトを高齢者虐待防止法に含めるなど、法的整備を早急に進めることも対策として急務と考える。

きし・えみこ
日本赤十字看護大学大学院博士後期課程修了。看護学博士。東京都板橋区、北区で保健師として勤務した後、自治医科大学講師、日本赤十字看護大学准教授、帝京大学教授を経て、2015年より東邦大学教授。高齢者虐待、セルフ・ネグレクト、孤立死を主に研究。

小さくて大きな暮らし

鈴木菜央

150㎡から35㎡の家へ

僕は、ウェブマガジン『greenz.jp』の編集長として働きながら、家族4人で35㎡のタイニーハウス（小さな家）に住んでいます。目指しているのは「小さくて大きな暮らし」。忙しさ、無駄な支出、将来への不安などをできる限り小さくして、家族友人とのつながり、経済的な余裕、将来への希望を大きくする暮らしです。

我が家は、東京駅から特急で1時間と少し、房総半島の太平洋側に位置する千葉県いすみ市にあります。最寄り駅は半無人駅、海まで車で10分くらいの、田んぼと畑が広がる里山地域です。我が家が「置いてある」土地の広さは75坪。家に車輪がついた、いわゆるトレーラーハウスに住んでいます。長さは約10ｍ、幅約3・5ｍ、床面積は35㎡です。ロフトを合わせても50㎡程度。大きめのデッキと、庭にある小屋ふたつも合わせて使いながら暮らしています。それまで150㎡もある大きな家に住んでいた僕ら家族が、なぜタイニーハウスに引っ越すことになったのか。そして「小さくて大きな暮らし」とはいったい、どんな暮らしなのでしょうか。

タイニーハウスの外観

本当に暮らしたいカタチを探す

僕ら家族はどんなふうに暮らして、生きていきたいのだろう――そんなことを本格的に考え始めたのは、2013年頃でした。結果、自分のなかから出てきたのは「自分で暮らしをつくる暮らしがしたい」「もっと家族友人と一緒に時間をすごしたい」『地域が元気になることがしたい』『支払いのために仕事に追われたくない』「本当にやりたいことができる時間がほしい」という思いでした。それらの思いを実現する暮らしのカタチってどんなものだろうと情報収集をしたり、いろいろな人の話を聞いたりするなかで、北米を中心に小さな家に暮らす「タイニーハウス・ムーブメント」が広がっていることを知りました。「ああ、僕の理想の暮らしはこれだ！」と直感しました。

　タイニーハウス・ムーブメントは、２００８年に始まった経済危機、いわゆるリーマン・ショックの後、持ち家のローンを支払い切れなくなったたくさんの人が家を失ったことをきっかけに広まりました。「誰でもがんばれば、庭付きプール付きの大きな家をもてる」というアメリカンドリームは幻想だったと多くの人が感じたそうです。そんななか、小さな家に住み、モノを持たず、自由になる新しい生き方が注目され始めました。僕はひたすら毎日YouTubeを観てイメージを膨らませました。ＳＮＳで「タイニーハウスに住みたい」と毎日ブツブツとつぶやいていたところ、それを見た友人から「うちのトレーラーハウスを売りに出すから、見に来たらどうか」との連絡がありました。見学すると妻も気に入り、購入に至ったというわけです。

　ところが、大変だったのはその後。１５０㎡もの家に住んでいた僕らが持っているモノがまったく入りません。１５０㎡から35㎡なので、ほぼ4分の1です。購入後、引っ越しが完了するまで、ひたすら毎日断捨離の2か月間をすごしました。本を１０００冊ほど、何十枚もの服、大きな棚ふたつ、ベッド、42インチテレビ、ＣＤプレイヤー、アンプ、ＤＶＤプレイヤー、テレビ台、電気ヒーター、電子レンジ、食器洗い機、オフィスチェアなどを友人にあげたり捨てたりしました。冷蔵庫は４５０Ｌを１５０Ｌと物々交換（逆わらしべ）し、ソファや掃除機などいくつかのモノは友人に貸し出しました。

　引っ越しから1年半が経った現在、僕らがどんな暮らし方をしているかと言うと、一言で言えばさまざまなものごとから解放されてとても自由になったと思います。そして、これが予想以上に楽で、楽しいのです。

モノから自由になる

　まず、片づけに追われる感覚から解放されました。今振り返れば、かつては掃除をしても追いつかなくて片づけが苦手でしたが、今は何でもさっと片づくので苦ではなくなりました。そして、探しものからも解放されました。恥ずかしい話ですが、以前はハサミが５つもあったり、同じ本が2冊あったり。今では必要なものにパッとアクセスできて、気分がいい！　気分がいいといえば、モノにまつわる「あれをやらないと。これをやらないと……」という感覚からも解放されました。家電の電池交換、修理、電球交換など、たくさんのモノを持つということは、付随するメンテナンスがかなりあるということでもあります。

　また、完全に予想外だったこともあります。ひとつは、ごみ出しが楽になりました。前の家では、毎回重い2袋をごみ置き

リビングから見た室内。この奥にキッチン、風呂、寝室などがある

場まで運んでいましたが、今では軽い袋をひとつ、もしくは次回のごみ出しまで出さなくていいという場合も少なくありません。

ふたつ目は、物欲から自由になったこと。家が小さいので、多くのモノを必要としないし、買ったとしても置けません。結果、「広告」にほぼ興味をもたなくなりました。これが楽なのです。毎日浴びるように広告を見せられる社会に生きている私たちですが、最初から「僕には必要ない情報だ」という意識をもてるというのは、とても楽なことです。世の中、いかに不必要な消費を煽る情報にあふれているか、と実感しています。

引っ越してから1年半ほどモノを減らし続けて、狭さを克服する工夫を重ねて、徐々にいい感じになってきました。モノが減ると、一つひとつの存在感が増すので、よいモノを選びたくなります。たまにしか買わないから、妥協したくない。本当に気に入った本物をひとつだけ買って一生使う——と言いたいところですが、モノを減らすフェーズがまだ終わっていないので、新たに購入したものはほとんどありません。

家の向かいには書斎として使用している小屋がある

3つ目は、消費を通じたアイデンティティ表現から解放されたことです。友人との時間のすごし方、プレゼント、身に着けるモノ、家……いかに自分のアイデンティティの表現が消費に頼っていたか、ということを実感し驚きました。消費だけに頼らない自分らしさの表現が可能なのだ、と。むしろ、暮らしをつくることや地域の人びととの関係性が、自分自身と家族の自分らしさの表現になってきました。友人たちと一緒に小屋を建てること、畑の世話をすること、収穫した野菜を友人たちと分かち合って食べること。お金に頼らずに自分らしさを表現して、豊かさをつくり出せるわけですから、ある意味最強です。

お金から自由になる

次に、経済の側面から見てみます。小さく暮らすことは、単純に支出が減ります。

まずイニシャルコストです。建物は6年落ちのトレーラーハウスを485万円で購入、4年ローンで月々11万円を返済しています。土地購入150万円、トレーラーハウスの引っ越しと設置で50万円、上下水道工事と整地で150万円、合計900万円でした。土地付き築6年の中古住宅を買うことに比べれば、かなり安いのではないでしょうか。ローンはあと2年半。完済が待ち遠しいです。

水光熱費でいえば、電気代は月々5000円(前の家と比較して半減)、ガス代は5000円(同半減)、水道代1500円(同1/3)、暖房の灯油代一冬約1万円(同1/3)で、年間にすると約20万円も節約できる計算です。

税金が安いというのもポイントでしょう。「建物は固定されていないが、固定資産税払うのでしょうか」と市に相談したところ「前例がないので待ってください」ということで現状は無料です。10年スパンで考えたら、ランニングコストが安いというのは、大きなメリットです。

結果、お金という資源を、自分、家族、地域、社会の未来につながる使い方が少しずつできるようになりつつあります。友人の有機農家のお米や野菜、友人が焙煎したコーヒー豆、友人がやっているレストランでのディナー。友人が立ち上げたＮＰＯへの寄付。「友産友消」です。お金がどこかに消えてしまう消費より、１００万倍楽しい。目の前でリアルに社会がつくられていくことに、ゾクゾクした興奮と快感を覚えます。

消費社会から自由になる

１９７６年生まれの僕は、生まれた瞬間から大量消費主義社会のど真ん中で育ちました。教育の結果、僕は大変素晴らしい消費者に育ちましたが、結果人間本来の「生きる力」をもてずに大人になったと感じています。さらに言えば、「生きている」感覚、実感すらもてずにいたのです。

だから僕は、暮らしを自分の手でつくることを選びました。自分のためでもありますが、子どものためでもあります。ふたりの子どもたちと、庭で野菜をつくって、収穫して、料理して、食べる。庭で焚き火をして焼き芋を食べる。母屋のデッキや小屋を建てることを仲間たちと一緒にできたのもすばらしい思い出です。最近は子どもが鶏を飼いたいということで、鶏小屋をつくり始めました。野菜がどこから来るのか。どのように育つのか。自然と暮らしはどのようにつながっているか。自分で暮らしをつくるということはどういうことか。ということについて、子どもにはすばらしい学びになっていると思います。正直、うらやましいです。太陽が昇り、雨が降り、仲間とともに実りを収穫し、動物の命をいただき、暮らしをつくる。小さな家に住むことを通して、僕は生きる力と、生きている実感を取り戻したと感じています。

環境・社会問題に加担することから自由になる

小さな暮らしは環境負荷が下がります。エネルギーの使用量も減るので、発電する際に燃やす化石燃料も少なくてすみます。10万年以上にわたって子孫に核のごみを残す原子力発電への依存を減らせます。さらには自家発電によるオフグリッド化などを導入することで、ほぼ依存しない生活も不可能ではありません。また、モノを買わないということは、モノを生産するために投入されている多大なエネルギーと資源を無駄にしない、ということにもなります。

書斎の様子

日本に住む私たちは、地球2・4個分の暮らしをしていると言われています。つまり、環境負荷をだいたい半分に落とせれば、借りている地球を未来の世代に汚さずに渡せることになります。小さく暮らすというのは、大した努力もせずに半分になる暮らしなのです。心底、気分がいい暮らし方とは、こういう暮らし方ではないでしょうか。

そして、人生という旅に出る自由へ

1年半、小さくて大きな暮らしを実践して僕が感じた一番のメリットは、心の自由です。「ローンを払い続けられるだろうか」「子どもの学費を払えるだろうか」「大災害が起きたらどうしよう」など、不安はだいぶ減りました。ローンはあと2年半で終わりますし、野菜もお米も仲間たちとつくり始めたし、仲間とのつながりもできた。どうなっても、生きていけそうな安心感があります。支出が収入を大幅に下回る状況が安定的になったら、お金のための仕事を減らすこともできそうです。

そうして生まれた余裕を活用して、家族とじっくり話したり、自分が本当に必要としている人に会ったり、友人や地域につながった仕事をつくったり、これまで本当にやりたいと思っていたけれどできなかったことに挑戦していきたいと考えています。これからが、本当の自分を生きることになるのではないでしょうか。

僕の願いは、一人ひとりが自分の魂と会話して、自分の可能性を試せる。そして、誰もが一度っきりの人生を生きていることを実感し、人生という自分ならでは旅を楽しめる、そんな社会です。小さな暮らしは、そんな可能性を開いてくれるのではないか、と思っています。誰でも暮らしのつくり手になれる。ほしい未来をつくれる。それが「小さくて大きな暮らし」のおもしろいところなのです。

小屋の屋根には太陽光パネルを設置。売電はせず、小屋の電気を自給している

すずき・なお
1976年バンコク生まれ東京育ち。『月刊ソトコト』を経て、2006年「ほしい未来は、つくろう」をテーマにしたウェブマガジン『greenz.jp』創刊。編集長を務める。著作に『「ほしい未来」は自分の手でつくる』。

季節のふるまいを知る

石田紀佳

季節とは何か

私たちが暮らしている球体の地球は、太陽に対して地軸を傾け、その周りを回っています。これによって地球が受ける太陽の光の強さと時間の長さが変わり、季節が生じます。長年にわたる自然観察と緻密な計測、勇敢な探検によって見出された事実。おそらく、この紙面に目を留めた方のほとんどが、疑うことのない常識でしょう。

宇宙に浮かぶ青い星の、南半分と北半分では季節が逆になり、赤道付近ではほぼ常夏なのだと知っている現代人。一方、古代の人たちは、いや古代までいかなくても、産業革命以前の地球人の多くは、こんなことは知らずに生きていました。しかし、今の私たちよりも、ずっと切実に季節を生きていたのではないかと思います。

獣が冬毛を生やし、虫が冬眠し、木々が葉を落とすように、私たちも季節を体感しながら生きてきて、現在に至りました。しかし、時代が進むにつれ、季節の体感を外部委託するようになったようです。

科学は自然への洞察から始まっているのに、進歩した科学技術は、多くの人を「自分自身で」自然を体験すること、すなわち季節を生きることから遠ざけています。少なくとも日本の都市では、大きな自然災害がない限り、おおむね全天候型の人工設備の中で生きることができます。流通や保存技術が発達したので、世界中から集まってくる食材をいつでも食べられる。労働しなくてはいけないことをのぞけば、まるで桃源郷です。

しかしこんな造花の楽園も、やっぱり自然界に囲まれて存在しています。なによりも自分の体が自然なのですから。そして、人類は相当やりたいほうだいに勢力を拡大してきましたが、人類だけでは生きていけません。さらには、まだ分からないことだらけですが、人間に一見都合のよい自然だけで生き延びることもできないようなのです。

たしかに、ナマな自然の中で生きるのは過酷ではあるのですが、同時に喜びもあります。私は科学の進歩には希望をもっています。こんな造花の楽園をつくれる能力があるのだから、もっと世界を巨視的に、そして細やかに捉えられるのではないか。かつては一部の聖者だけが感じたような世界を、一凡人も感じられる未来があるのではないか、いやすでに来つつあるのではないか、と考えています。

その未来に向かう途上において、専門化された技術とともに、個々人が直接に自然と触れる、言い換えれば季節を生きていく日々の暮らしがあるのです。

おそらく人それぞれにふさわしいやり方があるでしょう。私の場合は東京を暮らしの基盤にしつつ、先人の智慧を学び疑い、四季折々の手仕事で衣食住をできるだけまかなおうとしています。そうすることで（大上段に構えすぎかもしれませんが）未来の人類の暮らしを探っているつもりです。試行錯誤しながら、身の周りから始めています。

季節のふるまい

四季折々に、たとえば露地に生える植物たちで暮らしの一部をまかなう仕事はどれもこれも一年に一度きり。太陽の周りを巡る地球がある一点にあるときの、大地と私たちとの接点です。

常緑の葉はいつも同じく青々としているようですが、時期によって含まれる成分が違います。また、買ってきた素材であっても、それを加工するときにどのように体を動かすか、どのくらい熱を使うか、というのを気象条件と照らし合わせると、やはり一期一会です。買ってきたタマネギひとつでさえも。自分という自然も変わっていきますから真剣に自然環境と向き合うと毎年繰り返される仕事も同じではありません。

このような同じようで同じでない季節の仕事を繰り返していると、錬金術の奥義とされるロタテイオン（輪廻）に行き当たり、どこかで聞きかじった言葉ではありますが、宇宙の時空の推移のなかで生かされている自分という現象に驚き、あるいはそれをありのままに受け取ります。卑近なほどの日常的なふるまいが深遠な哲学に通じているようなのです。

それでは筆者が暮らす関東あたりの季節の手仕事現代版をご紹介しましょう。太陽の周りをまわるこの星の、四つの瞬間を基準にスケッチしました。

冬至の頃から

斜めに差し込む日差しのまぶしさ。そのぬくさがありがたく、もしかすると一年でいちばん太陽の恩恵を感じるときかもしれません。あっというまに夕暮れになり、暗くなってから寝るまでに時間がたっぷりあると一日が長く感じられます。夜空の月はさえざえとして、夜中に月明かりで目が覚めるのもこの頃。昼と夜、太陽と月が、くっきりと側に届くようです。

短い昼間には貴重な自然光を追って、植木鉢を動かし、自分もなるべく日の当たるところで、仕事をするようにします。屋外ではも

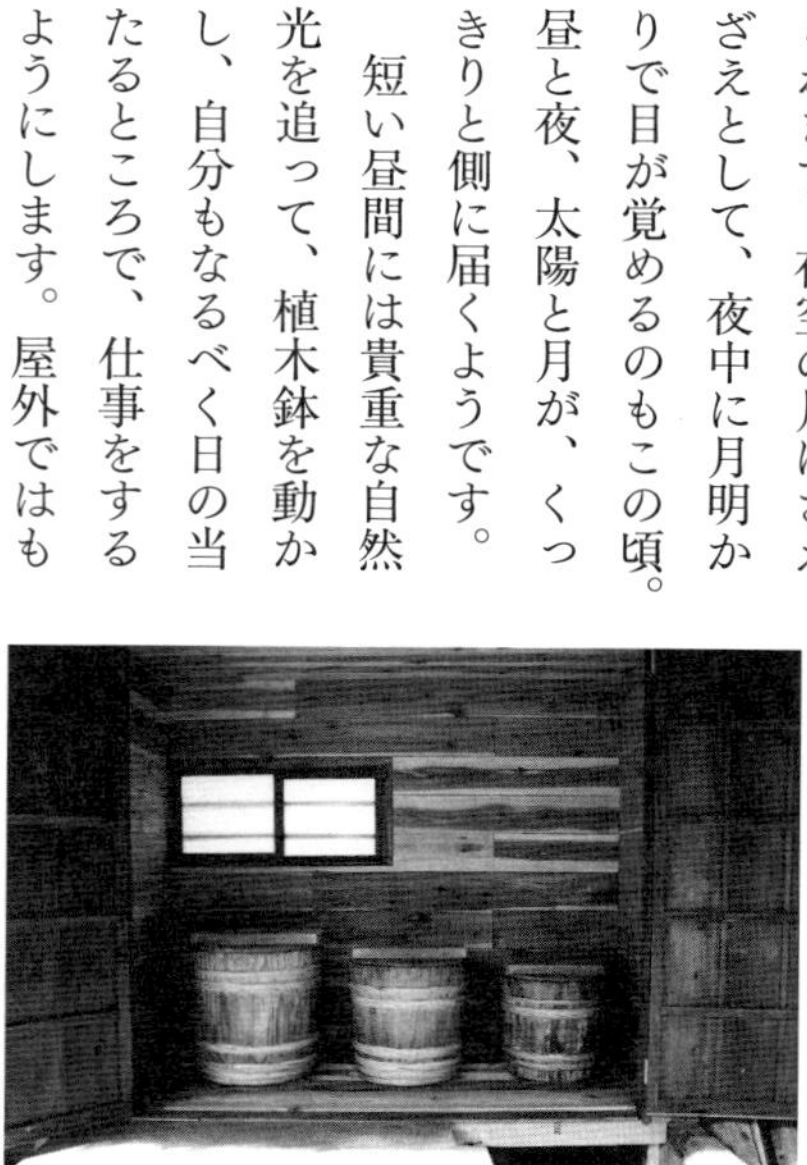

味噌を仕込んでいるところ

ちろんのこと、室内のデスクワークも、ノートパソコンのおかげで、背中に日が当たるように移動しながらできます。

住宅街を歩いていて見上げるとビワの花。うす茶の猫の毛のような萼にくるまれています。ビワの木は都会でもほうぼうに植わっているので、低いところでその花を見つけると、鼻をひくひくさせながらその香りを楽しみます。ビワの葉を煮出して染めをするならこの頃です。

年があけたら味噌の仕込みの準備に取りかかります。寒の水を飲むと風邪をひかないのは人間だけでなく味噌にも言えるので、立春頃までには仕込めるように予定を立てます。ここ10年は四斗桶（72L）に味噌を仕込むので、ひとりではできません。友人たちとの都合を合わせようとすると、それぞれに忙しく、寒さと合わせられないことも何度かありました。そんなときは寒のもどりにほっとします。でもどんなに遅くても春分1週間前には仕込みたい。もわもわとカビの胞子などが飛ぶ前に。

春分の頃から

これからは昼の時間のほうが夜よりも長くなると思っただけで、温かな心持ちになります。つい薄着をしたくなりますが、気温の変化も大きいので体調を崩すこともあります。梅の花が終わると、貝母百合が蕾をつけます。ハクモクレンが見頃のところも多いでしょう。急に暖かくなると、花は一気に膨らみ散ってしまいます。咲くのはうれしいのに散るのはさみしい。春という季節は、この短さゆえの美しさとはいえ。一期一会の季節の出合いをもっとも感じるのが春の始まりです。

フキノトウやツクシなどの摘み草もほんのひとときです。たくさんの草が生い茂る前には、一つひとつの小さな野草が愛おしく、摘みたいけれど、摘むのが惜しい、そんなジレンマがくすぐったい淡い野原。けれどもヨモギを見つけたら、そのたくましさをよく知っているので、指先で摘み集めます。これからどんどん香りは強く大きく育つから。その出始めの幼い香りを、少しだけいただきます。

そんなこんなの合間に春の種蒔きが始まります。藍の種を雀に見つからないように蒔いたら、サトイモやコンニャクイモ、生姜の根を植えます。まだ気温が低いうちはゴーヤなど夏野菜のためにペットボトルをカットして小さな温室づくり。八十八夜が近づけば、夏野菜の露地蒔き。そして本命の茶摘み。からりとした空気で茶葉や、柿の葉、桑の葉も乾かします。

そしてしばしば窓を開け放って、無防備に畳や板の間にごろりと寝転びます。まだ刺す虫がいないし、からりとした陽気空気を部屋にも体にもたくさん通したいから。

冬物の服にも風を通してしまいます。でも、季節の

ヨモギ団子を作るために煮込んでいる様子

進行は常に一直線ではないことを、年を重ねて知りました。梅雨に入りたての頃は寒くなるから、薄手のセーターは残しておきます。

夏至の頃から

雨や曇りが多いので、日本では夏至という実感がないのが本音です。夏至というよりは、梅雨です。梅雨に入る前から青梅が採れ、雨の合間をぬって黄熟梅を収穫します。続いてビワの実もなります。山椒やヘビイチゴの実もなるはずで、案外なりものが多い時期です。それぞれフレッシュで口にしたら、砂糖や酢、塩、蒸留酒につけ込みます。

雨に打たれて美しいのがドクダミ、アジサイ、シャガの花。じめじめとうっとうしい気分を忘れさせてくれます。一輪手折ってビンに挿したり、手みやげに小さなブーケにしたりします。体内に入れて穏やかな薬効をいただくだけでなく、目から感触から草草の精気がしみこみます。

梅雨があけたら、夏のしつらえの仕度。簾を窓の外に下げて、風鈴は家の中の窓辺に。これからの汗にうだる期間はけっこう長い。気のせいか、昼間が長いせいなのか、すごしている間は長い夏の一日ですが、すぎてしまうとあっという間なのが夏です。

ドクダミの花

梅の土用干しと海水浴。じりじりと照りつける太陽と夜空の真ん中を流れる天の川。夏休みの子どもたちと、大きく育った藍の葉をジュースにしてシルクやウールをさっと染めます。海も空も私たちの手も青色に染まります。

キュウリの丸かじりやぬか漬けに飽きた頃になると、肌掛けをひっぱりだす夜が増えてきます。まだ採れるキュウリは、酸っぱいピクルスにして、冬の野獣料理（ジビエ）のつけあわせにそなえます。

青く充実した柿の実をしぼって柿渋に。たくさんはつくれませんが、一年に一度、畑小屋の縁側や、外回りの板部分を塗れるだけ塗っていきます。日の光であぶり出されるように柿色を帯びていく板。残った柿の実は緑味が減って、ぼんやり黄色くなります。

庭で採れた青梅

秋分の頃から

夕暮れが早まってきたら、エゴマ、青紫蘇、赤紫蘇が順繰りに蕾をつけ、その順番で実を結んでいきます。いちばん気がかりなのは赤紫蘇の実。固い種になる前に梅酢につけるのですが、成熟具合で香りと歯ごたえが違います。赤紫蘇の畑が、東京の自宅から2時間ほどの神奈川県の里山にあるので、毎日様子を見ることができずはらはらします。どうしても仕事の都合がつかず早すぎたり遅すぎたりすることもありますが、蕾から花へ、散りながら実っていく様子をしゃがんで見ていると、カメムシやヒラタアブ、カマキリたちもやってきて、何やら共感してもらっているような気持ちになります。イネもススキも穂をつけて、仲秋の名月。大きな月になつかしさを覚えるのはなぜでしょう、と近しい人ととりとめもなく話す。そんなおしゃべりも月と秋の空気のなせる業なのかもしれません。

　都内の公園ではマテバシイが大きなドングリを落とし、ついでスダジイが小ぶりなドングリを落とします。子ども以外に拾う人は少なく、銀杏のほうが人気ですが、渋みのほとんどないドングリは火をいれなくても食べられます。都会での食料生産の可能性のシンボルであり、昔の人類と現代の私たちを、未来でつないでくれる偉大な樹木です。

　空気が乾いてきたら、秋の実りを東京風に干します。東京風というのは筆者が勝手に名づけたちょっと干しのこと。渋柿が干し柿にちょうどよい成熟具合のときは、まだ気温が高いので、甘柿やリンゴ、大根、しいたけなどをスライスして、さっと干すのです。

大根干し

　いつもはラジオやCDを聞きながら縫い物をすることが多いのですが、虫の音が聞こえてきたら、そちらに耳をすませながらチクチク手を動かします。布に針を刺す音、衣擦れの音が、秋の虫たちとかすかに響きあい、冬の支度を促します。

いしだ・のりか
手仕事研究家、ガーデナー。展覧会企画、執筆、植物の育成を通して、手仕事を紹介。東京を基盤に「自然と人と技術＝魔法」について実践考察中。著書に、『月刊ソトコト』での連載をまとめた『草木と手仕事』（薫風堂）、『魔女入門　暮らしをたのしくする七十二候の手仕事』（すばる舎）、『藍から青へ　自然の産物と手工芸』（建築資料研究社）。

若い人たちのエコ意識。知識だけでなく、実践を！

豊貞佳奈子（以下、**豊貞**）　本日ここに集まっていただいた皆さんは大学の先生です。栗栖さんは東京大学で、浅利さんは京都大学、私は福岡女子大学で教鞭を執っています。普段から十代、二十代の若い学生と接するなかで、学生たちの環境意識をどのようにご覧になっていますか。

栗栖聖（以下、**栗栖**）　今の小・中学校の教科書には、地球温暖化や生物多様性、ごみ問題など環境問題に関する記述がたくさん見られます。そうした教科書で学んできた学生たちなので環境に関する知識は豊富です。ただ、それを実生活のなかで行動に移せているかというと、十分にできているとは思えません。

浅利美鈴（以下、**浅利**）　COP3（第3回気候変動枠組条約締約国会議）で京都議定書が採択された1997年前後に生まれ、小・中・高校で環境問題を学び、環境のことについて考えることは当然という世代になっている分、「環境問題がやりたい」と意気盛んに大学に入ってくる学生が減ったような気もします。若い人たちに環境意識が「定着した」とも言えるわけですが。

豊貞　私はいわゆる〝バブル世代〟で、学生時代はハンドバッグを買うのに一生懸命で、環境に対してお金を使うことはほとんどありませんでした。それに、当時は「環境」と言えば公害を指していましたからね。悪い化学物質に汚染されて健康被害が出るといったことへの問題意識はあっても、「地球のために」という意識は低かったと思います。一方、今の若い人たちは環境意識が定着し、高まってもいる。にもかかわらず、行動を起こさないのはなぜでしょう。

浅利　私が学生だった頃は、エコロジーはケチくさいとか面倒くさいといったマイナスイメージが先行していて、「京大ゴミ部」を立ち上げたときも冷ややかな目で見られていました。ただ、環境漫画家の高月紘さん（京都大学名誉教授）のようにエコをかっこよく実践したり分かりやすく表現したりする人が身近にいたことで、環境問題に取り組み続けることができたと思います。ですから、周りの誰かがスタイリッシュにエコの行動を始めたり、「こうしたほうが環境にいいよ」と導いてあげたりすると、「自分も」となる学生は少なくないと思います。最初の一歩が踏み出せていないだけで。

栗栖　肩肘張らずに自然にエコを実践している人には共感できるし「自分も何か始めてみよう」という気持ちにな

るはず。学生からすると、肩肘張っているエコは近寄りがたいというか、かっこ悪い印象があるのかもしれません。それに今の若い人たちは生まれたときから社会が豊かだったせいか、ものに執着しません。今、日本経済は停滞していて景気もよくありませんが、環境面から考えると、むしろそれはチャンス。ものを買いそろえなくても満足を得られるライフスタイルや生き方に変えていけば、自然とエコロジカルな行動が実践できるような気もします。

豊貞　ライフスタイルを変えると言えば、浅利さんは「ぬか漬けの天地返し」を各所でされていらっしゃいますね。

浅利　以前、「アイスバケツチャレンジ」が流行ったときに、あのエコ版ができないかなと考え、持続可能なキャンパスを目指す「エコ～るど京大」の学生たちと一緒に「一日一エコチャレンジ」という取り組みを始めました。そのバトンが「ぬか漬けの天地返し」です。シンポジウムやイベント会場などへも持参し、著名な方から一般の学生さんまで、毎日いろいろな方にぬか床を手で返してもらっています。「ぬか床をさわるのは初めて」という学生も多いですよ。ぬか床は高温多湿の暑い夏でも乳酸菌など微生物の発酵によって野菜の栄養価を高め、丸ごと食べるという“冷蔵庫的”な役割を果たしていたもの。毎日人の手で世話するというサスティナビリティを実感する機会にもつながると思って続けています。

右から浅利美鈴さん（京都大学地球環境学堂准教授）、豊貞佳奈子さん、栗栖聖さん（東京大学大学院工学系研究科都市工学専攻准教授）

栗栖　「ぬか漬けの天地返し」を体験したことで、実際にぬか漬けを始める学生もいるでしょうから、自分で体験してみることは大切ですね。

浅利　若い人たちにとっては、ぬか漬けのような古くからある日本の食文化でも新しいエコとして感じているようです。ぬか漬けはコンビニエンスストアでも買えますが、あえて自分で漬けてみる。不便を楽しみ、手間に価値を見出すようなライフスタイルを好む若い人たちは増えていますから。エコは当たり前と考えている若い人たちにこそれを上回る付加価値を、ぬか漬けの場合は「楽しい」とか「おいしい」を示してあげることがエコ行動に導くひとつの方法かもしれません。

栗栖　アンケート調査を行うと、年代が高くなるほど環境意識も高くなり、エコ行動を実践する割合が高まることが分かります。その背景が「消費は美徳」や「使い捨て」の時代にものを買うことを謳歌し、公害問題にも直面した世代だからなのか、歳を重ねてきたからなのか、次世代に美しい地球を引き継ぎたいという思いの表れからか分かりませんが、その傾向は如実に表れます。一方、環境意識を行動に起こさ

ない若い人たちも、「世の中のためになることをしたい」という思いはもっています。そのモチベーションを引き出して最初の一歩を踏み出すきっかけづくりが重要だと思います。商品を購入する際に経済的なインセンティブを与えてエコな行動を促す手法も取られていますが、そもそもものに執着しない世代。それよりも「自分は環境にいいことをしている」「世の中のためになっている」といった環境心理学でいう「規範に働きかける」ほうが若い人たちの心に訴える力は強いかもしれません。「エコは当然」という若者の環境意識を、「エコ行動は当然」というように一歩前進させせたいですね。

ユニークな授業と実地で
エコロジーを学ぶ

豊貞　大学のエコライフスタイル研究室で学生16名を家電量販店に連れていき、家電製品の環境性能と使い勝手を比較検討してランキングするという演習を行ったことがあります。エアコンチーム、冷蔵庫チームなどに分かれ、それぞれが担当する家電について、店員さんにご協力いただきながら調査したところ、環境性能の高い家電製品は値段もそれなりに高いという結果が出ました。私は学生たちに、「環境にいい商品は開発コストもかかっているし、メーカーや開発者の環境への思いが詰まっているから値段も高くなります。家電に限らず、そうしたエコ製品を、がんばれば買える金額なのに買わないのは地球にとって不幸なこと」と話しました。実はちょうどそのとき、私がスマートマンションに引越しをするタイミングだったので、学生たちが1位に選んだ家電製品を新居のためにと購入しました。「先生、本当に買ったの」と学生たちは驚いていましたが、環境にいい商品を購入することもひとつのエコ行動だと身をもって示したくて、がんばって買いました（笑）。

浅利　省エネ製品なら、長く使ううちに元が取れそうですよね。

豊貞　まさにその点を学生に伝えました。仮に家電製品の寿命が10年だとしたら、購入時のコストと10年間のランニングコストを合算し、年間のコストを割り出して比較すればけっして高い買い物ではなく、むしろお得になると。目先の値段だけで判断するのではなく、環境問題やエコは長いスパンでとらえることも大切ですから。スマートマンションには太陽光発電やＨＥＭＳが搭載されているので、いずれ教材としても活用したいと考えています。浅利さんは、学生をエコ行動に導くための授業の工夫はされていますか。

浅利　環境問題の本質を知るためにできれば海外に出て、世界の状況を見る

ように と伝えています。私はソロモン諸島という島嶼国でごみ問題解決のプロジェクトに関わっていますが、普段私たちが生きている世界からは見えない問題を抱えていること、それが私たち日本人の生活と無関係ではないことにも気づかされました。ただ最近の学生はあまり海外に行きたがらないので、希望者があればごみ調査の現場に連れていきます。先ほど述べた高月さんが1980年から継続しているごみ調査で、京都の町家、マンション、戸建て住宅から出るごみを出されたままの形で集め、中身を300種類以上に細かく分別しています。35年前と比べ、自宅での調理割合が減って調理クズは減っているが食べ残しは増えているとか、大人用のおむつが増えてきているなど、ライフスタイルの変遷が把握できます。

栗栖　私は授業でライフサイクルから見た環境負荷をどう評価するか（LCA：ライフサイクルアセスメント）といった基礎的なことを教えています。そのため私自身の授業のなかでは、どこか現場に行くということはあまりありません。ただ、都市工学のカリキュラムとしては、上下水道やリサイクル施設、ごみ処理場など、さまざまな現場に足を運び、実地で学んでいます。

豊貞　座学よりもなるべく現場を体験してもらったほうがエコを深く実感できますからね。私も今度、環境省エコハウスモデル事業の北九州エコハウスと水俣エコハウスに学生たちを連れていき、環境にいい住まい方や自然エネルギーの活用方法などを学んでもらいます。住まい方という面では、授業でエコ調理を実施しています。たとえば、白身魚のフライを作るとき、油で揚げる場合の熱源にガスを使うか、IHを使うか、あるいは電子レンジを使うか、トースターを使うかなど、さまざまな調理方法を試しながら消費エネルギー量とおいしさを評価します。

浅利　その授業ではどんな結果が出たのですか。

豊貞　味は、普通に油で揚げるか、電子レンジで調理した場合が高評価でした。ただ圧倒的にエコなのはトースター。衣をつけて、油を塗って、焼くように調理するのですが、調理時間が短いので消費電力が少なくてすみます。味もそれなりにおいしい。電子レンジはトースターよりもおいしいのですが、時間がかかるのでエネルギー消費が多くなります。エコ調理は時間短縮とも結びつくので、子育てとの両立の面でも副次的なメリットがありますね。

栗栖　私も、たとえばLCAによって算定されたCO_2の数値と家庭科の調理実習とをつなげて、最終的にどの食材を、どの器具を使って、どんなふうに調理するのが環境にやさしく、おいしく食べられるかが分かるような学び方を考えているところです。現在の家庭科の教科書にも環境についてかなり詳しく記述されているのですが、もう一歩、エコ行動に移しやすい工夫があればと思いまして。

エコ行動を導くための情報提供の方法

豊貞　栗栖さんはＬＣＡの研究をされていますが、ある製品や食べ物が本当にエコロジカルかどうかを知りたいとき、ＬＣＡは不可欠な視点だとお考えですか。

栗栖　ＬＣＡのデータによる判断はある程度は必要ですが、用いるデータや条件によってアウトプットの数値が変わる場合もあるので、大まかな傾向で見たほうがいいと考えています。今、産業技術総合研究所に日常の家事行動に関するＬＣＡのデータベースをつくってもらっていて、牛丼一杯でCO_2が何gといった詳細な数値が出されるのですが、その情報をそのまま出しても消費者には響きません。たとえば、肉を蒸すのとレンジで調理するのとではレンジのほうがいいとか、そもそも牛肉よりも鶏肉のほうが環境負荷が低いといったシンプルな見せ方でＬＣＡのデータベースを活用したいと考えています。

豊貞　製品や食べ物がエコかどうかを判断する基準は０点か１００点かではなく、30点か70点かを見極め、70点のものを選択することが重要です。その見極める作業が難しいため、エコ行動から遠ざかっているとも考えられます。

浅利　ＬＣＡなどの数値に頼り切るよりも、五感やセンスで判断できるようになろうよと伝えたい。ごみの調査をしていると、一度も開封されずに捨てられる〝手つかず食品〟と呼ばれるごみが出てきます。アンケートを取ると「消費期限が切れたから捨てた」という理由が大半です。消費期限という数字でしか、食べられる／食べられないの判断ができなくなっていることがうかがえます。誤解を恐れずに言うと、開封して嗅いでみて、大丈夫そうだったら食べればいいと個人的には思います。そうした経験を積むことで、食べられる／食べられない、あるいは製品が使える／使えないのラインが五感で判断できるようになるはず。それも昔ながらのライフスタイルのひとつですね。数字だけで判断していたら人間本来の生きる力が弱っていくような気がします。

栗栖　以前、私たちの研究室に在籍していた韓国からの学生が、どういう情報を提供すれば人の環境意識や行動に訴えることができるかという研究を行っていました。CO_2排出削減について「この行動でこれだけCO_2が減る」と数値を出した場合と「削減のためのこういう仕組みや手続きがありますよ」と具体的な方法を示した場合を比べると、仕組みや手続きを示した情報のほうが効果的という結果が出ました。たとえば韓国には「Carbon Cashbag」[1]というユニークな仕組みがあります。CO_2排出量が比較的少ない商品を購入するとポイントが貯まり、ショッピングに使えるというもの。ただ貯まったポイントでCO_2排出量の多いものを買ってしまうと意味がないという指摘もあるのですが、それはさておき、このサイトでこういう手続きを踏めば気軽に行えるという情報を提供すれば「簡単にできそう」と参加者が増え、実際のエコ行動に結びつく人も増えて

[1] www.iea.org/pcliciesandmeasures/pams/korea/name-24393-en.php

いきます。ＬＣＡのデータをエコ行動に結びつけるアイデアとしては優れたものでしょう。今、日本も含め世界では、商品のライフサイクルで排出されたCO_2を視覚化する「カーボンフットプリント」の仕組みを導入する方向で動いていますが、商品のパッケージに「CO_2排出量は何グラム」と数値で書かれていても消費者の心には響かないでしょう。それよりも環境負荷の低い商品にエコマークをつけるといったシンプルな見せ方のほうが手に取りやすいはず。カーボンフットプリントはイギリスや韓国では導入されていますが、そのような消費者意識を考慮して導入していないドイツのような国もあります。

足もとから、家の中から始まるエコ行動

豊貞　やはりエコ行動への入口としては、わかりやすく選べるほうが広まる可能性は高そうですね。ここでお二人に、住まいのなかで始めてほしい「おすすめのエコ行動」を挙げていただきたいのですが。私から挙げると、お湯を使う量を控えめにすること、です。住まいのなかで使用するエネルギーの約3割が給湯エネルギーなので、省エネ効果も大きいはず。節水型のシャワーヘッドに換えたり、使っていないときは給湯器のリモコンの電源スイッチを切ったり。スイッチが入ったままだと水を使っているときでもムダに着火するので、こまめに消すことも大切です。最近では、給湯器が作動するムダを防ぐ「水優先吐水機能」がついた水栓金具も売られていますので購入をおすすめしたいです[2]。その場合は給湯器のスイッチをつけっぱなしでも大丈夫です。ちなみに、お湯の使用量を減らせば、同時に節水にもなります。水はつくるときに上水道でエネルギーを使い、下水処理場で処理する際にもエネルギーを使い、また、マンションではいったん地下の受水槽に水を溜めてからポンプで各階に配水したり、屋上の高置水槽にポンプで引き上げたりしますから、そのエネルギーの削減にもつながります。

栗栖　私は、簡単な最初の一歩として、目に見えて取り組みやすい家庭のごみに関心をもつことをおすすめします。分別をきちんとすることから始めて、ごみの量をできるだけ減らす工夫をしてみてはいかがでしょうか。ごみは焼却する際にはCO_2や亜酸化窒素が、埋め立て地ではメタンが排出されますし、ごみを減らすことはそもそも、ものを買いすぎないことにもつながりますから、ごみを減らすことで地球温暖化の防止にも貢献できます。家庭でご

[2] P169図3-10-7水と湯を使い分ける「エコシングル機能」参照

みの減量が習慣的にできるようになったら次第に家の外にまで視野を広げて、コーヒーショップではマグカップで注文するなどの行動にもつなげていってほしいと思います。

浅利　小学生のとき、夏休みの宿題で書いた作文を「水の作文コンクール」に出したところ表彰され、その日から私は急に〝節水少女〟になりました。「お風呂の水がもったいないから洗濯に使って」とか「トイレも節水できるようにして」と母に進言していました。豊貞さんが挙げられたように私も節水をおすすめしますが、それ以外にも3点。まずマイバッグを持つこと。ここ十数年のごみの傾向を見ていると、2000年頃に有料化やレジ袋削減キャンペーンが推進されたことでスーパーのレジ袋のごみは一時減ったのですが、それ以降はほぼ横ばい状態です。マイバッグの習慣をさらに普及させ、プラスチック袋のごみを減らしたい。特に学生や若い人はコンビニで買い物をする機会も多いので、ぜひ日頃から持ち歩いてほしいです。

栗栖　ただマイバッグを10枚も20枚も持つ必要はありませんよね。プラスチック製で化学的に染色されたものだと、むしろそのほうが環境負荷は高くなりますから。布製で無染色のマイバッグを1枚持ったら、もらえる場面があっても断り、1枚を長く使うことを勧めたいです。

浅利　一時期、ノベルティにマイバッグが流行りましたからね。クローゼットに眠らせている人も多いでしょう。もうひとつは、マイカップやマイ水筒。ペットボトルの使用量を減らせることはもちろん、水筒に入れた好きな飲み物を学校の友だちや会社の同僚と一緒に飲んだりすると交流のきっかけにもなります。最後はお弁当を持参すること。ハードルが高ければ、ごはんだけでも炊いたものを詰めて〝マイごはん〟として持参してほしい。これは大学での話ですが、コンビニやスーパーで買った弁当を食べる学生が多く、食後のプラスチックケースを燃やせるごみとして捨ててしまっています。大学は事業所なので、実はプラスチックのごみは産業廃棄物になり、燃やせるごみとして自治体に出せないのです。ごはんだけでも持参して、おかずは学生食堂で買えば経済的にも少し浮きますし、プラスチックのごみも出ません。昼食にパンを食べる学生も多いですが、環境や生物多様性の視点からも日本の田んぼを守りたいという願いも込めて、マイごはんの持参をすすめます。パリでCOP21（第21回気候変動枠組条約締約国会議）が開催され、京都議定書に代わる新たな国際的な枠組が定められましたが、世界のなかで日本がどんな役割を果たせるかといった国際的な視野をもちつつも、毎日の暮らしのなかで何ができるか、地域でどんなことに取り組めるかといった足元からできる地道なエコ行動を見つめ直すきっかけにもしてもらいたいです。

豊貞　「地球を守る」という言葉は、それ以上の価値は見つからないほど大切な言葉です。それにつながる毎日のエコ行動をぜひ実践してほしいですね。楽しくかっこよく、自然にエコに取り組める社会になることを願っています。

第3章

地球ともっとつながる暮らしのヒント

科学的知見からクールビズを考える

田辺新一

クールビズの始まり

日本の夏は暑い。特に首都圏はヒートアイランド現象もあり、その暑さは熱帯並みである。そのなかで２００５年から政府主導で地球温暖化対策のため「クールビズ（ＣＯＯＬＢＩＺ）」が行われている。日本でも夏の軽装が定着してきた感がある。長年日本を訪れているデンマークの友人もずいぶん変わったねと言っている。日本人と言えば礼儀正しく、男性はどんなに暑かろうが、どこでもスーツとネクタイという一昔前の姿が印象に残っているからだろう。今でも半袖のシャツは略式なため、服装にうるさい人は、夏の暑い時にも長袖シャツしか着ない。また、ワイシャツは下着という考えもあり、暑くても上着を脱がないで我慢する人もいる。ご苦労様です。

東日本大震災前にクールビズに取り組んでいた夏季の冷房設定温度を28℃としていたある事業所の紹介をしよう。かなり過度に取り組んでいた。空気温度などの環境物理量、着衣量および在室者の快適性についての調査を行った。クールビズ実施期間中の執務者の着衣量をアンケートにより調べたところ、平均着衣量は男性で０・54clo、女性で０・52cloであった。cloとは「クロ」と読み、着衣の熱抵抗（保温性能）を表す。数字が大きいほど暖かい服となる。これは、半袖襟付きシャツに薄手の長ズボン程度に相当する。クールビズ実施期間における冷房設定温度は28℃で、運転時間は9時半から19時までであった。

このオフィスにおける、室内空気温度の平面温度分布を図3-1-1に示す。オフィス内の熱源分布や導入されている空調システムによっては、室内設定温度を28℃にしていたとしても、室内に温度分

〈図3-1-1　設定温度28℃オフィスにおける空気温度分布〉

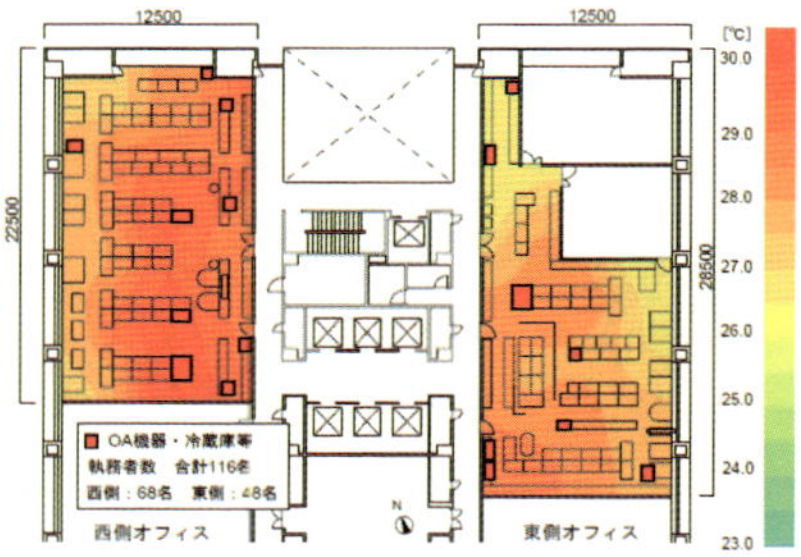

布が生じ、空気温度や放射温度が28℃を超える場所や時間帯がある。また、執務者の多くが温熱環境に不満であった。

改善したい環境要素として温熱環境を挙げ、扇風機などの気流を利用し、暑さの対策を行っていたが、温熱不満足者率は70%を超える。省エネのために知的生産性を低下させている典型例である。また、給気吹出し口温度が8〜10度の幅で上下するハンチング現象が確認された。朝の30℃を超える状態から室内空気温度が28℃付近まで低下した時間帯以降に確認されたことから、空調機での処理が必要な負荷が減少し、給気温度の制御が困難になっていた。[2]

クールビズの温度は何を根拠に決められたのだろうか。クールビズにより着衣の軽装化への心理的な抵抗や社会的な壁が取り払われ、一人ひとりの個人が省エネルギーを考えるきっかけとなり、プラスの影響は非常に大きい。国連でもCOOL UNキャンペーンが行われ、軽装による室温高め設定が行われようとしている。

ところが、軽装はよいのだけど、28℃は暑すぎるのではないかという声を聞く。実は、裸で寝ている時の快適温度は29℃である。あるラジオ番組でクールビズの解説をした時にキャスターにこの話は大変受けた。オフィスでは仕事をしており、住宅でくつろいでいる時よりも代謝量が高い。もちろん、軽装とはいえ裸ではない。

クールビズでは必ず設定温度を28℃にするのは間違い

それでは、クールビズを行っていないオフィスの室温はどの程度だろうか。東京都ビル衛生検査班が20年間にわたってオフィスを測定した1万6000件以上のデータによると、冷房温度は約25℃である。暖房温度も年々上がり25℃に近い。これまで25℃であったオフィスがいきなり28℃になるのであるから、いくら省エネのためといわれても反発もあるというものだ。

クールビズの設定温度が28℃とされたのは、1970年に制定された「建築物における衛生的環境の確保に関する法律（以下、建築物衛生法）」の管理基準温度の上限である。同法では環境衛生管理基準として温度を17〜28℃と定めている。建築物衛生法が制定される際の基礎となった資料は厚生科学研究費「ビルディングの環境衛生基準に関する研究」であるが、この報告書のなかで28℃とされた理由に関しては理想値、目標値や推奨値ではなく、許容最低限度の上限値であると記述されている。間違っても推奨温度にするなと書いてある。すなわち、28℃を推奨値とすることは間違っているのだ。同報告書では冷房ありの場合の推奨値は22〜24℃としている。

また、設定温度は必ずしも居住者の周囲の室温や体感温度とは同じにならないことに着目してほしい。冷房設定温度が28℃であっても、オフィス内のパソコン、プリンターなどのOA機器からの発熱などにより室内に28℃を超える場所や時間帯が生じる場合がある。また、建物性能が悪いと、空気温度は28℃でも天井、窓、壁、床の表面温度はそれよりも高くなり、体感的にはさらに暑く感じることにな

[2] 羽田正沖、西原直枝、中村駿介、内田智志、田辺新一，夏季室温緩和設定オフィスにおける温熱環境実測および執務者アンケート調査による知的生産性に関する評価，日本建築学会環境系論文集，No.637，pp.389-396，2009.03

る。加えて、室温が高いと室内空気は滞留したように感じられる。

もちろん、湿度、気流、居住者の活動量なども体感温度に影響を与える。「設定温度を28℃！」と画一的に主張するのではなく、環境負荷削減に向けて、科学的に対応していくことが大切である。そうでなければせっかくのクールビズも長続きしない。注意を要するのは先程の報告書の28℃は設定温度ではなく、実際の居住域の温度であるという点である。

知識創造に適した温度とは

米国、オーストラリアの全館空調ビルに関する大規模調査によると、夏季の快適温度は23・5℃であったと報告されている。シンガポールや東南アジアの国々の冷房温度も非常に低い。また、最近出版された欧州空気調和設備学会（REHVA）のガイドブックによると、室温21・8℃で知的生産性が最大になると報告している。

早稲田チームによって行われた多国籍執務者が在室する外資系会社のトレーディングルーム在室者406名に対する調査では、外国男性の快適温度は22・9℃であった。一方、日本人女性の快適温度は25・2℃。外国人トレーダーに合わされた低めの室温に、日本人女性は寒いと不満をもっていた。[2]

日本の冷房温度25℃でも諸外国に比較するとかなり高い。彼らには日本を見習ってほしいと切に思っている。一般に、夏季に室温を1℃緩和することで、冷房負荷を約10％削減できると言われている。冷房負荷というのは冷房に必要な熱量である。冷房システムが理想的に動けば、この値の省エネができるが一般的に冷房システムは25～26℃時に最適に設計されているため、実際の省エネ量はこの値よりも低くなる。我々の実測例でも、1℃の温度緩和での省エネ量は0～5％程度である。実はそれよりも照明やOA機器の消費電力を下げるほうが、冷房負荷も下げることができるので効果が大きい。

クールビズの取り組みは知的生産活動を行うオフィスが対象となるため、我慢で省エネを実現するのではなく冷静な科学的な知見が必要となる。オフィス労働者の人件費は、エネルギーや建築物のコストよりもはるかに高い。実際の

〈図 3-1-2　外資系オフィスの外国人男性と日本人女性の温冷感〉

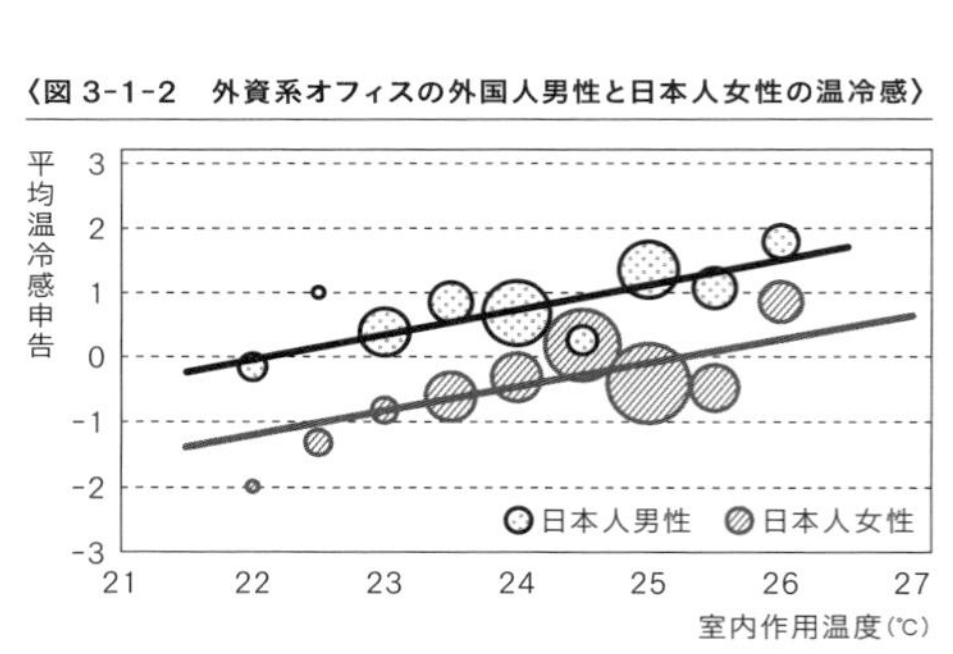

〈図 3-1-3　勤務時間の平均室温と単位時間当たりの電話応答数〉

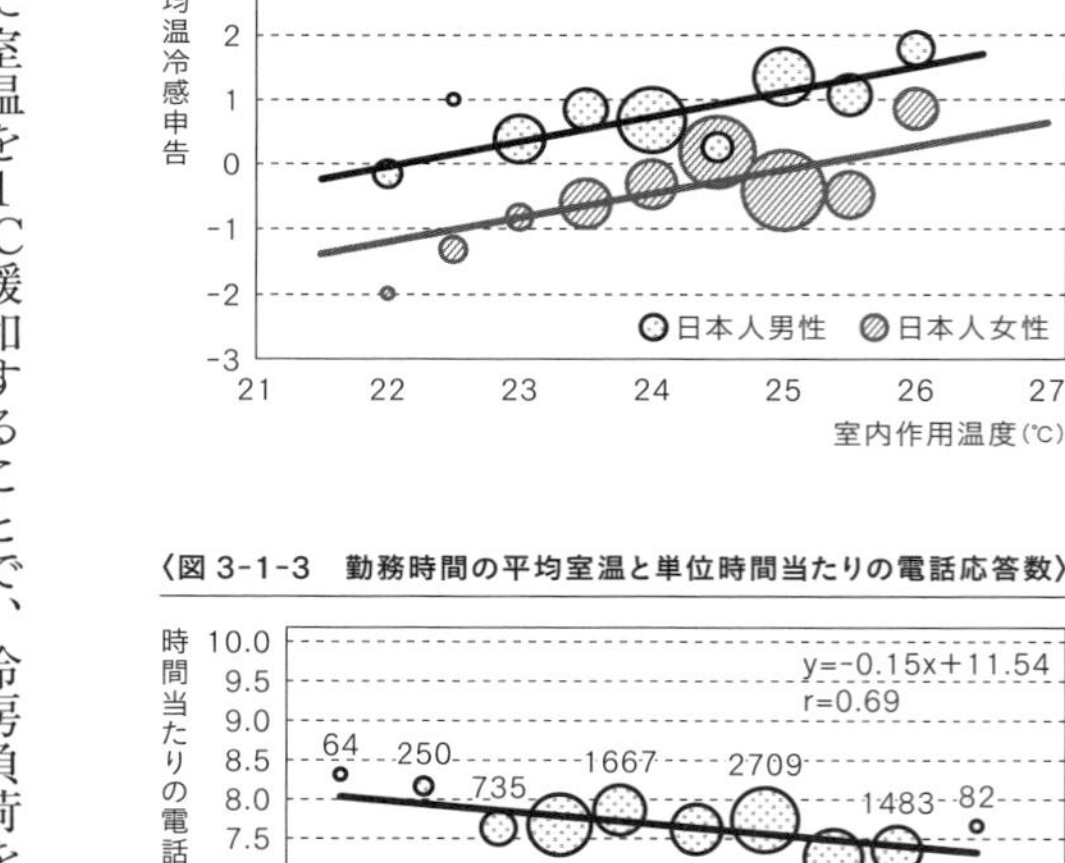

[2] Junta Nakano, Shin-ichi Tanabe, Ken-ichi Kimura, Differences in perception of indoor environment between Japanese and non-Japanese workers, Energy and Buildings, No.34, pp.615-621, 2002

影響を調べるために、生産性を定量化しやすいコールセンターにおいて、生産性と室内環境に関する測定調査を行った。約100名のオペレーターが取り扱った年間累計1万3169人分のコールデータを対象として分析を行った。

平均室温が25℃から28℃に3℃上昇したときに、時間当たりの平均応答件数の低下率は約6%となった。[3] 1日の就業時間を8時間とすると、同じ成果を上げるためには、29分間残業が必要になる。節電による歩留まり悪化など、工場の生産性低下は経営者の目に留まりやすい一方で、オフィスワーカーに対しては効率を下げることを強いても、それが意識されることは少ない。東京のもっとも重要な産業は知識産業である。オフィスにおける知識創造や知的活動を犠牲にして省エネに取り組むのは本末転倒なのだ。

新しいクールビズの姿

東京に建つ標準的なビルで冷房設定温度を25℃から28℃に上げると理想的な状態であれば15%の省エネになる。これは、クールビズ期間中オフィス1㎡あたり72円の得になる。一方、作業効率の低下で、同期間中1㎡あたり1万3000円の損失を生じる。個々人に合わせて最適な温熱環境を実現するには、まずは着衣量で調整する必要がある。さらに、メッシュ椅子が体感温度に与える影響は大きく、消費電力が数Wの小型卓上ファンも効果的である。そうすれば、27℃ぐらいまではなんとかなる。[4] 逆に、節電で冷房の設定温度を上げたとしても、一人ひとりが20～30Wの扇風機を使ってしまったら、エネルギー消費量は高まってしまう。

什器から冷風などを吹き出す対策を、すべてのビルで用いるのは難しいので、一般的なオフィスでは、知的生産性を低下させないように建物性能や空調設備に合わせて可能な室温設定や対策を決めることが必要である。PC、照明などの発熱低減なども非常に効果がある。もちろん、新築時からクールビズ対策ができるように設計された環境配慮型ビルでは快適性を維持しながら超省エネにすることも可能である。多くの人が不満を抱いている現実がある以上、単なる精神論ではなく、納得しやすい根拠を示して、効果的に省エネ・節電を進めていく必要がある。

東日本大震災によって東京のオフィスビルには大きな変化があった。2011年に6棟のオフィスビルを調査した結果を紹介しよう。節電前後における意識の変化を聞いた。実に96%の人が節電を意識しているか、意識が高まったと答えている。日本人の意識は非常に高いと考えてよいだろう。しかし、節電対策された自社オフィスに関してどのように思うかと質問したところ72%の人が非常に、あるいはやや不便・不都合と感じていると回答していた。

さまざまなオフィスで机上面照度、室温、換気量を変えて1000人を超えるオフィスワーカーに満足度をたずねる社会実験を行った。まず、光環境に関する満足度に関しては驚くことに、300～700lxまでほとんど変化していなかった。震災前の机上面照度750lxは2011

[3] Shin-ichi Tanabe, Kozo Kobayashi. Osamu Kiyota, Naoe Nishihara, Masaoki Haned,The effect of indoor thermal environment on productivity by a year-long survey of a call centre, Intelligent Buildings International, Vol.1, No.3, pp.184-194, 2009
[4] 羽田正沖、西原直枝、川口玄、田辺新一, 夏季に室温を高めに設定したオフィスにおける知的生産性－採涼手法の導入による温熱満足度の向上と作業効率および疲労への影響－, 日本建築学会環境系論文集, No.646, pp.1329-1337, 2009.12

年以降ほとんど見られなくなっている。一方、室温に関しては室温27℃を超えると急激に不満足者が増加していた。これまでの実験室における被験者実験でも27℃と28℃の間に壁があることには気がついていたが、実際のオフィスにおいてこれが観察された。[5][6]

図には示していないが、換気量の削減に関しても調査した。室内二酸化炭素（CO_2）濃度が高くなると満足度が低下していることがわかった。さらに、CO_2濃度1000ppm未満と1000ppm以上にグループ分けをし、室内温度と空気質満足度の関係を検討した。CO_2濃度上昇は満足度を低下させるが、さらに空気質満足度は室内温度とも有意な相関がある。室内温度の上昇とともに空気質満足度が低下する。温度の上昇に伴う知覚空気質の悪化により、空気質満足度は低下する。室内温度を高くすると換気量は同じでも空気がまずく感じられる。

調査を行ったオフィスビルのうちの1棟において、節電効果を把握するために調査期間中の消費電力量を解析した。机上面照度が300lxになるように設定した場合には、屋外日射量が多いほど照明消費電力量が減少していた。また、設定照度を750lxから500

クールビズオフィスの将来（中村作）

〈図 3-1-4　光・温熱環境満足度〉

「不満：-2　やや不満：-1　どちらでもない：0　やや満足：+1　満足：+2」として、回答数を重み付けして満足度を算出

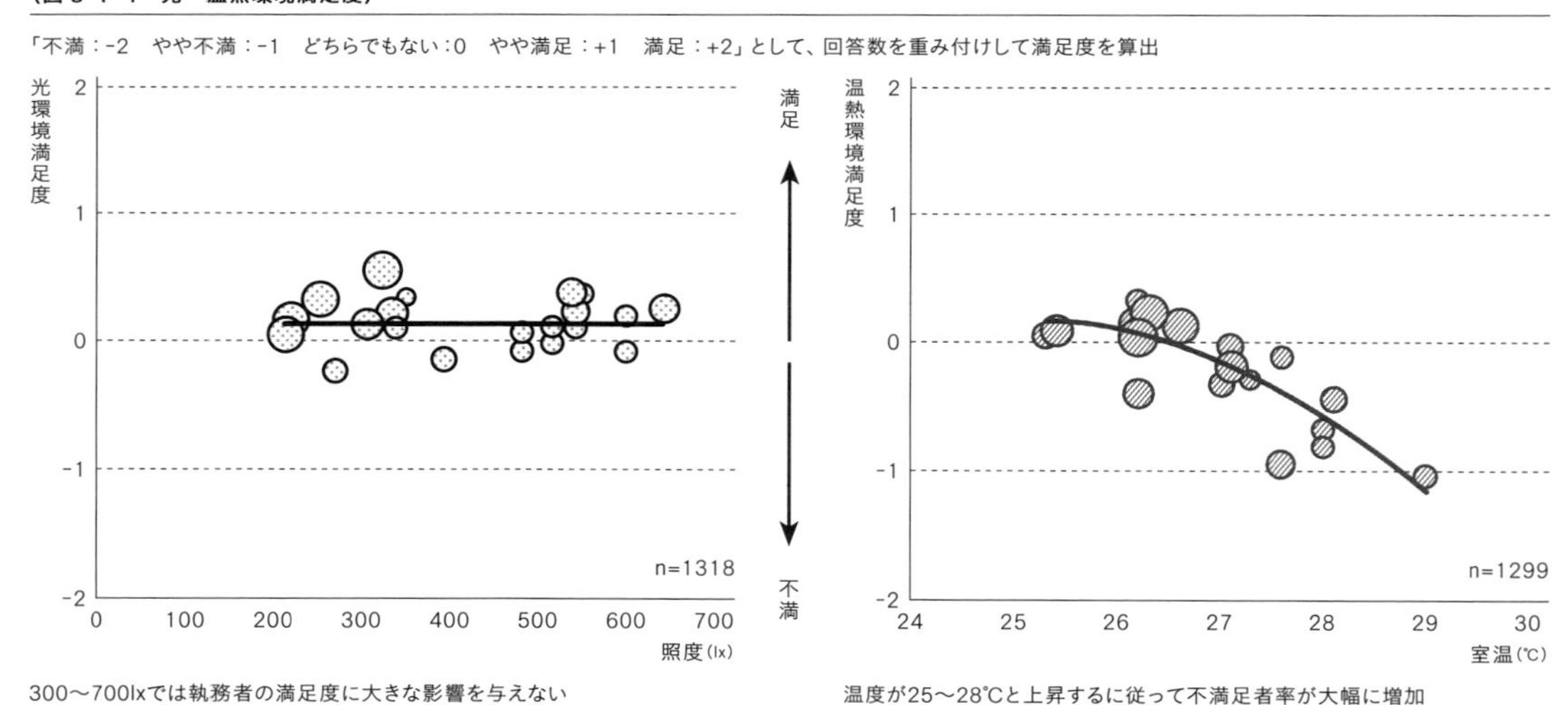

300〜700lxでは執務者の満足度に大きな影響を与えない

温度が25〜28℃と上昇するに従って不満足者率が大幅に増加

[5] Shin-ichi Tanabe, Yuko Iwahashi, Sayana Tsushima, Naoe Nishihara, Thermal comfort and productivity in offices under mandatory electricity savings after the Great East Japan earthquake, Architectural Science Review, pp.1-10, 2013.01.09

[6] Sayana Tsushima, Shin-ichi Tanabe, Kei Utsumi, Workers' awareness and indoor environmental quality in electricity-saving offices, Building and Environment, Vol.88, pp.10-19, 2015.6

lxにすると4・2W／㎡、750lxから300lxにすると6・3W／㎡の照明消費電力量の削減が見込まれた。一方で、外気導入量を半減させて設定温度を28℃にしても、26℃設定に比較して2・3W／㎡の消費電力量しか改善されなかった。温度を上げるよりも照度を下げるほうが、不満足者率が小さく電力削減率が大きいことを学んだ[7]。

結果として震災後のオフィスでは照明電力の削減とOA機器などの内部負荷の削減が広く行われた。これらは、電力消費量を低減させるだけではなく、冷房用消費エネルギーも低減させることになる。

非常に大雑把な知見であるが、照明の消費電力は震災前が20W／㎡程度であったのがLED化された最新鋭オフィスでは5W／㎡程度にまで激減している。また、PCのノートパソコン化やコピー、プリンターの省エネ制御ソフトなどで20W／㎡程度から10W／㎡くらいまで半減している。内部負荷が小さくなることによって、放射空調、自然換気、昼光利用などの機会は増加するだろう。軽装でLED照明やノートパソコン、消費電力の少ないプリンターやコピーを用いるのが、新しいクールビズの姿になるだろう。

たなべ・しんいち
1958年福岡県生まれ。早稲田大学建築学科教授。専門は建築環境学。1980年早稲田大学卒業。工学博士。デンマーク工科大学、カリフォルニア大学バークレー校、お茶の水女子大学を経て現職。

[7] 空気調和・衛生工学会，我慢をしない省エネへ－夏季オフィスの冷房に関する提言－報告書，2014年，www.shasej.org/iinkai/gamanwoshinaisyouene/gamanwoshinaisyouene.pdf

循環型社会を目指した衣生活

庄山茂子

衣料品のリサイクル率が低い理由

日本では、２０００年に循環型社会形成推進基本法が制定され、３Ｒ（リデュース・リユース・リサイクル）の考え方が導入された。衣料分野においては、アパレル企業の社会的責任（ＣＳＲ）として、衣料品の回収・リサイクル活動が進み、市民の活動でも古着バザーが開催されるなどさまざまな取り組みが行われている。

しかし、「繊維製品３Ｒ関連調査事業」報告によると、２００９年度の衣料品の排出量は９４１・60ktで、リサイクル率（一度、所有者の手を離れた繊維製品のうち、本来の製品から形を変えて利用されている量）は11・3％、リユース率（一度、所有者の手を離れた繊維製品のうち、本来の製品から形を変えずに利用されている量）は13・4％、リペア率（所有者の手を離れずに本来の製品から形を変えて利用されている量）は1・6％で、３Ｒ率（本調査では、リサイクル量、リユース量およびリペア量の合計）は26・3％であった[1]（表3-2-1）。これに対し、２０１０年度の包装容器のリサイクル率を見ると、アルミ缶のリサイクル率は92・6％、スチール缶のリサイクル率は89・4％、ペットボトルの回収率は72・1％という実績であった[2]。

ペットボトルのリサイクルは、容器包装リサイクル法に基づく市町村による分別収集が開始されてから、回収率（ペットボトル販売量に対する分別収集量の比率）は増え、市町村以外に主にスーパーやコンビニなどの事業者によって回収された量を合わせると、２０１４年度の回収率は93・5％となっている[3]。日本のペットボトルのリサイクル率は、欧米と比較しても高く、２０１３年度の実績では、日本は85・8％、米国は22・6％、欧州は40・7％である[4]。

容器包装リサイクル法は、容器包装廃棄物が家庭から排出されるごみの重量の約2～3割、容積で約6割を占めることから廃棄物の減量化とともに、資源の有効利用を図るために１９９５年6月に制定され、１９９７年4月から本格施行された法律である。しかし、家庭ごみに占める容器包装廃棄物の割合が変わらなかったことや、容器包装リサイクルに関する社会的コストの増加、事業者間の公平性の確保、回収されたペットボトルの一部が海外に輸出されるなどいくつかの課題に対応するため、２００６年6月に改

[1] 独立行政法人 中小企業基盤整備機構：「繊維製品３Ｒ関連調査事業」報告書 p56（2010）
[2] PETボトルリサイクル推進協議会：事業者による3R推進に向けた自主行動計画概要　www.petbottle-rec.gr.jp/3r/jisyu.html（2015）
[3] PETボトルリサイクル推進協議会：PETボトルの回収率（従来指標）の推移　www.petbottle-rec.gr.jp/data/transition.html（2015）
[4] PETボトルリサイクル推進協議会：日米欧のPETボトルリサイクル率の推移　www.petbottle-rec.gr.jp/data/comparison.html（2015）

正容器包装リサイクル法が公布された。

改正の基本的方向として、①容器包装廃棄物の3Rの推進 ②リサイクルに要する社会全体のコストの効率化 ③国・自治体・事業者・国民などすべての関係者の連携の3点がうち出され、このような制度の見直しがリサイクル率の向上につながったと考えられる。一方、古紙に着目してみると、1980年の古紙回収率は46・2%であったのに対し、2014年には80・8%になっている。[5]

〈表 3-2-1　繊維製品全体と衣料品の3R〉

	繊維製品全体	衣料品
排出量（kt）	1,713.21	941.60
リサイクル率	9.51%	11.30%
リユース率	10.04%	13.35%
リペア率	2.57%	1.63%
3R率	22.13%	26.28%

〈表 3-2-2　1年間着用しなかった衣服〉

	大学生			社会人
	男子（N=107）人数（%）	女子（N=617）人数（%）	合計（N=724）人数（%）	（N=143）人数（%）
全くない	5（4.7%）	13（2.1%）	18（2.5%）	1（0.7%）
1割以下	20（18.7%）	117（19.0%）	137（18.9%）	20（14.0%）
2〜3割	58（54.2%）	315（51.1%）	373（51.5%）	57（39.9%）
4〜5割	12（11.2%）	136（22.0%）	148（20.4%）	47（32.9%）
6〜7割	10（9.3%）	32（5.2%）	42（5.8%）	11（7.7%）
8割以上	1（0.9%）	4（0.6%）	5（0.7%）	7（4.9%）
不明	1（0.9%）	0（0.0%）	1（0.1%）	0（0.0%）

包装容器のリサイクル率や古紙の回収実績から見ると、衣料品のリサイクル率は他分野に比較して低く、課題も多い。その要因として、製品の多様性（形、色）や衣服素材の複合度の高さが考えられる。

消費行動と衣料品の関係

そもそも、人はなぜ衣服を着用するのかを考えてみよう。欲求には、一次的欲求である生理的欲求と、二次的欲求である社会的欲求という考え方がある。衣服の機能をこの考え方にあてはめてみると、暑さや寒さをしのぐため、そして身を守るための生理的な欲求を満たすための衣服から、それらの欲求が満たされると次には、集団に帰属したい、他者から注目され賞賛されたい、そして最終的には自己実現を図りたいという社会的欲求を満たすための衣服へと変化していく。

日本人ひとりあたりの1年間の繊維製品消費量は、終戦直後の1947年は1kg弱で、1955年は5・5kg、1970年には12・2kgとなり、それ以降はほぼ一定に推移しているという。[6] 終戦直後の物資のない時代の衣服は、主に生理的機能を果たすものであり、経済復興により衣服が大量生産されるようになると、次第に装飾としての社会的機能をもつようになったと言える。1965年以降は、大量生産体制が確立し「消費は美徳」と言われるような大量消費がなされた。1985年以降、消費者は自分のライフスタイルに合った個性的消費を求めるようになったことか

[5] 公益財団法人古紙再生促進センター：2014年古紙需要統計　p4（2015）
[6] 藤原康晴、伊藤紀之、中川早苗：服飾と心理　p14-16（2005）

ら、そのニーズに対応するため、多品種少量生産の体制がとられるようになった。[6]

さらに、近年の若い人々の衣服の消費行動の傾向を見ると、最新の流行を取り入れながら低価格に抑えた衣料品を、短いサイクルで世界的に生産・販売するファストファッションブランドの台頭により「長く大切に着る」習慣が薄れてきている。特に若い人々は自我欲求や自己実現の欲求が高いため、毎日身につける衣服が同じものでは飽きてしまい、新しいものを購入したくなると思われる。

玉田らが2012年に大学生724人と社会人女性143人を対象に行った調査では、[7] この1年間着用していない衣服の割合は、大学生、社会人とも2割から3割がもっとも多かった（表3-2-2）。この結果から、若い世代だけでなく中高年世代も、着用せず、たんすの中で眠っている衣服を多く所持していることが分かる。そして、全体の約90%の人は「有効な方法があれば不要な衣服を全部処分したい」「有効な方法があれば少しは処分したい」と考えていた（表3-2-3）。

〈表3-2-3　着用しない衣服は処分したいか〉

	大学生			社会人
	男子（N=107）人数（%）	女子（N=617）人数（%）	合計（N=724）人数（%）	（N=143）人数（%）
有効な方法があれば不要な衣服を全て処分したい	41（38.3%）	252（40.8%）	293（40.5%）	56（39.2%）
有効な方法があれば少しは処分したい	55（51.4%）	314（50.9%）	369（51.0%）	74（51.7%）
処分したいと思うものは特にない	10（9.3%）	46（7.5%）	56（7.7%）	9（6.3%）
不明	1（0.9%）	5（0.8%）	6（0.8%）	4（2.8%）

繊維から見えてくる環境負荷

このような衣服の生産や消費が、なぜ循環型社会を形成していくために問題かを考えてみる。

衣服素材である繊維に着目してみると、繊維は天然繊維と化学繊維に大別され、さらに天然繊維は、植物繊維と動物繊維に、化学繊維は、再生繊維、半合成繊維、合成繊維、無機繊維に分けられる。

植物繊維の綿は、需要に対応するため綿花栽培の段階で農薬や化学肥料が大量に使われると、栽培地の環境や農家の人たちの健康に影響を与えるだけでなく、残留農薬が着用者の皮膚にも影響を及ぼすことになる。こうしたことから、近年では化学肥料や農薬を使用しないオーガニック・コットンが注目されている。動物繊維には絹や羊毛やカシミヤやモヘヤやアンゴラなどがあるが、南米アンデス山脈

[7]（社）日本繊維機械学会繊維リサイクル技術研究会：循環型社会と繊維　p33～36（2012）

に生息するらくだ科の動物のビキューナは、メリノ種の羊毛より上質で高級なコートなどに使用される。だが現在では、生息数が少なく捕獲が禁止されている[8]。種の保存という観点からも、環境保全を捉えていく必要がある。

レーヨンやキュプラは、木材パルプに含まれているセルロースや綿花を取り去った後に残る短い繊維（コットンリンター）を薬品で溶かし、細長い繊維に再生することから、再生繊維と呼ばれ、主成分は綿や麻と同じセルロースである。アセテート、トリアセテートは、木材パルプのセルロース成分に酢酸を作用させてつくる半合成繊維で、プロミックスは、たんぱく質の牛乳カゼインにアクリロニトリルを結合した動物性の半合成繊維である。アクリル、ポリエステル、ナイロンは、三大合成繊維と言われ、石油や石炭を原料として合成した高分子化合物である[8]。

衣料品のもととなる繊維の栽培が環境や人の健康に影響を及ぼしていること、枯渇する限りある資源が原料になっていること、ごみとなった衣服を焼却する際のCO_2の排出量、繊維や生地に付加価値をつけるための特殊加工や染色過程で大量の水やエネルギーや化学薬品が使われていること、低賃金の新興国に配置された縫製工場からの輸送にかかるエネルギーや排出ガスによる大気汚染などの環境負荷等々、衣料分野における課題はさまざまで大きい。そのことを認識する必要がある。

これからの衣料に求められること

衣服は、人間にもっとも身近な環境を形成することから第二の皮膚と言われ、被服心理学的視点からさまざまな研究がなされている。自己概念と被服行動の関係についての橋本らの研究[9]では、女子学生は好きな被服を着用することにより高揚感や自信を得ていることが報告されている。

また、高齢者を対象にした箱井らの研究では[10]、ファッションショーへの参加が、着飾る機会が少なくなった高齢者にとって刺激になり行動意欲を高め、日常生活に積極性をもたらす可能性を示唆している。高齢者を対象にした泉の研究[11]においても、よい気分を誘発するような服を着装することにより、服装への関心が高まり、服装への関心が高まると自己意識や自立に対する意欲の高揚、精神的・身体的健康の維持・促進の効果が期待できることが報告されている。

これらの研究から、高齢者がファッションを楽しむことで健康を保持し、病気の予防を担うことも期待される。近年の衣服の消費行動について、「長く大切に着る」習慣が薄れてきたことや環境負荷などの課題が多いことを指摘してきたが、一方で、衣服が着装者の心理や態度にもたらすプラスの影響を考えると、おしゃれを楽しみながら豊かな衣生活を送ることも求められる。こうしたことを踏まえ、これから循環型社会を目指し、豊かな衣生活を実現するためにどのような仕組みや取り組みが必要であるか、企業、教育や制度、消費者の視点から考えてみよう。

[1] 企業に求められること

[8] 財団法人全国生活衛生営業指導センター：よくわかるクリーニング講座（2004）
[9] 橋本令子,内藤章江：現代の女子学生にみる自己概念と被服行動との関係,椙山女学園大学研究論集　第40号：P135-145（2009）
[10] 箱井英寿,上野裕子,小林恵子：高齢者の感情・行動意欲の活性化に関する基礎研究（第2報）,日本繊維製品消費科学会誌,43（11）：P749-757（2002）
[11] 泉加代子：高齢者の着装感情や服装への関心度と日常生活・健康状態との関係,繊維機械学会誌，55（4）：P141-148（2002）

循環型社会を目指した衣生活を実現するために企業に求められることは、消費者が長く大切に着るような「よい服」を生産し、販売することと言える。そのためには、飽きのこないデザインと、数回着用しただけでは型崩れしない縫製のよい服作りが大切となる。

カジュアル衣料品の「ユニクロ」を中心としたグループ企業を傘下に有する『ファーストリテイリング』[12]では、「全商品リサイクル活動」を展開している。この活動は、2001年、「ユニクロ」のフリースリサイクル活動から始まり、その後、回収商品の対象を「ユニクロ」と「ジーユー」で販売する全商品に拡大した。2011年からは海外にも活動を広げ、2014年9月までに回収された衣服は3250万点で、このうち53の国や地域に1420万点が寄贈されている。活動開始時は燃料化リサイクルを主な再利用先としていたが、やがてリサイクル中心からリユース中心へとシフトしている。

日本化学繊維協会[13]によると、数社がリサイクルに配慮した製品を「リサイクルが容易な商品設計」としてマークを付け、特定ルートで販売し、その逆ルートで回収し、ケミカルリサイクルするシステムを採用しているという。回収した製品をポリエステル製のボタンやファスナーなど成型品として利用するマテリアルリサイクルや繊維製品廃棄物を燃料として利用し、電力や熱エネルギーに変換して活用するサーマルリサイクルの取り組みも紹介している。

『オンワード樫山』[14]では、「オンワード・グリーン・キャンペーン」を2009年よりスタートさせ、同社が販売した衣服を百貨店の店頭で回収し、回収した衣料の一部からリサイクル糸を作り、この糸から毛布や軍手などの再繊維製品を生産している。そのほか、自然界への循環を考慮した「バイオテックウエア（不要になった場合、土に埋めると1年でバクテリアの酵素によって、水と二酸化炭素に分解される）」を商品化した。

このように、回収した衣類がまだ着用できる状態であれば必要とする人々へ寄贈したり、着用できない状態であれば、工業用繊維や糸などにリサイクルしたりして、再び繊維製品を生産するなど、限り有る資源を最大限有効に活用することが求められる。

循環型社会を目指したさまざまな企業の取り組みが、さらに多くの企業に広まっていき、業界全体でシステムが構築されることが期待される。そしてこうした取り組みをしている企業は、3Rに関する有益な情報を消費者に積極的に発信してもらいたい。それがひいては、3R率の向上にもつながるだろう。

［2］教育や制度に求められること

循環型社会を目指した衣生活を実現するためには、児童生徒の段階からの教育も重要になってくる。衣服の役割や装いに関する内容とともに、環境教育についての正しい理解を促し、責任をもって環境を守る行動がとれるような教育内容の充実が求められる。

その実践例として、京都工芸繊維大学繊維リサイクル技

[12] 株式会社 ファーストリテイリング：全商品リサイクル活動の概要www.fastretailing.com/jp/csr/environment/recycle.html (2015)
[13] 日本化学繊維協会：繊維製品リサイクルへの対応www.jcfa.gr.jp/about/environment/recycle.html (2015)
[14] オンワード樫山：オンワード・グリーン・キャンペーンwww.onward.co.jp/green_campaign/results/ (2015)

術研究センターの[15]「とことん服とつきあう委員会」が制作した『その服、もう捨てちゃうの？』がある。これは、服を長く着続ける知恵やリサイクルの技術が楽しく紹介された漫画で、児童向け教材として活用されている。

制度面からは、国や地方公共団体、企業、消費者などすべての協力が必要であり、それぞれの役割を明確化していくことが求められる。現在、容器包装リサイクル法、家電リサイクル法、建設リサイクル法、食品リサイクル法、自動車リサイクル法という個別物品の特性に応じた規制がなされている。[16]先に述べたように改正容器包装リサイクル法により効果があがったように、衣料分野においてもすべての関係者の連携を推進する制度の整備が望まれる。

［3］消費者に求められること

消費者は、衣服の購入から廃棄まで、計画的な衣生活を営むことが重要である。必要なものを適正価格で購入する。購入する際には、流行にとらわれずに長く着用できるか、自分の持っているほかの衣服と組み合わせることができるか、自分に似合うか、自分の体型にあったサイズであるかなど、慎重に検討したい。

着用後は、取扱表示を基に正しい手入れをして大切に管理し、サイズが合わなくなった衣服や綻びは修理・修繕することも大事である。自分でできない場合は、専門店を見つけておくと便利である。最終的に着ることができなくなった衣服は、ごみとして処理するのではなく、どのような使い道があるかを検討する姿勢ももちたい。

より安価な商品を購入したいという消費者のニーズは、過酷な環境で働く農場や縫製工場の労働者たちが支えている。そのニーズが高くなるほど、経済的にも社会的にも弱い立場の開発途上国や新興国の人々にしわ寄せがいき、間接的に貧困や健康被害を拡大させていることを認識する必要がある。公平な貿易いわゆるフェアトレードを通じて途上国や新興国の生産者や労働者の生活改善と自立を支援していくことにも目を向けていきたい。

衣服の購入や廃棄が環境問題と関連していることを科学的に理解し、循環型社会形成に向けた意識をもちながら行動することが肝要である。

しょうやま・しげこ
1961年福岡県生まれ。福岡女子大学卒業。奈良女子大学大学院修士課程修了。九州芸術工科大学大学院博士後期課程修了。博士（芸術工学）。長崎県立大学教授を経て2015年から福岡女子大学教授。

[15] 京都工芸繊維大学繊維リサイクル技術研究センター：「その服、もう捨てちゃうの？」（2009）
[16] 経済産業省：いま地球のためにできること（2004）

楽しいエコ調理

豊貞佳奈子

「調理」は料理と同義で使われることもありますが、広義では献立から買い物、(狭義の)調理、後片付けまでを含めた一連の流れを指します。筆者は「エコ調理」を環境に配慮した広義の調理と捉え、大学の授業・実習に取り入れています。

毎日の生活に欠かせない食事、そのための調理は、本書が取り上げたなかでは、住宅、エネルギー、ごみ、移動、お金と、さまざまな側面から地球とつながっています。本節では地球にやさしいエコ調理の一連の流れを、順を追って見ていきましょう。

なお、『東京ガス』は、買い物から調理、片付けまでの一連の流れを通して環境に配慮した食生活を推進するために、「エコ・クッキング」を平成12年に商標登録、さまざまな研究を行っています。[1] 料理教室や講師派遣などを通して全国展開しているため、一般用語と勘違いされることがありますが、「エコ・クッキング」を使用する際には商標権使用許諾の申請手続きが必要です。[2]

自宅で調理派? 外食派?

現代は共働き世帯も多く、自宅で調理するだけでなく、外食や中食(なかしょく)[3]も増えています。総務省の家計調査報告によると、家計の食費の内訳は、2013年度で内食71・6%、外食17・7%、中食10・7%で、中食の比率が増加傾向にありました。このデータは金額ベースであり、朝食・昼食・夕食の区別や、頻度については情報がなかったため、筆者らは2015年6~9月に関東および九州地区在住の167世帯433人を対象にアンケート調査を実施しました。

図3-3-1に示すように、自炊比率は朝食74%、夕食76%と、週に5日以上自炊していました。朝食および夕食は、世帯人員数による差異が顕著で、3人以上の世帯では、朝食、夕食とも自炊比率が82%であるのに対し、1人世帯の自炊比率は朝食29%、夕食36%でした。また、1人世帯で「朝食を食べない」人が3割と多いのも特徴的です。一方、昼食は職業による差異が顕著で、就業者の自炊比率は45%(うち20%は弁当)、大学生は36%(うち7%は弁当)、専業主婦は76%でした。大学生よりも就業者のほうが、職場などに自宅で作ったお弁当を持っていく比率が高い結果となりました。

[1] 長尾慶子監修・三神彩子著:食生活からはじめる省エネ&エコライフ・エコロジークッキングの多面的分析, 建帛社, 2016年2月
[2] 東京ガスHP:http://home.tokyo-gas.co.jp/shoku/ecocooking/trademark/index.html
[3] 弁当・惣菜類を買って自宅で食べること。

共働きが増えた現代でも、2人以上の世帯の多くは、朝食・夕食を自炊していることが分かりました。では、自炊におけるエコ調理の流れを見ていきましょう。

献立・買い物　～リスクを減らし、旬を活かす～

献立を考える際には旬の食材を中心に、できるだけ多くの種類の食材を取り入れたメニューを考えましょう。その季節の食材は、健康面、環境面、経済面のいずれも有利です。年中出回っている野菜もありますが、旬ではない時期にはハウス栽培でエネルギー・費用をかけているので、売値も高くなります。旬の食材については次節に詳述されているのでご確認ください。多くの種類の食材を取り入れることは、健康面はもちろん、リスク分散の面でも有効です。

献立が決まったら買い物ですが、第一に食品ロス[4]をゼロにすることが大切です。スーパー、食材店へ徒歩や自転車で移動する人は、まとめ買いを控え、できるだけこまめに買い物をしましょう。冷蔵庫に多くの食材を詰め込むと、冷蔵庫のエネルギー消費も多くなってしまいます。移動に車を使う人（＝移動時に環境負荷発生）は、ある程度のまとめ買いが効率的ですが、数日で使い切らない食材は、買ってすぐに冷凍しましょう。野菜も多くは、茹でてから(生のままでよいものもある）冷凍保存が可能です。食品ロスを防ぐには1週間単位でだいたいの献立を考えておくとよいでしょう。それでも食材が残ってしまうときは、冷蔵庫を一掃するための献立にしましょう。我が家はもっぱら、

〈図 3-3-1　朝食 自炊比率（世帯人員数別）〉

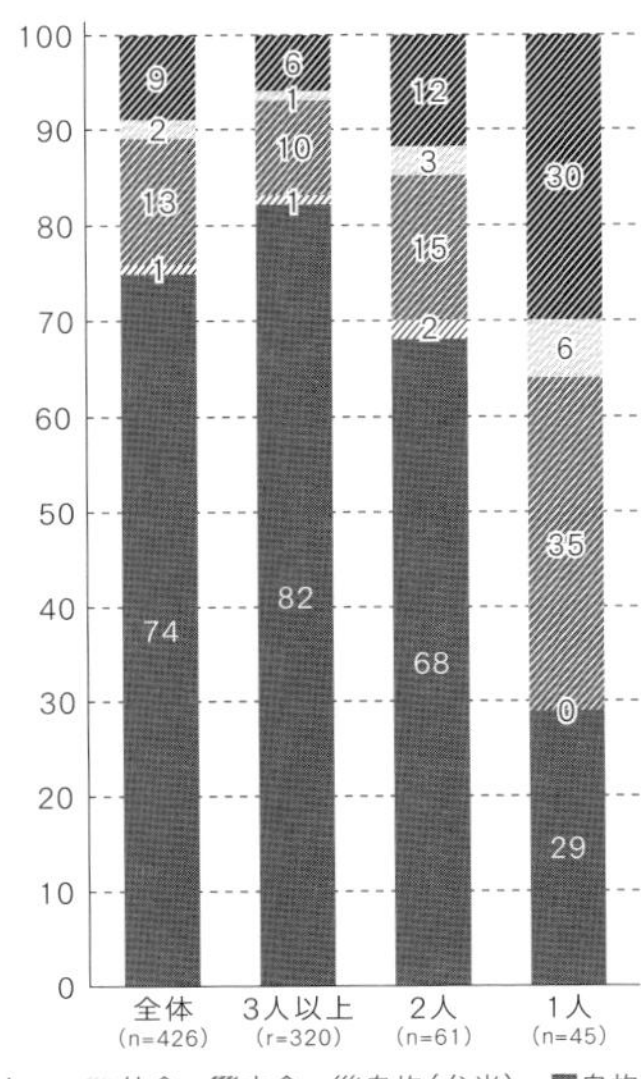

※図中の「自炊（弁当）」は、自宅で作って自宅外で食べること。

〈図 3-3-1　昼食 自炊比率（職業別）〉

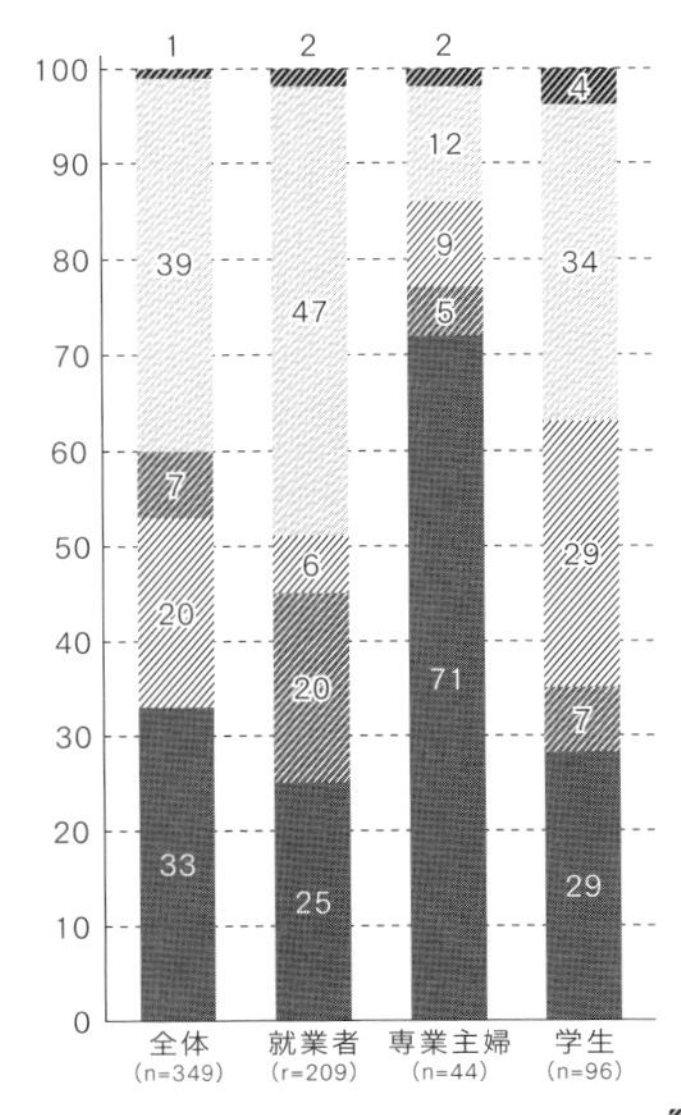

〈図 3-3-1　夕食 自炊比率（世帯人員数別）〉

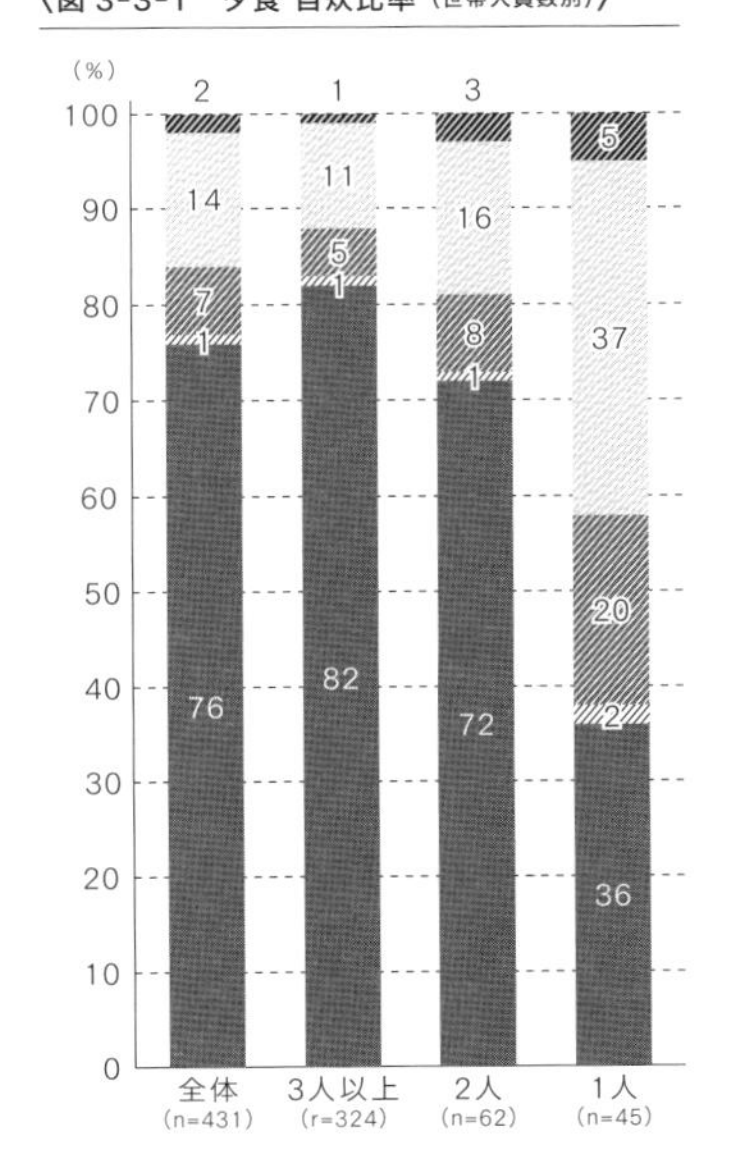

[4] 食べ残しや手つかず食品を捨ててしまうこと。フードロスとも言う。

お好み焼きと「何でも野菜スープ」ですが、チャーハンや具だくさん豚汁などで工夫してみてください。

また、食材選びでは産地を見るようにしましょう。近くで作られた食材のほうが輸送時の環境負荷（フード・マイレージ）が少ないです。ただし、特定の産地のものだけを食べ続けると、その土地の土壌中に含まれる化学物質が食品を通して体内に蓄積されやすくなるリスクがあります。ほかの健康リスクと比べると小さいので、それほど気にする必要はありませんが、どんな食材もリスクはゼロではないので、地元のものを中心にいろいろな産地のものを食べる、できるだけ多くの種類の食材を少量ずつ食べることを心がければ、健康、環境、リスク分散を両立できます。

ここで、フード・マイレージについての話題をひとつ紹介します。2010年に東京の私立中学校の入試問題として次のような出題がありました。「牛肉は国産よりもアメリカ産を選ぶほうが二酸化炭素排出量を減らすと言われていますが、その理由を述べなさい」。模範解答は「国産の牛肉でも飼料のほとんどを輸入にたよっており、生産するために多くの二酸化炭素を排出していることになるから」でした[5]。飼料の輸送時に排出されるCO_2量が、アメリカ産牛肉を輸入する際よりも大きくなるのです。牛肉、豚肉、鶏肉などは、飼料を輸入に頼っていても、国内で育てれば「国産」と表示されることを頭に入れておく必要があります。一方、野菜・果物類は、輸送距離が短ければフード・マイレージが小さくなりますが、たとえば南国の果物を日本の寒いところで作るのは、生産時のエネルギー消費量が大きく、南国から輸入するよりも、かえって環境負荷が上がる場合があります。フード・マイレージはあくまでも輸送による環境負荷のみが対象であることを理解して、数字を見るようにしてください。

調理　～調理器具の選択が隠れたレシピ～

食材が揃ったらいよいよ調理です。下準備は、食材の食べられる部分まで捨てないよう気をつけましょう。ただし、野菜や果物の皮を食材として使うのは、化学物質のリスクがあるので避けたほうがよいかもしれません。

次に加熱です。ガス調理器やIH調理器の加熱によるエネルギー消費量が、家庭全体の約1割を占めていますので[6]、この加熱エネルギーを減らすことが重要です。前述の筆者らによるアンケート調査では、自宅キッチンの調理機器は、ガス調理器が約8割、IH調理器が約2割でした。日本全体で見ると2009年度のエネルギー消費量ベースで、ガスが約9割、IHが約1割ですので[6]、年々IH調理器の割合が漸増すると考えると、アンケート対象世帯のガス／IHの割合は概ね日本全体の平均像と言えそうです。電気式の調理器と言えば、ハロゲンやラジエント、シーズヒーターもありますが、熱効率が高くエコなIHが主流となっています。ガスとIHのどちらが環境にやさしいかについては、条件や考え方によって異なるため一概には言えません。住宅の中での熱効率ではIHが有利ですが、電気は発電所

[5] 日能研HP：www.nichinoken.co.jp/column/shikakumaru/2010/1007_sh.html
[6] P17図1-8家庭部門機器別エネルギー消費量の内訳

から家庭に届くまでの送電ロスがあるため、それを加味するとガスの熱効率が有利となります。しかし図3-3-2は火力発電の場合で計算されているため、今後の電力自由化でグリーンな電力を選択したり、太陽光発電で家庭で使う電力をすべて賄える場合はＩＨが有利でしょう。炎を出さないＩＨが室内のクリーンさで有利な一方、ガスは炎を使った料理（中華料理など）が可能と、人によって判断が分かれるところです。

前述のアンケート調査において、各世帯の調理を担当する人に、自炊時の調理時間（ここでは下準備、加熱、配膳、後片付け。買い物は除く）を尋ねたところ、世帯人員数による有意差があり、３人以上の世帯の夕食が約65分、うち加熱時間は約26分でした（図3-3-3）。なお、加熱時間にはガス、ＩＨのほか電子レンジなどの使用時間も含みます（ただし炊飯器の炊飯時間は対象外）。

この加熱時間を短縮する方法として、野菜の下茹でに電子レンジを使うのが有効です。電子レンジなら水も使わず、ごく短時間で野菜が柔らかくなります。鍋を使った調理では、加熱前に鍋底の水分を拭き取る、ガス調理器の場合は鍋底から炎がはみださないようにする、余熱を利用する、といった方法があります。数種類のものを一度に調理できるよう仕切りがついたフライパン、圧力鍋、保温鍋など、エコで便利な調理器具も試してみましょう。

エコ調理と美味しさ評価

〈図 3-3-3　夕食 平均調理時間（世帯人員数別）〉

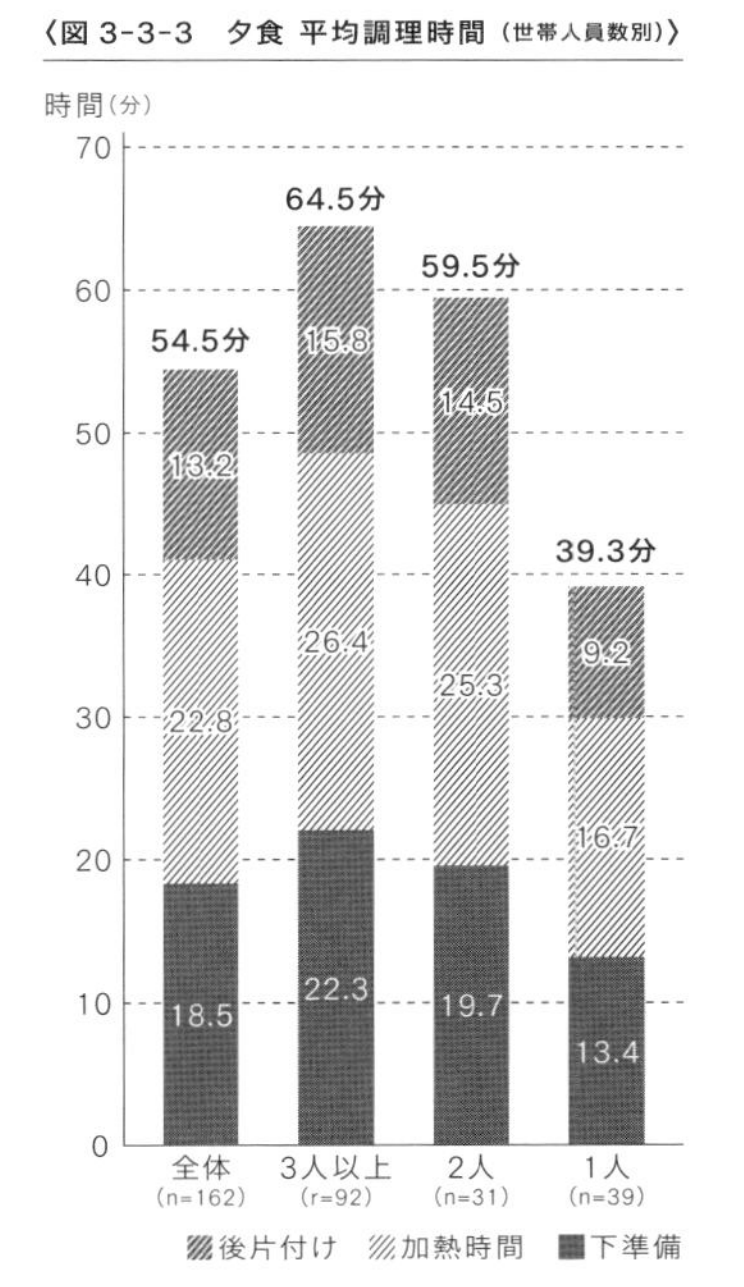

〈図 3-3-2　ガスと電気のエネルギー効率比較〉

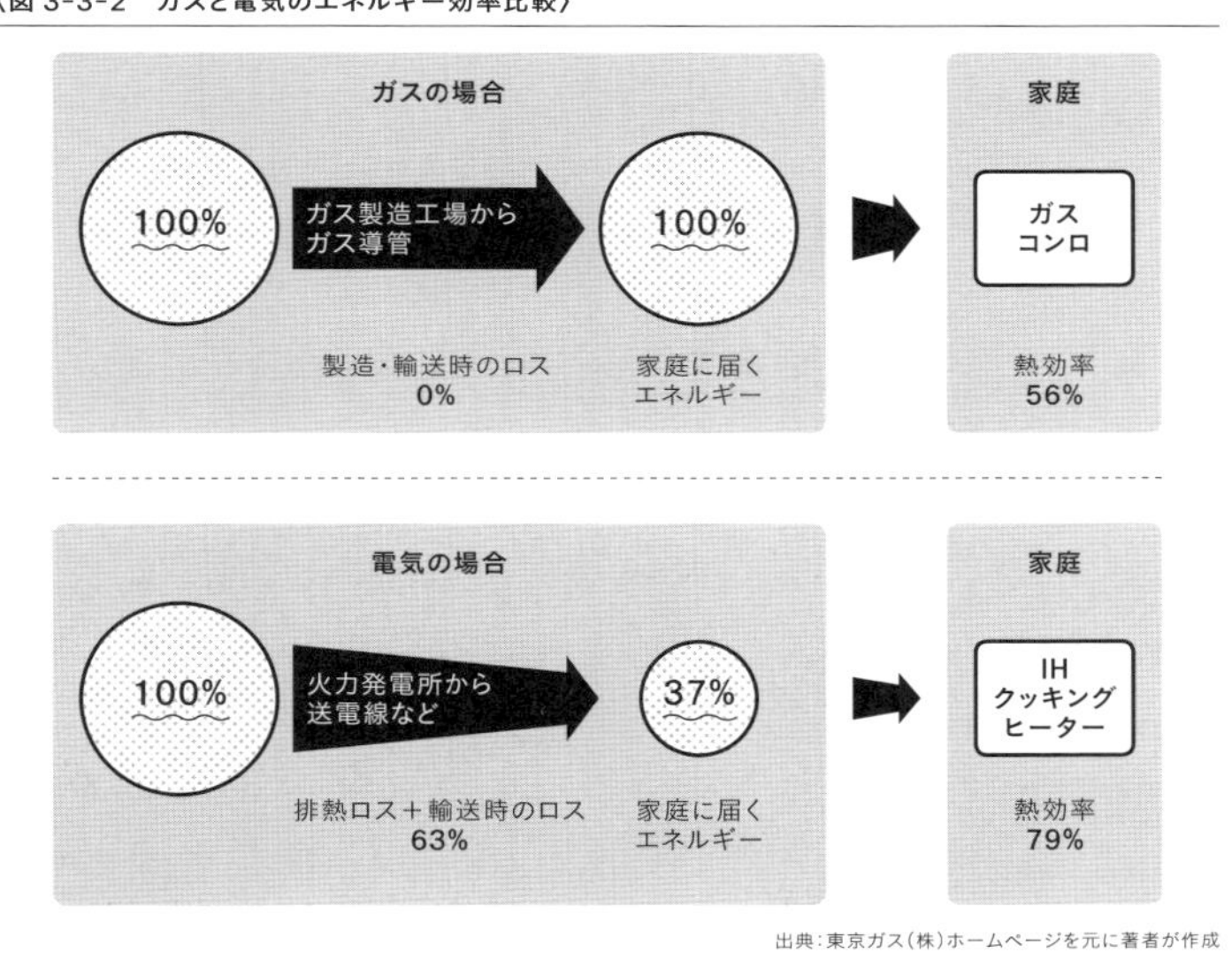

出典：東京ガス（株）ホームページを元に著者が作成

調理法の選択では、エネルギー消費量だけでなくおいしさも重要な指標です。筆者の授業では、おいしさの評価として、レシピ開発・改良の官能評価によく使われる採点法の5段階尺度（+2よい、+1ややよい、0ふつう、-1ややわるい、-2わるい）を使います。[7] まず、嗜好を表す言葉を班ごとに出し合い、同じ意味の言葉は統合していき、5つ程度に絞ります。P109の鼎談でご紹介した「白身魚のフライ」は、2015年11月に16名の女子大学生を対象に行った実習ですが、4班に分けて言葉出しを行ったところ、最終的に「サクサク感」「油っぽさ」「水っぽさ」「柔らかさ」「ホクホク感」の5つが選定されました。この5つに「総合評価」を加えた6つの評価指標について、それぞれ5段階で評価しました（図3-3-4）。全般においてIH調理器＋ステンレス製鍋（油を多く使用）の評価が高く、トースターは「サクサク感」「油っぽさ」「水っぽさ」の点で最も評価が低くなりました。しかし総合評価では、オーブン電子レンジが最下位となり、トースターの評価は「0：ふつう」を少し上回りました。調理時の電力消費量はトースターがもっとも低く（表3-3-1）、さらに油をほとんど使わないエコな調理法であることがわかります。学生にヒアリングを行ったところ、トースターとIH調理器＋ステンレス製鍋を比較すれば後者の味がよいが、トースターでも十分おいしく食べられる、という意見が大半でした。筆者も同意見で、家族で食べるならトースター、来客時のみ油を使って揚げることにしました。今後は、おいしさ評価手法を改良し、「ベストではないが十分美味しく食べられる」という微妙なニュアンスを数値化できるようにしたいと考えています。長く続けるには、おいしさと両立できるエコ調理を行うことが大切です。

〈図 3-3-4　白身魚のフライ　おいしさ評価結果〉

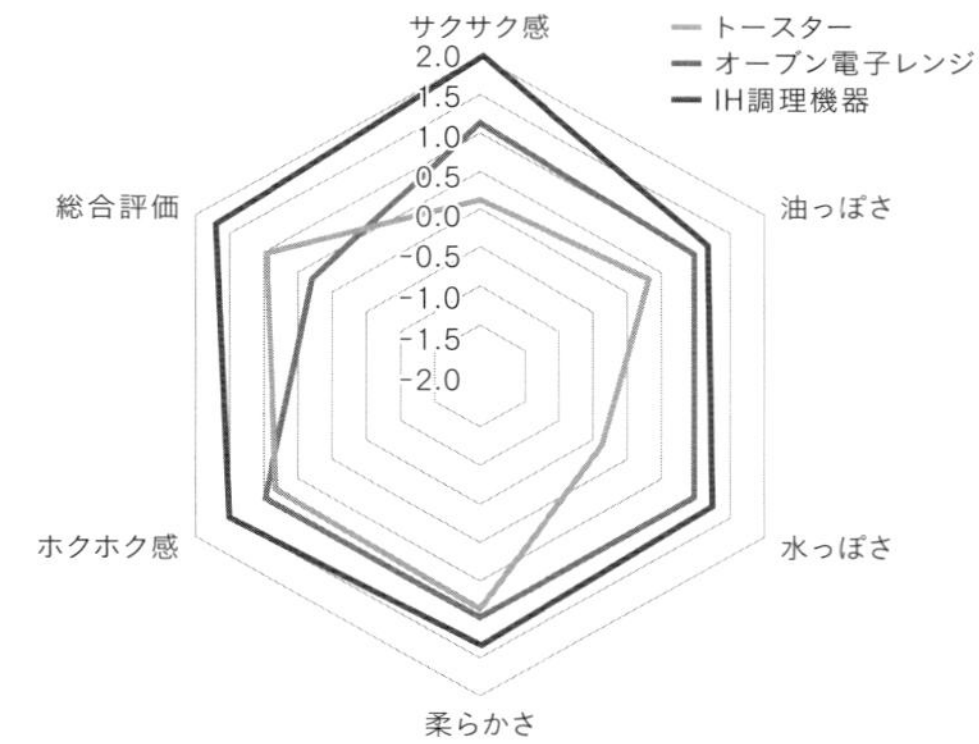

〈表 3-3-1　加熱調理実験結果（白身魚のフライ）〉

	調理器具	加熱時間	電力消費量
1	トースター	6分	0.09 kwh
2	オーブン電子レンジ	25分	0.40 kwh
3	IH調理器＋ステンレス製鍋	6分26秒	0.21 kwh

後片付け　～洗い物もエコ～

食事が終わったら後片付けです。第1章に示した住宅の環境性能評価・CASBEEやエコまち法では食器洗い機の使用を推奨しています。メーカーによると、食器洗い機の使用水量に手洗い時の1／9と、圧倒的に節水となります。[8]

手洗い時にお湯を使う人は、節水、省エネの両面で、食

[7] 古川秀子、上田玲子：続おいしさを測る・食品開発と官能評価，幸書房，2012
[8] パナソニックHP：https://sumai.panasonic.jp/dishwasher/merit/watersave.html

器洗い機の使用が有利です。食器洗い機は高温の湯を使うため、手洗い時に水を使う人は、食器洗い機を使うことで節水にはなりますがエネルギー消費が増えるので注意が必要です。最近は水洗いに近い低温モードを搭載した製品もあります。筆者は、簡単な汚れなら水で手洗いし、油汚れの多い献立の際や、鍋、フライパンなどの洗浄にはボロ布で拭き取ってから食器洗い機を使うようにしています。特にカレーライスの場合は1回の運転で皿と鍋の汚れがすっきり落ちるので、手洗いと比べてエコで便利です。乾燥機能は使わず、洗いが終わったら少しだけ扉を開けて余熱乾燥させています。

前述のアンケート調査では、167世帯中、食器洗い機が設置されている家庭が62世帯（40％）ありましたが、そのうち約3割の人が「食器洗い機を使っていない」と答えました。

その理由は「食器量が少ない（24％）」「手洗いのほうが早い、安い（18％）」「使い勝手が悪い（18％）」「面倒くさい（12％）」というものでした。筆者も最初はそのように感じていましたが、朝食後の食器は洗わず食器洗い機に入れて夕食が終わった時点でまとめて洗う、鍋、フライパンなどの調理器具を中心に入れるなど、工夫を重ねるうちに前述のような使い方に落ち着きました。現在は2日に1回くらい使っていてとても便利です。設置されているのに使っていない人は、試しに使ってみてください。メーカー側にも改良の余地はあると思います。筆者は軽い汚れの食器

〈図 3-3-5　ディスポーザによる生ごみリサイクル〉

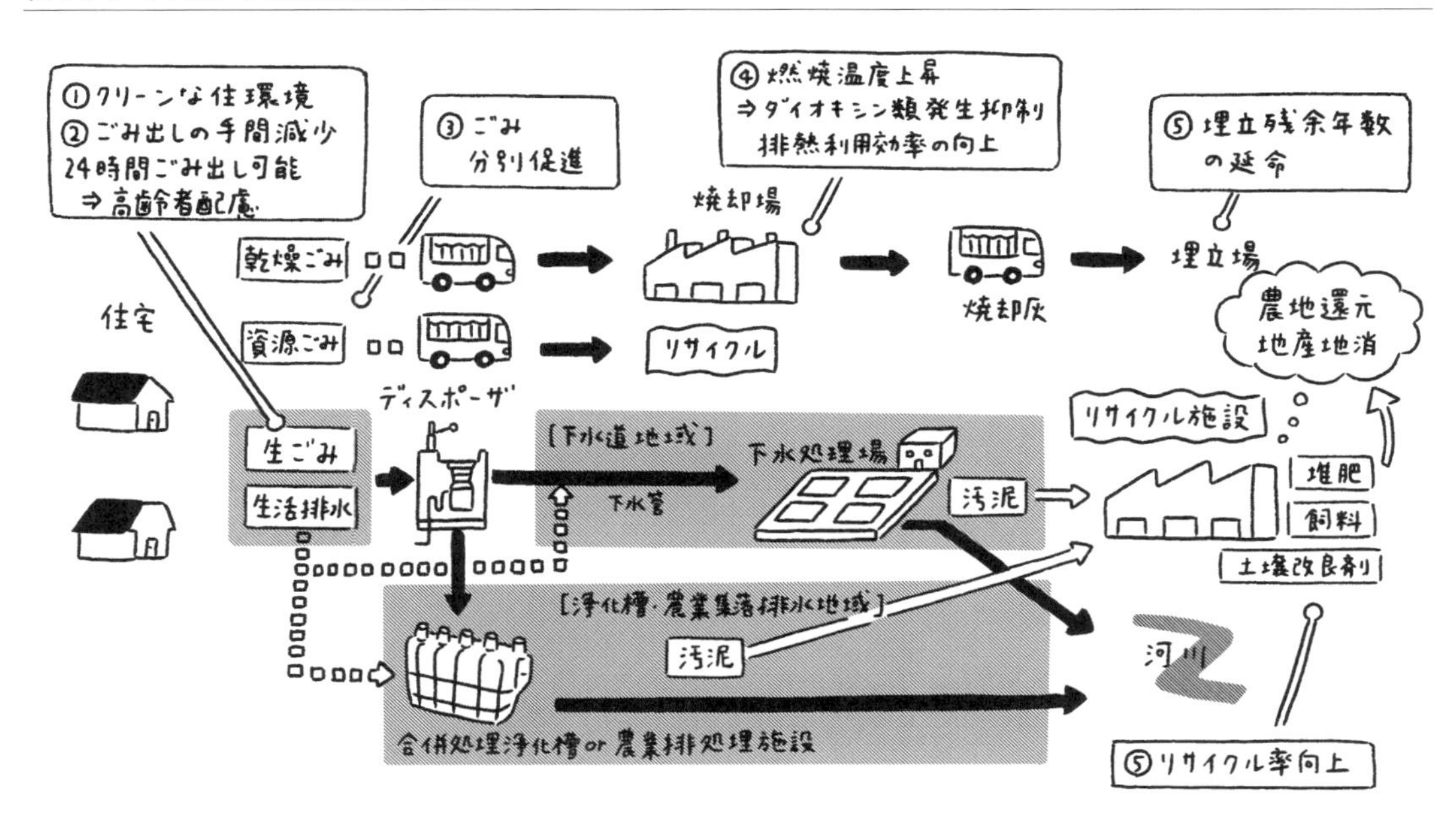

を水洗いモードで洗えるのであれば、毎日使いたいです。

生ごみをどうするか

最後は生ごみの処理です。多くの方は、水分を絞ってビニール袋に入れ固く縛ってごみ箱に捨てていると思いますが、ごみ出しまでの臭いの発生など、生ごみの悩みはつきません。「段ボールコンポスト」にするのが環境に一番やさしくおすすめしたいのですが、大変手間のかかることでもあります。家庭の生ごみを分別回収して堆肥化を予定していた自治体が、分別が徹底されずポリ袋や異物が混入しているとして、生ごみ堆肥化を断念した、という記事がありました。[9]

生ごみを分別回収するのは大変なことですが、ここで、ディスポーザ活用の可能性について言及したいと思います。ディスポーザは、台所シンクに設置して生ごみを数㎜に粉砕し、水と一緒に排水管に流す住宅設備ですが、ポリ袋や異物が入ると絡まって機械的に停止するので、異物の混入をおさえながら、生ごみを選別回収できる可能性があります。電気式の生ごみ処理機と比較しても、ライフサイクルでの環境負荷は小さいです。[10] 生ごみを粉砕し、下水管路を使って回収し、下水処理場で堆肥化、メタン発電などを検討している自治体がいくつかあります。筆者は長年ディスポーザを研究してきましたが、その利便性に注目しています。生ごみ処理は手間のかかる方法が多いなかで、ディスポーザはとても便利で一度使ったら手放せない、という意見が多いのです。一方で、便利であるがゆえに「ディスポーザをつけると、何でも捨ててしまいフードロスが増えるのでは？」「環境意識が低下してしまうのでは？」という懸念もあります。廃棄物処理サイドでの分別回収が困難な生ごみを、下水管路を「資源の道」として活用して回収することが、下水道行政でも検討されはじめているなかで、何とかしてこの懸念を払拭したいところです。もし、今後お住まいの自治体でこのような取り組みが検討されたら、ぜひ趣旨を理解して活用してください。

最近、「下水道・ＬＩＦＥ・えんじん研究会」という下水道・住宅分野の女性研究者による研究会が発足されました。超高齢化社会に向けて、「オムツをトイレ・下水道を通して回収して下水処理場でエネルギーとして取り出すシステム」などを検討しています。先日、事務局の方と少しお話ししましたが、前述のディスポーザと同じようなメリットと懸念が考えられるでしょう。生活者、消費者の立場から議論を重ねていくことが重要です。

献立から買い物、調理、後片付け、生ごみ処理までの一連の流れ「エコ調理」について解説しましたが、何かひとつでも発見があれば幸いです。

とよさだ・かなこ
福岡女子大学国際文理学部環境科学科エコライフスタイル学研究室准教授。博士（工学）。一級建築士。専門は建築環境・設備。１９９４年日本女子大学家政学部住居学科卒業。同年、東陶機器（現、ＴＯＴＯ）（株）入社。同社ＥＳＧ推進部の環境研究グループリーダー、研究担当部長を経て、２０１５年４月より現職。

[9] 家庭生ごみ堆肥化断念 ―山鹿市・分別収集徹底難しく：熊本日日新聞（2015年12月3日）
[10] 清水康利, 山海敏弘, 豊貞佳奈子, 北口かおり, 大塚雅之：家庭用厨芥処理機器のLCCO2評価, 日本建築学会環境系論文集, No.627, pp.653-659, 2008.5

旬を知ればエコが分かる

森田茂紀

カナダやアメリカに住んだことがありますが、私が暮らしたところでは、夏が終わると秋はなく急に冬となり、冬が終わると初夏という感じでした。タイにも20回以上通いましたが、いつでも夏で、時期によって暑さが少し違うかなという程度でしかありません。それに比べて、日本列島はその位置と地形が四季をつくりだし、それに対応した動植物の生活があります。

もうひとつは、そういう移り変わりを感じる繊細な感覚を日本人がもっているということです。先に挙げた俳句の季語はその典型的な例ですし、雨や風に、また色に多くの名前をつけて区別してきた感覚は、食材を味わうときにも発揮されています。それを食材の成分がどうのこうのと説明するのは野暮というものです。日本型食生活は、四季に象徴される自然条件のなかで、歴史や文化とともに、私たちの祖先が繊細な感覚を通してつくり上げてきたものです。

日本の食の変遷

このような日本の食生活の歴史を整理するのは容易なことでありませんし、あまり古い時代のことを取り上げても

旬の食べ物から見えること

「旬」と書いて「しゅん」と読みます。広辞苑を引いてみると、「十日単位」という意味に続いて「魚介・蔬菜・果物などがよくとれて味の最もよい時」とあり（蔬菜というのは野菜のことです）、「旬の魚」という例が挙がっています。旬の魚で思い出すのは「目に青葉山ほととぎす初鰹」という句です。青葉、山ほととぎす、初鰹と季重なりですが、いずれも夏の季語で、鰹の食べ頃というわけです。

この句が示しているように、四季の移り変わりを楽しむことができる日本では、それぞれの時期においしく楽しめる野菜、果物、魚が豊富で、「旬の食材」という表現が古くからあります。ネット検索すれば多くのカレンダーが出てきますし、『旬の食材』という本も季節や食材別に何冊も出版されています。

「この時期にはこれを食べろ」とまで言われれば「大きなお世話」と返したくもなりますが、食材に旬があり、旬においしく食べられることは間違いありません。これは、日本列島に美しい季節の移り変わりがあるからです。

現実的ではありませんので、ここ数十年のことを考えてみましょう。

農林水産省は昭和50年代頃の食生活、すなわち「ごはんを主食としながら、主菜・副菜に加え、適度に牛乳・乳製品や果物が加わったバランスのとれた食事」を日本型食生活と呼び、その見直しを呼びかけています[1]。

ごはんを中心とした日本型食生活は多様な食材を組み合わせることができ、旬の食材や地域の食材を取り入れることができるというメリットがあります。日本型食生活として、何を、どれくらい食べたらいいかを料理の形で示したものに、食事バランスガイドがあります。毎日、これに沿った食事をしなければならないということではありませんが、これを指針として自分と家族の食事を見直すことが、バランスのよい食事を作るときに役立つはずです。

この食事バランスガイドにしたがった食事をした場合の食料自給率は、高知大学の針谷順子さんの研究をもとに農林水産省が試算したところ、約52%となります（先述［1］のサイトを参照）。日本の食料自給率は現在、40%程度ですから、食生活を見直しただけで10ポイント以上、上がることになります。しかし、食料自給率は数字が上がれば、それでいいのでしょうか。

図3-4-2は、日本の食料自給率（カロリーベース）の推移を示したものです。50年ほど前には70%を超えていましたが、現在では約40%しかありません[2]。これは、先進国のなかで最低のレベルです。このように、日本の食料自給

〈図 3-4-1　食事バランスガイド〉

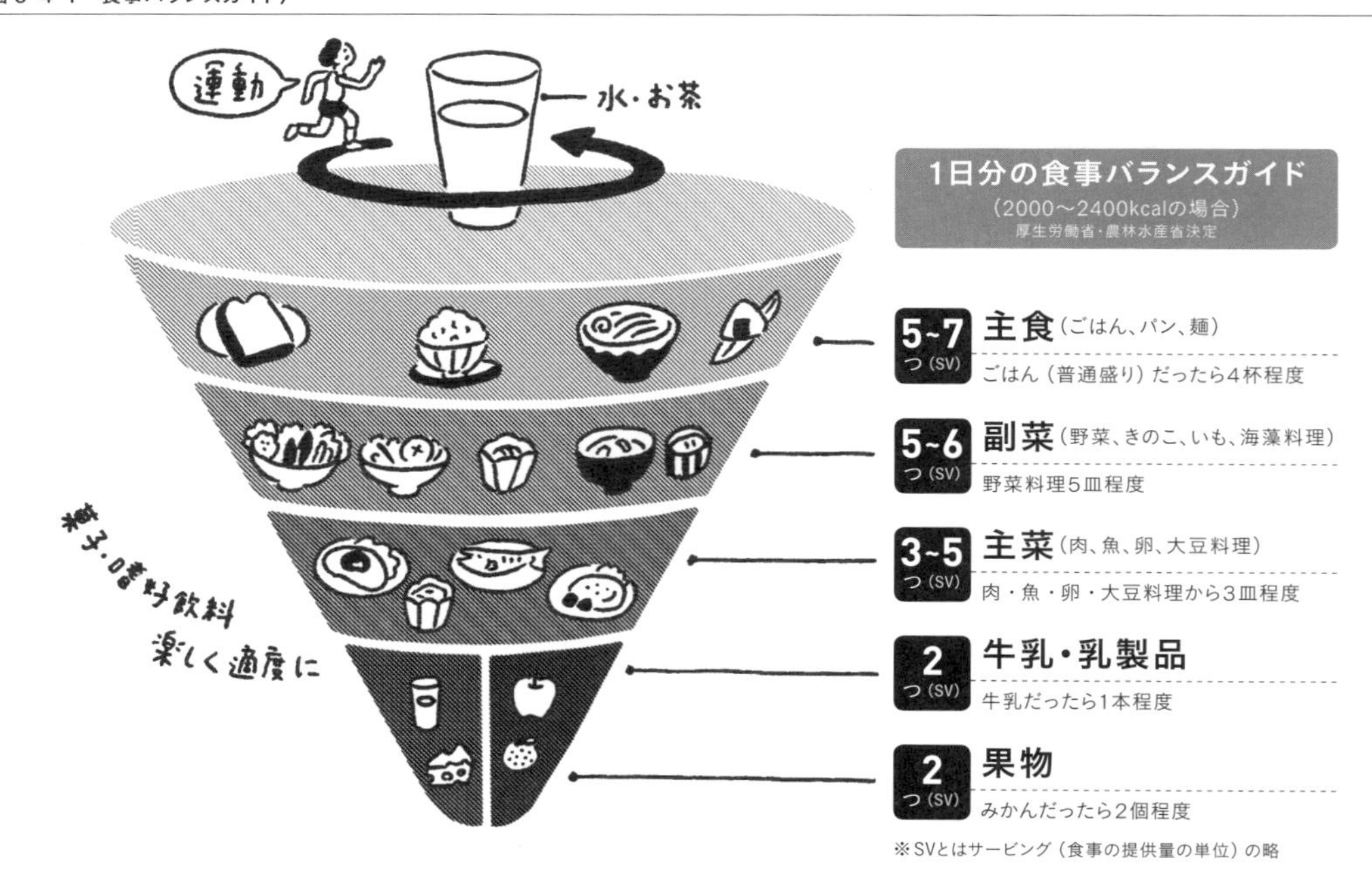

[1] www.maff.go.jp/j/syokuiku/zissen_navi/balance/between.html
[2] www.maff.go.jp/j/pr/aff/1205/spe1_02.html

率は中期にわたって低下傾向が続いてきましたが、どこに原因があるのでしょうか。

食料自給率の中身

食生活を変えただけで食料自給率がかなり上がる背景には何があるのでしょうか。図3-4-3は、日本人ひとりが1日に摂取するカロリーを品目別に表したものです。左が50年前、右が10年前のものです。この40年間で摂取するカロリー量は4~5%増えただけですが、その構成は大きく変わっています。特に大きな変化として、米の割合が半減し、畜産物と油脂類が倍増したことにすぐ気がつきます[3]。

また、それぞれの品目で斜線部分が自給できている割合を示していますが、いずれの品目でも低下していることが一目瞭然です。特にカロリー割合が大きく増加した畜産物と油脂類で自給率が低下しています。このように、日本人の食生活はこの40年間に、世界がこれまでに経験したことのない形で劇的な変化を遂げました。日本の食料自給率が低下した背景には、このような食の変容（食の遷移）があるわけです。言葉を変えれば、国内で生産できないような食材をたくさん食べるようになったということです。

ここでひとつ注意しておかなければならないのは、畜産物の供給に関する問題です。牛肉・豚肉・鶏肉、牛乳、卵は、国内でもかなり供給できているように見えます。それにもかかわらず自給率が低いのは、家畜のエサの多くを輸入に頼っているからです。肉や卵が国産でも、輸入したエ

〈図3-4-2　食料自給率（カロリーベース）の推移と目標〉

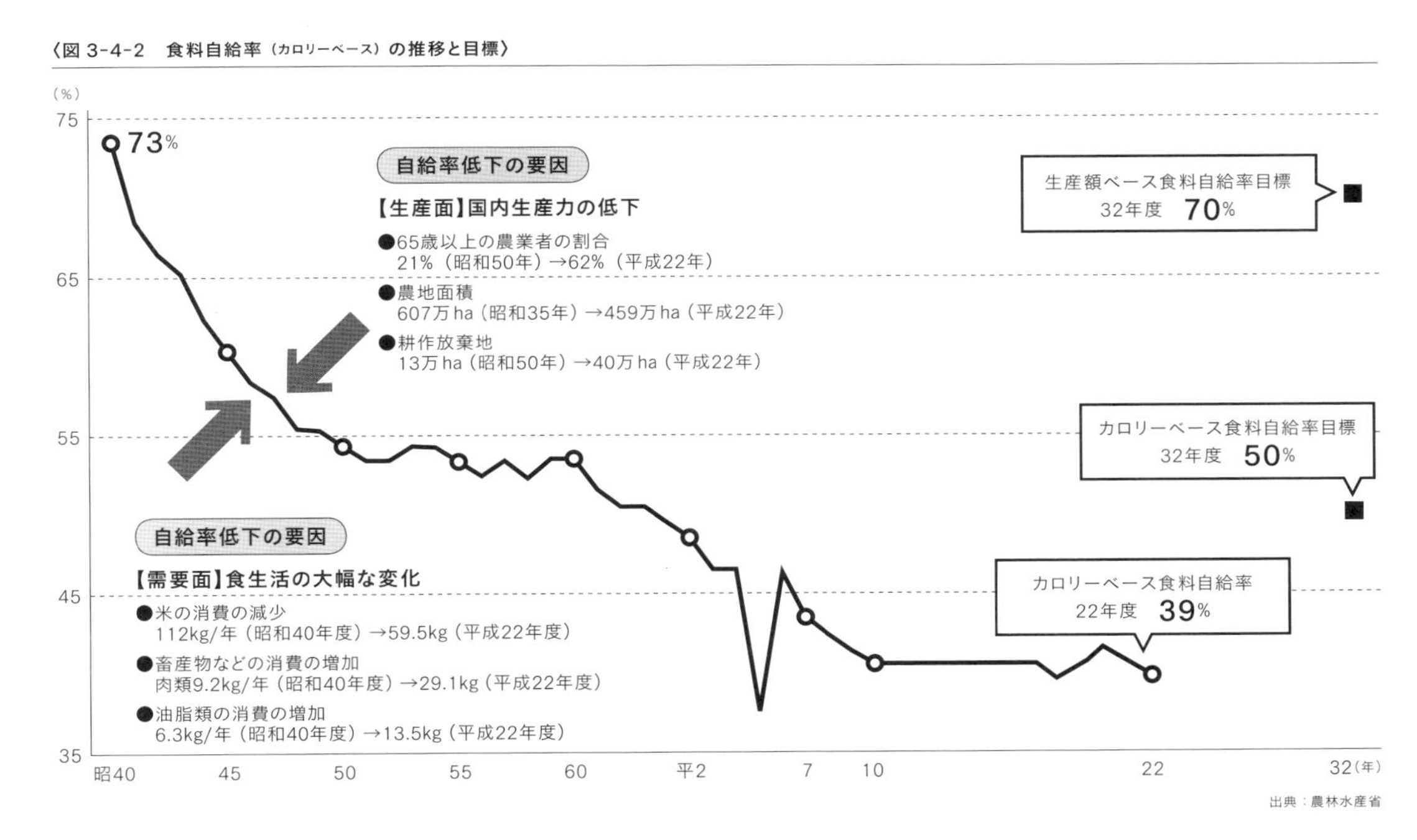

[3] www.maff.go.jp/j/wpaper/w_maff/h18_h/trend/1/t1_1_1_06.html

サで育てた分は、自給とみなさない約束になっています。

フード・マイレージが示すこと

ここ数十年間に日本の食料自給率が大きく低下した理由として、農業の弱体化とともに、食の内容が大きく変わったことが背景としてあることが分かりました。日本で供給できない食料を食べるということは、多くの食料を海外に依存することを意味しています。これは日本の食料安全保障にとって、決して望ましいことではありません。

しかし、日本が多くの食料を輸入に頼っているということは、単に日本だけの問題ではなく、世界の国々にも間接的に影響を与えていることになります。この問題を考える手がかりとして、フード・マイレージ（輸送距離）という指標があります。これは、イギリス人のティム・ラング氏が提唱したフード・マイルズをもとに、日本の農林水産省の研究所が考案したものです。「食料の輸送量（t）×輸送距離（km）」と定義される量で、単位は普通、t・kmとなります。

フード・マイレージを国別に比較してみますと、断トツで日本が世界一です。[4] しかしこれは、自慢できることではありません。このフード・マイレージが大きいということは、多くの食料を遠くから運んできているということですから、それに伴って多くの二酸化炭素を大気中に排出していることを意味します。地球温暖化は喫緊の環境問題であり、温室効果ガスのひとつである二酸化炭素濃度の上昇が原因として注目されています。つまり日本は、自国の食料を確保するために、地球温暖化の原因となる二酸化炭素を排出してほかの国々に、地球全体に迷惑をかけていることになるわけです。

フード・マイレージが大きな値となる理由は、多くの食材を遠くから運んでくるからです。地元の食材を使えば（旬の食材を使えばと言い換えても同じことです）、フード・マイレージが低下し、二酸化炭素の排出量を削減することができます。このような考え方にもとづいて食材の産地を

〈図 3-4-3　供給熱量の構成の変化と品目別の食料自給料（供給熱量ベース）〉

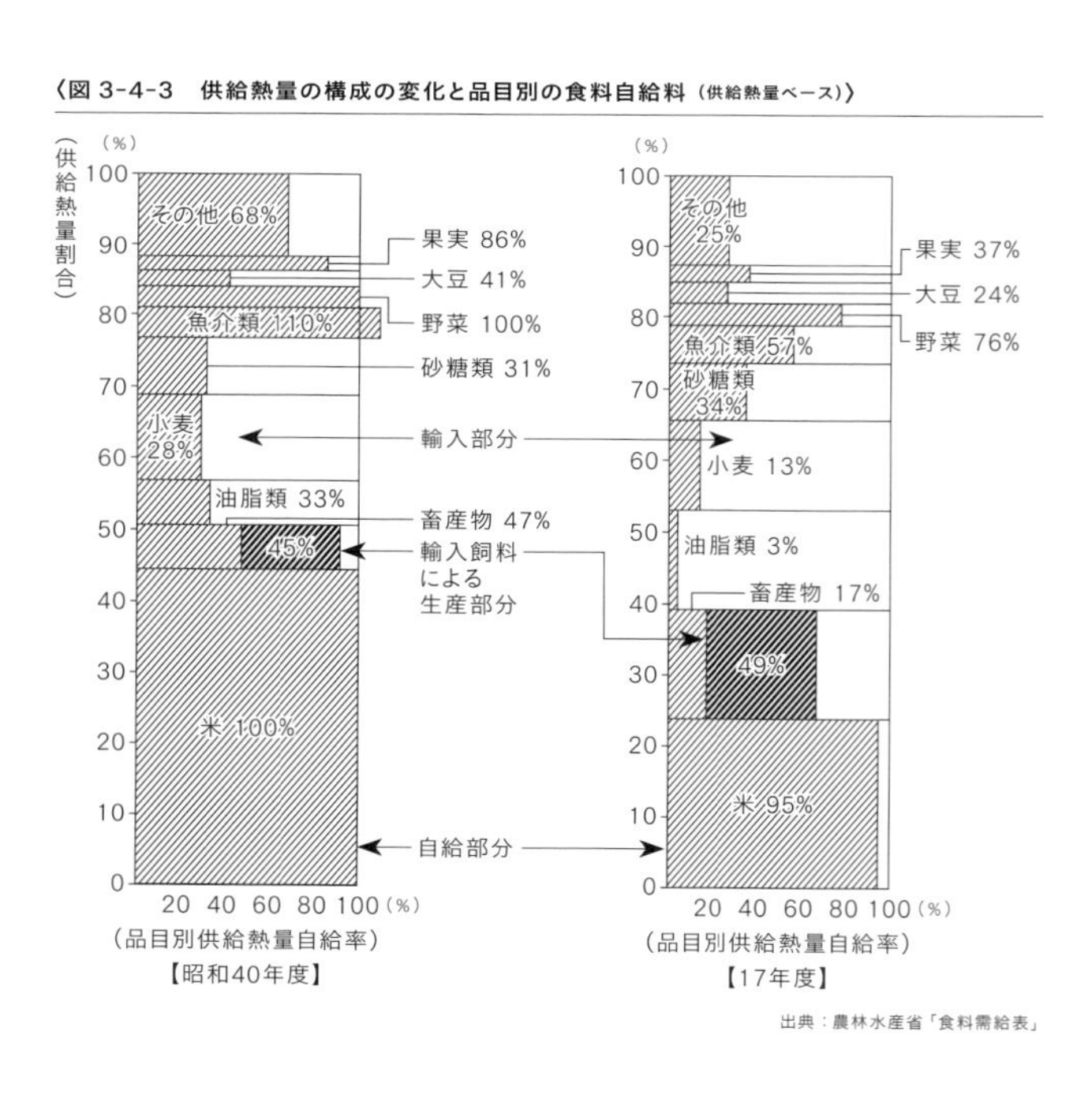

出典：農林水産省「食料需給表」

[4] JAやつしろ　www.ja-yatsushiro.or.jp/info/zencyu/theme-0909.htm

意識し、ひいては日本の食料自給率を引き上げるために、『大地を守る会』、生活クラブ事業連合生活協同組合連合会、生活協同組合連合会グリーンコープ連合、パルシステム生活協同組合連合会の4団体がフードマイレージ・プロジェクトを進めています。このプロジェクトでは、「poco」という独自の単位を使い二酸化炭素の削減量を示しています。輸入食材の代わりに国産食材を使うとフード・マイレージが減り、それに伴って二酸化炭素が減りますので、その減少分の二酸化炭素100gを1pocoとして表します。

国内の消費量が多いのに自給率が低い、①主食（米やパンなど）②大豆製品 ③畜産物 ④食用油 ⑤冷凍野菜の5つのジャンルから1800品目近くを対象とし、国産品の利用を促進しています。たとえば、パン1斤（240g）を作るための小麦をアメリカから輸入する代わりに北海道から輸送すると、1・3pocoとなります。このような試算は、プロジェクトのサイトで体験することができます。[5]

バーチャルウォーターが示すこと

食と環境との関係について考えるための指標として、もうひとつ、バーチャルウォーター（仮想水）というアイデアが考え出されています。ロンドン大学のアンソニー・アラン氏が初めて紹介したもので、輸入食料を消費国で生産する場合に必要な水の量を表しています。たとえば、トウモロコシ1kgを生産するのに1800Lの水が、また牛肉1kgを生産するには2万Lの水が必要となります。アメリカで生産されたトウモロコシや牛肉を輸入すれば、それだけの水が日本に輸入されたのと同じことになるという考え方です。

東京大学の沖大幹氏の指導のもとで、環境省と日本水フォーラムが試算した結果によれば、日本のバーチャルウォーターは年間、約800億㎥に相当します。[6] したがって、多くの食料を輸入している日本は、それぞれの食料を生産する国の水を、日本の食料のために多量に使わせていることになります。21世紀における食料生産において水不足は

〈図 3-4-4　各国のフード・マイレージの比較〉

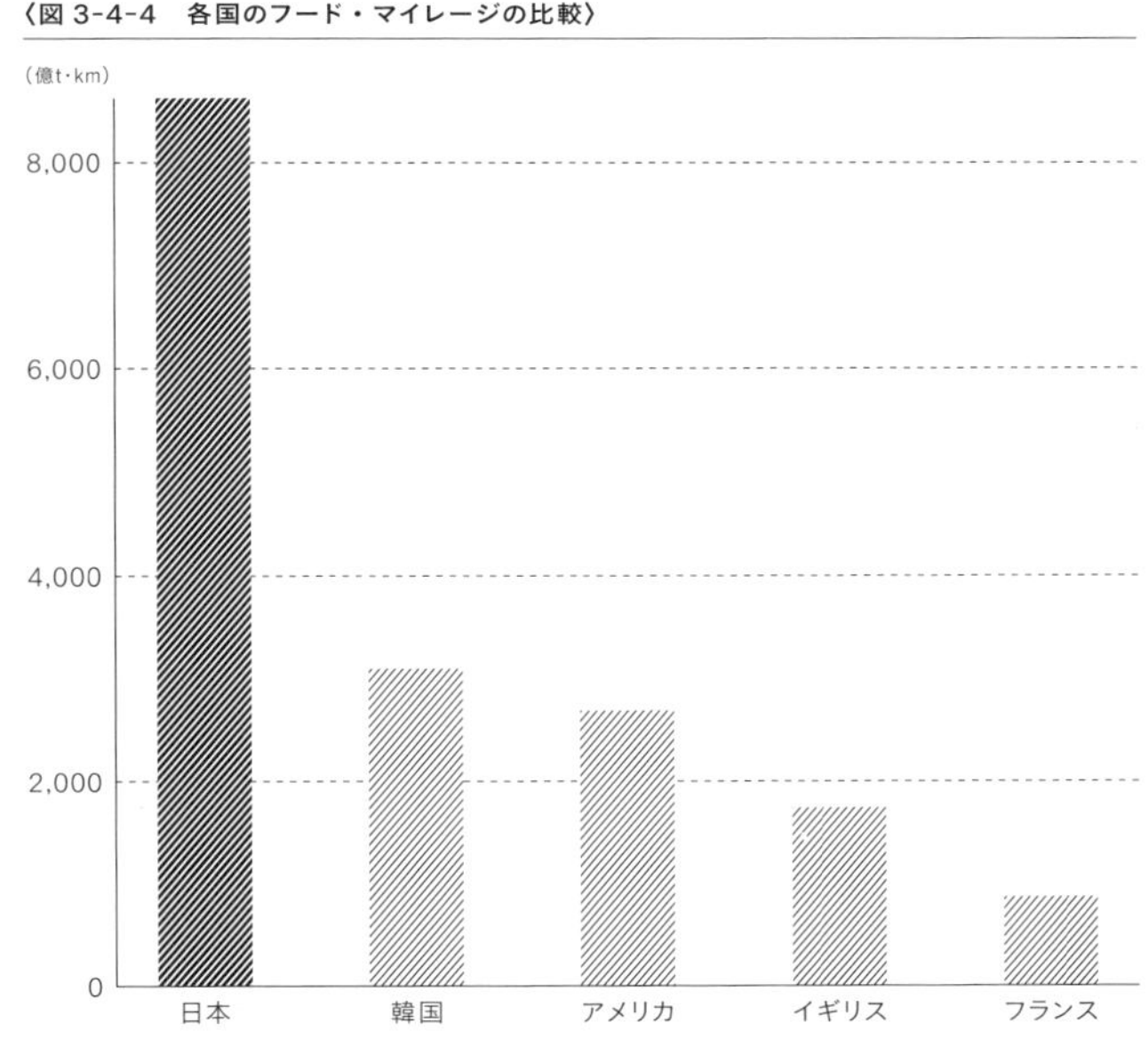

出典：中田哲也「食料の総輸入量・距離（フード・マイレージ）とその環境に及ぼす負荷に関する考察」（農林水産政策研究所「農林水産政策研究第5号（2003）」）

[5] フードマイレージ・プロジェクト　www.food-mileage-project.com/simulation/index.html
[6] 環境省 バーチャルウォーター　www.env.go.jp/water/virtual_water/

世界共通の大きな課題ですので、日本が多くの食料を輸入していることは、水不足問題という観点からも批判を受けることになります。

旬の食材を使うことの意義

日本が多くの食料を海外から輸入することは、その分をほかの貧しい国が買えないだけでなく、二酸化炭素の排出や農業用水の利用を通して、地球環境にも悪影響を与えていることになります。その点、輸入品の代わりに地元で採れた旬の食材を使えば、新鮮なものをおいしく食べられるだけでなく、地球環境問題にも間接的に貢献することができます。その意味で、京野菜や会津伝統野菜のような日本各地に残る伝統野菜が最近、注目されていることは歓迎すべきことと言えます。

伝統野菜が残っていることは、遺伝資源の保存という点でも重要なことです。最近は、米や野菜の生産が特定の品種に偏る傾向が非常に強く、生物多様性の観点から危惧されています。いつ、どのような遺伝資源が必要となるか分かりませんし、一度失われてしまうと取り返しがつきません。伝統的に残っている品種は人類の貴重な財産であり、これを保存して、使えるようにしておくことが必要です。広く出回っている品種と異なる付加価値をアピールすることができれば、その6次産業化を含めて、地域振興に役立つことも期待されます。また、地産地消を進めれば、作り手の顔が見えるという意味で安全と安心を手に入れることもできます。

ただし、かなり変わってきた日本の食を地元の食材だけで賄うことは無理です。地元で生産される食材や国産のものを中心に使いながらやっていくしかありません。その場合、食べたいものを食べたいだけということではなく、日本人の心身の健康や自然環境を踏まえて、今後の日本の食はどうあるべきかを、消費と生産の両面から考えていくことが必要ではないでしょうか。すなわち、持続的な消費としての「食」と、持続的な生産としての「農」とを組み合せた「食農デザイン」という視点が必要だと思います。

そのためには、私たちの食事がどのように成り立っているのか、いつ、どこで、どのように食材が生産され、どのように貯蔵、加工、流通されて私たちのところに届き、どのように調理して食べているかということを、消費者も理解しておかなければなりません。食と農とを選択していく力をつけるという食育です。旬を理解せずに、いつでも食べたいというニーズに応えようとすれば、本来ならない時期にハウスで冷暖房にエネルギーを使って栽培しなければなりません。これは、もちろんエネルギーの浪費にほかなりませんし、旬を楽しむ機会を放棄することになります。

そのほか、ここでは触れていませんが、日本で毎年500万～800万tも出るフードロスも大きな課題です。フードロスを減らすことは、環境負荷を削減し、食料自給率を上げることにもつながりますし、日本古来の「もったいない」という考え方にもつながります。これらの問題を含め、消費者も日本の「食農デザイン」を進めるために、食と農の問題について理解しておく必要があります。

もりた・しげのり
1954年横浜生まれ。東京大学農学部卒業。同大学院修了。農学博士。東京大学助手、同助教授、教授を経て、東京大学名誉教授。作物の栽培研究に従事。現在は東京農業大学教授。

飲みものと環境のつながり

サントリー　米嶋　剛
（サントリーホールディングス株式会社　コーポレートコミュニケーション本部　ＣＳＲ推進部）

私たちと天然水

　コンビニエンスストアやスーパー、自動販売機で販売されるさまざまな飲みもの。サントリーが生産するビールやウイスキー、ワイン、清涼飲料水も、安全で安心な水がなければつくることができません。地球には約13億３８００万立方㎞の水があるといわれていますが、その大半は海水で、残りの大部分も氷河や地中深くに閉じ込められています。すぐに活用できる川や地下の水は、すべての水の中のわずか０・01～０・02％ほど。サントリーが「水と生きるサントリー」というコーポレート・メッセージを発信しているのは、このことに基づいています。

　天然水は、地球を循環する水が雨や雪として大地にしみ込み、長い時間をかけて鉱物などのミネラル成分が溶け込んだものです。サントリー天然水の場合、およそ20年という時間を要していることが分かっています。私たちが貴重な水資源を守り、次世代に受け渡していくためには、何より「水のサステナビリティ」を実現する自然システムそのものを守らなければなりません。

鳥取県の奥大山一帯は、広大なブナの森が生い茂る。その地中深くには、清冽な天然水がたっぷりと湛えられている。

サントリー天然水の森の約束

天然水が育まれる過程のなかで特に重要な役割を果たしているのが「森林」です。健全な森は豊かな土壌をつくり、水が大地の奥深くに蓄えられるのを助けています。森の植物がなければ土壌は流出し、水は表層を流れ、地下水の生成そのものが困難になります。また、土壌が喪失し植物が消滅すれば、そのことにより生かされていた多様な動物のすみかが失われ、また山崩れなどの災害を誘発することにもなりかねません。水と生命は、森林や土壌といった母体により支えられていると考えてもいいでしょう。

こうしたことからサントリーは、自分たちが汲み上げた地下水の倍の水を育む森林整備に取り組んでいます。「天然水の森」と名づけられた森が工場ごとに設定され、現在13都府県18箇所に約8000ヘクタールの森林を整備しています。森林の育成と整備にあたっては、専門家や研究者、地元の方々と協働しながら科学的・実証的に進め、そこからさらに多くの知見を得て次の活動につなげています。

事業の永続のために開始したこの活動は、サントリーという企業が存続する限り50年、100年と続けられます。そしてこれらの森は、サントリーの飲料生産が拡大すればするだけ、さらに拡大することになります。こうした活動により、私たちは水の惑星の「いのちのつながりの一員」として、ささやかな役割を果たしていこうと考えています。

私たちは、良質の水を探し求めて、深い森の中に入り、長い時間をかけてウイスキーを熟成してきました。そうやって自然と共存しているうちに、心の中に自然の恵みや生命への畏敬の念が生まれ、40年以上も前に身近な野鳥保護の大切さを訴求する広告キャンペーンを始めました。この「愛鳥活動」がサントリーの環境保護活動の出発点です。

今、天然水の森では、豊かな生態系の指標である猛禽類に着目した「ワシタカ子育てプロジェクト」が実施され、

サントリーの容器・包装のあゆみ

2010

11月
国内飲料業界初のリサイクルペットボトルを利用したロールラベルの導入

2011

3月
手で小さくたためるペットボトルの導入

5月
ペットボトルを回収し再成。国内飲料業界初となるBtoBメカニカルシステムでリペットボトルをリサイクル

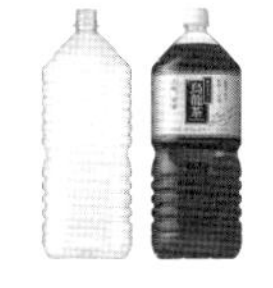

2013

2月
国産最軽量29.8gの2ℓペットボトルを導入

5月
国産最軽量11.3gの550mℓペットボトルを導入

2014

4月
国産最薄12μmのラベルを導入

2015

1月
国産最軽量2.04gのペットボトルキャップの導入

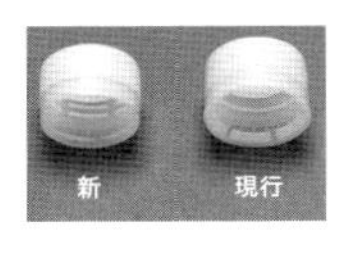

2016

1月
- 世界初、飲料用ペットボトルに植物由来原料30%使用のキャップを導入
- 植物由来原料100%のペットボトル開発に向けた実証プラント建設決定
- ペットボトルの「2R+B」戦略※に取り組む

※Reduce（リデュース）、Recycle（リサイクル）、Bio（バイオ）の頭文字。

世界愛鳥基金では、ツルやトキ、コウノトリなど水辺の大型鳥類の保全に関わる支援が進められています。これらの鳥を環境のバロメーターとする生態系保全と再生のための活動も「水のサステナビリティ」を守る活動とともに継続して行われています。また、こうした水と生命の未来を守る活動を次の世代につなげていくための環境教育「水育（みずいく）」も推進しており、天然水の森や全国の小学校で開催されるイベントの参加者が10万人を超える規模まで広がりました。

新たなチャレンジを続けていく

地下深くから汲み上げられた天然水は、工場で無菌状態に処理し、ペットボトルに充填されてキャップで封印されます。これら容器や包装にも、石油という有限の資源が用いられています。企業としては、環境の負荷を低減する活動にも注意深く意識を向けていかなければなりません。ボトルを軽量化することで石油資源とエネルギーの消費を抑え、さらに二酸化炭素の排出を抑制するために、ミクロン単位、ミリグラム単位での地道な改善と努力を重ねています。前ページの年表はそれらの一部を表したものです。

ボトルの軽量化は、資源消費を削減するばかりでなく、商品流通にあたって運搬エネルギーを軽減することにもつながり、環境負荷低減の重要な要素のひとつです。従来のボトルから100％リサイクルが可能な「リペットボトル」の開発、石油に代わる植物由来の原料を用いたバイオペットの活用、自動販売機のさらなる省エネ化など、新たなチャレンジも続けています。こうした活動の最新情報は、専用のウェブサイト「サントリーのエコ活」で公開しています。これからもよりよき未来に向けた企業のあるべき姿勢を追求しながら、業界をリードする存在でありたいと考えています。

よねしま・たけし
1983年早稲田大学文学部卒業。サントリー宣伝部制作室に入社。株式会社サン・アド、サントリー美術館、エコ戦略部 環境コミュニケーショングループ クリエイティブ・リーダーなどを経て現職。TCC東京コピーライターズクラブ会員。

商品がつなぐ新しい暮らし

セブン-イレブン・ジャパン

コールドチェーンで、産地と商品、消費者をつなぐ

　今や国内46都道府県に1万8600店余を展開するセブン-イレブン。1974年に1号店を出店してから現在に至るまで、愚直に追究し続けてきたものがあります。それは、品質とおいしさ。セブン-イレブンの主力商品であるデイリー商品（サンドイッチ、調理パン、サラダ、米飯、惣菜、麺類など）にはさまざまな野菜が使われていますが、その94%が国産です（2015年現在）。国産野菜を使用する理由の第一は、鮮度がおいしさに欠かせない要素だから。海外から時間とエネルギーを費やして輸入する野菜よりも、消費地の近くで収穫した国産の野菜を使用するほうが明らかに鮮度は良好で、しかも輸送のためのエネルギーも少なくてすみます。

　国産野菜の鮮度をさらに高く保つために導入しているのが「コールドチェーン（低温物流網）」です。これは、収穫されたばかりの野菜を使った商品を店舗に届けるまで、一貫して低温で保管・輸送・加工する流通システムです。たとえば、サンドイッチやサラダに使用されるレタスは、コールドチェーンの仕組みを導入できる生産農家と契約し、夏場は涼しい地域、冬場は暖かい地域で季節に応じてレタスに適した生産地とリレーして供給されています。生産者である『鈴生（すずなり）』の社長・鈴木貴博（よしひろ）さんは「いい野菜をつくるため、農場のみんなでがんばっています。土づくりは、同じ畑にレタスだけを植え続けると土から同じ養分だけを吸い上げてしまうので、レタスを生産したら次にマメ科の種を植えるなど土を傷めないようにし、稲わらや木の皮などを補い、獲った栄養分を土に戻して自然の恵みを次世代につなげたいと考えています」と言います。柔らかく豊かな土で育ったレタスは、ふんわり大きく甘みがあります。生産者が野菜に込めた思いとその新鮮さを維持して顧客に届ける——それを支える仕組みが、セブン-イレブンのコールドチェーンです。

産地から工場まで、低温輸送管理

　農場で収穫されたレタスは、すぐに予冷（10℃以下で保管）します。予冷は、野菜のもつ栄養素や新鮮さ、おいしさを保つために行う重要な工程です。予冷の後も、野菜は

10℃以下に設定した温度を管理しながら流通させており、生産地から配送拠点までチルド（冷蔵）車で輸送します。製造工場別に仕分けを行う配送拠点では、冷蔵保管と同時に野菜が乾燥しないよう加湿しながら鮮度を維持しています。商品を製造するデイリーメーカー工場では、納品されたレタスを検温した後、すぐに10℃以下の冷蔵庫へ保管します。製造工場内も野菜に適したチルド温度帯に設定されており、その後の店舗への配送車庫内、店舗の売場の棚も10℃以下に保たれます。低温のまま流通させることで、水分の蒸発や栄養分の減少による野菜の品質低下を最小限に留め、野菜のもつみずみずしさや歯ごたえを保った状態での商品化が可能となり、おいしいサンドイッチやサラダを消費者に届けることができるのです。

「レシピマスターシステム」で商品の履歴管理

セブン－イレブンが国産野菜を用いるのは、食の安全・安心を確保するためにも意義があります。当社は、野菜の収穫時期や産地の特定など、トレーサビリティにも力を入れてきました。店頭で販売されているオリジナル商品はすべて、原材料の

レタスの生産者・鈴木さん（中央）は野菜の気持ちが分かる“人づくり”に一番力を注いでいる。

〈図3-6-1　セブン－イレブンの「コールドチェーン」と一般的な輸送方法の野菜の温度変化〉

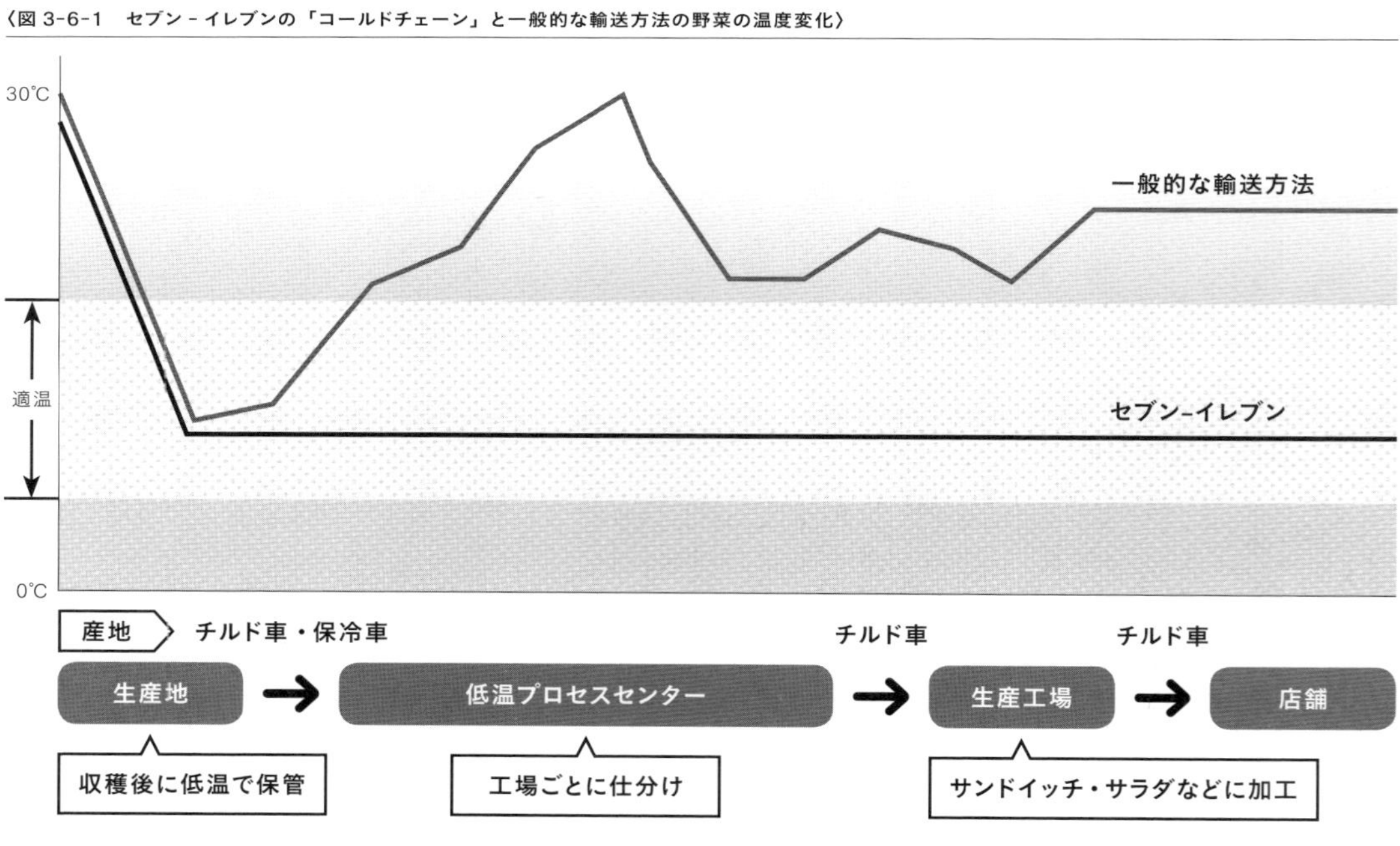

原産地までの情報をデータベース化し、工場、物流、店舗（ＰＯＳデータ）から履歴を追跡できる「レシピマスターシステム」を導入しています。

たとえば、ある原材料に問題が発生した場合、その原材料をセブン‐イレブンで使用しているかどうか、使用していたとしたらどの工場のどの商品に使われているのか、そして、どの店舗でいつ販売されたのかを調査することが可能です。万が一、問題のある原材料を使用した商品があった場合には、迅速に店舗に情報を知らせ、該当商品を回収できる仕組みを確立しています。アレルゲン物質や添加物の有無もチェックして万全を期しています。

一商品ごとに追跡ができないと、問題発生時に全量を回収することになり、必要以上のロスを発生させることになります。「レシピマスターシステム」は品質のよい商品づくりを追究し、そのためのシステムを構築してきたからこそできた安全・安心の仕組みとも言えます。

ドミナントと食品廃棄物削減の取り組み

セブン‐イレブンの弁当、サンドイッチ、サラダ、惣菜などのオリジナル商品は、全国１７９か所の工場でつくられていますが、その約92％にあたる１６４か所は当社の商品だけを製造する専用工場です。その数は他チェーン（30％前後）と比べても圧倒的な割合です。

当社は、ドミナント（高密度集中出店）という出店方式をとっており、店舗の近くに工場をつくることで配送距離・時間を短縮し、できる限り早く店舗へ、そして消費者のもとへ届けることを目指して、創業期からその体制づくりにも力を注いできました。多くが専用工場であることから、店舗からの発注による受注生産となっており、工場の廃棄物ロスは比較的少ないと思われます。

専用工場では、天候や気温などから仮説を立て、店舗からの発注量を予測して原材料を調達しています。原材料の在庫は１・５～２日程度で、極力、無駄を発生させないための管理体制をとっています。製造段階などで発生する動植物性残さ（食品廃棄物）は、その約99％を堆肥や飼料などにリサイクルし有効活用します。また、現在、東京農業大学や東北大学と産学連携し、生ごみ処理機を店舗に導入し、液肥にして活用する実証試験を実施するなど、加盟店や工場を含めた食品リサイクルループの構築を目指して研究を進めています。

地域の食文化を生かし、地産地消と地方創生に貢献

セブン‐イレブンでは、地産地消の考えのもと、各地域の特性に合わせた商品開発を進めてきました。地域によって親しまれている味、その地域の食文化に合わせた商品を研究開発しています。だしやつゆといった地域によって異なるベースの味を見直し、研究しながら、弁当や惣菜などのオリジナル商品開発に取り組んでいます。

たとえば、１９７９年の発売以来、セブン‐イレブンを代表する商品として人気の商品におでんがあります。２０

地域によって静岡茶、八女茶、宇治茶などが入った「一緑茶」

15年度は、地域ごとの嗜好の違いに合わせ、8種類のつゆを開発しました。鰹・昆布からとった基本だしに、地域ごとに特徴的なだしを加えています。具材についても、約20種類の基本具材に加え、たとえば、東北は山形県の郷土料理の玉こんにゃく、関東・信越は香ばしい焼き目の焼き豆腐、近畿は甘露煮風に味付けした真ダコを練りこんだたこ天など、地域の特色を反映させた限定具材を発売しています。

前述したように、デイリー商品を製造する工場のうち約92%は専用工場です。専用の原材料を調達できるからこそ、地域の食文化や味にも柔軟に対応したオリジナル商品をつくることができるのです。

おでんのほかにも、全国で3タイプを発売しているソフトドリンク「一(はじめ)緑茶」は、同一ブランドでありながら地域の特性を活かした商品です。北日本・東日本はやや強めの深蒸しの静岡茶、西日本は甘みと旨みのやさしい味わいの宇治茶や伊勢茶、山口・九州は苦みと渋みと香ばしさが特徴の八女茶や鹿児島茶など、地域で慣れ親しんできた味わいを商品化しました。コカ・コーラ社との共同開発商品として、宮城県、東京都、兵庫県、佐賀県の4か所のコカ・コーラ工場で製造しています。

また、北海道、新潟県、長野県、富山県では、地産地消の一環として、おにぎりや弁当に道・県内産米を使用しています。さらに、日本各地で地元食材を使用した商品も開発。たとえば、自家製の味噌をつくる家庭が多い長野県では、豊かな味噌文化を活かした商品のひとつとして、木桶熟成させたコクのある味噌を使った「手巻おにぎり ねぎ味噌」を開発しました。ほかにも「ざる蕎麦（信州産石臼挽き玄蕎麦粉使用）」や「信州産秋映りんごのタルトタタン」（季節限定）など、長野県ならではの食材を活かした商品

〈図 3-6-2　地域ごとの、おでんのつゆの違い〉

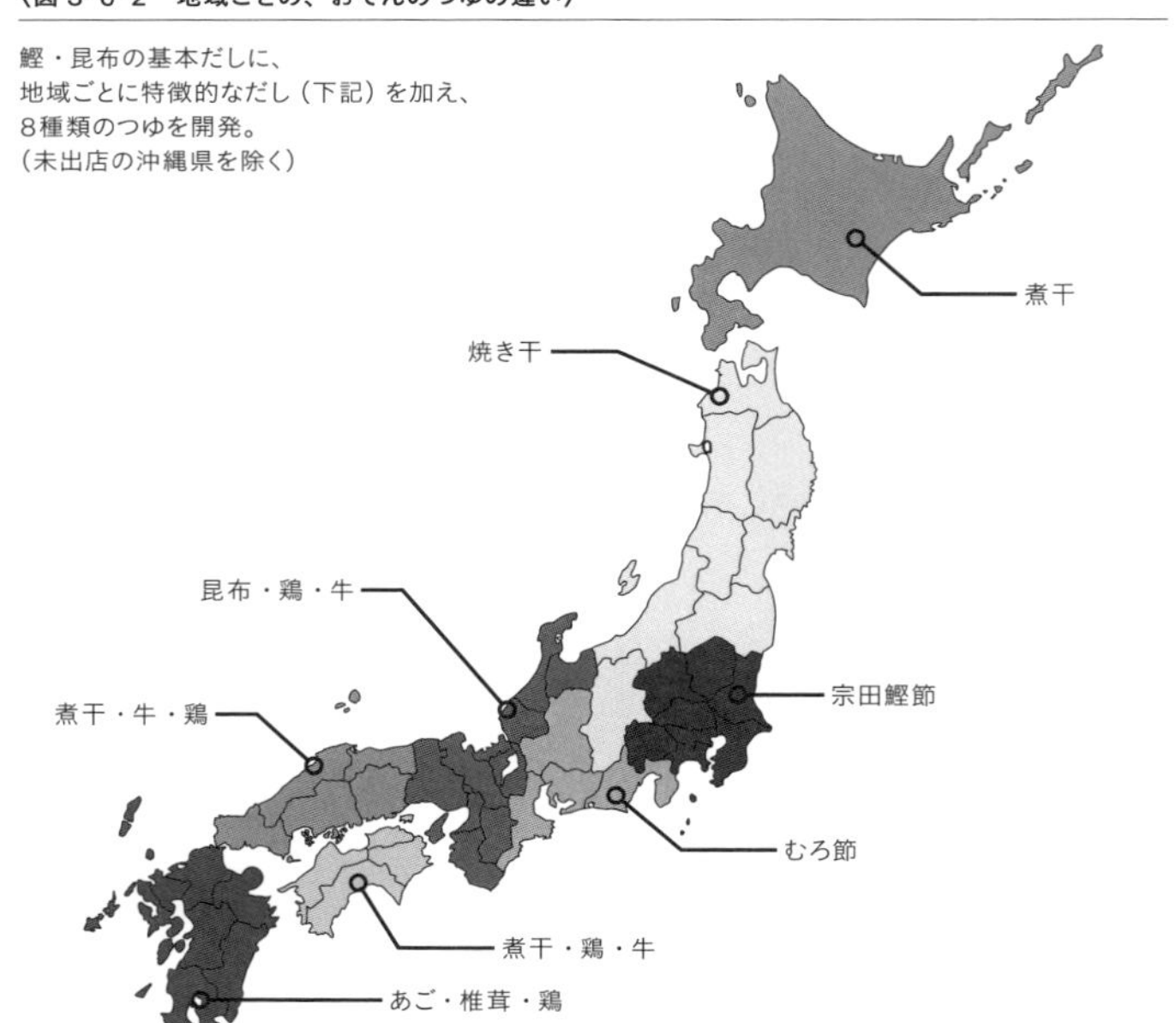

〈図3-6-3　食の外部化率の推移〉

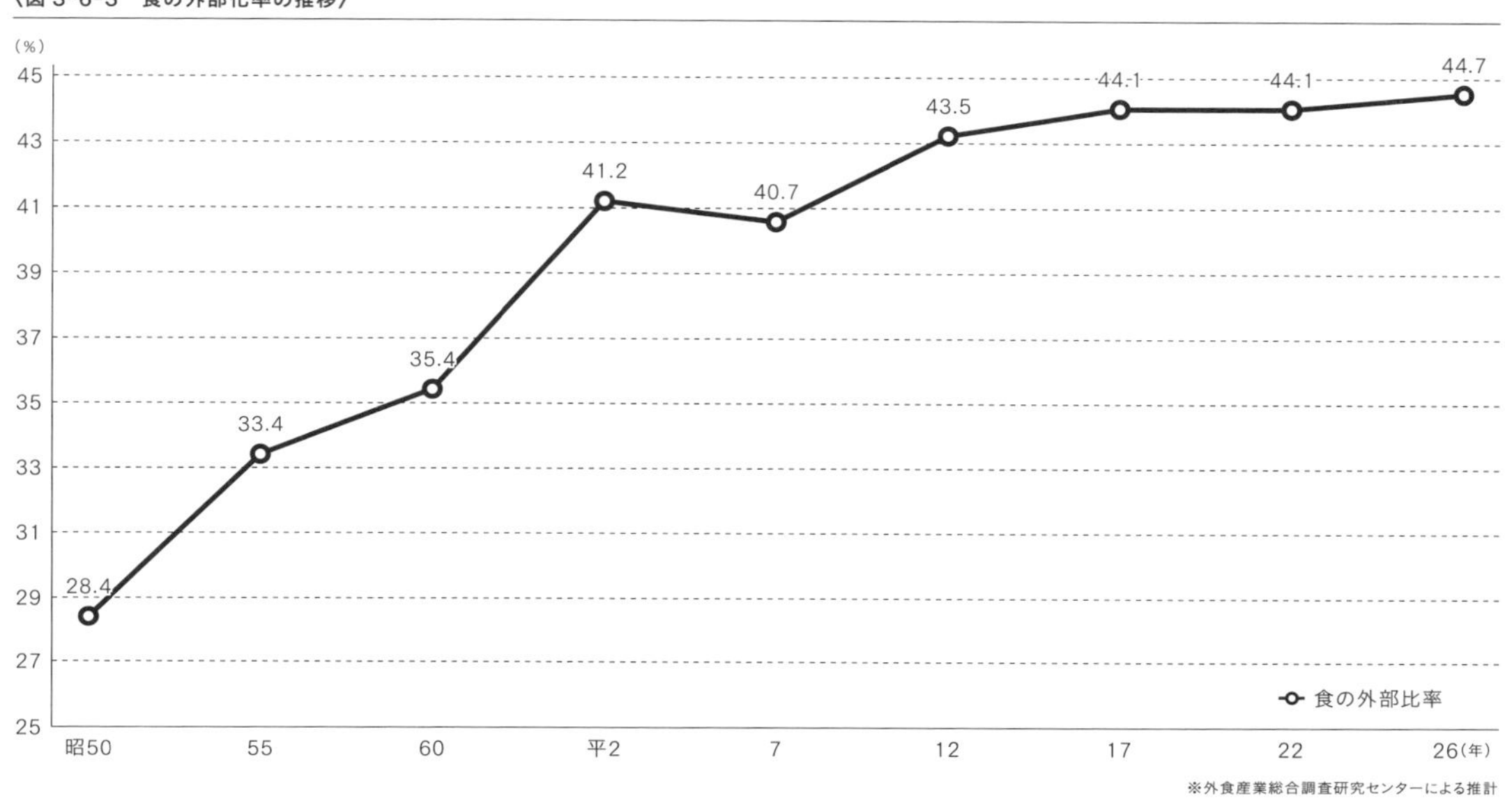

※外食産業総合調査研究センターによる推計

を開発し、その地域で販売することによって、フード・マイレージ（食料の輸送に伴う消費エネルギー量）の減少にも寄与しています。地域に根差して地元の味を発掘し、食文化を大切にすることで、地域の活性化や地方創生に貢献しようと各地で奮闘しています。

フードロスの減少にもつながる小パック化

家族のかたちやライフスタイルが変化するなか、セブン－イレブンの価値やあり方も変わってきています。

少子・高齢化により２０１５年には、65歳以上の人口は約３３９２万人となって全体の26・７％を占め、また、一世帯あたりの人数も２・４人と減少し、単身・二人世帯が約6割に。さらに、20～34歳の女性の68・６％が就業しています。食料支出に占める外食と中食（調理済みの食材を購入して持ち帰って食べる）の支出の割合を表す「食の外部化率」は年々高まり、45％に迫っています。「少人数家族なので少量を購入したい」「共働きなので調理に手間のかかる料理を避けたい」「食べたいときに食べられる長期保存の効く惣菜がほしい」など、家庭での食事を取り巻く新たなニーズが高まる一方で、１９８２年に１７２万店あった小売店舗数は２０１４年には１０２万店に減少しました。そこで当社では、小パックの惣菜「セブンプレミアム」や主菜になる「冷凍食品」の品揃えや、味や品質、鮮度を保持できる商品開発に力を注いできました。

こうした事業は、社会のニーズを満たすと同時に、全体の約5割を占める家庭から出るフードロスの削減にも一役買っています。一世帯の人数が多い場合は、残っても翌日の弁当のおかずにするなどして家族の誰かが食べる機会がありましたが、個食化が進んだ今、多く作ったおかずは余り、買った食材も使わずじまいで廃棄せざるを得ない場合も少なくありません。近くのセブン‐イレブンで、小パックの惣菜や夕食の主菜として冷凍食品を購入できれば、家庭だけではなく、社会全体のフードロスの減少にもつながります。

環境配慮型の容器で持続可能な環境づくり

セブン‐イレブンでは、環境に配慮した容器の開発にも積極的に取り組んでいます。「サラダカップＰＢ容器」はリサイクルＰＥＴ、バイオマスＰＥＴなどを配合した環境配慮型のＰＥＴ容器への切り替えを２０１６年2月に完了し、年間１６５２トンのＣＯ$_2$排出量を削減しました。酒類のパック容器は、紙の内側に使用していたアルミ部分を取り外したノンアルミパックに変更し、牛乳パックと同様にリサイクルが可能となり、ＣＯ$_2$排出量も約12％削減できます。そして、ドリップコーヒー「セブンカフェ」のホットカップは、２０１５年に間伐材を使用した容器に切り替えました。ホットカップをはじめ、セブンプレミアムの一部の紙製飲料容器、店頭の募金箱、イートインコーナーのテーブルには「セブンの森」から伐採した間伐材を積極的に使用しています。

「セブンの森」にて

「海の森つくり」アマモ場の再生活動にて

「セブンの森」は、セブン‐イレブン・ジャパンとセブン‐イレブン記念財団が全国15か所で実施している森林保全活動で、各地の行政・森林所有者や森林組合、ＮＰＯ法人などと協定を結び、加盟店や本部社員とともに行っている「森を育てる」取り組みです。また、同時にブルーカーボンを進めており、アマモを増やして東京湾を再生する「海の森つくり」活動にも積極的に取り組んでいます。

国産野菜の使用、安全・安心とおいしさを保持する輸送システム、地域の食材を活用した地方創生、そして、地球温暖化防止に貢献する森づくり。地域社会や消費者にもっとも近い存在だからこそ、さまざまなシーンで役に立てる存在でありたい。産地と商品と消費者をつなぎながら、食生活と自然環境の循環に配慮した持続可能な社会づくりにセブン‐イレブンは取り組み続けています。

CASBEEが導く 新しい時代のエコハウス

日本独自のシステム CASBEE

豊貞佳奈子（以下、**豊貞**）　村上さんは2001年4月から国土交通省住宅局のもとで産官学共同プロジェクトとして始まった、ビルや戸建住宅の環境性能を評価するシステム「CASBEE」の制作に携わられました。特に戸建住宅のためのCASBEEは、評価項目が分かりやすい言葉で表され、親しみやすくつくられています。

村上周三（以下、**村上**）　CASBEEは、建物のQuality（住空間の快適性能）とLoad（地球に対する環境負荷）をさまざまな項目で採点し、QをLで割ることによって相対的な環境性能を評価する日本独自のシステムです。Qの得点が高く、Lの得点が低くなるほど、Q／Lの評価は高くなります。評価結果はグラフなどを用いてビジュアルとして理解できるように工夫しています。特にCASBEEすまい-戸建（新築）は、工務店の大工さんや主婦も利用しやすいように分かりやすく表現することに努めました。

豊貞　私は2015年4月から福岡女子大学で教鞭を執っているのですが、CASBEEの戸建住宅はとても分かりやすいので、授業ではCASBEEの戸建住宅の体系を話してから温熱環境や空気環境などの詳細説明に落とし込むという形で使わせていただいています。QとLのふたつの概念を建物評価に取り入れたのはおそらく村上さんが世界で初めてと思われますが。

村上　たぶんそうだと思います。かつて「環境」と言うと屋内環境のことを指しましたが、1970年代から90年代にかけ、ローマ・クラブやIPCC（気候変動に関する政府間パネル）が創設され、ブラジルのリオ・デ・ジャネイロで地球サミットが開催された頃から、地球環境のことも意味するようになりました。しかし、環境という言葉の使い方が広くなったことで混乱も増えました。「環境をよくしましょう」と言ったときに、屋内環境の向上のことなのか地球環境に対する負荷削減のことなのか、議論が曖昧になってしまったのです。そこでCASBEEでは、屋内環境を評価するQと地球環境への負荷を評価するLのふたつの尺度を導入し、環境効率Q／Lというひとつの尺度で評価できるシステムを考案しました。たとえば家の窓を広くすれば、太陽の光が差し込んで屋内環境は明るくなり、風通しもよくなるのでQが向上します。しかし窓は通例断熱性が低

いので、広くなったぶん暖房のための化石エネルギーの消費量が増え、Lが大きくなってしまいます。つまり、窓を広くするという設計行為に対して、CASBEEではふたつの相反する側面から評価することができます。

豊貞　窓を広くしても暖房を抑えたままであれば、CASBEE評価は上がるわけですね。

村上　そうですが、それをやりすぎると〝我慢の省エネ〟になってしまいます。ただ、何をもって我慢と感じるかは、その地域の暮らし方や経済水準によっても変わるので一概に決めることは難しい。ヴァナキュラー建築の事例を紹介しましょう。カナダのイグルーやトルコの洞窟型住宅、インドネシアの高床式住居などのヴァナキュラー建築は、地場の材料を使って建設し、冷暖房に石油も使っていませんから環境負荷Lが大変少なく、CASBEE評価は自ずと高くなります。それらの住まいは、5つ星から1つ星の5段階評価のうち4つ星に相当するほど優秀で、環境効率の点で大変優れています。それを現地の人に伝えると「自分たちの建築文化の優秀さ、独自性が評価された」と喜んでもらえます。現代の都会に暮らす日本人がヴァナキュラー建築の住まいに暮らすのはQの面でやや難しいかもしれませんが、当時の生活文化のなかで暮らす人々にとっては決して〝我慢の省エネ〟ではなかったと思います。

豊貞　以前、研究の一環でモンゴルへ行った際にゲルを訪れましたが、外壁が布で覆われていて、開口部は出入口のドアだけで窓はひとつもありません。水も井戸から汲んできて、室内でエネルギーはほとんど使っていませんでした。

村上　ゲルのCASBEE評価は試みていませんが、環境効率はおそらく高いと思います。日本の民家もそうであったように、昔の人々は極めて環境負荷が少ない効率的な生活を送っていました。産業革命以後、安価な化石エネルギーを安易に使いすぎた結果、現在のような地球環境問題が起こってしまった。だからといってエネルギーを使うなとは言いません。現代人が生きていくにはある程度のエネルギーは必要です。省エネと環境負荷の少ない再生可能エネルギーの開発を進め、同時にQの向上を達成すれば、屋内環境についても地球環境についても、持続可能な文明を実現することができるはずです。

住宅の健康をチェックするためのツール

豊貞　CASBEEの戸建住宅には「健康チェックリスト」もありますね。住宅と、そこに暮らす人の健康の関係について評価できるチェックシートですが、こちらもとても分かりやすくつくられています。

村上　このチェックリストは住まいの健康度をチェックするツールで、CA

ＳＢＥＥのウェブサイトでも公開して[1]います。このツールで採点すれば、自分の家が健康度から見てどの程度のレベルであるか、すぐ分かるようになっています。住まいの健康度を上げることは大変重要です。たとえば、住まいの健康度を示す大切な要素のひとつとして断熱性能が挙げられます。冬の朝、寒い寝室で生活しますと血圧が上昇して循環器疾患による死亡率が高くなるそうです。しっかりと断熱を行うことにより、そうした事態を防ぎ、住まい手の健康面でプラスになります。国として考えれば、医療費や介護費の予算を減らすことにもつながります。簡単な試算ですが、日本全体で住宅の断熱向上を推進する費用には2・5兆円かかりますが、医療費・介護費は10兆円ほど削減でき、差し引き7・5兆円程度を節約することができるという報告があります。さらにコベネフィットとして、各家庭の断熱性能の向上によって省エネルギーを実現できれば、日本全体としての石油・石炭の消費量が減り大気汚染が緩和され、日本国としてのエネルギーのセキュリティ政策にも貢献します。地域社会にとっても、断熱性向上のための工事が盛んになることで工務店や大工さんなど地域の住宅産業の活性化にも有効な政策となり得ます。〝一石三鳥〟の効果が期待できるのです。

豊貞　そのためにも、ＣＡＳＢＥＥの利用がさらに拡大すればいいですね。現在の認定件数は、ビルが三百数十件、戸建住宅が百数件となっていますが、これはあくまでも認定件数であって、戸建住宅では特に認証はしていないけれども工務店や一般の住まい手が自己評価している数はかなりあると考えられます。

村上　建築基準法に従って確認申請を提出する際、20以上の自治体がＣＡＳＢＥＥ評価の提出を義務づけています。それに基づいて補助金などのインセンティブを与えている自治体もあります。このような自治体における準第三者認証として活用されている例を含めると、今おっしゃった件数よりもはるかに多く第三者認証がなされていると思います。

豊貞　ＣＡＳＢＥＥは建物の性能を評価するだけでなく、街並みや生物環境の評価も対象になっています。

村上　そこが海外のＬＥＥＤやＢＲＥＥＡＭなどの評価ツールと一線を画すところです。建物を敷地外の環境とどうマッチングさせるかを重視しています。すなわち、街の中にある建物は、私有財産といえども公共性があるから、建物のその面も評価しようという体系になっています。ですから、自治体の行政ツールとしても活用しやすいのです。国や自治体が行政ツールとして活用しているという面で、ＣＡＳＢＥＥの活躍は国際的に見て際立っています。ＬＥＥＤなどは不動産評価ツールとしての色合いが濃く、もっぱら建物のブランディングツールとして使われてい

[1] CASBEE建築環境総合性能評価システム　www.ibec.or.jp/CASBEE/index.htm

るようです。今後、環境建築をさらに普及させていくためにも、工務店や大工さんにCASBEEを理解していただき、家を建てる際の施主とのコミュニケーションツールとして使っていただきたいと思っております。そうして広く普及させることができれば、CASBEEのデータをストックし、社会全体で共有することができます。それによりCASBEE評価の高い環境性能の高い家を建てるための価値ある情報源を提供することができればいいなと考えております。オフィスビルについてはすでにそのようなデータベースができつつあります。

「足るを知る」エコ的ライフスタイル

豊貞　ところで、村上さんのご自宅はエコハウスですか。

村上　40年ほど前に建てた鉄筋コンクリートの2階建ての家で、半地下室もあります。『ディテール』という建築関係の雑誌で紹介されたこともあります。当時はエコハウスという呼び方はありませんでしたが、採光や通風には配慮してつくりましたから、エコハウスの先駆けだったと言えるかもしれません。

豊貞　素敵なお住まいなのでしょうね。

村上　築40年になります。30年ほど経った頃から経年劣化で木製サッシの隙間から大量のすきま風が入ってくるようになりました。年をとると寒さがこたえます。家の中でマフラーを巻いて凌いでいたのですが、これではいかんと思い、4、5年前にペアガラスのアルミサッシに改修して気密性を高めたら大変暖かくなりました。人間住めば都で、貧しい居住環境でもそれなりに最適化して快適だと思い込んでいる人は多いと思われます。「性能のよい居住環境が快適である」という当然のことを実感することができました。「断熱が大事」と学者の立場で言っていても、口先だけだったことを思い知りました。温熱感覚は自ら体験してみないと分からないものですね。「なるほど、こうも違うのか」とつくづく実感しました。皆さんも騙されたと思って、まずは窓の断熱性能を上げてみることをおすすめします。横浜市に「スマートウェルネス体感パビリオン」という高断熱の家と低断熱の家の違いを体感できる施設があります。一度、足を運んで体験してみるのが効果的です。

豊貞　住まいの断熱性能を向上させるのに肝心なのは窓ですからね。ご自宅を建築された当初は「エコハウス」という言葉はなかったということですが、村上さんが定義されるエコハウスとはどんな住まいでしょうか。

村上　たとえば、一年中、室温24度、湿度50パーセントに保たれている環境を提供してくれる家がエコハウスではなく、エコ的なライフスタイルを提供してくれる住まいと考えています。私たち日本人は夏の暑さや冬の寒さ、春や秋のすがすがしさを、四季を通じて感じながら生活しています。これらを概日リズム、概年リズムと言います。つまり、自然と感応しながら生きているのです。過剰な資源やエネルギーを消費することなく、自然と感応しながら生活して人間本来の生命力を刺激してくれるような住まいがエコハウスなのではないでしょうか。過剰な人工化は生活習慣病と同様な意味で、住まい手の健康面に対しても弊害を引き起こす要因になりかねません。太陽光発電を否定するわけではありませんが、屋根に太陽光パネルが載っかっているからエコハウスだという矮小化したエコを目標としないほうがいいと思います。また、スマートハウスと呼ばれる住宅も注目を集めていますが、「スマート」化が、私たちの生活にどういうふうにICT（情報通信技術）を組み込み、幸せに暮らせるネットワーク社会を構築してくれるかをよく観察する必要があります。スマート化は一軒の住宅で完結するものではなく、コミュニティと、さらには都市と連携してこそ本当のスマート化といえます。HEMS（ホーム・エネルギー・マネジメント・システム）を設置して、電力の消費動向を視覚化したからといってスマートハウスだとは言えないのではないかと。スマート化にはまだまだ検討不十分の部分があります。スマート化によって取得したデータのセキュリティの問題や、スマート化が結果的に促進することになる高齢者などICT弱者の問題もあります。都市とつながる住宅のスマート化は大きな可能性を秘めていますが、供給者側からだけでなく、需要者側からの意見も検討されるべき段階に入っていると思います。

豊貞　私もスマートマンションに引っ越したばかりですが、建物が長寿命化するなかで、HEMSをはじめとするICTがどのように進歩していくべきか、供給者側と需要者側のディスカッションの場を設けていく必要があると感じています。

村上周三：独立行政法人建築研究所理事長。著書に『ヴァナキュラー建築の居住環境性能』（慶應義塾大学出版会）。

村上　私たち日本人は「足るを知る」という生活文化を大切にして生きてきました。エコ的なライフスタイルというのは、現代版の「足るを知る」を実践する姿勢にあるのではないでしょうか。CASBEEの評価は建物の性能を表す数値指標であり、そこに暮らしている人がエコ的なライフスタイルを実践していなければCASBEEでいい得点を取った建物の実力も発揮されません。毎日を知足の生活ですごしながら、美しい地球を次世代に受け渡していく。そんなライフスタイルを心がけたいものです。

豊貞　体にも、心にも、本当に快適な住まい。それがエコハウスであり、スマートハウスなのかもしれません。「足るを知る」の心を忘れないようにすごしていきたいと思います。ありがとうございました。

「エコハウス」の可能性

小林 光

エコハウスとは名はあっても、その中身に定まったものはまだありません。自分がどう受け止めているかと言えば、人類が地球の生態系に迷惑をなるべくかけずに暮らすための住宅、むしろ可能であれば一歩進んで地球生態系のよい一部に人類がなることを助ける働きをする装置と思っています。いろいろな発想のものがありましょう。自分なりにそのような住宅の具体化に取り組んで、すでに16年になりました。

始めたのは、家を建てる機会があったときに、仕事として他人様に環境への取り組みを説く以上、自分こそ率先して実行しないと、と思ったからです。いざ実践してみると、おもしろいことが満載で、他人様に説くべきことはたくさん出てきました。以下はそのさわりです。エコな暮らしが自ずと実現するように助けてくれる心強い仲間がエコハウスです。ぜひ、みなさんも機会があれば家の環境力を鍛えて、楽しんでみてください。

家の「エコ度」を測るものさし

いろいろな発想のエコハウスがあるというのは、家のエコの度合いを測る尺度がいろいろ考えられるからです。

下賀茂神社へ、鴨長明の『方丈記』に出てくる庵（方丈）を再現したものを見に行ったことがあります。この住宅は人が長く住むには最小限に近く小さくて、使っている資源の量という尺度、そして、材料が放っておけば自然に戻る、という尺度で測ると、おそらく、地球生態系へのインパクトがとても少ないものと評価されましょう。この庵は『方丈記』に間取りなどの説明があったので現代でも復元できたのですが、組み立て式になっていて、荷車で運んで移築ができたとのことです。今でいうプレファブです。時代は下りますが、18世紀のアメリカでは、ソーローが都会を捨て「森の生活」を実践して本を著しました。彼の家も、森で取れる丸太などの小屋でした。

鴨長明の方丈

素材自体が自然親和的かという、エコ度のほかに、家の活動に伴って日々使われるエネルギーや出されるごみなどの廃物が多いか少ないか、というエコ度も考えられます。

特に最近の住宅は、重装備ですから、家全体を自然に還るものとしてつくることはなかなか難しく、家を長持ちさせるようにしつつ家の運用に伴う環境負荷は極力減らす、との対応が現実的です。その意味で、このエコ度は重要です。たとえば、エネルギーや資源は地球が授けてくれた貴重なものですので、同じ生活を営むのには少ない消費量がよいのに決まっています。また、生活の結果出されるごみも少ないに越したことはありません。壊れやすいものを使っていて、ごみをたくさん出してしまったり、捨てると自然の力では分解できないもの、生態系などに悪い影響を与えるものを出してしまったりすることは、極力慎み、減らすべきです。

このような物の出入り（フロー）の尺度としてよく使われるのは、家を維持するために必要なエネルギー（特に電力やガスの）消費量（熱量によって合算できます）、そして、電力やガスの消費量から計算するCO_2の排出量です。特に、CO_2は、エネルギーの消費量とほぼ比例して発生しますが、地球の大気に溜まってしまい温暖化を進める温室効果ガスとして一番重要なものです。このため、住宅のエコな程度を表す尺度としても特に意義が高いと思われます。日本は、２０３０年にはこれまでの排出量に比べ30％近く減らすことを公約し、また２０５０年には80％削減することを、ほかの先進国と並んで約束しています。CO_2排出量は、国際的な削減率目標に照らすことによって、家のエコ度を単に定性的にではなく、数値的にも測ることもできる便利な尺度と言えます。

ところで、家はエコであればそれでよい、というものではありません。まずは、豪雨や地震や火災から安全でなければなりません。また、エコ性能や安全性を高めるために、資金をいくらでも使ってよいというわけではありません。資金は住生活以外にも使わなければならないからです。したがって、経済性も大事な指標です。安全性、経済性、そして環境性、といった諸性能を互いに極力矛盾なく、高い水準で満たすのが、住まい手や設計者の腕の見せ所でしょう。一歩進んで、諸性能をウィンウィンの関係にできたら、大変すばらしいことです。

環境への負荷を減らす、エコハウスの決め手

家のエコ性能をまず見ましょう。特にそのCO_2の排出量には多くの専門家の関心が集まり、盛んに研究がなされています。そうした研究によれば、家自体の性能によって、家庭生活に伴って出される環境負荷は大きく変わることが分かっています。

しかし、私の経験から見ると、家の躯体自体のエコ性能をよくすることで減らせる環境負荷以外にも、家の中に置かれる設備や装置、家電の環境性能を向上させることによって減らせる環境負荷も相当にあります。さらに、家に住

む人々の行動によっても環境への負荷は大きく変わります。図3-7-1は、私の自宅「羽根木エコハウス」の建て替え前から建て替え後15年間のCO_2排出量の推移を見たものです。

羽根木エコハウスでは、住まい手の人数にでこぼこはありますが、いつも大人が4人は住んでいました。そのなかで排出量はコンスタントに減っていったように見えますが、その裏には、いろいろと違った減少要因があったのです。

まず、建て替え前の排出量に比べ、建て替え後に大きく排出量が減ったのは、これはエコハウスのもつ、主に躯体の優れた性能のおかげと言えます。我が家の場合は、これが建て替え前比30%に相当する削減となりました。2014年には、建て替え前比約80%の削減になり、2050年の国際目標を達成しました。つまり当初の30%削減に比べると、さらに50%ポイントの削減の深掘があったのです。

この削減は、この期間には躯体そのものにはほとんど手を加えていないため、躯体以外の貢献、つまり設備の一層環境性能に優れたものへの交換、そして躯体や設備の利点をうまく活用するなど、エコライフに習熟する行動によって実現できたものであると想像されます。エコな設備への買い替えや、エコライフの実践は、エコハウスの建物自体による環境負荷の削減よりも、（少なくとも我が家の経験では）大きな効果を出し得るのです。もっと踏み込んで言えば、躯体がエコハウスでなくとも、エコな設備や家電の選択、そしてライフスタイル上の工夫で、地球との仲のよい、ほかの生物たちから後ろ指をさされない暮らしが実現できるのです。ちなみに2015年暮れから2016年の初めに、断熱性を飛躍的に向上させるべく、躯体に及ぶ大規模リノベーションを行いました。この結果がどう出るか、これは来年以降の楽しみです。

さて、躯体によるCO_2削減効果に戻って、もう少し詳しく見てみましょう。図3-7-2は、我が家を建てる時に、

〈図 3-7-1　羽根木エコハウスのCO_2排出量経年変化〉

備考：詳細については環境情報科学誌44巻3号参照

このエコハウスの基本となる仕掛けを供給した『OMソーラー』が提供してくれたシミュレーションの結果です。設備とも言えますが、我が家の場合、家に一体化しているので広い意味で躯体とも言えるのが、このOMソーラーの仕組みです。これは、屋根下で生じた暖かい空気（50℃近くなります）をファンの力で家の1階の床下まで押し込んで、そこで蓄熱材となるコンクリを温め、最終的にはそこからの放射熱で家中をじんわりと暖めていく太陽熱（床）暖房の仕組みです。この仕組みでは、同時に太陽熱でお湯もできますので、太陽熱給湯もします。もちろん、日差しが少ないときは、暖房やお湯の温度は十分ではありません。そこでエアコンや給湯器も、普通の家と同じように併設し、暖房やお湯の追い焚きもできるようにしてあります。家では給湯や暖房に伴って生じるCO_2はとても多いので、ここに自然エネルギーを使うと効果てき面なのです。さらに、この仕組みを生かすために、我が家では家の断熱を徹底することにも力を入れています。後述しますが、断熱こそ、エコハウスをエコハウスたらしめる躯体におけるもっとも重要なポイントとも言えましょう。

　このような太陽熱を獲得する仕組みに加え、太陽光発電も屋根材一体型のパネルで行っています。普通の家では屋根の瓦に当たる部分が我が家では発電パネルになっており、これも躯体の一部と言えましょう。普通の家の仕様で建てた場合との比較として、これらの躯体上の取り組みそれぞれの効果をシミュレーションしてみたのが先ほどの図です。

〈図 3-7-2　エコハウス新築による削減効果予測の内訳（CO_2ベース）〉

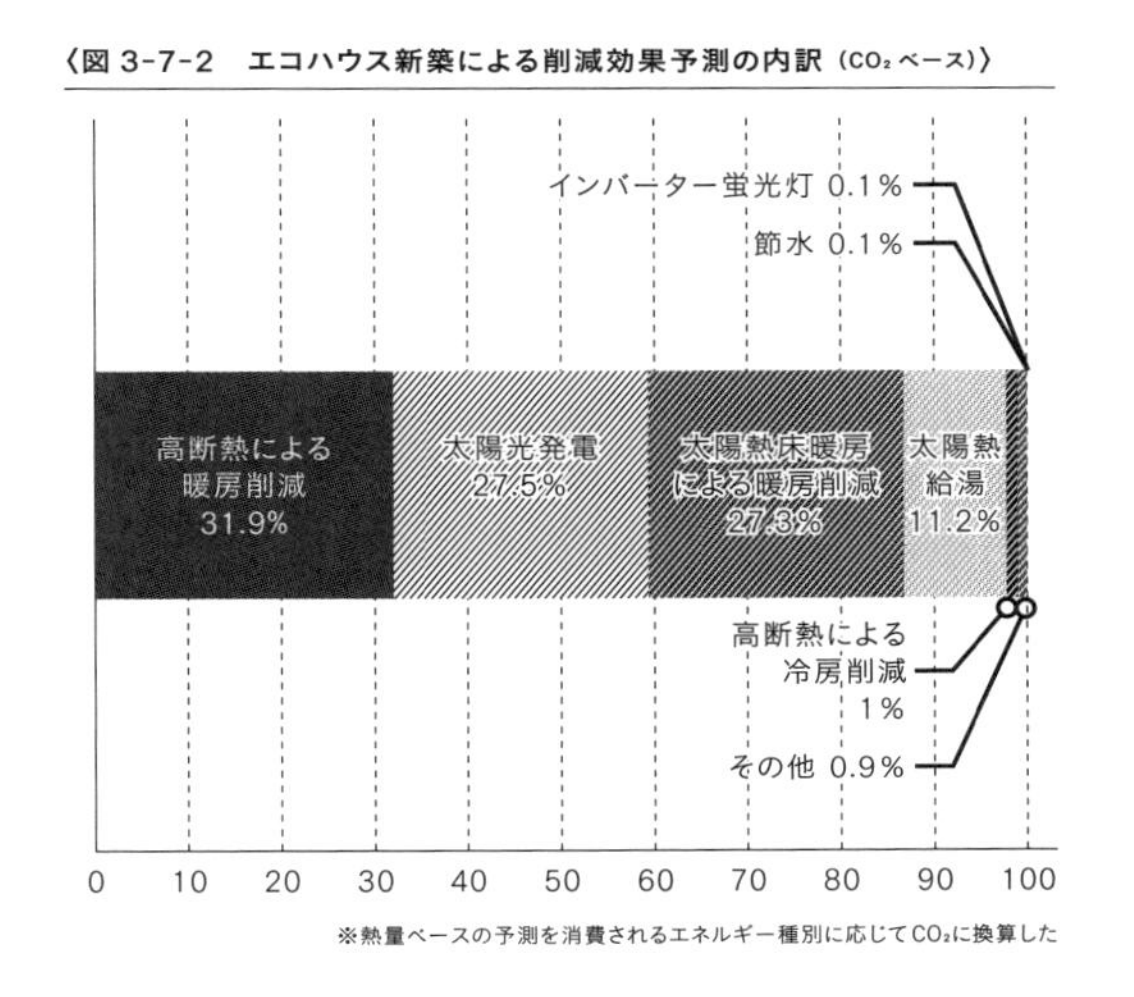

※熱量ベースの予測を消費されるエネルギー種別に応じてCO_2に換算した

〈図 3-7-3　CO_2排出量の計算式〉

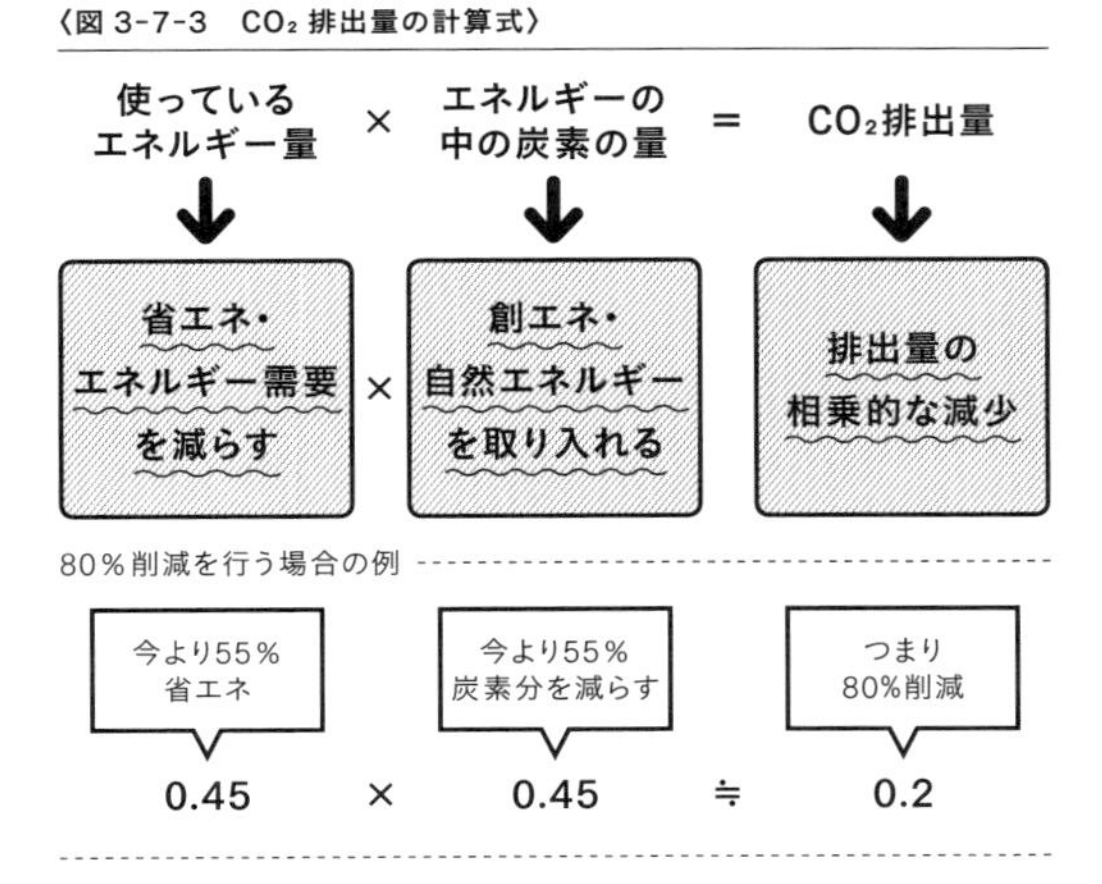

この図から分かるように、羽根木エコハウスでは太陽熱の利用がもっとも大きく削減量を稼いでいます。OM式の家がソーラーハウスとも言われるのももっともです。稼ぎの大きさで、太陽熱に次ぐのが太陽光発電、断熱でした。

エコの秘密は、掛け算の活用

ここで少し脇道にそれますが、CO_2削減が省エネなどより簡単だというお話をしたいと思います。CO_2削減と聞くと何やら難しげですが、実行すると効果は割合大きく出てくるのです。その秘密は、図3-7-3の式に隠されています。

この図にあるように、CO_2の量は使うエネルギーの量に、その使っているエネルギーに含まれる炭素の割合を掛け算することで計算されます。たとえば、前述した2050年の先進国共通の目標である80%削減を考えると、その達成にはエネルギーの量を80%減らし、かつそのエネルギーに含まれる炭素分をこれまた80%減らす、ということを同時に行うことは必要ないのです。仮にそうすれば、削減量は90%以上にもなります。なぜならCO_2排出量は掛け算で得られるので、削減の効果でも同じように、ふたつの側面での取り組みの効果が相乗的に発揮されるからです。

もうひとつおまけがあります。自然エネルギーをエコハウスが取り入れている場合を考えましょう。そもそも取り入れられる自然エネルギー量は、設備が変わらない限り決まっています。それでも、仮に省エネを進めて家の中で使うエネルギー量を減らすと、使うエネルギー量に占める（炭素を含まない）自然エネルギーの量は、黙っていても増えていきます。その結果、CO_2の排出量は取り入れる自然エネルギーの量自体が増えなくとも、省エネの割合以上に削減されることになるのです。掛け算の力です。この意味で、省エネはCO_2を減らす大前提と言えます。

それに加えて、自然エネルギーの積極利用です。この方法も頼りになります。羽根木エコハウスの自然エネルギーによる電力自給率はおよそ35%。たった2・2kW強の能力の比較的小規模の、それも北向きにある太陽光パネルでもこれだけの力を発揮します。それは、自然のエネルギーが存外豊富だからです。たとえば、我が家で使っている電力・ガスの熱量の合計は、家が立っている地面に降り注ぐ太陽エネルギーの量の10分の1にすぎないのです。また、家の地面に降り注ぐ雨の量は、実際に使う水道の量とほぼ同じです。自然の恵みをうまく取り入れれば、掛け算のレバレッジを効かせて環境への負荷をもっと大きく減らすことができます。

脱線ついでですが、私は大学で、しばしば「日立のエコは足し算、私のエコは掛け算」と話して、掛け算の威力を際立たせ、さらに掛け算を成り立たせるための条件を説明しています。「日立のエコは足し算」という広告のフレーズは有名なので、みなさんも聞いたことがあるでしょう。日立の名誉のために正確に述べると、日立の製品は「エコは当たり前、それだけに甘んじることなく、プラスアルファの付加価値を提供します」という意味だと思います。しかし、話をおもしろくするため「私のエコは掛け算」と述べて、その効果をアピールしています。いずれにせよ、エコライフを実践すること、ここではCO_2を削減することですが、これは省エネよりももっと簡単に努力に報いるものだ、と気楽に構えていただけると幸いです。

家電などの買い替え効果はとても大きい

これまで家の躯体という、手を加えにくい部分から生じるCO_2削減効果を見てきましたが、地球と仲のよい暮らしをするうえでは、より簡単に使える方法があります。それは、家電などを最新型のものに買い替えることです。

羽根木エコハウスでも、いろいろな理由で多くの家電の買い替えに迫られました。たとえば、電気冷蔵庫の大型化、湯沸かし器の保証期間の終了、地デジへの変更に伴うアナログのブラウン管テレビからデジタルの液晶テレビへの買い替え、壊れてしまったガスエンジン・ヒートポンプのエアコンから電力駆動のヒートポンプ・エアコンへの変更などです。図3-7-4はビフォー・アフターの比較です。個々の機器に電力消費を測る計器をつけて実測した結果です。

ここに見るように、すべての買い替えに伴って電力などの消費量は減っていきました。技術進歩があるのです。たとえば、暖房便座の更新、交流モーターの扇風機から直流モーターの扇風機への買い替え、ブラウン管テレビから液晶テレビへの変更などは、その節電効果を知ってあえてしたものですが、大きな効果を生んでいます。ガス湯沸かし器も、新築時には製品自体がなく、それ以降に登場した「エコジョーズ」に交換しました。各所の白熱球や蛍光灯は、切り替えることができる箇所についてはランプの寿命がくるたびにLEDに交換しました。最近行った一例は、子ども部屋のコンパクト蛍光灯の天井ダウンライト4箇所をLEDに替えましたが、1箇所あたり48Wから18・6Wと60%以上の削減になりました。また節水のためにシャワーヘッドを節水型のものへ切り替えたところ、水消費全体を10%近く減らしました。それだけでなく、造水や配水に伴って水道局が出すCO_2を減らすことはもちろん、お湯を温めるためのガス消費も減らすので、効果の幅が大きな取り組みだったと気づかされました。このほか、気がつかない点ですが、ガスレンジのガス消費量、換気扇の消費電力など、古くからの技術なのでとても削減余地はないと思うものでも、それぞれの会社の技術者の努力の結果でしょうか、電力やガスの消費量も減っていて結構驚かされます。

一つひとつは細かい削減なので、なかなか計算は難しいですが、羽根木エコハウスでの新築以前と比べたCO_2削減量の約半分は、このような機器レベルの更新で実現されたと想像しています。

家電などを買い替えることはもったいないような気がします。しかし日本の場合は、家電は部品などに戻され、全部がリサイクルされて無駄なことにはなりません。むしろ、古い家電を使い続けることで、かえって電力やガスを無駄に使うことになり、それこそもったいないことになります。古い家電を思い切って買い替えることもエコライフの実践と言えます。

エコなライフスタイルは、どれだけ効くか

家の躯体、家にある設備の更新、家電の買い替え以外にも、地球によい暮らしを実現する方法があります。それは、日常生活での行動、ライフスタイルでの配慮です。

屋外が気持ちのよい気候のときは暖房や冷房を使わず、窓を開け放って換気をする、あるいは照明などの必要のない部屋ではこまめにスイッチをオフにする、といったことが考えられます。

家で電力消費が大きい機器と言えば、まず冷蔵庫です。我が家では冷蔵庫が自分を冷やすのに無駄なエネルギーを使わないよう、冷蔵庫に日光が直接当たらないよう気をつけています。開け閉めの回数を減らすのも有効です。

家庭で次に大きなエネルギー消費は暖房によるものでしょう。我が家では暖房手段がいろいろあるので、部屋がすぐに暖かくなることを望まなければ薪ストーブに火をつけてエアコンの電力消費を避けることもできます。薪ストーブがなくとも、エアコンの風力設定を自動ではなく弱にすることで、エアコンの立ち上がりの電力消費を節約できます。図3-7-5は、我が家羽根木エコハウスでさまざまある暖房の仕組みを最適に運用するべく、新築以来試みてきた結果を示したものです。

〈図 3-7-4　買い替えによる削減効果〉

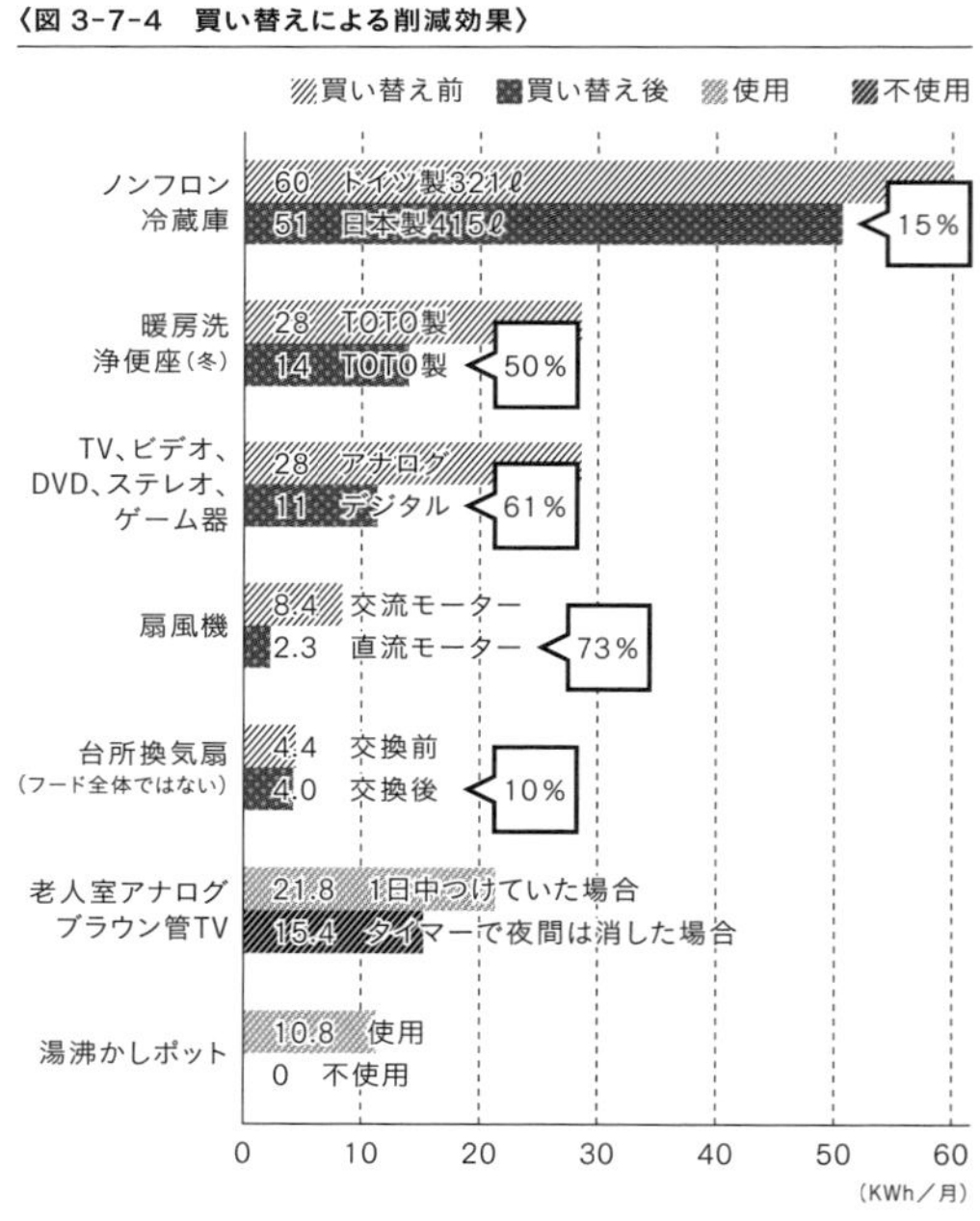

〈図 3-7-5　年ごとの寒さと暖房エネルギーとの関係〉

標準気象データ／OMなしの場合の小林宅(シミュレーション)
2000年度から2005年度まで
2006年度から2011年度まで
暖房用ガス使用量(㎥／年)
暖房ディグリーデー(度日)
暖かい ←
→ 寒い

横軸は、暖房ディグリーデーという指標で、その年ごとの暖房の必要度を、一定の気温を下回った日の下回った程度の積算値で表わしています。縦軸は、実際に暖房のために動かしたガスエンジン・ヒートポンプ・エアコンの消費ガス量です。居住年数が長くなってからのほうが、エアコンを使う量が減っていることが分かります。空調用のガスの消費量で10％程度、家全体からのCO_2量で見ると1・3％程度を、エアコンの使い方の工夫で稼いだと言えましょう。

このように、生活行動でのちょっとした工夫も、馬鹿にはできません。いろいろと積み重なると、家全体の排出量を10％程度は引き下げる効果があると実感しています。エコライフの実践的なアイデアについては、いろいろな本が紹介しています。ここでは紙面が乏しいので割愛しますが、ぜひそうした本に目を通していただけたらと思います。

エコハウスの健康性能、安全性能、経済性能をチェック

家を環境の側面だけで評価することは、最初に書きましたようにおすすめすべきことではありません。家はいろいろな性能を満たすことが必要です。これらとの関係にも簡単に触れたいと思います。

まずは、健康との関係です。エコハウスは健康住宅だ、と自信をもって言いたいと思います。それは、エコハウスのイロハのイの断熱が、家の中の温度分布のムラをなくすからです。寒さに遭遇することで家庭内で頻発する脳溢血、あるいは心臓発作などを抑止します。私自身もエコハウスを新築する前に住んでいた公務員宿舎では断熱がまったく施されていなかったため、冬の朝は起きるとまずは暖房機の前に座って体を温めるという、いわば変温動物のような暮らしをしていました。それが引っ越し後は、結露もしないガラス越しに雪見酒を嗜むことができるようにまでなる変化を経験しました。

安全性能はどうでしょう。この点でもエコハウスは有利です。電気やガスが完全に遮断されても、断熱のおかげですごしやすく、屋根に太陽光発電パネルがあれば、停電時には自立運転に切り替えてある程度の電力を自給できます。

健康にもよく安全だ、となると、一番心配なのがお財布への負担です。エコハウスには普通のお宅以上の設備が持ち込まれていますので、そうした心配はもっともです。しかし経済性の面でも、エコハウスは優れていると思います。

我がエコハウスは16年以上も前、まだ20世紀の間に設計され、建築されたものなので、環境設備の性能も今より劣り、価格も高かったため今の状況とはかけ離れていますが、我が家の環境対策に追加的に必要となった出費は950万円強でした（そのうち140万円近くは投資直後に補助金で回収）。この追加出費は、実は普通のお宅と比べて安くなった電気ガス水道の料金支払いによって、取り戻されていくものです。現在の計算ではあと数年、すなわち新築後20年ほどでもとを取り、以降はむしろ儲かる予測です。我が家と同程度の環境性能の家を今建てるとすれば、追加出

費は半額ですむでしょう。当時よりは補助金が少なくなっていると思いますが、それにしても20年以内でもとを取ることはできるでしょう。

ついでですが、エコハウスになると毎月の検針票が楽しみになります。去年の同時期に比べて消費量が何％少ないかがちゃんと書いてあるからです。エコハウスであることが消費節約の励みを生むのです。最近はＨＥＭＳという時々刻々の電力やガスの消費量を測って表示してくれる機械もあり、励まし効果も高まっています。

確かに数百万円の初期投資の増加は辛いです。しかしこれを銀行に預けていても、年に０・02％といったわずかな増え方しかしません。他方、20年でもとが取れる投資は30年間ではおそらく総額で50％程度の利益を生むので、単利で見ると１・６％もの利回りです。この値段のなかで健康も安全もついでについてきます。いかがですか、よいお買い物ではありませんか。

エコハウスは、自然と仲よくなれる家

エコハウスは断熱が施され、設備がいっぱいで、自然とは隔絶した息詰まる住空間だと思う人もいます。最後にこの点の私の印象を述べましょう。

当然ですが、室外環境がよい季節は一般の家と同じように窓を開け放っておけます。そして太陽光発電や太陽熱で沸かしたお湯を楽しめます。我が家では風が吹けば風車が発電し、雨が降れば雨水タンクに水が溜まります。太陽が輝けば、また風が吹いても雨が降ってもうれしいことばかりです。エコハウスとは、地球に迷惑をかけるところが少ないだけでなく、自然のうつろいに身近になる家でもあるのです。我が家ではさらに、雨がかりのテラスを断熱用に緑化したり、坪庭ビオトープを設けたりして、蝶や野鳥が遊ぶように植栽を工夫しました。おかげで家の窓から見た蝶の種類は30種近くにもなりました。家は一歩進んで、自然とこちらのほうから仲よくするための場所にもなるのです。家を基地に、宇宙船地球号のよい乗組員に人類がなれるように、仕掛けていきましょう。

（ちなみに、エコハウスのすばらしさを他人様にも直接お伝えしたく、「羽根木テラスＢＩＯ」というエコ賃貸をつくりました。高断熱で、住み手が太陽光発電を使え、広い緑のビオトープが広がります。自然とつながるのは気持ちがよいです。）

我が家の南側外観。落葉樹は、夏は日射のダイレクトゲインを和らげ、冬は陽光を取り入れる、天然の便利なカーテン。

こばやし・ひかる
１９４９年東京都生まれ。慶應義塾大学経済学部卒業。東大まちづくり大学院修了。工学博士。73年環境庁（当時）入庁。地球温暖化対策、エコまちづくり、グリーン経済などを担当。２００９年に環境事務次官に就任。現在は慶應義塾大学大学院特任教授。

家電から広がるエコな暮らし

東芝　奥村明子
（株式会社東芝 コーポレートコミュニケーション部）

東芝は、すべての事業で環境負荷低減への取り組みを進めています。これまでに生み出された数々の日本初の技術や、家事をサポートしてきた身近な家電製品も例外ではありません。快適で豊かな暮らしと家庭のエコを両立させるために、さまざまな技術が開発され、環境負荷が低く付加価値が高い製品を提案し続けてきました。

家庭の電気を視覚化してエコロジー

まず、家庭での機器別電気使用量の内訳を見てみましょう（第1章、図1-7）。冷蔵庫、照明、テレビ、エアコンの順に大きいことが分かります。ライフスタイルや製品の使い方によっても消費電力は変わってきますが、家庭でのエコ対策は消費電力の状況を知ることから始まります。HEMS（Home Energy Management System ホーム・エネルギー・マネジメント・システム）を使うことで家庭の消費電力をリアルタイムで知ることができ、省エネの意識が高まります。

HEMSは家電製品をネットワークでつなぎ、分岐ブレーカーごとの消費電力をテレビ画面やタブレット、スマー

東芝HEMS PC・タブレットでの表示画面

〈図 3-8-1　冷凍冷蔵庫 GR-J610FV と当社 6 ドア従来機種との年間消費電力量比較〉

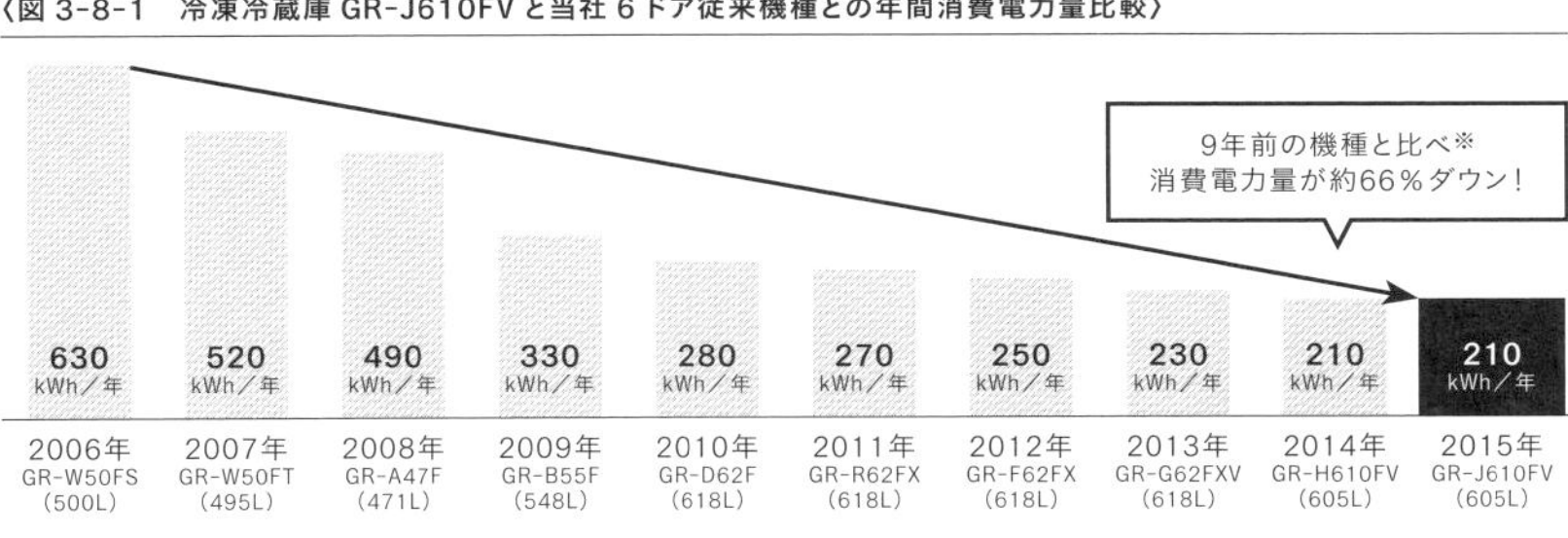

※ 年間消費電力量はJIS C 9801測定基準によります。

（参考）
東芝レビュー：Vol66,No.1　ecoスタイルを実現する家電技術
プレスリリース：肉・魚・野菜の鮮度を長持ちさせる「マジック大容量」の冷凍冷蔵庫の発売について　www.toshiba.co.jp/tha/about/press/150804.htm

トフォンなどに表示して視覚化します。東芝ホームITシステムの「フェミニティ倶楽部」を利用すれば、外出中に携帯電話でエアコンや給湯器の遠隔操作、電気錠の確認などのセキュリティ機能を使うことも可能です。日常生活のなかで電気を効率的かつ安心して使用できるHEMSの技術は、電気代の節約だけでなく、CO_2の削減にもつながります。

冷蔵庫で食のエコロジー

常に通電していることが前提の冷蔵庫は、エアコンや照明のようにこまめに消すといった能動的な省エネが難しく、製品そのものの省エネ性能が重要です。

一般に、冷蔵庫は冷凍用の冷却機で冷凍室、冷蔵室、野菜室のすべてを冷却しています。東芝の冷蔵庫では、独自技術の「W－ツイン冷却」により、冷蔵庫・野菜室と冷凍庫をそれぞれ専用の冷却機が冷やします。この技術により、室内の温度を安定して保ち、食材の鮮度を長持ちさせます。

チルド室や野菜室はそれぞれ専用に設定した高湿度の冷気で効率よく冷やします。野菜室の室内は常に95%以上の湿度に保たれ、野菜を乾燥から守ります。生鮮野菜はエチレンガスにより劣化が促されますが、これを防ぐために光触媒を利用してエチレンガスを分解し、水と二酸化炭素を生成する機能も搭載しています。室内の二酸化炭素濃度を高め、酸素濃度を大気よりも低くすることで、野菜の呼吸活動が抑制され、鮮度が保たれます。東芝の冷蔵庫は、省エネとともに、食品の鮮度を保つことで食品ロスを減らし「食のエコ」にも貢献しているのです。

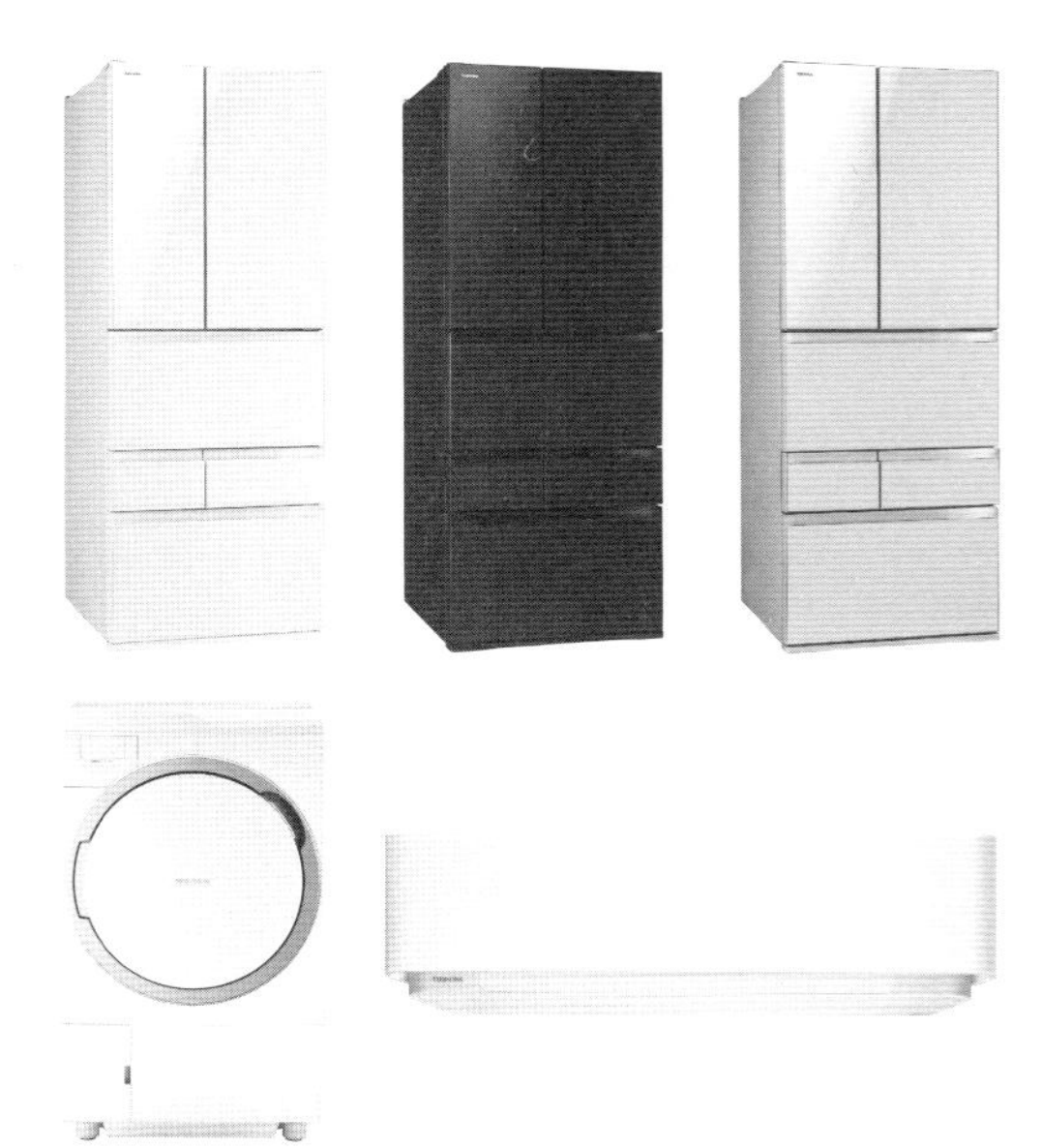
上／冷凍冷蔵庫 FVシリーズ　右下／プラズマ空気清浄機能付きエアコン DRシリーズ　左下／ドラム式洗濯乾燥機 TW-117X3L (ww)

エアコンで消費電力をコントロール

エアコンは、設定温度を下げすぎず、また上げすぎないことが省エネのポイントです。東芝のエアコンは、室内環境に応じて自動的に消費電力をコントロール。部屋にいる人の位置と活動量を感知するセンサー、室内の明るさを判別するセンサーなど、独自のセンサー技術により、部屋の状況を検知して、気流の向きや温度を自動で調整します。モードを設定すれば、もしエアコンを消し忘れて部屋を離

（参考）
プレスリリース：約30秒で高温風が吹き出し、「パワフル気流」ですばやく暖まるエアコンの発売について　www.toshiba.co.jp/tha/about/press/150827.htm
プレスリリース：洗濯容量11kg、乾燥容量7kgで、スリムボディのドラム式洗濯乾燥機の発売について　www.toshiba.co.jp/tha/about/press/151019.htm

れた場合でも、自動的に運転を弱めたり、停止したりして電気の無駄使いを防ぎます。

運転停止後には、エアフィルターの清掃、送風路のカビ発生を抑制する乾燥運転が自動で起動し、プラズマで低濃度オゾンを発生させて内部を脱臭します。いつもきれいな状態で運転することで、さらに省エネ性能を高めます。

東芝は、エアコンの心臓部であるコンプレッサーに2シリンダーと1シリンダー運転の自動切り替え機能を搭載し、効率的に運転する独自の技術を開発しました。扇風機並みの低消費電力45Wで冷房・暖房ができ、停止中の予熱運転を活用することで、暖房起動後には約30秒で暖かな風を送り出すことができます。

温度と湿度の変化に応じたきめ細かい省エネコントロール機能により、電力のロスや温湿度の変化を抑制し、最少能力0・2kW（20畳以上の大型クラスは0・3kW）で運転することができます。低炭素住宅認定プログラム[1]でも、エネルギー消費量の少ないエアコン「容量可変型」に認定され、その性能が高く評価されています。寒冷地用モデルも開発し、地域に適した省エネを提案しています。

洗濯乾燥機で節水・節電

東芝のドラム式洗濯乾燥機は、洗濯槽の外側が親水性ガラスコートでコーティングされています。このコーティングの効果で洗濯槽を清潔に保つことができ、衣類の汚れ落ちもよくなり、洗濯時の省エネ・節水につながります。

洗濯乾燥機には、モーターの回転数を磁力で変化させる東芝独自の技術が搭載されています。このモーターが洗濯時と脱水時の回転数を自動で制御し、高い洗浄力を保ちながら短時間で静かな運転を可能にしています。このほか、ヒートポンプユニットや振動吸収クッション、各種センサーなどの技術で、洗濯から乾燥までの時間を短縮し、省エネを実現します。

また、一部の機種は前述の東芝ＨＥＭＳと接続することで、故障予知や乾燥フィルターの詰まり、洗濯終了などを携帯電話にメールで通知するサービスが利用できます。

冷蔵庫やエアコン、洗濯機などの使用年数は平均約10年と言われます。使用済みの家電製品は、回収され循環資源として再生されます。リサイクルでは、鉄、銅、アルミニウムなどの金属資源がこまかく選別されます。エアコン１台をリサイクルして回収できるアルミニウムは、３５０mℓのジュース缶で約２５０本分に相当します。

金属のほか、プラスチックも選別され、再生資源となって新たな製品へ生まれ変わります。東芝の冷蔵庫や洗濯機では、内側の部分に再生プラスチックを活用しています。目に見えるところも見えないところも、東芝は、さまざまな取り組みで資源型循環社会に貢献しています。

おくむら・あきこ
東京都生まれ。１９９０年、株式会社東芝に入社。営業職を経て、社内ベンチャーにてニュースサイトの編集に携わる。復職後はコーポレートコミュニケーション部にて企業情報や社内報などのコンテンツ制作を担当。

[1] 独立行政法人建築研究所（協力：国土交通省国土技術政策総合研究所）発行の住宅・住戸の省エネルギー性能の判定プログラム
（参考）東芝環境ソリューション株式会社家電リサイクル ホームページ　www.toshiba-tesc.co.jp/recycle/home_appliances.htm
（協力）株式会社東芝 生産技術統括部 環境推進室 小林由典

エネルギーを生産する家

パナソニック　阿尾直樹

（パナソニック株式会社　エコソリューションズ社情報渉外部）

消費電力は約5000kWh[1]ですので、4〜5kWの容量のシステムを設置すると、住宅で使用する電力の大部分が太陽光発電でまかなえることになります。[2]

太陽光発電システムは、太陽が出ている朝から夕方まで発電します。発電した電気は家庭で使いますが、余った電気は電力会社に買い取ってもらえます。2012年7月に固定価格買取制度がスタートし、太陽光発電システムで発電した電気は一定期間（出力10kW未満の場合10年間）、設置時に決められた単価で電力会社に買い取ってもらえるのです。太陽光発電システムの導入にかかる費用は、発電して自宅で使用する分の電気代と電力会社への売電収入と合わせて、10年間で元が取れるとされています。

進化する太陽電池とそのシステム

意外に思われるかもしれませんが、一般的な太陽電池は、高温時には発電効率（光エネルギーから電気エネルギーを取り出せる割合）が低下します。カタログ上の変換効率は25℃での値となっていますが、真夏は太陽電池パネルの表面温度は80℃にも達するため、カタログ値から2〜3割効

日本の最新スマートハウス

環境負荷の少ない住宅として、最近注目されているのが、スマートハウスです。スマートハウスに明確な定義はありませんが、一般的に、太陽光発電システムや蓄電池、燃料電池などのエネルギー設備を備え、HEMS（Home Energy Management System）と呼ばれるIT機器を使ってこれらの設備や家電機器などをコントロールしたり、エネルギーマネジメントを行ったりすることで、省エネルギーで快適な生活を実現する住宅のことを言います。

太陽光発電システムは、太陽の光エネルギーから電気を創出するので、発電時に地球温暖化の原因となるCO_2やほかの排気ガスを排出しません。屋根に太陽電池パネルを設置すれば、住宅が小さな太陽光発電所になります。

日本の一般的な住宅に設置されている太陽光発電システムの発電出力は、平均で4〜5kW（資源エネルギー庁データより推定）。地域や日照によって異なりますが、おおかた日本では、出力1kWのシステムで1年間に1000〜1200kWhの発電が期待できます。一般家庭の1年間の平均

[1] 太陽光発電協会表示ガイドライン（平成27年度）
[2] 使った電気の総量（電力量）は、何kW（キロワット）の電力を何時間使ったか掛け算で計算されます。消費電力1kWの機器を1時間使用すると、1kWh（キロワットアワー）の電力量となります。

率が下がります。

パナソニックの太陽電池「ＨＩＴ」は、独自のセル構造により、変換効率が国内トップクラス（最高19・5％）であるだけでなく、高温時の出力低下が少ないという特長をもちます。同じ屋根面積に設置した場合の年間の実発電量は、一般的な結晶シリコン系太陽電池より多く、設置できる屋根面積に制約がある日本の住宅に適した太陽光発電システムと言えます。

太陽光発電システム単独では、発電した電気は昼間しか使えませんが、蓄電池があれば、昼間余った電力を蓄電池に蓄えて、夕方や夜間にその電気を使うことができます。また、災害などで停電になったときには、主な居室の照明（ＬＥＤ）と情報入手に必要なＴＶ、スマートフォンの充電など、生活に最低限必要な電力を確保できます。天気がよい日が続けば、昼間の余った電気を蓄電池に充電することで、長期間電力を供給することも可能です（冷暖房などは除く）。

最近は、さまざまなメーカーから住宅用の蓄電システムが販売されています。住宅用蓄電システムは、太陽光発電システムと併せて設置するとメリットが大きいため、太陽光発電システム購入時に合わせて、蓄電システムも購入する家庭が増えています。

エネルギーの地産地消に向けて

もうひとつ、普及が進んでいる創エネルギー機器が燃料

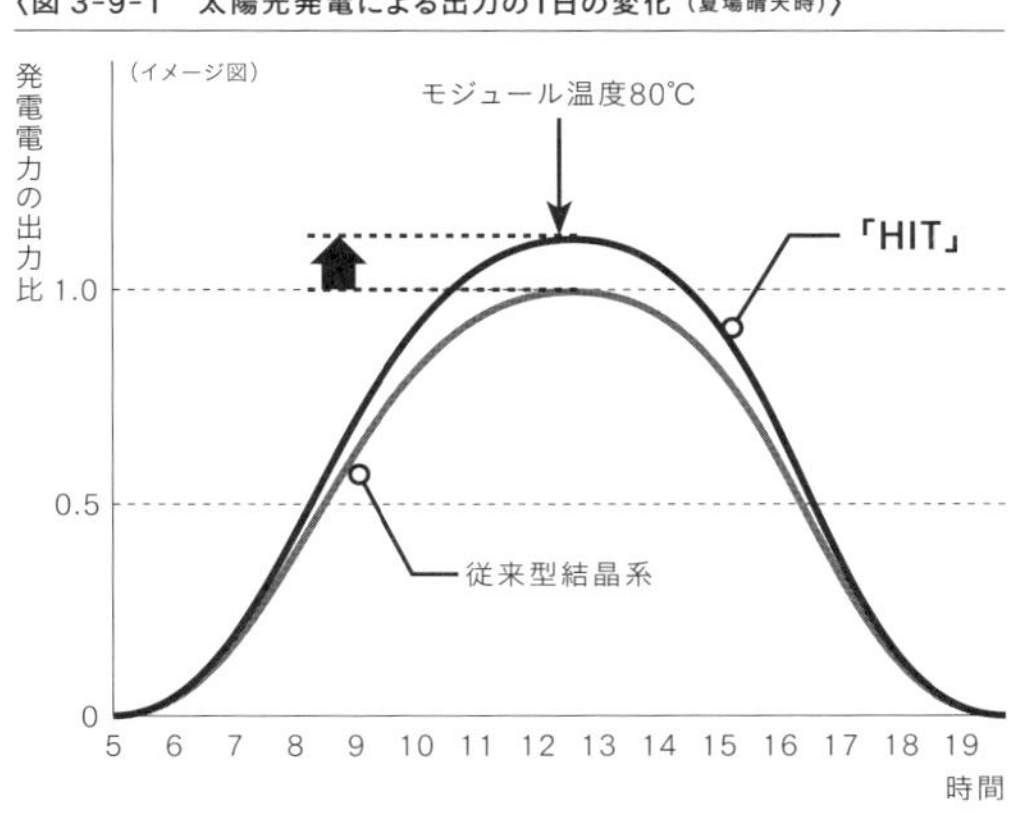

〈図 3-9-1　太陽光発電による出力の1日の変化（夏場晴天時）〉

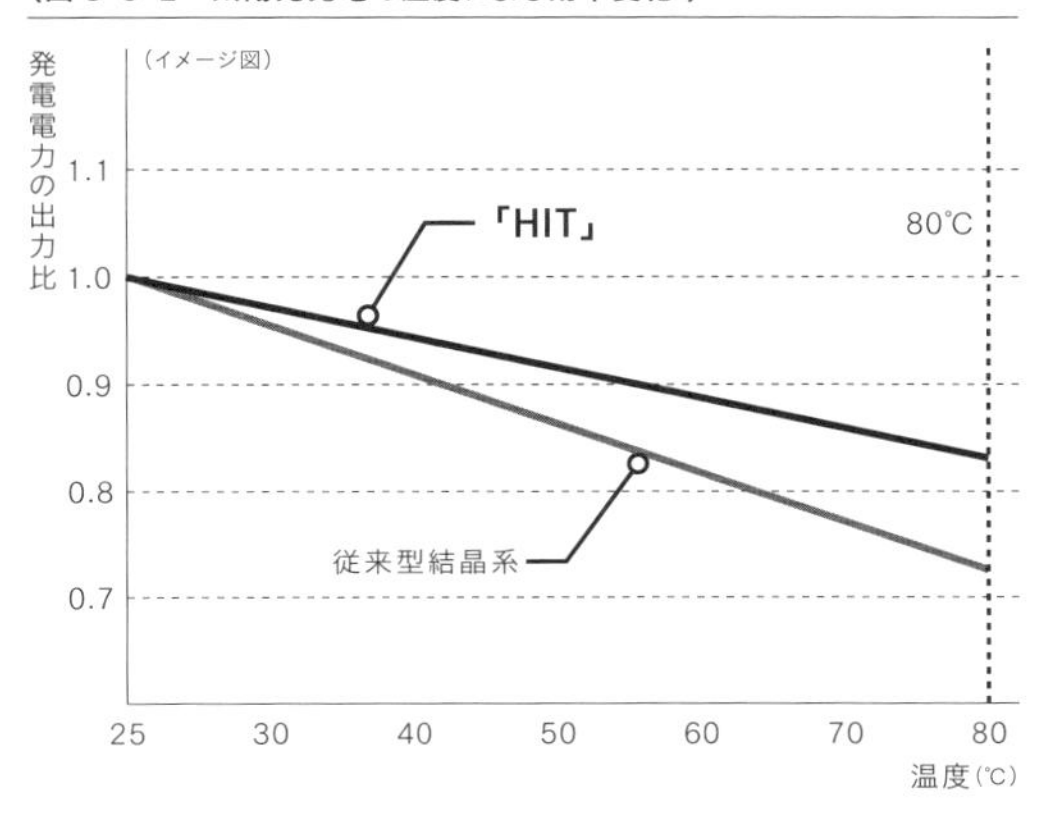

〈図 3-9-2　太陽光発電の温度による効率変化 〉

電池です。住宅用の燃料電池はエネファームと呼ばれています。

燃料電池は、水の電気分解の逆の化学反応を利用することで酸素と水素を化学反応させ、電気をつくり出すシステムです。化学反応によって発電時に発生する熱を利用してお湯をつくります。水素は、家庭に供給されている都市ガスやＬＰガスからエネファームの中でつくります。つまり、エネファームは高効率なガス給湯器と、ガス発電システムというふたつの機能をもつシステムということになります。発電時に出る廃熱を熱エネルギーとして利用できるため、エネルギーの利用効率がよく、総合エネルギー効率は90％以上。家庭の1年間のCO_2の排出量を大幅に削減できる、環境への負荷の少ない機器です。

太陽光発電システム、蓄電池、燃料電池を備えたスマートハウスも販売されています。発電量が天候に左右される太陽光発電の弱点を燃料電池が補完し、通常時はより効率的にエコロジカルで快適な暮らしを実現でき、災害時にも、安心して電気を使うことができます。

太陽光発電システムや燃料電池などの創エネルギー機器や蓄電池を使用することで、家庭のエネルギーコストが削減できるのはもちろんですが、エネルギーの地産地消が普及していくことで、日本の大きな課題であるエネルギー自給率の向上や、CO_2排出量の大幅削減も実現に近づくことでしょう。パナソニックでは、太陽光発電システム、蓄電池、燃料電池、それらを制御するＨＥＭＳの技術開発を進め、創蓄機器とエネルギーマネジメントによる、住宅での地産地消実現によるエネルギー問題の解決を目指しています。

〈図3-9-3　燃料電池の仕組み〉

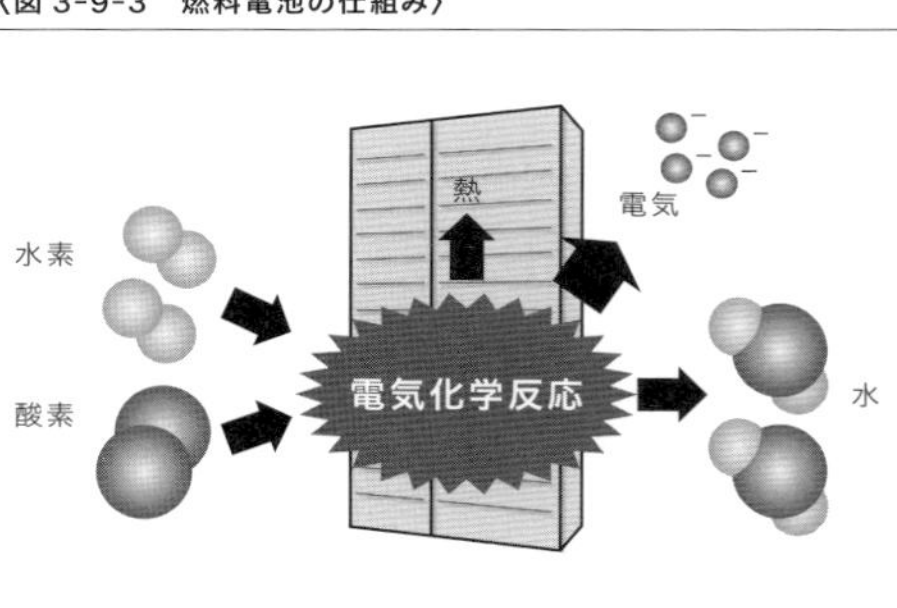

あお・なおき
パナソニック株式会社エコソリューションズ社情報渉外部　新エネ・省エネ開発事業担当。1990年松下電工（当時）入社。通信関連機器の技術開発、新規事業企画推進、住宅エネルギーマネジメント関連の技術開発、事業企画などを経て現職。

住まいと水のいい関係

TOTO　光田尚史
（TOTO株式会社 ESG推進部 環境商品推進グループ 企画主幹）

トイレで節水

トイレや風呂、洗面所、台所など、家庭の水まわりには共通点がある。それは皆が使うこと、そして毎日使われること。毎日使う場所だからこそ、気持ちよく使え、使うことで環境に負荷を与えないことが大切になってくる。

家庭の水まわりでは、どれくらいの水を使っているのだろうか。国土交通省の調査によると、家庭での水消費量は、トイレ28%、風呂24%、炊事23%、洗濯16%と、トイレで使う量がもっとも多く、風呂がそれに続く。

まず水使用量がもっとも多いトイレの水使用について見ていこう。毎日使う家庭のトイレを節水につなげることはなかなか難しい。単に水量を減らせばいいわけではないからである。水量を抑えると、排水枡まで汚物がしっかりと搬送されない、トイレに汚物が残ってしまうなど、洗浄能力や衛生面での問題が出てくる。

40年程前、一般的な家庭におけるトイレの1回の洗浄水量（大）は約13Lであった。2Lのペットボトル約6・5本分である。TOTOは、洗浄能力や衛生性を維持しつつ、

〈図 3-10-1　家庭での水消費量〉

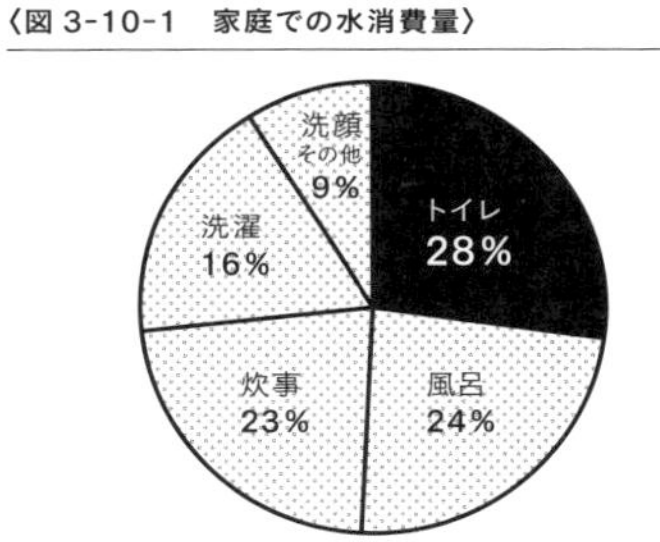

出典：国土交通省水資源部 日本の水資源2013

〈図 3-10-2　家庭におけるトイレの洗浄水量（大洗浄1回あたり）〉

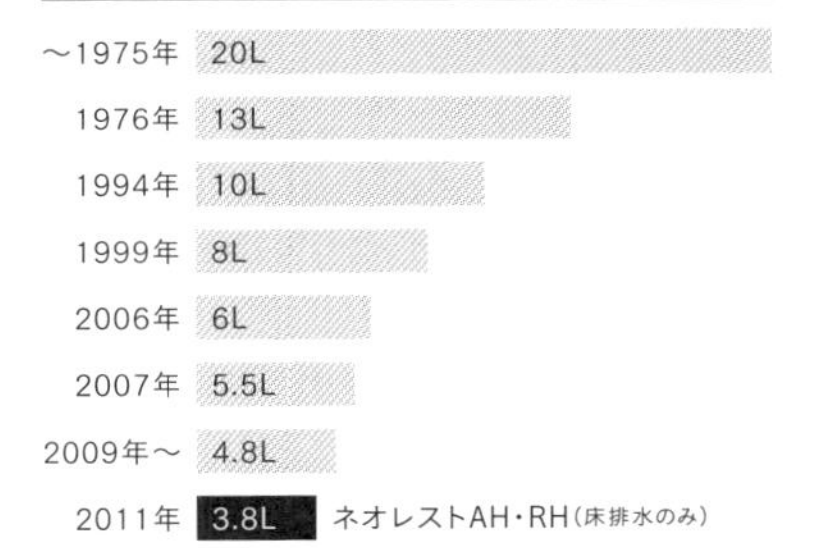

〈図 3-10-3　ハイブリッドエコロジーシステム〉

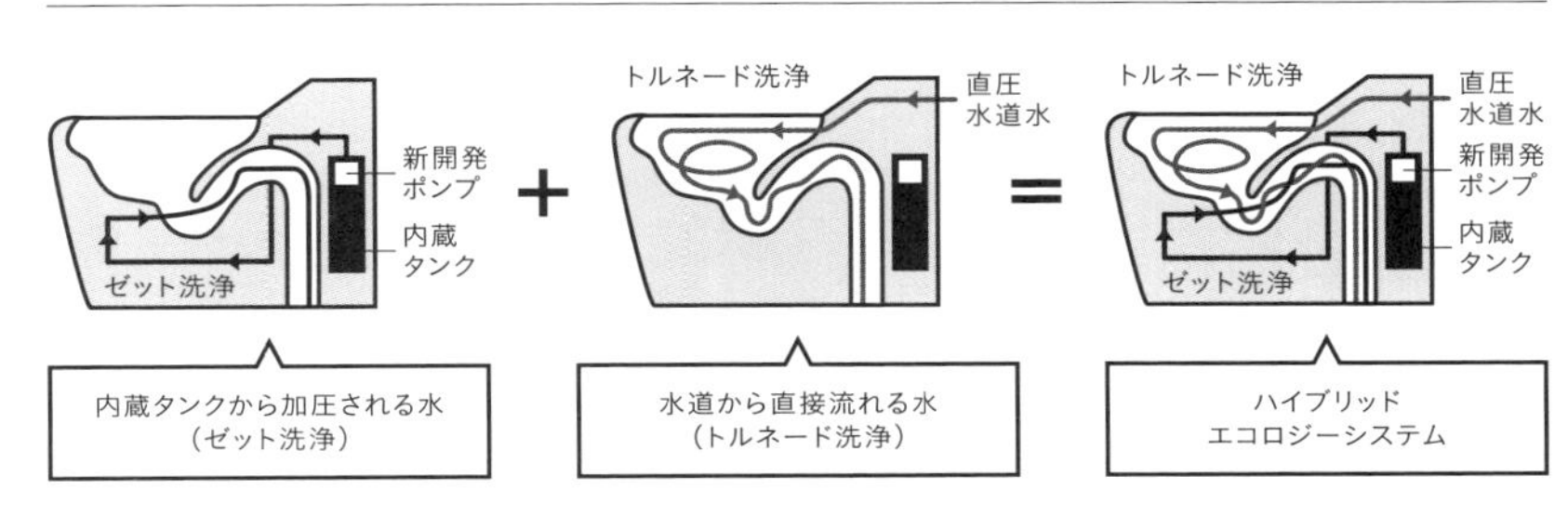

洗浄水量を減らすトイレの技術開発に取り組んできた。1999年に8L洗浄のトイレが開発され、今では3・8L、ペットボトル約2本分で流せる節水型のトイレが誕生した。これには内蔵タンクから加圧される水流（ゼット洗浄）と、水道から直接流れる渦状の水流（トルネード洗浄）のふたつの水流を合わせることで洗浄能力を高める「ハイブリッドエコロジーシステム」という新しい洗浄技術が用いられている。この節水型トイレを使うことで、ストレスもなく、従来品[1]に比べ、年間で風呂200杯分、金額換算で年間約1万5000円の水道代が節約できるようになる。

風呂で節水

風呂で使われる水量はどれくらいだろう。1980年代のシャワー水量は約10L／分だったが、現在の技術では約6・5L／分と35%抑えられている。

シャワーもトイレと同様、単に水を減らせば節約になるというものではない。シャワーを浴びたときに快適と感じるためには、一定量の水量が必要となってくるからだ。そこで快適性と節水の両立をめざして開発されたのが「エアイン」という技術であった。シャワーヘッドの吸気口からエアを吸引し、水圧エネルギーを使って空気を水に効率的に混合することによって、より大きな水粒を生成する。空気を含んだ大きな水粒が身体に当たることで十分な浴び心地が体感でき、なおかつ節水もできる。

シャワーの節水は、水の節約だけではなく、お湯をつく

〈図 3-10-4　従来のシャワーと「エアイン」シャワーの比較〉

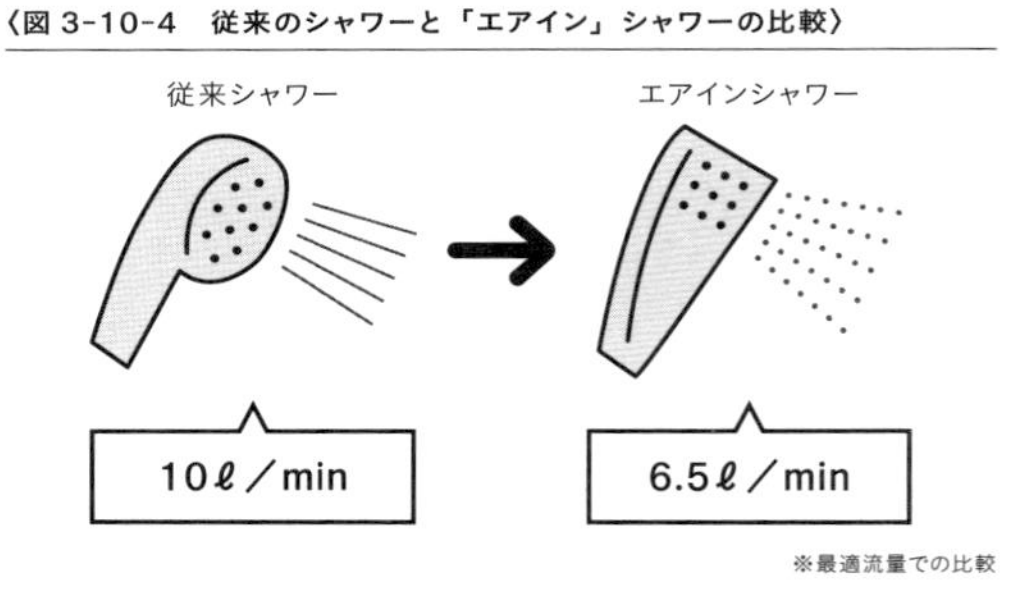

〈図 3-10-5　「エアイン」シャワーの構造〉

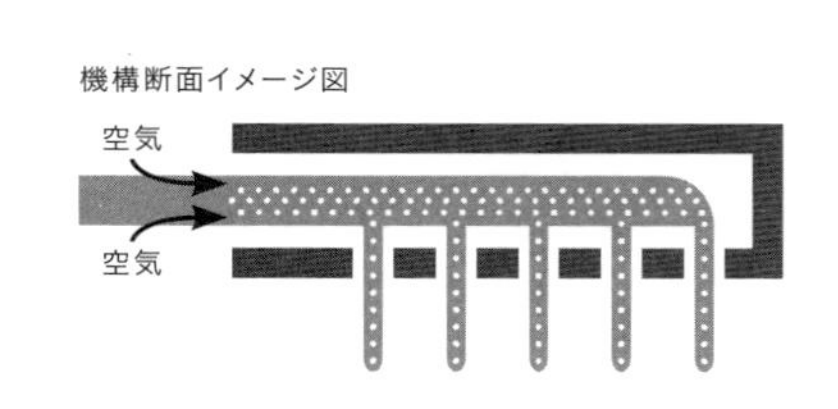

〈図 3-10-6　「タッチスイッチ水ほうき水栓」での節水〉

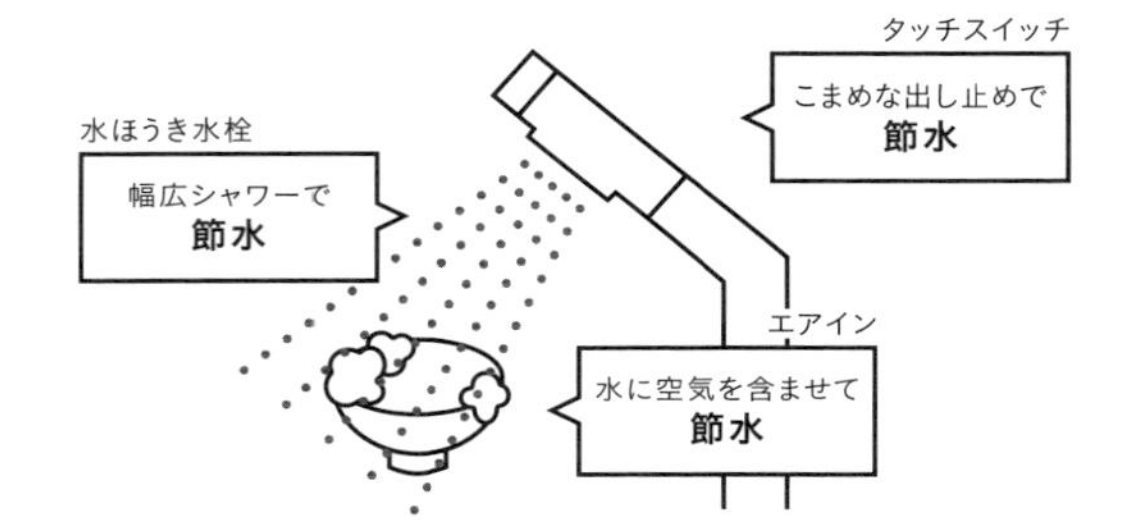

〈図 3-10-7　水と湯を使い分ける「エコシングル機能」〉

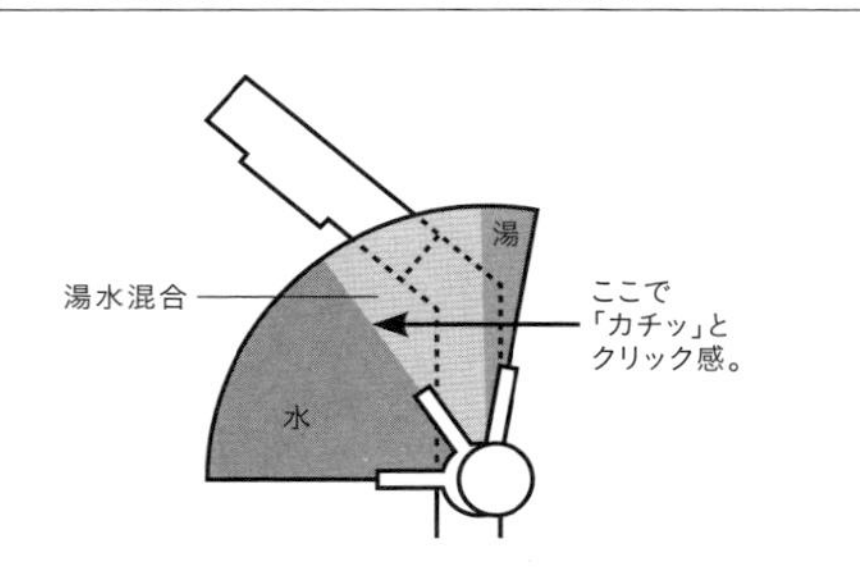

[1] 従来便器1987～2001年商品（C720R）

るためのガス代や電気代の節約にも役立っている。エアインの技術を採用したシャワーを使うと、従来品[2]に比べ年間で水道代約500円、ガス代は約1万1000円の節約になる。この商品は、2012年度省エネ大賞の製品・ビジネス部門において「省エネルギーセンター会長賞」を受賞。さらに、第9回エコプロダクツ大賞（エコプロダクツ部門）の「エコプロダクツ大賞推進協議会会長賞（優秀賞）」を受賞している。

台所で節水

続いて台所の節水、節湯技術に目を向けてみよう。レバーハンドル水栓、いわゆるシングルレバー水栓と呼ばれる水栓は一般的になったが、現在はその水栓がさらに進化している。水の出し止めがタッチ式になり、吐水口の角度や穴径の工夫により、当たった水が飛び散らず横に広がる幅広シャワー機能を搭載したタッチスイッチ水ほうき水栓が開発されている。この水栓には先に紹介した「エアイン」の技術も採用されていて、水に空気を含ませることによって節水性能を向上させている。さらに、不要なときにお湯が出ることで無駄に給湯器が作動するのを防ぐ「エコシングル機能」も搭載されている。この水栓を使えば、洗い物などの段階で節水できるだけでなく、水とお湯をこまめに使い分ける節湯にもつながり、従来品[3]に比べ年間で水道代約3900円、ガス代約1万2300円の節約にもつながる。

意識で節水

メーカーの技術力向上により、家庭での節水は着実に進化している。ただ、これら水まわり製品のライフサイクルは、家電製品や日常品と比較してたいへんに長い。一般的に、水まわり商品のライフサイクルは25～30年と言われている。家を新築して次のリフォームをするまでの期間、同じ製品が使い続けられるというのが実状である。いくら節水につながるからといって、明日買い換えようという製品では残念ながらない。

そこで必要となってくるのが、家庭で水を使用する一人ひとりの節水への意識の向上である。幸いなことに、日本では蛇口をひねれば水が出てくる。こうしたことが恵まれた環境であることを再認識し、節水に取り組んでいく必要がある。たとえば歯磨きの最中は水を止める、食器洗いは食器をためて一度に済ませる、トイレは二度流ししないなど、無理のない範囲で意識すれば、一人ひとりが取り組める節水の行動はある。家庭のなかで節水について話し合う機会を設けるのもよい。メーカーの節水に対する技術向上と、水使用者である私たちの意識向上により、住まいのなかでのエコロジカルな暮らし方は実現できるはずである。

※次頁では、節水・節湯に役立つメーカーの商品広告を掲載しています。

みつだ・ひさし
1988年東陶機器株式会社（現TOTO株式会社）入社。TOTOの水まわり商品の販売・企画部門に長年従事。2015年より現部署にてCSR活動における環境コミュニケーションを担当。

[2] 従来シャワー1994～1997年商品（TM245CS）
[3] 従来水栓1985～1997年商品（TK231）※［1］～［3］の家族構成は4人家族（男2人、女2人）で設定。
詳しい設定と試算条件はカタログまたはウェブサイトをご参照ください。www.toto.co.jp/products/eco/s_jyouken.htm

くつろぎも、クリーンも、さらに進化。

＋

全身で
心地よさを感じる、
サンジュウマル
アイテム。

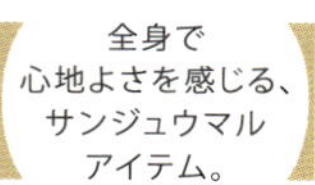

(JIS高断熱浴槽準拠)

NEW

お掃除が
簡単・ラクラク、
クリーンアイテム
〈基本仕様〉

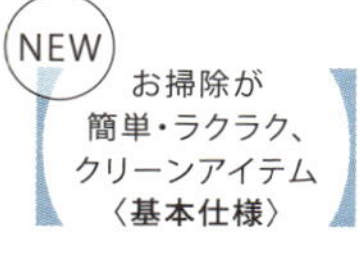

(Nタイプを除く)

お掃除ラクラク 鏡

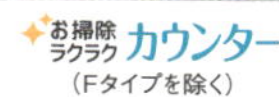

(A・Wタイプのみ)

お掃除ラクラク カウンター

(Fタイプを除く)

SYSTEM BATHROOM

sazana

サ　ザ　ナ

※詳細はカタログまたは弊社WEBサイトをご覧ください。

ガラス、化学、セラミックスによる地球を大切にする暮らし

AGC旭硝子

日本の製造業全体におけるエネルギー消費の約1%を占めるガラス産業は、「エネルギー多消費型産業」と言われてきた。このことからAGCグループは、「環境」を経営の最重要課題のひとつとして掲げ、事業活動に伴う環境負荷低減の推進はもとより、社会全体の環境負荷低減を図るために、さまざまな環境関連製品の開発・供給に努めることを重要な取り組みと考えてきた。

このような視点から、AGCグループの代表的な環境関連製品を紹介することとしたい。

エネルギーのマテリアルバランス

AGCグループは、ガラス・電子・化学・セラミックスの技術を活かした製品やサービスを製造・販売する世界でもユニークな企業グループである。世界約30か国・地域に拠点を置き、グローバルに事業を展開している。

AGCグループの中核であるAGC旭硝子は、1907年に創業。数年にわたる試行錯誤を経て、板ガラスの国産化に初めて成功している。創業から約10年の間に、ガラスをつくるための溶解窯に使う耐火煉瓦やガラスの主要原材料であるソーダ灰の製造に乗り出すなど、事業領域の拡大を進め、これらが今日のセラミックス、化学品の各事業の源流となっている。戦後は、ブラウン管用や自動車用のガラス、最近では液晶テレビやスマートフォン用のガラスなど、多岐にわたる製品を提供し続けている。

図3-11-1はAGCグループのエネルギー関連マテリアルバランスを示したものである。

ガラスで建物を省エネ化

断熱・遮熱性の向上による住宅・ビルの省エネ化は、大きなコストをかけずにCO_2排出量を効果的に削減することのできる方法で

熱線反射ガラスを使用したビル

〈図 3-11-1　2014 年の AGC グループのエネルギー関連マテリアルバランス〉[1]

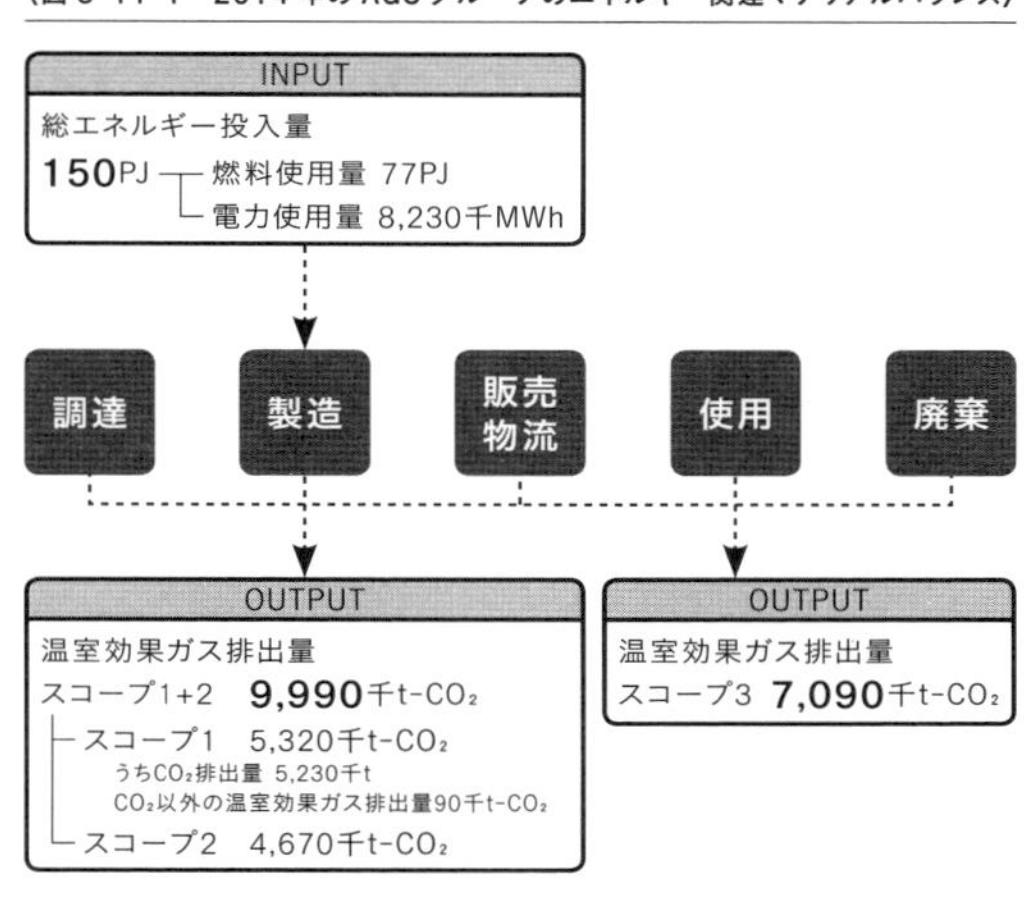

〈図 3-11-2　低放射複層ガラス（エコガラス）の断熱・遮熱性能〉[2]

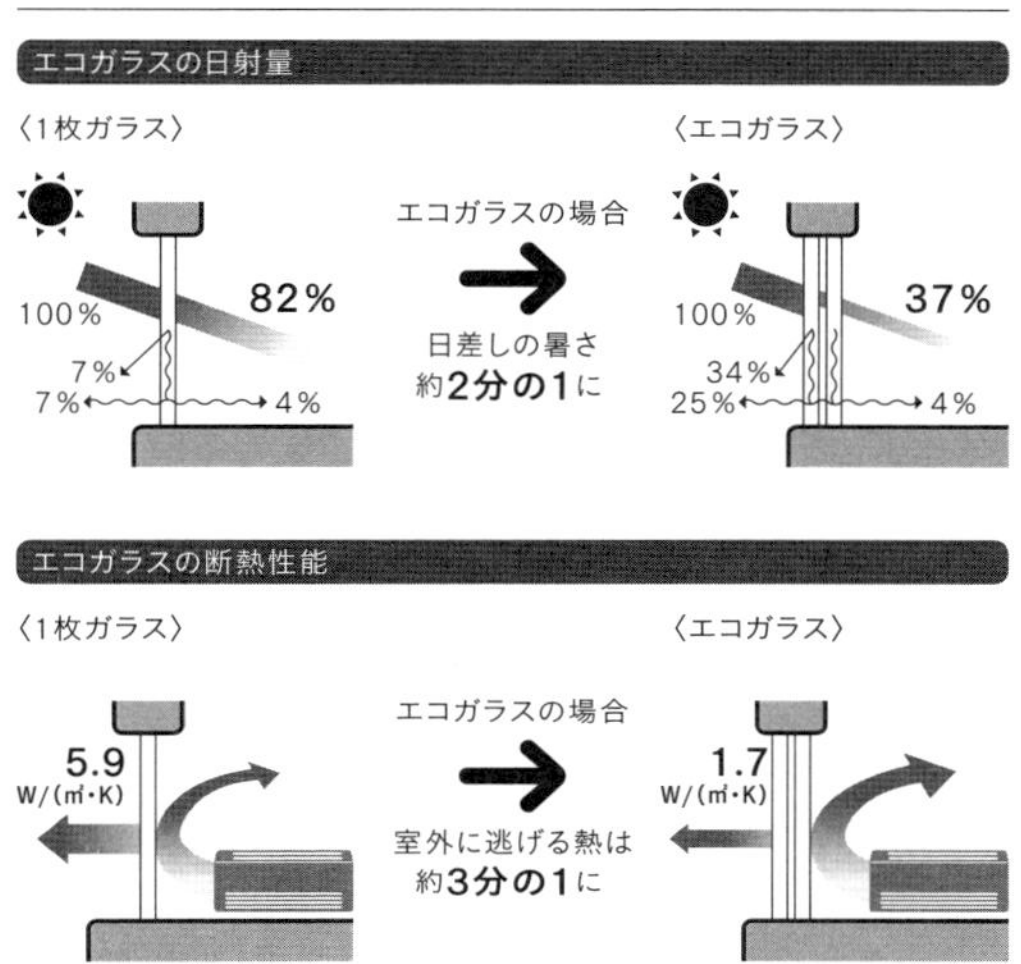

注：文章中の数値は代表値であり、性能を保証するものではありません。

ある。

AGCグループは、住宅・ビルの省エネ化を図るために、低放射複層ガラス（日本ではエコガラス[3]と呼称）の普及に力を入れている。このガラスには、表面にコートした金属膜の効果で夏の暑さを跳ね返し、冬は室内の熱を逃さないという特徴がある。2枚のガラスの間の空気層により暖房効率を高め、結露を防ぐこともできる。低放射複層ガラスの断熱・遮熱効果によって、冷暖房効率は飛躍的に高まる。

経済成長が著しい東南アジアや中東地域では、住宅・ビルの建設が盛んで、環境面に配慮した高機能ガラスの需要がますます拡大する見込みだ。AGCグループは、こうした熱帯地域でも、建築に遮熱低放射ガラスや熱線反射ガラスを導入することで、熱い日差しによる室温の上昇を抑制し、省エネを効果的に実現する空間づくりを推進していくことにしている。

化学がつくる環境負荷軽減策

AGCグループの化学品事業は「Chemicals for a Blue Planet」の理念のもと、環境負荷を最小限に抑えながら、社会に役立つ製品を幅広く提供し続けてきた。

空調機器や自動車などの冷媒にはハイドロフルオロカーボン（HFC）が使用されているが、これは地球温暖化係数（GWP）が高いことから、日本や欧米をはじめ世界各地で規制化が進んでいる。AGCグループは、GWPが従来品[4]の1300分の1という極めて低い環境負荷をもつ次

[1] www.agc.com/csr/env/act/gas.html
[2] www.ecoglass.jp/s_about/can.html
[3] エコガラスは、板硝子協会の会員である旭硝子、日本板硝子、セントラル硝子の3社が製造する低放射複層ガラスの共通呼称。
[4] 自動車用冷媒HFC-134aとの比較。

世代の自動車用冷媒「ＨＦＯ-１２３４yf」の生産技術の確立に取り組んできた。さらに、従来品[5]と同等の冷媒機能をもちながら、ＧＷＰを約6分の1に抑えた空調機器向け新冷媒「ＡＭＯＬＥＡ」の開発にも成功している。こうした新しい冷媒によって、環境への負荷を抑え、人びとの快適な暮らしにつなげていきたいと考えている。

セラミックスによるヒートアイランド対策

ＡＧＣグループの主要子会社のひとつ、ＡＧＣセラミックス社は、目指すべき姿として「Earth Saving 2020」を掲げている。セラミックスによって、地球環境を守るため新たな価値を追求しているが、その成果のひとつに遮熱舗装材の「タフクーレ」がある。

アスファルト道路の多い都市部ではヒートアイランド現象が深刻化している。日射反射率の高い「タフクーレ」は路面蓄熱を防ぐ効果があり、車両から受ける耐摩耗性も高いことから、ヒートアイランド対策に有効な舗装材として活用されている。発売以来、すでに数十万㎡の遮熱舗装に施工され、ヒートアイランド対策に一役買っている。また、ガラスの溶解窯用耐火煉瓦の製造プロセスから生じる副産物が利用されることから、製造工程のリサイクルにもつながっている。

「タフクーレ」を含む遮熱舗装（中央の2車線）

ＡＧＣグループでは、5万人のメンバーが共有する価値観のひとつとして「エンバイロンメント（環境）」を掲げている。よき地球市民として、自然との調和を目指しながら、持続可能な社会づくりに貢献することが、私たちの行動の基礎である。地球を大切にする暮らしづくりに役立つ製品を幅広く提供していくことは、まさに、この価値観と、そして経営方針に沿って世の中に「安心・安全・快適」をプラスする取り組みそのものであり、これからもグループ一丸となって推進していきたいと考えている。

[5] HFC-410Aとの比較。

建築家の挑戦

篠 節子

環境を建築家が考える

環境について世界がともに考え始めたのは１９７２年にストックホルムで開催された国際連合人間環境会議です。この会議で「人間環境宣言」[1]が採択されました。建築分野では１９８０年代末から地球環境問題との関わりを意識し始め、１９９３年の世界建築家会議シカゴ大会での「持続可能な発展」(Sustainable Development)が、建築家としての職能的責任を果たすための世界的規模の会議の端緒として位置づけられています。[2]「建築に求められていることは、資源やエネルギーを有効に使い、地球環境への負担を努めて少なくし、そのことによって私たちの子孫に健全な環境を残してゆくことである」とシカゴ大会に参加した建築家林昭男氏は述べています。

日本建築家協会では１９９２年に環境委員会を立ち上げ、２０００年には建築関連5団体が「地球環境・建築憲章」を制定して持続可能な循環型社会の実現に向かって、連携して取り組むことを宣言しました。その後、それに沿った活動が行われ、全国の環境に重きを置いた建築家・建築士により環境配慮をした建築がつくられてきましたが、まだまだその数は少なく、これからの特に温暖化対策として低炭素社会の推進に拍車をかけることが急務です。

そういった流れのなかで２０１５年春には喫緊の課題である低炭素社会の実現のため、２００９年12月に発表した「提言：建築関連分野の地球温暖化対策ビジョン２０５０カーボン・ニュートラル化を目指して」を具体的な行動に移すため、建築・都市関連の18の団体で最新の情報を交換し、課題を共有し、役割を分担しつつ、国・自治体・市民に向けて低炭素社会の実現に向けた情報の発信、提言などを行うことを目的として、低炭素社会推進会議を立ち上げて活動を始めました。[3]

環境によい家の答えはひとつでない

日本は国土が南北に長く、緯度による気候の違いだけでなく、海流や大陸との位置関係により狭い国土でも亜寒帯から亜熱帯まで多様性があります。そのなかでそれぞれの気候に適した住まいと住まい方が求められます。また気候だけでなく、戸建住宅と集合住宅による形体の違い、人口

[1] www.env.go.jp/council/21kankyo-k/y210-02/ref_03.pdf
[2]「地球環境・建築憲章」http://news-sv.aij.or.jp/kensho/kensh.pdf
[3]「建築関連分野のカーボン・ニュートラル化への道筋」www.aij.or.jp/scripts/request/document/20150413.pdf

密度の高い都会と自然豊かな地方での家のつくりは異なり、それぞれに適した住まいづくりが本来的に環境に配慮した住宅となります。つまり省エネの観点に沿って適した建物・住宅の答えは多様にあり、それぞれの事情によって最適解を導き組み立てます。

2010年の春、環境省の「21世紀環境共生型住宅のモデル整備建設促進事業」[4]による地域ごとの気候や風土に根ざしたエコハウスが全国20地域で22軒（豊後高田市と宮古市で各2軒）完成しました。JIA（日本建築家協会）の環境行動ラボは全体の統括を行う事務局を担当し、20地域のサポートをしました。環境省エコハウスモデル事業では建設から解体までのライフサイクルを通じて省エネを図ることを目指しています。

環境省エコハウスモデル事業を通じて

1．地域の気候風土や特色、敷地特性に根ざしたエコハウスとはどういうものかを、地域の人々が考え、建て、体験することでエコハウスの新たな需要が生み出される。

2．エコハウスが地域の人々に受け入れられるよう、住まい手に負担をかけない、快適なエコハウスをつくる。

3．エコハウスに地域の技術や材料が生かされることで、地域が活性化する。

といった成果を期待して建設されました。

2011年の東日本大震災で居住制限区域になった飯館エコハウス以外のエコハウスは現在も公開され、それぞれ独自の普及活動を行っており、見学・体験ができます。これらエコハウスでのイベント参加をきっかけとして設計者・施工者だけでなく建主や住まい手が住宅における環境配慮と省エネについて関心をもつことを願って活動を行っています。

室内の環境がとても気持ちがよい家というのは、そのような空間に入ってみないと分かりません。機会があるごとに自分でいろいろな住宅を体感してみましょう。猛暑や厳冬の時期に環境省エコハウスモデル体験することから、自分にとって心地よい環境と住まいを改めて考えることがで

〈図 3-12-1　建設から解体まで〉

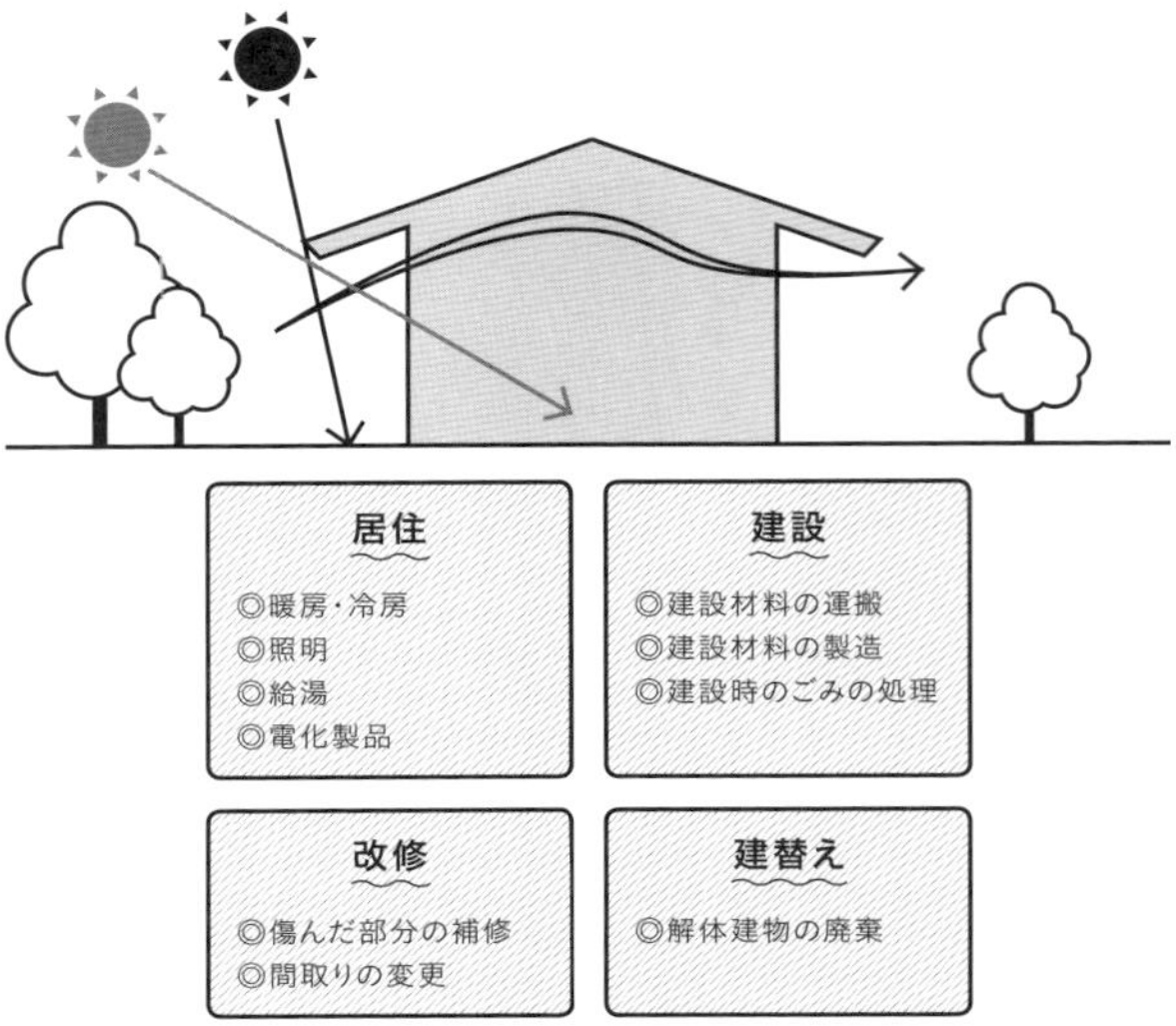

居住
◎暖房・冷房
◎照明
◎給湯
◎電化製品

建設
◎建設材料の運搬
◎建設材料の製造
◎建設時のごみの処理

改修
◎傷んだ部分の補修
◎間取りの変更

建替え
◎解体建物の廃棄

建設、居住、改修、建替えのライフサイクルにわたって環境負荷が少なく、かつ快適な暮らしを実現する

[4] http://ekitan.com

きます。

完成後にJIA環境行動ラボのエコハウスWGは20地域のエコハウスのさまざまな環境性能について、建築研究所と東京大学との共同研究調査を行いました。環境性能の検証調査結果をまとめて書籍『エコハウスへの誘い』を出版しています。環境省エコハウスモデルそれぞれの環境性能や特徴が書かれており、家づくりや住まい方のヒントになります。

20地域のうちの3地域の紹介をしましょう。

北海道・下川町の下川町エコハウスは、冬は外気温がマイナス20℃以下まで下がり、年間の寒暖の差が60℃と厳しい環境で、大開口と伸びやかな空間を獲得するため、断熱材を壁は300㎜、屋根面は500㎜、開口部はトリプルガラスダブルLOW-Eグリーンの入ったU値0・9の木製サッシを採用しています。

長野県飯田市の飯田エコハウスは2世帯住宅の構成で、暖房設備を子世帯の家はペレットストーブだけ、親世帯の家は屋根空気集熱ソーラーシステムを採用しています。町の中心地の狭小な敷地に建設されており、都市型の住まいを考えるヒントになります。

熊本県水俣市は、水俣病の教訓から環境都市として再生に取り組んでおり、水俣エコハウスは手刻みの伝統的工法で建てられ、環境負荷の少ない自然素材を採用して夏は風通しで涼を得て、冬は薪ストーブで暖をとる暮らし方を提案しています。

〈図 3-12-2　下川町エコハウス〉

北海道下川町エコハウス 美桑(みくわ)

はぐくむ　つながる　よりそう　すまい

番号	都道府県名	市町村名	1F床面積(㎡) / 2F床面積(㎡)	1F床面積(㎡)	建築面積(㎡)	敷地面積(㎡)
1	北海道	下川町	160.36 / 160.36	249.30	177.46	916.42

環境によい家、悪い家

設計は建主の要望、敷地条件、法律、デザイン、施工性、コスト、性能について総合的に調査、分析、検討して形にします。デザインが優れていても、住まいとして安心安全の性能を考えていない住まいはよい家とは言えません。安心安全の性能には耐震、耐火、バリアフリーと合わせて環境も入ります。一方、高性能設備機器の選択と高断熱高気密性能で省エネ住宅になりますが、真のエコハウスのためにはそれだけではなく総合的環境配慮が必要です。

住まいを建てるにあたって、ハウスメーカー・ホームビルダーに依頼、地域の工務店に設計施工で依頼、建築家に設計を依頼してそれを工務店が施工をする、大きく3つの方法があります。（既製の）家を買うのではなく、住まい手とともにつくりあげるには建築家に依頼するのがもっとも適しています。先に述べたように土地の地域性、住まい手の要求・ライフスタイル・コストに合わせたきめ細やかな設計をしたうえで工事中の施工監理を行うことで性能を確保することもでき、心地よく住みやすいだけでなく、環境負荷低減の意味でも効果が高いと言えます。「建築」「設備」「人」の工夫が、住まいにおける環境配慮と省エネのための3つのポイントです。

建築が頑張る

環境に配慮した真のエコハウスの設計では建物自体のパッシブ基本性能である断熱、気密、日射遮へい、日射導入、蓄熱、通風、換気、調温、空気環境のよい自然素材に緑や水の利用も加えて建築計画を行い、具体的な形に落としていきます。

断熱：地域の気候ごとと素材別に適した断熱材の厚みは決まっています。ていねいな施工が大切であるため、すき間がないように工事の監理において注意を払って設計者はチェックをします。断熱材は石油原料繊維系断熱材、自然素材繊維系断熱材、プラスチック系断熱材と大きく分類できますが、コスト比較では値段の高い順ではプラスチック系断熱材＞自然素材繊維系断熱材＞石油原料繊維系断熱材、同じ厚みでの断熱性能はプラスチック系断熱材＞自然素材繊維系断熱材＞石油原料繊維系断熱材、将来の廃棄時のゴミにならない、躯体の内部結露が起きにくい調湿透過性の有無では自然素材繊維系断熱材＞プラスチック系断熱材＝石油原料繊維系断熱材となります。

開口部は断熱材に比べると熱損失が高く断熱性能が低いため弱点になる部位です。開口部の性能を上げると室内環境はよくなります。窓を小さくすれば断熱性能を数字的に高くすることができますが、日本の夏は暑く、湿潤の気候では窓の開口部を小さくすることは好ましいことではありません。日本の住まいは元来縁側のあるおおきな開口部が特徴でした。寒さの厳しい北ヨーロッパでも新しい住宅では、「これからは窓のデザインだ」というくらいに大開口部の住宅が建ち始めました。

日本の住宅の建具の特徴は美しいデザインと同時に四季の気候に合わせた雨戸、網戸、ガラス戸、障子、簀戸、遮光戸といった多層の建具の知恵があります。それぞれの特徴を踏まえての最適の断熱材・開口部の仕様の選択をします。

気密：断熱と気密はセットです。一般的な住宅で施工時において気密はある程度確保できるようになりましたが、開口部の周りや床壁天井の取合い部分はすき間ができやすい部分ですので施工上の注意が必要です。

日射遮へい：庇は雨風から建物を守るだけでなく、南面の深い庇は夏の日差しを遮るために効果的です。深い庇があると不快な梅雨時も窓が開けられ気持ちよく過ごすことができます。東西の方位の窓、特に西側の窓は奥まで日差しが入るため、夏はガラリ雨戸を設けることで西日をコントロールすることができます。グリーンカーテンや簾も日射を遮るのに一役買います。

日射導入：冬の天気のよい日は太陽の熱でガラス越しのぽかぽかした温かさを得ることができます。また太陽の光を取り入れることにより日中の照明も削減できます。

蓄熱：熱容量の高いコンクリート・石・土壁などは蓄熱性能があり、冬の日射導入によるダイレクトゲイン、夏は朝方の冷気を取り入れて暖冷房機器に頼る時間を短くすることが可能です。ただし外気に接する蓄熱体はその外に断熱層がないと蓄熱効果を発揮できません。

通風：さわやかな風が吹く木陰のような空間を室内につくることができれば夏のある程度の暑さでも気持ちよく過ごすことができます。風通しがよく空気が流れるように空間をつくることが大切です。日射遮蔽を確保することも通風では効果があります。

換気：気密性能が高い住宅では空気の汚染を防ぐため換気機能は絶対必要です。建築基準法では24時間換気が義務づけられていますが、24時間換気扇に頼るだけでなく、人が多く集まるときには窓を開けての換気も心掛けて室内の空気をきれいに保つことが必要です。

調温：自然素材である木・土壁・三和土・藁畳・紙障子・漆喰などの内装は調湿効果があります。夏は除湿効果により涼感を得られます。冬は加湿効果により暖かく感じます。

自然素材：杉・桐のような柔らかい木の無垢材は足の感触もよく寒さをやわらげる効果があります。また自然素材はよい空気環境をつくることができます。

緑：草木で建物周りをつくると心理的に安らぎを得られるだけでなく、広葉樹は夏の日射遮蔽効果と蒸散効果があり、冬は落葉して日差しが家の中まで入ります。

水：雨水利用により節水効果があり、ビオトープや池などの蒸散作用の利用も熱負荷を軽減します。

健康性への配慮：住まい手の健康に配慮した建材や工法を選択します。自然素材を採用し化学物質を過剰に使っていない建材であればアレルギー反応が出にくくなります。良質な室内環境は窓計画や換気計画が適切になされていることも含めて確保できます。

環境負荷：建物の寿命がつきる際に土に還るか、煙になるか、産廃ごみになるかを考える必要もあります。地域や地球環境に対して負荷を与えない材料であることも住宅づくりのなかで視野に入れましょう。

将来性：次世代まで使い続けられる長寿命の建物では、建物本体よりも耐用年数の低い設備機器が取り替えやすいように納まり上の設計をします。また将来のライフスタイルや社会の変化を先取りしたものまで視野に入れて計画できれば、より長く快適な住まいとなります。

設備が頑張る

建築設備は日々技術的に進歩しています。暖冷房機器、給湯、照明、換気、家電製品において高性能な製品を採用することにより省エネ化を図ります。また必要なエネルギーを賄うために自然エネルギーを最大限利用し、なるべく化石燃料に頼らない生活をできることがエコハウスに求められます。地域の特徴をよく読み取り、太陽光、太陽熱、風、地中熱、水、バイオマス、温度差を上手に生かす技術や工夫が大切です。ライフサイクルエネルギーの観点からは建築材料や設備の生産時において過剰なエネルギーをかけないものを選択することも大事です。

暖冷房機器：暖房はエアコン以外に床暖房、パネルヒーターなどの機器に薪ストーブやペレットストーブとさまざまにあり、部屋の用途や暮らし方でベストチョイスをします。たとえば開放型のストーブは室内空気を汚染するため、多くの換気が必要で健康と同時に省エネ効果も低下します。寒冷地では暖房エネルギー消費量が大きいため高断熱高気密と合わせてエネルギー消費の少ない機器を選ぶことが家計にもやさしいことにつながります。

冷房は暖房に比べて年間のエネルギー消費量は少ないという調査の結果が出ています。猛暑日には我慢するのではなく、必要に応じての利用はもちろんですが、風通しと扇風機・天井扇などの利用も合わせて、過剰に頼ることがないようにすることで省エネに寄与します。

給湯：温暖地においては暖冷房と比べてエネルギー消費量が多いことを頭に置いて節湯機器を選ぶことが大事です。設置が可能であれば太陽熱を利用するとメリットが高くなります。

照明：LED照明は省エネ効果が高く、寿命も長く価格も下がってきました。省エネのためだけでなく色温度もさまざまに変化するLEDの特性を活かした新しい照明計画ができます。

換気：24時間換気方式は住まいによって相応しい方式を選択します。換気で大事なのは換気設備を止めないことと換気のフィルターをこまめに掃除することで必要な換気量を得られるようにします。換気扇を動かし止めないことで室内の結露を防ぐ効果もあります。

人が頑張る

家電のエネルギー消費量は年々増えています。一方、女性の社会進出が進んだこともあり、家電製品の需要が高まっている現状があります。省エネ性能のよい建物やエコな機械設備を採用しても暮らしのなかであふれるようにそれらを使うと省エネにはなりません。エネルギー消費量は建物性能だけでなく、家電を筆頭に設備の利用による住まい手の生活の仕方に依存しており、エコなライフスタイルが大切です。省エネの第一歩は無駄をなくすことです。

「人が頑張る」ために、建物の竣工後の実際のエネルギー消費量を調べるツールとして、ＪＩＡの環境行動ラボで作成している環境データシートの利用が有効です。このソフトは、水道光熱費の領収書から数値を環境データのソフトに入力すると、エネルギーコスト、一次エネルギー消費量、CO_2排出量を計算して比較できます。計算した結果を「暖冷房機器」「給湯」「照明」「換気」について用途別にどのぐらい使っているかの推定値がグラフで視覚的に分かります。現在、岐阜県立森林文化アカデミーの辻充孝先生と共同で改訂版を作成しており、近々に完成の予定です。

設計に際しても、環境データシートで住まい手のそれまでの実際の消費エネルギー量を知ることで適切な環境配慮の計画ができます。住まい手にとっては暮らしの見直しをして、さらなる省エネ生活に役立てることができます。

省エネの推進

２０２０年は東京オリンピック開催の記念すべき年ですが、省エネでもターニングポイントとなる年です。２０１３年に住宅・一般建築物ともに省エネ基準が改正されました。平成25年基準と言われているものです。改正の大きなポイントは、それまでの基準の外皮性能基準に、設計時に選択する冷暖房、換気、給湯、照明における一次エネルギー消費量計算が加わりました。全国を8つに分類したそれぞれの地域の基準よりも設計値が下回ることが求められることになりました。現在は推奨する基準ですが、２０２０年にはすべての建築物の新築において省エネ基準の適合義務化が予定されています。

そのような背景のなか、建築家・建築士は住まい手に住まいの性能を説明する責任が求められ、建築設計において改正省エネ基準の理解とそれを視野に入れて地域性を重視した建築環境デザインの検討を行うことが職務として必要になってきています。

一次エネルギー消費量で注意すべきことは、電気のエネルギー使用量は水道光熱費の多寡と実際の一次エネルギー消費量の多寡は異なることがあります。住まい手にとっては水道光熱費がどの程度であるかと、その費用の削減に関心がありますが、一次エネルギー消費量がどのくらいであるかは現在ほとんどの人は知りません。これからはコストだけでなく一次エネルギー消費量をどのくらい消費しているかを知ることも大切です。

事例で見る環境性能配慮の設計

新築と同様に改修工事でも安心安全で、耐震・バリアフリーとともに環境性能を確保することがこれからのCO_2を削減する低炭素社会には必要です。環境に優れた内容に改修するためにそれに見合うコストをかけることで、住まいを長く気持ちよくすごせると同時に電気ガスなどの光熱費の削減で経済的な生活ができます。

改修の事例を紹介します。築35年の住宅で、これまでは耐震改修や部分的改修を行ってきました。冬に訪問すると、夕方近くから居間と食堂はガス式暖房をつけて暖かくなっていますが、廊下は外気温に近い状況で、ガス代も冬の間はひと月につき3万円を超えていました。また夏は天井と壁の断熱材が薄いため、階段を上る途中から暑さを感じます。35年の経過で子どもが独立して夫婦二人が高齢を迎える今後の生活のために、建替えか改修かを悩んだ末に家の状態が良好であったため、予算を立ててみると同じお金をかけるなら上質の仕様を選択できることから改修工事をすることになりました。

改修した住宅の内観

環境負荷が小さく、自然や人間に優しい材料を選定し、平面計画の変更以外では解体ごみを無駄に出さないよう努め、将来の解体時に産廃ごみとならない材料や工法で計画しています。ごみをなるべく出さない工夫をしたことでその分のコストが削減され、その分も含めて上質の仕様が選択できました。断熱改修と性能のよい設備機器に取り替えたことで、改修の場合でも平成25年基準を達成しています。

よい家・よい建築家・設計士との出会い

住宅のつくり方の基本を押さえたうえで、住まう人の希望・ライフステージ・ライフスタイルを把握し、それぞれ相互に可能性を引き出しながらコストバランスを合わせて最適解を生み出し、モノの組み立てをていねいに納めて、長寿命となるように仕上げていくことができる建築士・設計士・施工者との出会いが幸福な家づくりの要です。長寿命を目指したこれからの住まいは、暮らしのエネルギーが少ないことでライフサイクルエネルギーが少なくなります。

モノの豊かさだけのスクラップアンドビルドによる時代を超えて、長く大切に維持できる住宅づくりと住まい手の心地よい生活を大事にする社会は、住まい手・市民と建築家・設計士が共同で地域に根ざした家づくりをすることで実践します。

しの・せつこ
日本女子大学家政学部住居学科卒業。アルセッド建築研究所を経て2009年『篠計画工房』開設。設計活動とともに持続可能な社会のまちづくり・住まい・暮らし方について調査・啓蒙活動に関わっている。

日本の家電はリサイクルつき

斉藤 崇

使用済みの家電製品に関する環境負荷

私たちの日常生活において、家電製品は欠かせないものとなっています。日常的に役立っている家電は、買い換えや引っ越しのタイミングなどで、不要になることもあるでしょう。そうしたときに、使用済みとなった家電製品はどのように扱われているのでしょうか。

かつて家庭から排出される家電製品は、市町村による処理が行われてきました。しかし家電製品のなかにはさまざまな素材が用いられていたり、複雑な構造になっていたりして、適正な処理を進めていくことが難しい場合もあります。たとえば冷蔵庫やエアコンの冷媒や断熱材として使用されていたフロンガスは、オゾン層破壊や地球温暖化をもたらす性質をもっているため、使用済みの家電製品に含まれるフロンガスを回収し、適正に処理する必要があります。また後で述べるように、使用済みの家電製品には有用な金属が含まれていますが、市町村による回収・処理のもとでは、それらの有効利用がそれほど容易ではなく、結果的に最終処分（埋め立て処分）しなければならなくなることもあります。

一方、日本には、最終処分場のスペースにあまり余裕がありません。新しい処分場を建設することも難しいため、現在すでにある処分場をできるだけ長く利用していく必要があります。そのためには、最終処分される廃棄物の量を削減していかなければならず、それを進めるためにも使用済みの製品の有効利用をしていくための仕組みが必要となります。1998年に家電リサイクル法が制定された背景には、そうした状況がありました[1]。

家電製品にはさまざまな金属が用いられています。たとえば携帯電話やパソコン、デジタルカメラ、ゲーム機などの小型電気電子機器には、鉄、アルミニウム、銅などのベースメタルのほか、金、銀などの貴金属、そしてさまざまなレアメタルが含まれています。中央環境審議会の資料などを見ると、1年間に使用済みとなる小型電気電子機器は65・1万tで、その中に含まれる有用金属は27・9万tと推計されています。その有用金属の資源価値を計算すると844億円になるそうです[2]。

こうした状況は小型の家電製品に限ったことではなく、

[1] 家電リサイクル法の正式名称は「特定家庭用機器再商品化法」と言います。
[2] 中央環境審議会 (2012)、p.10-11、表8より。www.env.go.jp/press/files/jp/19123.pdf

テレビや洗濯機、エアコン、冷蔵庫などの大型家電製品にも当てはまります。近年では、情報通信技術（ＩＣＴ）の発達などもあり、私たちの生活にとってより快適で便利な性能を備えた製品も増えています。大型の家電製品にもさまざまな有用な金属が使用されているのです。

使用済み家電製品に関するリサイクルの取り組み

家電リサイクル法では、使用済みの家電製品について、排出者からそれを引き取ってリサイクル（再商品化）する仕組みとなっています[3]。この法律の対象となるのはテレビ、洗濯機、エアコン、冷蔵庫といった大型家電４品目です。家電を販売する業者は、消費者が家電を買い換える際に不要となったものや、過去に販売した機器を引き取って、リサイクルのために引き渡す義務を負っています。また家電を製造あるいは輸入する業者は、それらを引き取ってリサイクルを進めなければなりません。使用済みとなった家電製品が引き取られてリサイクルされる流れを図３-13-１に示しています。

次に、使用済み家電製品のリサイクルに関する状況を見ていきましょう。使用済み家電製品の引取り台数は、図３-13-２のように１０００万台強で推移しています。この図のなかで一時的に棒グラフが高くなっているところがありますが、これは家電エコポイント制度や地上デジタル放送の開始などを背景として、新製品の買い換えが進んだためです。引き取られた使用済み家電製品は適正にリサイクル

〈図 3-13-1　家電リサイクル法の仕組み〉

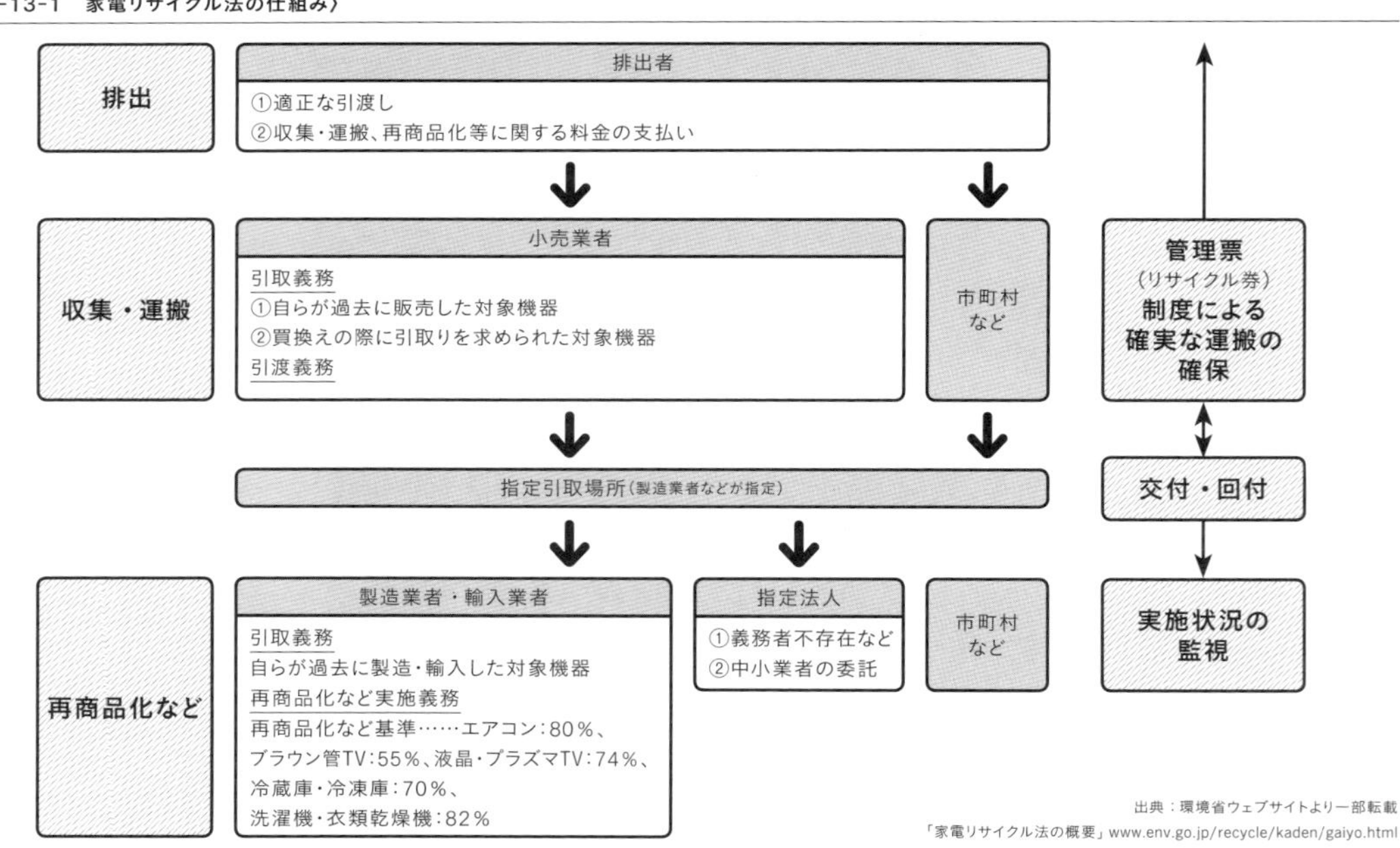

出典：環境省ウェブサイトより一部転載
「家電リサイクル法の概要」www.env.go.jp/recycle/kaden/gaiyo.html

[3] この法律で言うところの「再商品化」とは、使用済みの家電製品から部品や材料を取って、これを自分で利用するか、あるいはほかに利用する業者に有償または無償で譲渡できる状態にすることを指します。以下、本稿では「再商品化」を「リサイクル」という表現することにします。

され、法定基準を上回る水準のリサイクルが行われています。リサイクルによって得られるものの多くは鉄ですが、銅やアルミニウム、そのほかの非鉄金属などもリサイクルされています。また冷媒や断熱材として使用されていたフロンガスについても適正に回収、破壊が行われています。

こうしたリサイクルへの取り組みに関して、もう少し具体的な状況を見てみることにしましょう。ここでは『パナソニック』の取り組みを紹介します。[4] 同社は、リサイクル工場としてパナソニック エコテクノロジーセンター株式会社（PETEC）などを設立して、リサイクルに取り組んでいます。2014年度の使用済み家電製品4品目のリサイクル実績は約12万tとなっています。またリサイクル率を向上させるための取り組みとして、再生樹脂の使用拡大のための新しい選別技術の導入などにも力を入れています。リサイクル工場で使用済み家電製品から取り出した樹脂や鉄スクラップは、『パナソニック』の自社製品への再利用が進められています。

大型の家電製品は頻繁に買い換えるものではありませんから、ひとつの製品を長く使用することが多いでしょう。そのため、長く使用した家電製品に愛着をもつ人もいるのではないでしょうか。再生材の利用が進むことは、そうした思い出の品である家電製品を新たな製品として生まれ変わらせることになります。

このような再生材の利用以外にも、環境に配慮した取り組みはたくさんあります。たとえば資源利用という観点で

〈図 3-13-2　家電リサイクル法のもとでの引取り台数の推移〉

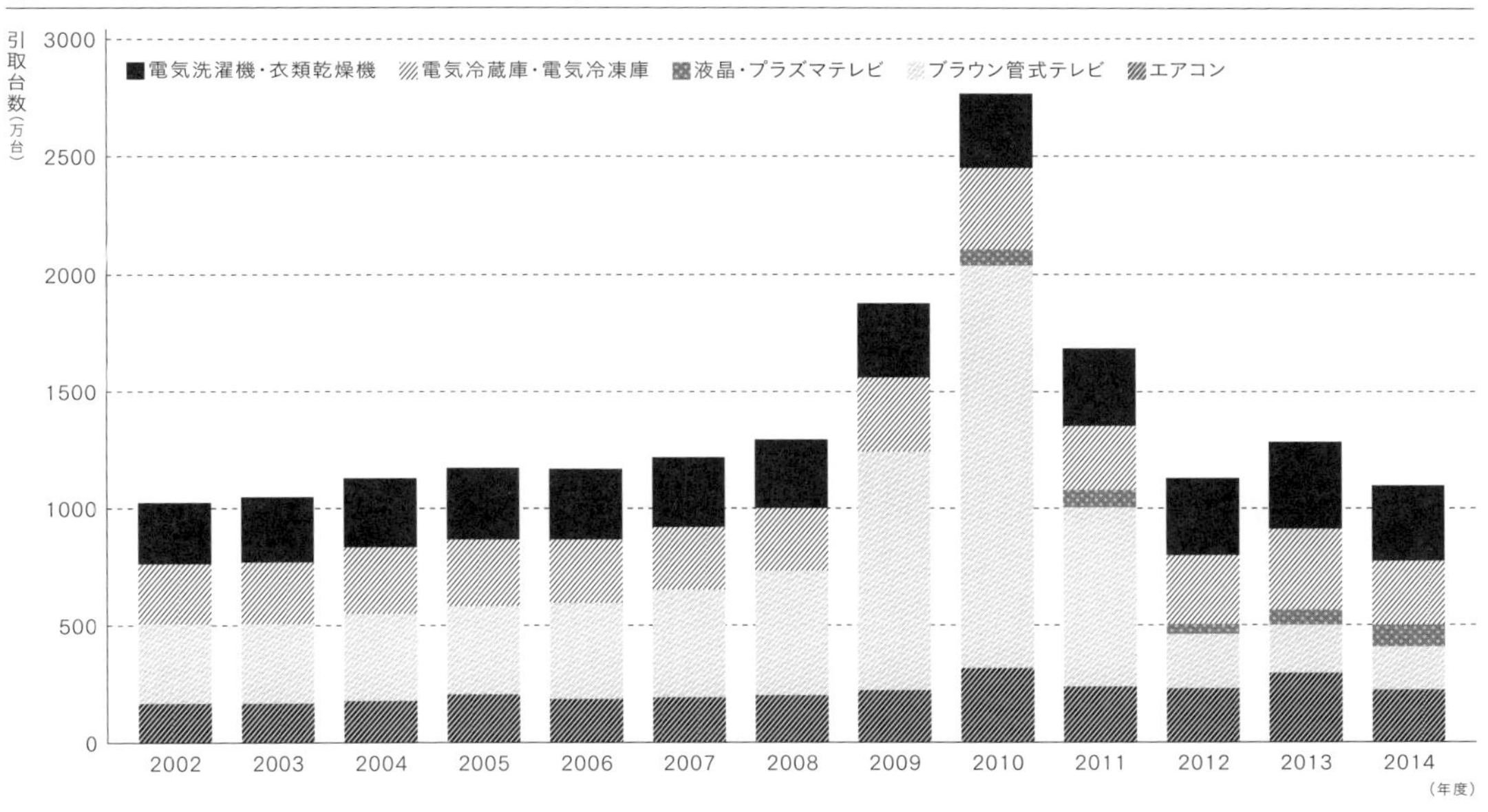

出典：環境省（2015b）をもとに作成
「平成26年度における家電リサイクル実績について（お知らせ）」www.env.go.jp/press/100251.html

[4] ここでの話は、パナソニック株式会社（2015）をもとにしています。
「サスティナビリティ データブック 2015」www.panasonic.com/jp/corporate/sustainability/downloads/back_number/pdf/2015/sdb2015j.pdf

は、製品を小型化・軽量化して投入資源を減らすなどの省資源化の取り組みも重要になります。また資源循環を進めていくうえで、使用済みの製品を分解しやすいようにするなど、リサイクルしやすい設計にしていくことや、分別をしやすくするように樹脂部品の材質表示などの取り組みも行われています。このような製品の企画・設計の段階からの環境配慮への取り組みは、家電リサイクル法のもとで大きく進みました。使用済み家電製品のリサイクル施設において解体時などに明らかになった情報を、新製品の設計に生かす取り組みも進められています。[5]

家電製品の環境配慮と言うと、省エネ性能やCO_2削減などを思い浮かべる人も多いと思いますが、私たちが普段使用している家電製品は、省エネなどの側面だけでなく、廃棄物の減量やリサイクルにも大きく貢献しているのです。

リサイクルを進めていくためにできること

このように家電リサイクル法ができて、使用済み家電製品のリサイクルの取り組みが進んできました。最後に、私たち消費者ができる取り組みを取り上げましょう。

冒頭でも述べたように、家電製品には鉄やアルミニウムなどのベースメタルだけでなく、貴金属やレアメタルも用いられています。日本は鉱石などの資源に恵まれているわけではないので、そうした金属の原料を海外に依存しています。使用済み家電製品をリサイクルして、再生された金属を得ることは、資源確保の観点から非常に有効です。そ

〈図 3-13-3　使用済み家電の不法投棄台数〉

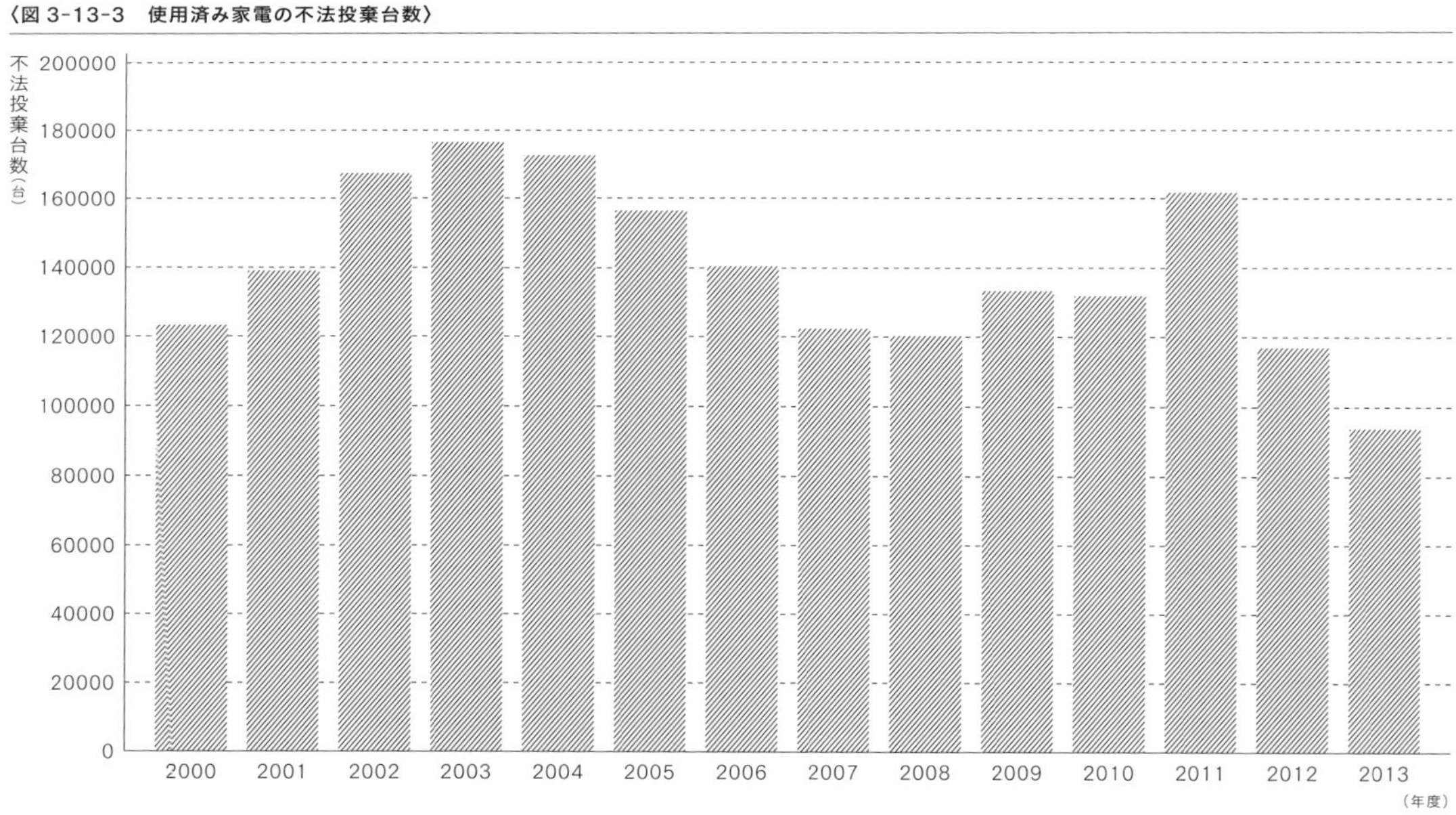

出典：環境省（2015a）をもとに作成
「平成25年度廃家電の不法投棄等の状況について（お知らせ）」www.env.go.jp/press/100251.html

[5] こうした環境配慮設計の取り組みについては、一般財団法人家電製品協会（2015）にも詳しく取り上げられています。 www.aeha.or.jp/recycling_report/pdf/kadennenji26.pdf

のためには使用済み家電製品を適正にリサイクルできるよう、リサイクル料金を支払い、正規の排出ルートに乗せることが必要です。このリサイクル料金は、しっかりとしたリサイクルを行うための費用を計上したものです。また引き取りは製品を買ったところで引き取ってできますし、新しい製品の買い換えの際にしてもらうことができます。

しかし、実際には適正な排出をせずに、不法投棄されてしまうものも少なくありません。図3-13-3は使用済み家電の不法投棄の状況について示したものです。これによると2013年度の不法投棄台数は9万2500台と推計されています。これは前の年より20%減少していますが、決して少ない数字ではないでしょう。また不法投棄防止のためにポスターなどによる普及啓発や巡回監視などに多くの市町村が取り組んでいますが、その対策にはさまざまな費用がかかっています。

先ほども述べたように、今の家電製品は、省エネルギーや地球温暖化防止といった側面だけでなく、限られた資源の有効利用、資源循環への貢献といった側面にも配慮されています。このうち省エネ性能などについては、使用にともなう電気代が節約できるなど、私たちが実感しやすいものであるのに対して、資源循環への貢献は実感しにくいものかもしれません。

もし使用済み家電製品のリサイクルが進まないと、本来有効利用できたはずの資源を確保することができませんし、また最終処分されれば処分場の延命化にとってもマイナスになります。このように考えると、使用済み家電がリサイクルされなかったり、不法投棄されてしまうことは、社会にとって大きなマイナスであることが分かります。その対策には、さまざまなコストを社会が負担することになりますから、まわりまわって私たちの生活にも影響がおよんでくるかもしれません。そうならないためにも、適正なリサイクルをするための正規の排出ルートに乗せていくことが大切です。

近年では、大型家電4品目だけでなく、小型家電のリサイクルの取り組みも進んできています。2013年には小型家電リサイクル法が施行され、携帯電話端末やデジタルカメラ、ゲーム機などの小型家電の回収も進められています。私たちの身の回りにあるさまざまな家電製品は、それらを使用しているときに便利さや快適さなどをもたらしてくれるだけでなく、使用済みとなった後も有効に利用していくことができます。そうした取り組みは今後ますます重要なものになってくるでしょう。長年使用して思い入れのある家電製品も、こうした取り組みのなかで新たに生まれ変わっていくことが期待できます。ぜひみなさんも使用済み家電製品のリサイクルに目を向けてみてください。

さいとう・たかし
1973年千葉県生まれ。慶應義塾大学経済学部卒業。慶應義塾大学大学院経済学研究科後期博士課程単位取得退学。博士（経済学）。慶應義塾大学グローバルセキュリティ研究所、鹿児島国際大学経済学部を経て、現在、杏林大学総合政策学部准教授。

（参考文献）経済産業省 商務情報政策局 情報通信機器課編（2010）『2010年版 家電リサイクル法（特定家庭用機器再商品化法）の解説』、財団法人 経済産業調査会出版部
産業構造審議会産業技術環境分科会廃棄物・リサイクル小委員会 電気・電子機器リサイクルワーキンググループ 中央環境審議会循環型社会部会家電リサイクル制度評価検討小委員会合同会合（2014）「家電リサイクル制度の施行状況の評価・検討に関する報告書」www.meti.go.jp/press/2014/10/20141031004/20141031004.html
細田衛士（2008）『資源循環型社会』、慶應義塾大学出版会

足し算する、家のリノベーション

大庭みゆき、片山秀史

「家」は人生最大の買い物です。「夢のマイホーム」と言われていたときと変わらず、人は家に家族の夢や希望、楽しい未来を描きます。その意味で家は感動を買うことと同じです。しかしそれから20年もすると、購入時の感動は壁紙の色とともに薄れていきます。生活を継続するということは、家の始まりと終わりを考えることです。つまり家と住まう人、家と周囲（環境）などへ上手に適応することが鍵を握るのです。

私の自宅（マンション）もまさにそのような状況でした。台所や水回り等に不具合が生じ、冬の結露と寝苦しい夏の夜に悩まされ続けていました。リフォームか、リノベーションか、何かしなければ！　でも何からすればいいのか？

誰に相談すればいいのか、何を基準としたらいいのか、何から始めたらいいのか……。五里霧中の状態で、迷いながら戸惑いながら私自身が実際に経験したことをもとに、家のリノベについてまとめてみました。

リフォームとリノベーションの違い

自宅はリフォーム（新築時の原状回復を目的として行う部分的な住宅改修）なのかリノベーション（住宅の機能や価値を高めることを目的として行う住宅全体の改修）なのかを考え、今後住み続けるにしろ転売するにしろ、今の住まいの不満や悩みが減るようなことをしようという結論に達しました。自宅の一番の悩みは寒いこと（特に脱衣所と浴室）、暑いこと（西側の寝室）、そして大量の結露（北東向きのリビング）の3つです。これらは住宅の経年劣化に起因するものではないため「原状回復」を目的とするリフォームではなく、新築時よりも住宅機能や価値を高めるリノベだと判断しました。その後、転売した際にリノベーションが資産価値を高めたことを確認でき、とても満足しました。

しかし後述のとおり、一般的なリフォームやリノベーションの状況を見ると、私の自宅のように家の悩みや不満を解決するような改修をする方はあまり多くなく、不満内容とリフォーム内容にズレが生じているようです。

悩みの原因をつきとめる

次に「どんな」リノベーションをすると今の悩みが解消

するか考えました。そのためには悩みの原因を特定しなければなりません。先の3つの悩みに共通している原因は、窓でした。脱衣所と浴室には窓があり（おまけに浴室の扉もガラス扉）、冬はその窓から冷気が入ってきているのが体感できていました。また西側の寝室は夏、西陽がきつく、夜帰宅してドアを開けると部屋に充満していた熱気がどっと襲いかかるような状況でした。当然エアコンはなかなか効きません。一般的に結露は冷たいところ（おおよそ断熱が低いところ）に発生しがちです。大量の結露が発生する自宅の窓は単板ガラスの金属サッシ枠という低断熱の窓でした。原因が解ったので、その対策を検討しました。

どんな対策をするか

どんな対策をするか、それを行う場合の課題をまとめました。

外の足場の問題は大規模修繕時に同時に実施すれば、なんとかなりそうだと思いましたが（結果としてその通りになりました）、補助金が取れなかったため枠は諦めて単板ガラスの約4倍の断熱性能がある高断熱真空ガラスに変更することにしました。アタッチメント付き複層ガラスにするとアタッチメントがアルミのため、ここがまた結露すると考え、真空ガラスにしました。

そこで残った最大の課題が「マンション管理規則」でした。どうやって変更していいのか暗中模索でした。そこで管理組合の理事会（つまり区分所有者）が納得するような

〈表 3-14-1　リノベーション時の改修部位と対策、課題〉

改修部位	対策	課題
脱衣所・浴室	寒さのための対策をする。 ⇒窓ガラスと枠を高断熱化する。	ガラスと枠を同時に変えると効果は上がるが費用も上がる。補助金はない。（私がリフォームした時集合住宅向けの窓改修の補助金はありませんでした。）
リビング		リビングには内側から取り外すことができない固定された窓があり、外の足場が必要となる。
寝室	暑さ対策をする。 ⇒窓ガラスと枠を高断熱化する。	寝室には内側から取り外すことができない固定された窓があり、外の足場が必要となる。
共通	窓の改修	マンション管理規則では「窓ガラス及び窓枠は専有部分に含まれない」と規定されているため、マンション管理規則の変更が絶対必要となる。

〈図 3-14-1　アタッチ付き複層ガラスと真空ガラス〉

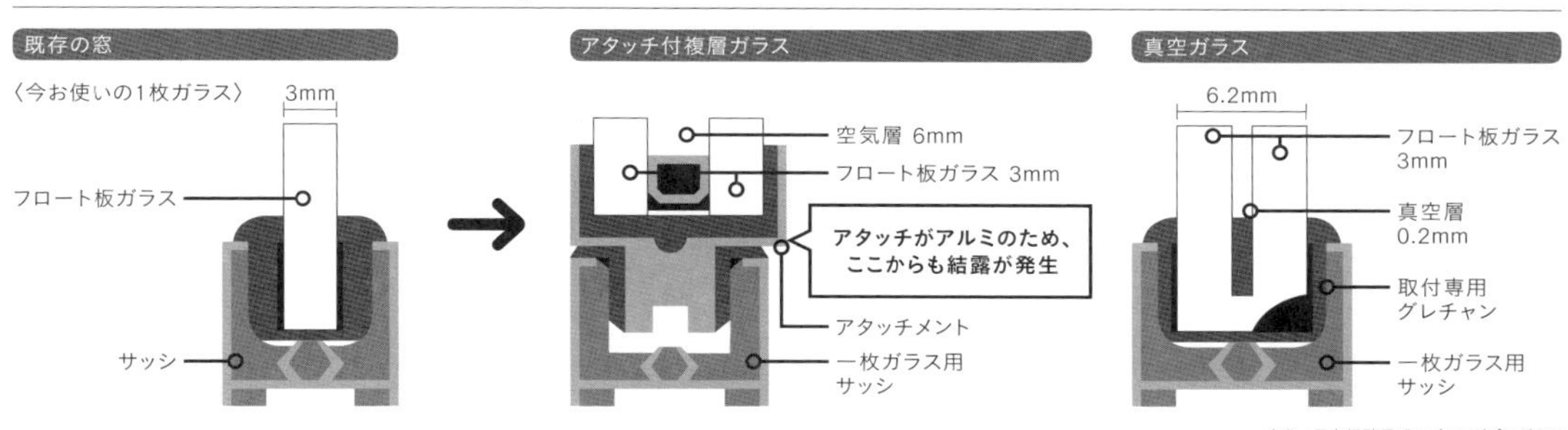

出典：日本板硝子ビルディングプロダクツ

理由を考えて説得しました。それは「資産価値の向上」です。現在、住宅の資産価値は築年数にもとづく耐用年数を根拠として評価されていますが、それは中古住宅の本当の価値を評価できず、中古住宅の流通を妨げることにもつながっています。近い将来、きちんと手入れをされた住宅は想定されている耐用年数以上に使用することが可能となるという視点から、中古住宅の価値を別の評価指標（たとえば断熱性能など）で評価するようになると考えます。すでに、EUでは住宅性能評価指標が取り入れられ、住宅を売買する場合、賃貸する場合に住宅の省エネ性能評価および低炭素評価を明示することが義務づけられています。

結局、理事会を説得しマンション管理規則を改訂するまでに約1年かかりました。その間、自宅の現状のエネルギー消費量と改修案を基に改修効果（省エネ効果、断熱効果など）を計算し、それの効果シミュレーションのプレゼンと実際に改修に使用するガラスの断熱効果の公開実験をして、居住者と理事会にアピールしました。その効果があって、複数のご家庭が大規模修繕時に同時に窓を断熱改修されました。

省エネの効果

省エネの効果を、リビングのエアコンの1日あたりの電力消費量で見ると1日約384Wh（約9・6円）の省エネになっていました。

また、夏は今まで暑くてエアコンを夜中に使用していま

〈図 3-14-2　リビングのエアコンの電力消費量（冷房時）〉

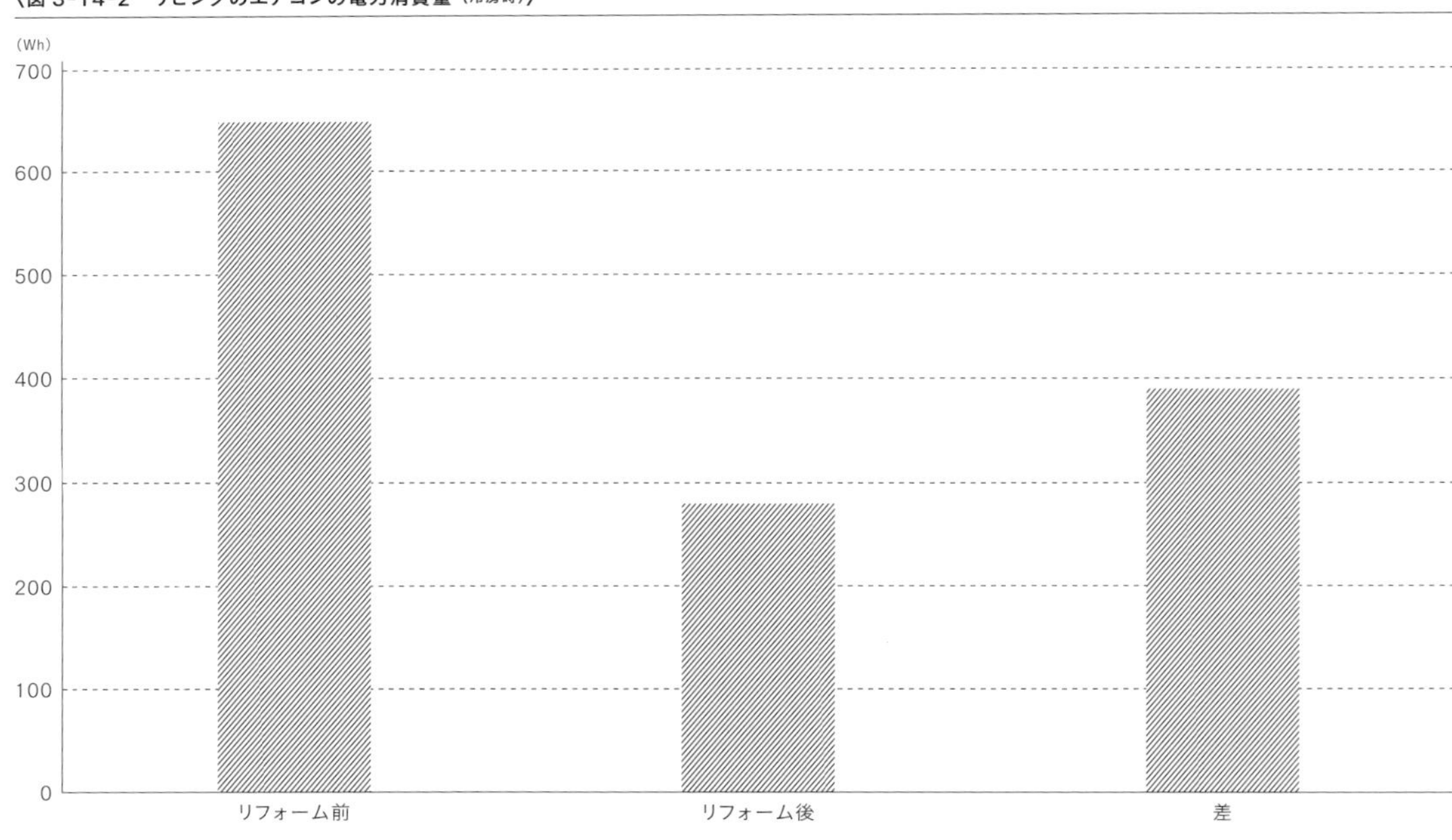

したが、ガラスを変えてからは夜間に1時間ほど使用した後は切っても暑くなくなりました。それまで帰宅時に感じていたムッとする熱気も感じなくなりました。もっともよかったことは、冬に脱衣所と浴室が寒くなくなったことです。浴室で今まで見ることがなかった湯気を見ることができました。ガラスの交換だけなので当然今まで見えていた景色はそのままですが、暑さ、寒さを感じにくくなりました。つまり、景観としての連続性と空間としての遮断性の両方のいいとこ取りができ、とてもお得に感じました。また、悩まされていた結露もほとんどなくなり、カビの心配もなくなりました。

原状回復ではなく新築時よりも性能を向上させるという目的がはっきりしていたことで、障害となっていたマンション管理規則もクリアし、また転売時にも住宅性能の高さを評価してもらうことができたと思っています。実際のリノベの経験から効果的なリノベが持ち家の資産価値を向上させ、かつ居住者の快適性の向上につながることへの認知がまだまだ不足していると感じました。そこでリノベ経験者から見たリノベの課題と未来についてまとめました。

リノベの効果の「見える化」

住宅性能を向上させるリノベの効果が見える化できていないことが、リノベの阻害要因のひとつとなっているようです。環境エネルギー総合研究所の調査結果では「住宅の断熱性能に対する不満を持っている」方は約34％で、「収納に関する不満」（36％）に次いで2位に入っていますが、実際にリフォーム・リノベをする際の優先事項の第1位は「間取りやインテリア」（約27％）で「断熱性能」を選ぶ方は約11％と、1割程度しかいません。この不満と実際の改修内容のミスマッチの原因をヒアリングしたところ、「断熱改修のよさや効果がよく分からない」ということでした。リノベやリフォームを検討している時に断熱改修の効果が分かるような仕組みが必要です。しかもその効果は省エネや節約効果だけではなく、私が実感したような快適性の向上や結露の減少などの非エネルギー便益も含めた効果の「見える化」が求められます。

リノベーションの未来

前と性能は同じで新しくするという「＝」から、新築時より性能を向上させるという「＋」、つまり足し算のリノベの意識が普及すると、住宅の断熱性能が原因のひとつとして起こるヒートショック、熱中症などの健康被害の発生を抑制させることができると考えます。見た目を新しく美しくすることも大切ですが、機能や性能が低下したものに新しい技術や性能を「足す」という考えは今後より重要になると考えます。

私たちにとって家は長いお付き合いをするものです。にもかかわらず、現状では家族のライフステージの変化につれて、どのような変化が起こるのかを新築時に把握することができません。ライフステージごとの変化が分かると、家のリノベを予測することができ、より効果的なリノベができると思います。

おおば・みゆき
環境エネルギー総合研究所代表取締役。博士（工学）。専門は熱流体。「生活者の視点でエネルギーを考える」をモットーに、「足し算の省エネ」を提唱している。

かたやま・ひでふみ
環境エネルギー総合研究所取締役。大阪大学大学院・工学博士。エネルギー技術社会研究所を主宰し、エネルギーと科学技術の界面を研究。「eナビ」「エネルギーライフモデル」「グリーンリフォーム」などへも展開中。「時間」「グリーンスタイル」を中心に「納得科学」の研究を推進中。

エネルギーってなに？

槌屋治紀

エネルギーとは

エネルギーというと何かとても難しいことのように思えるかもしれませんが、みなさんの毎日の暮らしのなかによく現れているものです。

元気がよく行動的で、なんにでも積極的に挑戦する人のことを「エネルギーにあふれた人」ということがあります。エネルギーというのは元気があることと関係しているようです。人間が重いものを持ち上げたり、遠くまで運んだり、力を出して仕事をすることと関係がありそうです。

エネルギーは「仕事をする能力」と言われています。言い換えれば、機械や道具を動かすもととなるものです。食べ物がなければ人間が動けないように、エネルギーがなければ機械や道具は動いてくれません。

エネルギーの利用形態を大きく分けると、光、動力、電気、熱の4種類になります。エネルギーの利用形態と利用目的を整理してみると、表3-15-1のようになります。光は照明に、動力はモーターや自動車などに利用されています。電気はテレビやパソコンなどの機器に使われています。熱については、温度の違いによって利用の仕方が変わってきます。低温の熱はお風呂や暖冷房に、高温の熱は産業分野で金属の精錬・溶解・加工に使われています。

エネルギーの種類

人類は長い時間をかけてエネルギーを利用する方法を獲得してきました。最初、人類は生きのびるために木を燃やして食事を作ったり、体を温めたりしました。風車や水車で粉をひいたり、太陽の熱で洗濯物を乾かしたり、牛や馬の力を使って重いものを動かしたりしました。これは、太陽から地球に届くエネルギーや動物のエネルギーの直接的な利用でした。

18世紀ごろまで、人類はこのように自然の力を直接的に利用するやりかたで生きていました。ところが、人類はルネッサンスによって自由の精神を勝ち取り、自然現象に対する客観的な思考方法として自然科学を身につけるようになりました。そして自然科学の応用としての技術が発展し、石炭を大量に利用して産業革命を起こすにいたりました。

石炭の利用は蒸気機関を生み出し、鉄道が発展しました。

その後、石油が掘り出されて自動車に使われ、馬に代わって交通機関の主役になりました。そして普通の人々が日常的に自動車を使うようになりました。石油に付随して天然ガスが掘り出されました。この、石炭と石油と天然ガスのことを「化石燃料」と呼んでいます。ちょうど「化石」のつくられた時代の動物や植物の残滓からできたものが、いま利用されているというわけです。もともとは昔の地球に降り注いだ太陽エネルギーが動物や植物を育てたのですから、太陽エネルギーの貯金のようなものです。

化石燃料は炭素と水素からなっているので、燃焼により空気中の酸素と結合して、二酸化炭素と水になります。このふたつの物質は、大気中に放出しても大きな問題を惹き起こさないと考えられてきました。燃焼によるエネルギー利用は、燃える物質をタンクに入れて目的地まで運んで、そこにある大気中の酸素の力を借りて燃焼によって熱を生み出します。このとき周辺のことは心配しなくてよいと考えられていました。しかし、現在では燃焼による二酸化炭素の排出は地球温暖化の原因として人類の抱える大問題になっています。

電気はこれとは違った歴史を持っています。最初は琥珀を猫の毛皮でこすると静電気が生じて、軽いものを吸いつける性質が知られていました。静電気を発電する装置で火花がでることが分かり、さらに電池がつくられ安定な電気を取り出せるようになりました。19世紀には、電気と磁気の関係が解明されてモーターがつくられました。19世紀後半には、水力発電が実用化されました。電気は照明に使われ、モーターによる動力の利用が始まりました。その後、電気の利用は一段と進み、工作機械やクレーンなどの様々な産業機械を生み出しました。そして家庭生活を便利にする電気冷蔵庫、電気洗濯機、電話、ラジオ、テレビ、コンピュータなどがつくられました。

表3-15-2には、エネルギーの種類とその利用方法をまとめてみました。エネルギーには、化石燃料、核燃料、再生可能エネルギーの3種類があります。

化石燃料と核燃料は地中から掘り出してくるので、いつ

〈表 3-15-1　エネルギーの利用形態と利用目的〉

エネルギーの利用形態	エネルギーの利用目的
光	照明、交通信号、ヘッドライト
動力	モーター、自動車、エレベータ
電気	テレビ、パソコン、スマートフォン、電子レンジ
熱　低温	お風呂、暖冷房、料理
熱　高温	金属の精錬・溶解・加工

〈表 3-15-2　エネルギーの種類とその利用方法〉

エネルギーの種類		その利用方法
化石燃料	石油	自動車用ガソリン、灯油ストーブ、重油燃料
	石炭	石炭ストーブ、コークス
	天然ガス	ガスストーブ、調理用燃料
核燃料	ウラン	原子力発電
再生可能エネルギー	水力	水車、水力発電
	バイオマス（マキ、木材）	調理用燃料、マキストーブ、アルコール燃料
	地熱	温泉、地熱発電
	太陽	太陽光発電、太陽熱温水器
	風力	風車、風力発電
	波力	波力発電
	海洋	海洋温度差発電
	潮汐	潮汐発電

の日か枯渇するものです。一般に金属資源などは、鉱山から採掘が始まると急速に生産が増加しますが、いつかはピークに達して生産が下降に転じ、最終的には閉山にいたります。実際にこれまでも多くの鉱山が閉山になり、これは化石燃料や核燃料についてもいつかは訪れる運命と言ってもよいものです。

また再生可能エネルギーは、太陽と地球のある限り利用できる持続可能なエネルギーであり、水力、バイオマス、太陽光・太陽熱、風力、波力、海洋、潮汐などがあります。

ところで、「再生可能エネルギー」というのは堅苦しい表現です。英語では「Renewable Energy」と言い、Renewableというのは「再び新しくなる」という意味です。「自然エネルギー」という言い方をすることもあります。どちらも太陽、風力、水力、バイオマスなどの自然のエネルギーの流れを利用するエネルギーのことを意味しています。しかし、「自然エネルギー」と言うには少し問題もあります。石油や石炭も自然界から取り出して利用しているものであり、「自然エネルギー」ではないか、という反論が出てきます。このように、より正確な日本語として、堅苦しいですが「再生可能エネルギー」としているのです。

再生可能エネルギーの比較

表3-15-3は再生可能エネルギーを比較する一覧表です。単位面積あたりのエネルギー密度の点からみると、水力と地熱は比較できませんが、波力>風力>太陽光・太陽熱>バイオマスになっています。バイオマスのエネルギー密度は太陽光発電の10分の1程度であり、波力発電のエネルギー密度は、風力発電の数倍から10倍以上といわれています。波力発電では設備にかかる応力が非常に大きく海水による腐食もあり、試作された設備の耐久性が問題になります。日本では１９８０年代に波力発電の開発が行われましたが、現在では本格的な開発は行われていません。

風力発電はすでにもっとも普及しています。これは航空機を製造する現在の材料技術が風のエネルギー密度によく対応でき、風力発電が経済的に成立しているからです。こ

〈表 3-15-3　日本における各種の再生可能エネルギーの比較〉

再生可能エネルギー	エネルギー利用密度と変換効率	年間設備利用率
水力発電	雨水を貯水池にためるので非常に大きい	40～55％
太陽光発電	太陽エネルギーは最大1kW/m²の密度、この13～15％を電気に変換する	日本では12％、平均年間1000時間利用可能
太陽熱（熱利用）	太陽エネルギーの30～70％を熱として捕獲	貯湯タンクで一年中利用可能
太陽熱発電	太陽光を鏡で集光して高温蒸気を作りタービンで発電する	20％程度、蓄熱装置を利用
風力発電	風のエネルギーは風速の3乗に比例、1～20kW/m²、その25～40％を利用可能	20％以上なら経済的に成立
バイオマス	年間の太陽エネルギーの1～2％を固定 生育量 5～10トン/ha年	いつでも利用可能な貯蔵エネルギー
地熱発電	地下の熱水と蒸気（50℃～200℃以上）	63～80％
波力発電	海岸線1mあたり5～25kW	30％程度

れに対して太陽光発電は、エネルギー密度が小さく、そのため壊れにくいのですが、コストが高いために普及が遅れています。しかし太陽光発電は騒音がなく、住宅地でもどこでも建設できます。太陽光発電のコストは大量生産によって急速に低下しており、大量の普及が始まっています。太陽光パネルを固定する方法と、太陽の方向を常に追いかけていく「追尾型太陽光発電システム」があります。

太陽熱発電は、太陽光を集めてその熱を利用して高温の蒸気でタービンを回して発電します。また蓄熱装置を使って熱を貯蔵しておき、発電する時刻をシフトすることができます。日本では本格的な開発が中断されていますが、太陽輻射量の大きな米国やアフリカでは運転が始まっています。太陽の光を多数の反射鏡（ヘリオスタット）を使って反射させタワーの上部に集中させて高温を得る方法と、トラフ型（樋型）放物面の反射鏡で太陽光を集める方法が開発されています。

追尾型太陽光発電システム。常に太陽の方向へ向くように制御して発電量を最大にする。　（撮影：システム技術研究所）

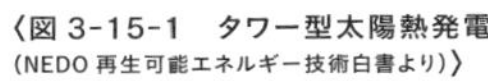

〈図 3-15-1　タワー型太陽熱発電
（NEDO 再生可能エネルギー技術白書より）〉

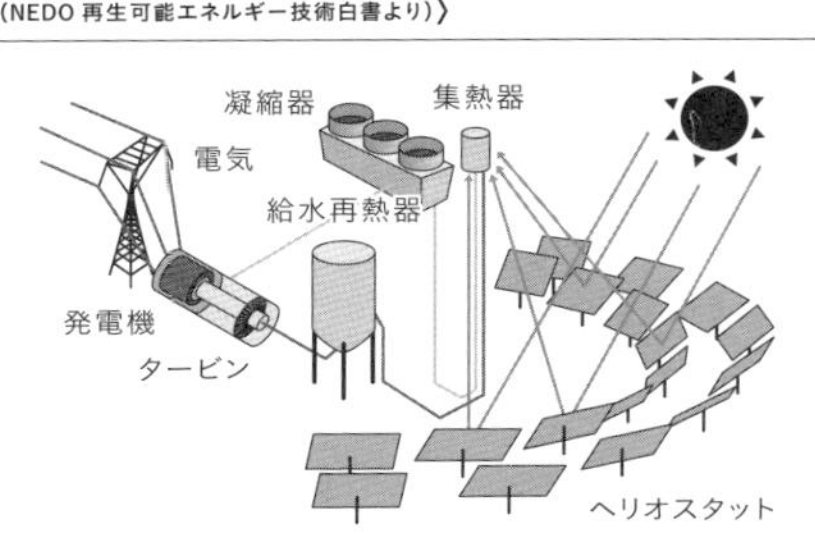

バイオマスは、太陽の光を変換する効率は太陽光発電の10分の1程度ですが、エネルギーを貯蔵しているのでいつでも利用可能という利点があります。バッテリーつきの太陽光発電に似ています。

潮汐発電は、潮の満ち干により生じる海面の高低差を利用して水力発電のようにタービンを回転させる発電方式です。フランスのランスでは潮汐の高低差が最大13・5ｍあり、24万ｋＷの潮汐発電所が稼動しています。

エネルギーの見方

エネルギーというものをどのように見るかは、立場によって変わります。科学・技術者と経済学者では、エネルギーについての見方がかなり異なっています。

科学・技術者は物理学にもとづいて、エネルギーはまずそれが保存されるものであり、なくならないものであると考えます。エネルギー保存法則あるいはエネルギー不滅の法則と呼ばれる原理によるものです。この法則は証明されたわけではありませんが、反証は見当たらず、熱力学の第一法則として知られています。

さらに、私たちがエネルギーを利用するときにもこの法則が働いています。たとえば、ガソリンを燃やすと熱の一部が動力になり、自動車を動かすのですが、残りはエンジンを高温にして熱の放散になります。ガソリンのもっていたエネルギーは、最終的にはすべて環境中に放出され低温の排熱になります。

一方の経済学者は、エネルギーは経済成長の原動力であると考えています。経済活動の大きさを表すにはGDP（国内総生産）が使われます。1単位の経済活動を生みだすために必要なエネルギー量をエネルギー原単位とよんでいます。このエネルギー原単位が小さければ、小さいエネルギー量で同じ経済活動を生み出せることになります。

別の見方もあります。エネルギー需要は人口に比例して大きくなるので、一人あたりエネルギー需要と人口をかけるとエネルギー需要になると考えます。エネルギーを使えば便利な生活ができるので、一人あたりエネルギー需要は、単純に考えれば生活水準を示すと考えられます。

経済学者は、ほかの商品と同様に需要と供給の関係がエネルギーについても成り立ち、エネルギーの価格が上がれば、需要は低下する、逆にエネルギー価格が下がればエネルギー需要は増加する、と考えています。また経済学者は、エネルギーは使えばなくなってゆくものと見ています。実際、物理学でエネルギーが保存されると言っても、残るのは低温の熱で利用価値はないものですので、経済学の目からみればないのと同じです。

このように、科学・技術者と経済学者はエネルギーをそれぞれ別の面から見ています。どちらもエネルギーについて考える場合の重要な面をとらえています。エネルギー問題を考えるとき、このことがヒントになるかもしれません。

エネルギーの変換

さて現実のエネルギーはさまざまな形態をとって現れます。光、電気、動力、熱の4つです。このようなエネルギーの形態は互いに変換可能であることが知られています。

たとえば火力発電は高温の熱を用いて水蒸気を作りその圧力でタービンを回転させて発電機を動かし、電気を発生させます。ガソリンエンジンは、ガソリンのもつ爆発的な燃焼をピストンの往復運動に変換して動力を取り出して自動車を走らせます。電気はモーターを利用して動力に変換でき、エレベーターや電気洗濯機を動かします。

照明の光はろうそくの火のような燃焼で生み出すことができますが、その効率は非常に低いものです。発明王エジソンが発明した白熱電球があります。これはろうそくより

〈図 3-15-2　火力発電の仕組み〉

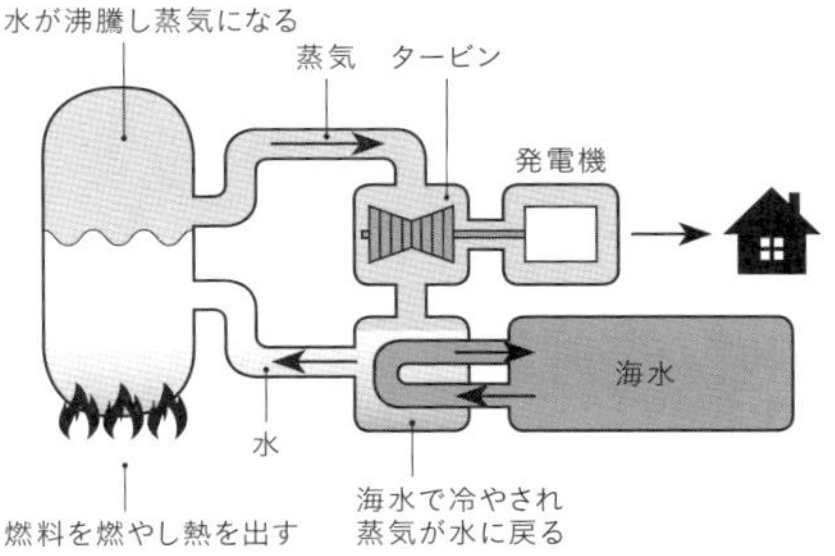

水が沸騰し蒸気になる
蒸気
タービン
発電機
海水
水
燃料を燃やし熱を出す
海水で冷やされ
蒸気が水に戻る

〈図 3-15-3　エネルギー相互変換図、数字は変換時の代表的な変換効率（%)〉

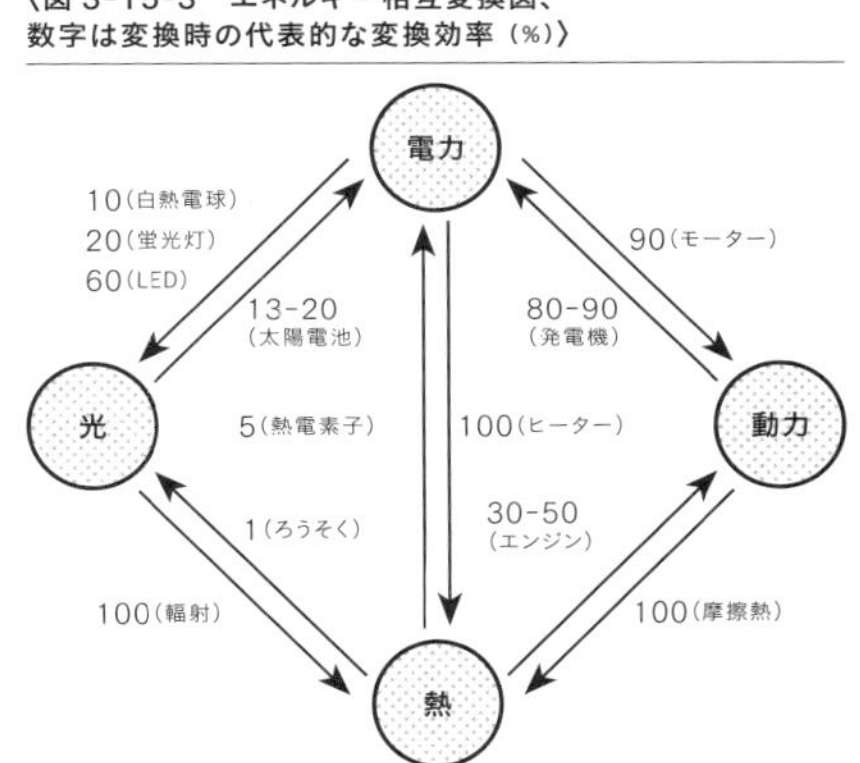

も効率は高いのですが、熱くて手で触れないほどですので、かなりのエネルギーが光にならずに熱になっていることがわかります。これに対して蛍光灯は効率が高く、さらに最近開発されたＬＥＤ（発光ダイオード）は、手で触れることができますから、熱損失が少なく非常に効率が高いことがわかります。エネルギーの変換効率は、有効に利用できる割合を示すもので、次のように定義されています。

変換効率＝有効に利用されるエネルギー／投入したエネルギー

この変換においてムダになったエネルギーは排熱として周辺環境へと放出されています。このような効率が計算できる理由は、「エネルギーの保存法則」にあります。

エネルギーの貯蔵

エネルギーを貯蔵する方法には、揚水発電、バッテリー、蓄熱層、水素などがあります。揚水発電は電気を貯めるものですが、実際には水を高いところにある貯水池にポンプで持ち上げておき、必要なときに水を落下させて水力発電と同じ方法で発電します。日本では、出力調整ができない原子力発電所で夜間に発電した電気を、揚水発電で貯めておいて昼間の電気需要の大きなときに放出していました。揚水発電は、原子力発電がなくなったら太陽光や風力発電の変動する電気の調整に利用できそうです。

バッテリーは、化学反応を利用して電気を貯めます。自動車のスタートのときにエンジンを動かすためにバッテリーからの電気を利用しています。自動車が動き出すと、エンジンの出力の一部を使って発電し、バッテリーに充電しておきます。ハイブリッドカーでは、ブレーキを掛けたときに発電機を回して発生した電気をバッテリーに貯めています。こうするとこれまでブレーキで熱になっていたエネルギーを回収できるので、燃費が非常によくなります。

蓄熱層は熱を貯めるもので、周囲の環境とは異なる温度の熱を保持しておき必要なときに取り出して利用します。高温の温水、低温の水、あるいは氷を利用します。このため蓄熱層の壁面は厚い断熱材で覆われて放散する熱をできる限り小さくします。

このほかにエネルギーを貯めるのに水素を利用することが考えられています。水素は自然界にはないもので、水の電気分解や天然ガスの改質反応によってつくられます。水素は圧縮タンクに入れて長期間保存が可能であり、燃料電池を使って電気に変換できます。１９９０年ごろに小型の効率のよい燃料電池が作られるようになり、水素の利用可能性が大きくなってきたので、水素をエネルギーの貯蔵に使う技術開発が行われるようになりました。

エントロピーとエクセルギー

エネルギーは、光、動力、電気、熱のような形態で利用されていますが、その質に違いがあるのでしょうか。すべてのエネルギーは、使用後は低温の排熱になって利用できないものになることから、低温の熱は低級なエネルギーと考えられています。電気は動力や熱に、動力は電気や熱に効率よく変換できることから高級なエネルギーと考えられています。

さて熱はどうでしょうか。熱エネルギーから外部に仕事を取り出せる程度を見れば、熱エネルギーの評価ができそうです。検討してみると、利用温度が高ければ、効率よく外部へ動力が取り出せることが分かりました。

このような点に注目して、熱エネルギーの量を利用温度で割ることによって、「エントロピー」という概念が作られました。エントロピーは、利用温度が高ければ小さく、利用温度が低ければ大きくなります。エントロピーが小さければエネルギーの質が高く、仕事を外部へ効率よく取り出すことが可能だと言えます。またエントロピーが大きければ仕事を取り出すのが難しく、利用価値は小さいことを意味しています。低温の熱はエントロピーが大きくエネルギーの質が低い、高温の熱はエントロピーが小さくエネルギーの質は高いと言えます。また、エネルギーを利用する非可逆なプロセスでは、その前後で必ずエントロピーが増大していることが分かっています。

情報理論でもエントロピーの概念が使われています。情報理論では、エントロピーが大きいことは「乱雑であること」や「拡散してばらばらであること」を示しています。

エントロピーの概念を通じて、熱から取り出せる仕事を評価すれば、エネルギーの利用過程をより深く理解できると思われます。この外部へ取り出せる仕事を「エクセルギー」と呼んでいます。一般に、熱エネルギーから取り出せるエクセルギーの割合は、カルノー効率より大きくできないと言われています。カルノー効率は、熱を仕事に変換する場合の最大の効率を示すもので、利用温度だけでなく周囲温度にも注目して、利用温度と周囲温度の差が大きければ、効率よく仕事を取り出せるとしています。エクセルギーを使うと、エネルギー保存則による収支計算ではできない、エネルギーの質を評価する計算ができます。たとえば、外部へ取り出せるはずのエネルギーを取り出していないケースなどの分析ができるようになります。

温度の高い熱いものを自然のままにして置くと、温度の低い冷たい方向に熱が移動していき、熱かったものが冷たくなってしまいます。水が高い所から低い所に流れるように、熱は高温部分から低温部分へと流れてゆき、エントロピーが増大してゆきます。このことを大げさに解釈すると、私たちの住む宇宙では、エントロピーが果てしなく増大してゆき、最終的には低温排熱だけの世界になり「熱的な死」にいたるという説もあります。

エネルギーについて考えることは、資源の枯渇や環境の破壊だけでなく、私たちの経済活動や社会の仕組み、さらには宇宙について考えることにつながっています。

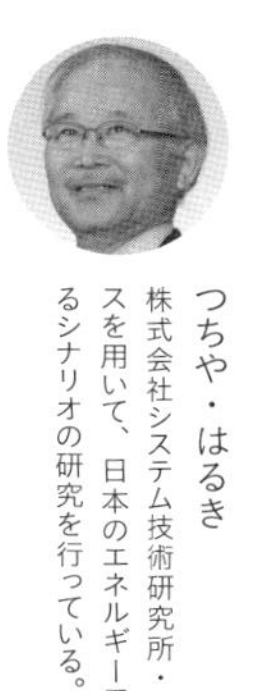

つちや・はるき
株式会社システム技術研究所・所長。エネルギー分析とコンピュータサイエンスを用いて、日本のエネルギー需要を100％再生可能エネルギーで供給するシナリオの研究を行っている。

生き物から学ぶエネルギーの使い方の知恵

長島孝行

みなさんは新幹線のドアがとても軽いのをご存知でしょうか？　でも強度はあるのです。実は新幹線のドアはハチの巣のような薄い膜状で六角形の規則的な構造からできています。このような構造をハニ（蜂）カム（巣）構造と呼んでいます。この構造にすると少ない材料でありながらも強度を増すことができるのです。そうした蜂の巣の作り方の知恵を真似て人類はものづくりをするようになってきました。すでにハニカム構造はロケットのボディにも利用されています。実際にロケットの破片を持ってみると軽いのが実感できます。また、この構造を段ボールで作ってみると人が乗ってもなかなか潰れません。

生き物たちは38億年という長い進化の過程で、実に優れたものづくりを手に入れてきました。科学的に調べてみると、生物の造形物にはすばらしい機能性と安全性があり、ナノサイズにいたるまでの精密な構造をつくりあげているものがほとんどです。さらに驚くことに、エネルギーの使い方にまったく無駄がありません。

一方、人類は産業革命以降ほとんどのエネルギーを、やがて枯渇する地下資源（石油、石炭、ウランなど）に依存し、そこから得られる莫大なエネルギーをもとにものづくりをしてきているのです。ちなみに使える石油は地球上にはあと約35年、石炭は数百年、ウランは約80年と言われています（シェールオイルは除く）。

私たちが1日の活動に利用しているエネルギー量はどれほどなのでしょうか。実は、驚くことに70Wの電球とあまり変わりません。脳の使用エネルギーも20Wの電球程度にしかすぎないと言われています。人は痩せようと一生懸命努力しますが、現実なかなか痩せられません。これはそもそも人類もほかの生物同様エネルギー消費が極めて少ないからにほかなりません。こうした生き物の形、作り方、使い方などを真似て製品をつくり、社会に落とし込むテクノロジーを「バイオミミクリー（生体模倣技術）」と言い、近年世界中でこうした技術開発が進められています。

ここでは、こうした生き物の知恵から学ぶ技術の事例をほんの少し示していこうと思います。そして、私たちの暮らしはどのようになっていくのか、どうしたら安心できる心豊かな社会をつくれるのか、などをみなさんが考えていただければ幸いです。

生き物の接着に学ぶ

もう少し頭慣らしをしましょう。キクの仲間のオナモミという植物の果実（ひっつきむし）は洋服にくっつくとなかなか取れない性質があります。このオナモミのくっつく原理を真似て作られたのがマジックテープです。

また、ヤモリは天井でも歩けます。これは足の裏に200万本ものミクロン（1ミクロンは0・001㎜）レベルの枝分かれした細い毛が空気を押しのけることにより生まれるファンデルワールス力（分子間力）で、50gあるヤモリでもさまざまな場所へ運ぶ接着力が生まれるのです。決して粘着物質があるわけではありません。この微細な構造を靴底や手袋に用いれば、人でも壁の側面なども簡単によじ登ることが可能となります。

壁を登るヤモリ

ハスのように撥水する布

ハスやサトイモの葉の上に水玉ができるのは誰でも知っていると思います。実際にハスの葉を電子顕微鏡で覗くと、葉の表面に規則的な凸凹があり、この構造によってきれいな水玉が形成されるのがわかります。また、葉の表面に汚れがあっても、雨が降ればその汚れは水玉にくっついて葉の表面を転がり、葉は常にきれいな状態を保つことができるのです。この性質をロータス（ハス）効果と名づけ、1998年にはドイツの植物学者らが特許を取っています。

そこでドイツの企業はロータス効果を塗料に応用しました。屋根や外壁に塗って、雨が降れば汚れも流される、というものです。日本でも『帝人ファイバー』（現・帝人フロンティア）がハスの葉を研究、これを模倣して化学繊維を開発しています。繊維をハスの葉の凸凹のように織ることで、その構造が壊れない限り超撥水の機能は失われないというものです。実験では通常の撥水加工に比べると耐久性もあることが確認されました。これをテーブルクロスに利用すれば、水、醤油などもすぐに玉になり汚れにくいのです。もちろん、レインコートや帽子などにも最適で、このロータス効果をもつ商品は次々に世界中で開発されています。

カタツムリのように汚れないタイル

炭酸カルシウムからなる殻を維持するためにコンクリートをも舐めるカタツムリですが、殻の表面は常にきれいであることに驚かされます。殻の表面を電子顕微鏡で観察すると殻の全域に規則的な凸凹の溝があり、この微細な溝に水が溜まって薄い水の膜が常につくられているため、ベトベトした油などもつきにくくなっているのです。

試しに生きているカタツムリの殻に油性のマジックでいたずら書きをした後に水をかけてみてください。そのいたずら書きがすぐに浮いてきます。これが、カタツムリが常にきれいである秘密のメカニズムです。

このメカニズムを応用し、『LIXIL』はタイルなどを開発しています。前出のハスの葉に似たところがありますが、油などにはより強いのが特徴です。車の排気ガスなどで汚れた壁をきれいにするには大量の石油系洗剤が必要となりますが、このタイルの場合、雨が自然に落としてくれるという省エネ製品なのです。同社はこのほかにトイレ、風呂、流し台なども開発し、水で洗い流すだけでいつもピカピカな製品が生まれています。

ガの眼のように反射しないフィルム

テレビのコマーシャルでモスアイ（ガの眼）パネルが話題になりました。多くのガは夜の暗闇の中で飛翔します。つまり彼らは闇の中でもある程度ものを見ることができる眼を持っているということです。

一般に、昆虫の眼は複眼と呼ばれる数百、数千の個眼が隙間なく集合してできていて、そのひとつひとつの個眼は、レンズ系・感覚細胞系の規則的な構造になっており、ガの眼も例外ではありません。ガの眼が昼間飛ぶ昆虫と大きく違う点は、レンズ表面にコルネアル・ニップルと呼ばれる約200ナノ（0・0002㎜）の規則的な乳頭状突起が密に配列しているところです。これがあることにより外部から入ってきたほんのわずかな光を全く無駄なく神経細胞に伝える機能が発揮されます。

このナノサイズの突起の構造をフィルムに模倣したらどうなるでしょう？　通常、ガラスと空気の界面では屈折率が急激に変化するために光の一部は反射してしまいますが、模倣したフィルムはガの眼のように可視光線の波長より小さい周期の突起が存在するために屈折率の変化が緩やかになり、光をほとんど反射しなくなります。

この無反射フィルムを美術館、水族館などのガラスに利用すれば、さまざまな角度からでもよく見え、満足度も格段にアップするはずです。すでに『三菱レーヨン』などでこうしたものが開発されています。

砂漠の生き物に学び砂漠で水を集める

西アフリカのナミブ砂漠にはたくましく生きている生き物がいます。キリアツメゴミムシダマシという体長2㎝ほどの昆虫は、砂漠でユニークな方法で水を飲んでいます。

一体この虫がどのように水を集めているのか、簡単に説明します。彼らが生息しているナミブ砂漠では年間降水量は数十㎜ですが、数日おきに大西洋で発生した濃い霧が朝早くやってきます。この時にキリアツメゴミムシダマシは砂丘を上り、頂上にくると頭をふもとの方向に向け、お尻を持ち上げ逆立ちのような体勢をとります。この部分はワックスが表面に近い部分に水が集まります。自然とお尻にあるため落ちて、周辺体表面のミクロな凸凹構造があることにより水滴となります。この構造が水滴ができながらも落ちない仕組みを同時に持たせているのです。そして大きくなった水滴は体の軸に沿った溝に移動し、更にその溝がムシの口に伸びていることから自然と傾斜で口元に移動していきます。虫はただそれを飲むだけ、という実に無駄のない仕組みをつくり上げ、体内に水を取り込んでいます。

この水をくっつける性質とはじく性質を両方持たせた構造を再現し、実際に砂漠で水を集める容器も作られました。

ザゼンソウから学ぶ温度の制御法

発熱植物という言葉を聞いたことがありますか？　一般に植物の体温は外気温の変化に伴って変動しますが、自ら発熱して体温を上昇させる発熱植物が世界で数種類知られています。

日本の東北地方にも生息するサトイモ科のザゼンソウ（別名ダルマソウ）という植物は早春に1週間近く発熱し続け、氷点下におよぶ外気温に対して自身の体温を20℃内外に維持することができます。3月中旬に開花する際、この発熱が起こり周囲の氷雪を溶かし、いち早く顔を出すことでこの時期数の少ない昆虫を独占し、受粉の確率を上げているのです。しかも、氷点下におよぶ外気温に対して、自らの体温を毎分20℃±0・03℃というわずかな変化率を察知して温度制御していることも分かったのです。もちろん生き物ですから自らの化学エネルギーを使います。

このような長期にわたる恒温性を保つ能力にはただ驚くばかりですが、どうもザゼンソウはふたつのエアコン（発熱装置）を持っており、ひとつは常に動かし、体温が下がったときにもうひとつを作動させるという、非常に理にかなった省エネをしているようです。

タマムシのように自ら発色する金属

玉虫厨子（たまむしのずし）は法隆寺が所有する、飛鳥時代に作られた国宝で、装飾にタマムシの翅が使用されています。使用されたタマムシはヤマトタマムシで、確かにきれいな緑色と紫色（角度によっては濃紺にも見えます）の縞模様ですが、タマムシの翅には以下のような特徴があります。実はこの色は多くの動物の毛や植物の花のように色素で発色するのではなく、構造色と呼ばれる特殊な発色機構を利用しているのです。シャボン玉を連想ください。無色透明なシャボン玉はある時から急に発色し、その色は次々と変色し、やがて破裂して消えていきます。このシャボン玉の発色は膜の厚さが変化することにより生じるのです。ヤマトタマムシの翅はこれに似た機構で発色しています。皮膚の表面を電子顕微鏡で見てみると、ナノサイズの規則正しい層が十数層になっています。この層の厚さが緑（約80nm）と紫（約125nm）に発色させています。きれいな花は枯れるとすぐに変色してしまいますが、タマムシの翅は上記のような構造色ですので変色することがありません。玉虫厨子はこの変色しないことを利用して作製したはずです。

このメカニズムをステンレスに応用しナノサイズの膜を作ると、そのステンレスはタマムシのように自ら色素を使わずに発色します。膜の厚さを変えると別の色が発色されます。このようにして現在、新潟県の町工場『中野科学』では思うような構造色をつくり出せるようになりました。まだタマムシのように常温、常圧という超低エネルギーでつくることはできませんが、枯渇する石油由来の化学色素(塗料)も用いていないのでステンレスはステンレスに、チタンはチタンにと半永久的にリサイクルすることが可能です。この日本から生まれたテクノロジーはロンドンオリンピック(テーマは持続性)のモニュメントにも利用されています。

植物の光合成機能から学ぶ太陽エネルギー活用術

太陽光をエネルギーに変換し、水と二酸化炭素から糖と酸素を合成するのが「光合成」です。この光合成を行う細胞内葉緑体のチラコイド膜には、光エネルギーへと変えるクロロフィル色素が無数に存在します。それらは光を集めるものと光を化学エネルギーに変えるものとに役割を分担しています。規則正しく並んだ光を集めるクロロフィルが効率的に光を集め、化学エネルギーに変えるクロロフィルへと伝達します。こうしてチラコイド膜でつくられた化学エネルギーは、水を分解し酵素をつくり出しています。

この合理的なエネルギー変換機能を太陽電池に活用する研究が注目されています。通常の太陽電池では、光を集めてエネルギーを取り出すための材料として主にシリコン半導体が使われていますが、資源の制限やコストの問題も指摘されています。これに対し、光合成機能を模倣した色素増感太陽電池「ポルフィリン」はエネルギー変換効率も優れていて非常に注目されています。こうした研究が進めば、太陽光からの光エネルギーのけた違いな変換効率を持った太陽電池が日本から誕生するかもしれません。

構造色を利用したカラフルなスプーン(ステンレス製)とビアカップ(チタン製)、タマムシ成虫

水の中からエネルギーをつくるふたつの生き物

光合成をする動物がいるのをご存知でしょうか? 軟体動物のウミウシというきれいな生き物が海にいます。海洋学者でもあった昭和天皇は、味がないしコリコリで噛みきれない、と言いながらもお召し上がりになったという話もありますが、とにかく変わった生き物のひとつです。

彼らのなかには海藻の葉緑体を体内に取り込み(盗み)、数週間から数か月にわたって生かし光合成を行う種がいます。これは盗葉緑体と呼ばれる特異な現象で、多細胞生物ではウミウシの仲間のみ知られているものです。どうもウミウシは植物の葉緑体だけでなく、核もセットにして盗み、この遺伝子を取り込んで植物細胞のように機能している可能性があるようです。動物と植物のハイブリッドシステムの構築にもつながる可能性も秘めています。

同様にユニークなのが、細胞内に取り込んだ有機物が持つ電子エネルギーを増殖や自らが生きるために利用している微生物です。微生物のなかにはまだエネルギーが残っている段階で対外に電子を放出するものも存在します。この電子を電力として取り出そうという微生物燃料電池というものがあります。この電流発生菌は水田の土壌にも多く存在するので水田に直接電極を差し込んで発電させる実験も行われています。太陽の光を浴びた稲が有機物を排出し、それを食べた電流発生菌が電子を発生していることが分りました。仮にこの研究が進展すれば水田そのものを米生産の場として捉えるだけでなく、太陽光発電装置としても捉える時代がやってくるのかもしれません。

キノコに学び生ごみからバイオ燃料をつくる

枯れ木や倒木を分解し、森の循環を支える野生の生き物は少なくありません。なかでもシロアリなどの昆虫も注目される生き物ですが、ここでは生ごみをバイオエタノールに変えるキノコの話をします。キノコにはリグニンを分解する菌とセルロースを分解するものに大別されます。食料と競合しないリグニンセルロース系バイオマスからのエタノール生産研究の多くは、リグニン分解酵素を前処理にまで用いることが検討されています。一方、野生キノコのなかには一般的な微生物が苦手とする種類の糖質を直接エタノールに変換する能力を持っているものがいます。

生ごみに水を加え、ある種のキノコの菌糸を入れて培養するとエタノールが効率的に生産できることも確認されています。国内で年間2000万t発生する生ごみからのキノコエタノールは、経済と環境を同時に解決するテクノロジーとなるかもしれません。

トンボの翅から学ぶ微風でも回る風力発電

トンボは翅を上下に動かさなくても飛ぶことができます。強力な翅の動きをすることはできますが、微風をうまく使って飛ぶことができるのです。これは翅表面の微細な凹凸で多くの揚力を生み出しているからです。詳しい話は省略しますが、このような構造にするとトンボのように微風でも回る風車をつくることができます。

このような風力発電ができたらいかがでしょうか？オランダ式の大型風力発電が日本各地にも見られますが、騒音の問題で人家の近くには設置できません。ま

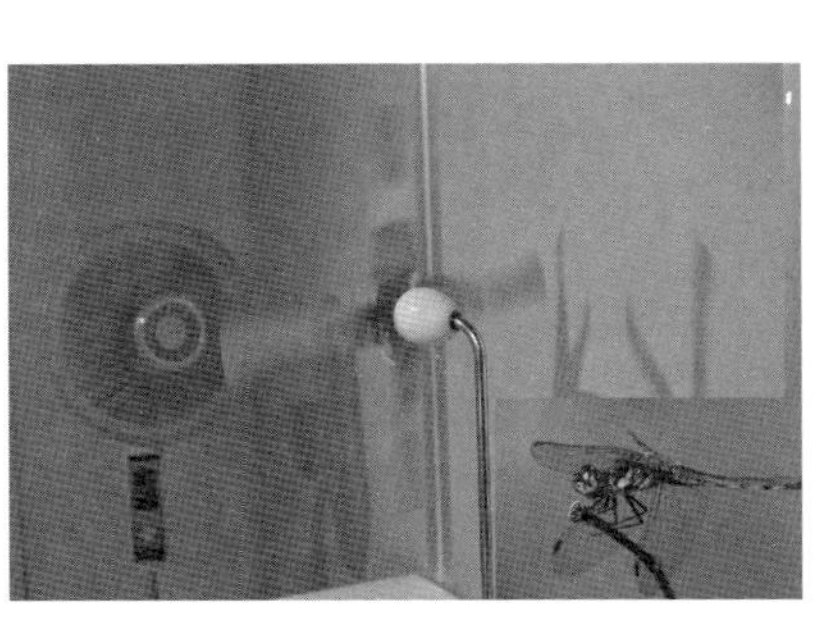

トンボの翅を模倣した風車とトンボ成虫

た風向きが常に変わるようなところでは不向きであるし、植物の多い日本の山では周りの木をきれいに取り除かなければ設置できないなどの問題もあります。こうした小型の微風でも回るトンボ型風車が各家庭の屋根にいくつかあるだけで、そこそこの電気エネルギーを補うことは可能だと思います。

カイコがつくる究極のシェルター

かつて私はシルクを試験管の中で細胞や組織を培養してつくろうと研究していた時期がありました。その結果、試験管の中からシルクのもとをつくることはできましたが、できるまでに費やすエネルギーや薬品は膨大なものでした。ところがカイコという生き物は、窒素、炭素、水素などどこにでもある軽元素を用いて、常温・常圧で１５００ｍにもなる長いシルクをつくります。しかも光ファイバーのように4層以上からなる10ミクロンという極めて細い糸を70時間ほどかけてつくっています。

そこから得た私の結論は、人工でつくるより蚕につくらせたほうが次世代的なテクノロジーだというものでした。試験管でつくったものはさらに糸にするためにさらに膨大なエネルギーを必要とします。超ハイテクシルク工場はカイコという生き物だったのです。

さらに調べていくとシルクには驚くべき機能性があることも分かってきました。かつて人類は人工でシルクを真似たナイロンを石油からつくり上げました。しかし、そのナイロンとは比較にならないほどすばらしい機能性がシルクにはあったのです。それが、菌を増やしも殺しもしない静菌性、皮膚がんを引き起こす紫外線B波の強い遮蔽、脂や臭いを吸着させる吸着性、肌にアレルギーを起こさせない生体親和性などです。この機能性を利用して私の研究室からも防腐剤のいらない皺も浅くする化粧品やＵＶプロテクター、メタボ改善のサプリメント、傷を治すクリームなどさまざまな製品が提案されています。カイコという生き物は繭を究極のシェルターとして長い進化の過程でつくり上げてきたのです。

未知なるシルクが繊維を変える

天蚕という昆虫は緑色のきれいな繭をつくることでよく知られていますが、実は蚕、天蚕以外にもシルクをつくる生き物は山ほどいます。その数は10万種を超えます。つまり地球上には10万種以上のシルクがあるということです。なかにはラグビーボールほどの繭を集団でつくるものもあれば、川の中で石と石を接着させるシルクをつくるトビケラという不思議な生き物もいます。今はこのトビケラのシルクを利用した水中接着剤の開発ま

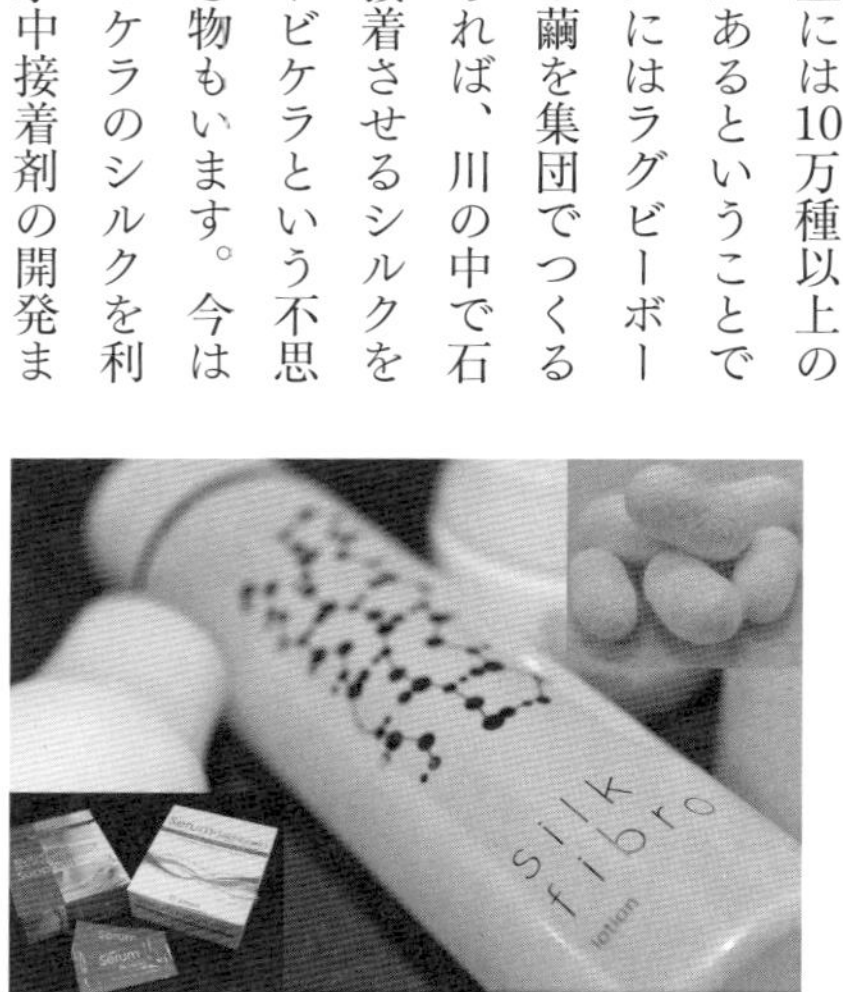

シルク化粧品とカイコ繭、脂肪を吸着し排出するサプリメント

でもが進められています。やがて手術の際に縫合糸の代わりにトビケラシルクで接着し抜糸のいらない時代がやってくるかもしれません。

ヤママユガの仲間のシルクも大きな特徴があります。糸の中に数千本ものストローのような中空構造があり、糸は軽くて、アンモニアなどの吸収性が高く、全ての紫外線を強力に遮蔽するなどの機能を天然に持っています。この糸とコットンを利用して石油由来化学物質などで一切加工しない天然機能性繊維「エリナチュレ」を『シキボウ』と共同で開発しキッズデザイン賞を受賞することができました。洗濯機で洗えるのはもちろん、肌の敏感な赤ちゃんだけでなく、介護の領域でも使用できる優れものの製品になっています。こうしたまだ開発されていない10万種のシルクには、カイコのシルクにはない全く新しい機能性が潜んでいるのです。私はこれを「ニューシルク」と呼ぶことにしました。

当たり前の話ですが、科学の力ではできないものがあるのです。シルクもそうですが、血液などもそのひとつです。科学でつくれないものは生物につくってもらう、そのほうが省エネであり持続性があり、次世代型であることは疑う余地はありません。

生き物に学ぶ未来の暮らしのイメージ

これまで生き物から学ぶテクノロジーについて述べてきましたが、生き物がつくるものが実に機能的でナノレベルまで掘り下げてもすばらしい造形物であることが少しでも理解できていただけたら幸いです。生き物は私たちの身の回りの炭素や水素などの軽元素を材料に、簡単に、しかも超省エネでつくり上げてしまうのには驚きの一語です。

こうしたテクノロジーはますます研究され、みなさんの暮らしのなかに入り込んでいくのはそう遠い未来ではありません。

少し例を述べましょう。太陽光のエネルギーは今よりずっと効率化し、もっと身近になるでしょう。各家庭ではエアコンの占める割合が減り、建物の素材で温度や湿度のコントロールをしているはずです。屋根にはトンボの翅型風車が並び、そしてそこからも安定したエネルギーが供給されます。外壁や屋根などはカタツムリの殻タイプの構造になり、汚れは雨により自動的に洗浄。洗面台、風呂、そして車など多くのものに洗剤で洗うという行為が少なくなっているでしょう。電気は熱の出ない蛍の光をもとにしたものになり、今のプラスチック製品は石油由来の分解しないものから、木屑などでつくったナノセルロース由来のものに置き代わっているかもしれません。

つまり全てのものが再生可能な自然由来のもの、あ

ニューシルクを利用した日傘（全紫外線の98.5％をカット）とカラフルなヤママユガ科の繭

るいは半永久的にリサイクル可能なものに置き代わってくる、そういう世界になるように暮らしを変えていってほしいと思います。すでに多くの国では、消費者がバイオミミクリーや自然利用を理解し、持続性という観点からもこうした製品を購入する気運が非常に高まっています。

やがて来る未来は豊かさの価値観が変わっているような気がしてなりません。私たちの役目のひとつは、「ものの豊かさ」と「利便性」だけを求めた20世紀後半の社会から脱却し、豊かさの尺度を変え、心豊かな持続性のある世の中をつくることだと思います。私はこれをサイエンステクノロジーとう観点からアプローチしているのです。

まずは日本という国を人類が生きやすい国に変え、世界のお手本づくりをしなくてはならないのだと思います。

ながしま・たかゆき
東京農業大学農学部教授。東京農業大学農学研究課博士課程修了。ニューシルクロードプロジェクト代表。千年持続学会理事。著書に『蚊が脳梗塞を治す！昆虫能力の驚異』（講談社α新書）、『千年持続社会—共生・循環型文明社会の創造』（日本地域研究所 共著）など。

太陽光発電は当たり前

都筑 建

みなさんのなかには、すでに自宅の屋根に太陽光発電（以下ＰＶ）を設置している方もいるかもしれません。またはこれから設置しようと準備している人もいるでしょう。あるいは集合住宅に住んでいたり、家屋が古かったり、家族の関係で設置できないがＰＶには関心があると呟いている人もいるでしょう。そんなあなたにＰＶを手に入れることや、活用することが、地球とつながる暮らしのデザインづくりになることを理解するお手伝いをしたいと思います。

私たちの周りにＰＶがどのくらい普及しているのか

当たり前となったＰＶの普及を確かめ、その動向をまず見てみましょう。

国内のＰＶ普及推移の図3-17-1を見ると、２００９年、２０１２年に急激な普及に移る転換点があります。２００９年は家庭用の余剰電力を対象とし、２０１２年は全量売電を対象とした固定価格買取制度（以下ＦＩＴ制度[1]）の導入によるものです。２００５年、２００６年の時は日本のＰＶ普及は世界シェアの50％を占めトップでした。その頃の業界関係者は国内の生産出荷量を１GW（＝１００万kW＝１０００メガワット）にすることがひとつの目標点でしたが、ＦＩＴ制度の導入はこの目標をあっという間に超えさせました。

ＰＶ新規設置で一定の利益が見込める価格で買い取ることを国の政策として10年、20年という長期間補償し、その資金は国民の電気料金への上乗せでまかなうＦＩＴ制度は劇薬です。再生可能エネルギーが基幹電源になる可能性を予感させるほどの、予想を超える普及力があることは図3-17-1でも分かる通り、甚大です。しかし十分な準備のない場合は逆に不具合のダメージも大きくなります。たとえば系統の電線の容量を、連系増大を見越して拡張するなど準備がないと連系できない事例が多発し、その結果、普及を阻害し、業界の勢いを削ぐことになります。

図3-17-1にはもう一点重要な情報があります。「住宅用」ＰＶの全体に占める割合です。２０１２年からの全量買取ＦＩＴ制度の導入前は全体の80～90％を「住宅用」が占めていることが分かります。住宅用が日本のＰＶ普及を文字通り支えてきたことを物語っています。ＦＩＴ後も割合は半分を占め、その状態はそのままキープされることが

[1] 再生可能エネルギーで発電した電力を、国が定める価格で一定期間、電気事業者が買い取ることを義務づける制度。価格は暫時低減する。

予測されています。

図3-17-2は世界各国のPV用途別割合を示したものですが、日本の住宅用の占める割合は特別です。住宅用だけの比較をすると日本が現在でも量的にも世界一です。FIT制度がない場合でも、つまりPV設置して儲けるという保証がなくても日本では多くの人々が身銭を切ってPVを手に入れて世界一を誇っていました。

なぜ特別なのか？　技術的で新しいことを好み、国が推奨することを受け入れやすいなど日本の国民性に関わることも否定できません。もしかしたら環境意識が高いことやエネルギー自給率を高めたいという自立心も高いのかもしれません。もう少し現実的な面を見ると企業が使いやすく、売れやすいシステム一式にして商品化し訪問販売手法を使いそれに乗りやすい消費者が多いこともさまざまな調査から考えられます。

しかし、PVは商品イメージとしては非常に好感をもたれています。3・11の福島原発大惨事の直後には、原発の代わりに太陽光発電で代替えできないかという願望が強くあったことからも窺えます。現在はすでに170万戸以上の住宅の屋根にPVが設置され、PVを家庭に導入することは特別ではなく「当たり前」の範疇になっていると言えます。そして特筆するべきことは、日本では自宅の電気消費量をまかなうだけの規模と技術的に性能の高いエネルギー創出機器のPVを自宅にもっているという点です。つまりオーナーズシップ（自己所有）のもとに技術に関心があ

〈図 3-17-1　国内の太陽光発電の用途別普及推移図〉

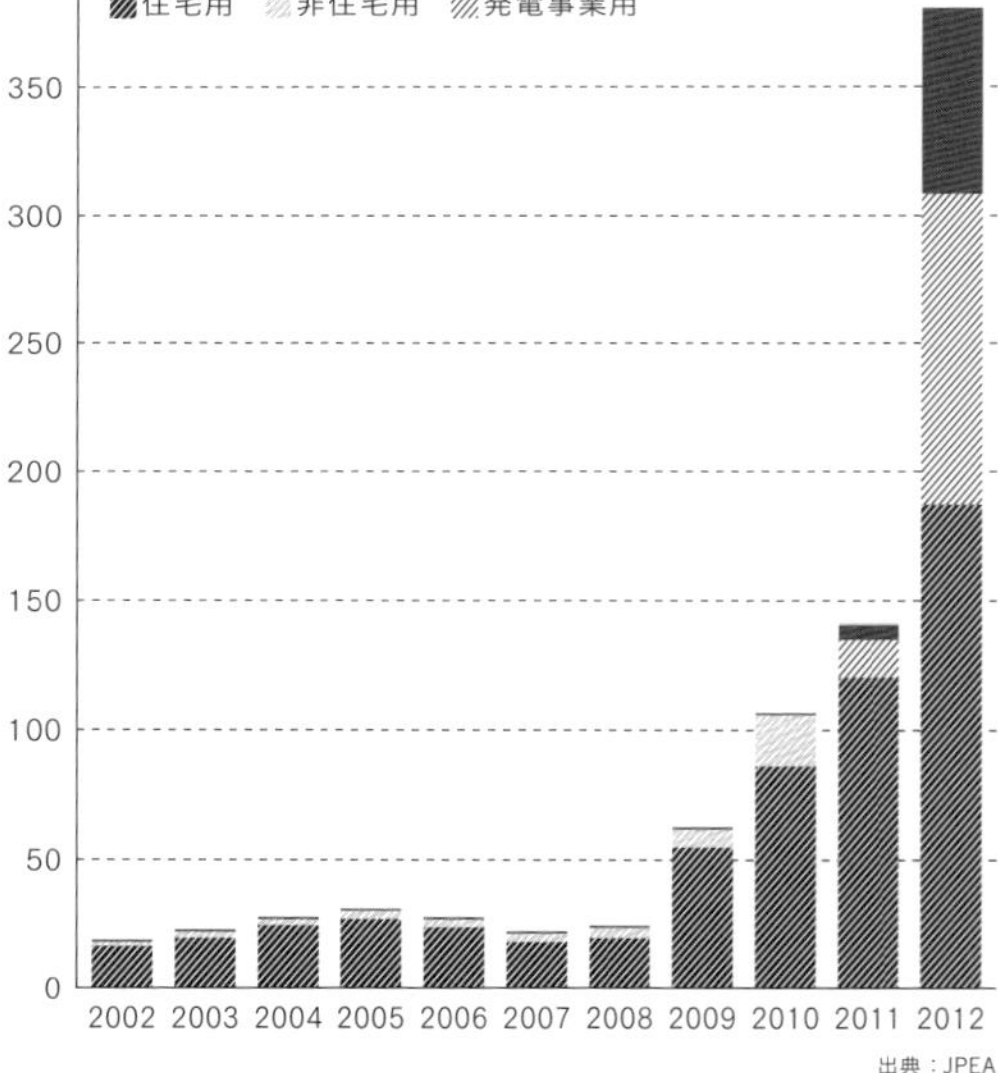

出典：JPEA

〈図 3-17-2　太陽光発電の設置形態に関する国際比較（2010年）〉

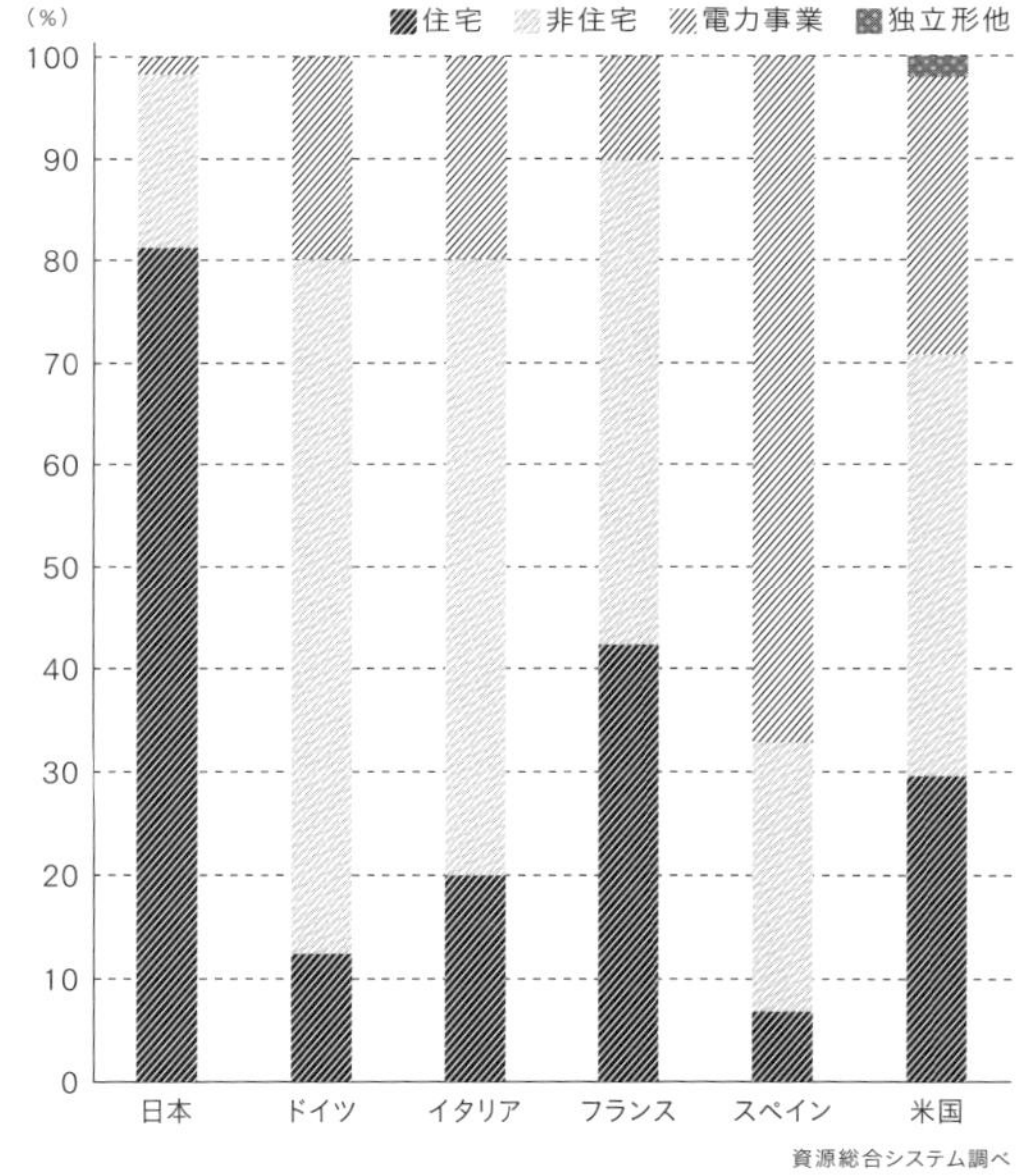

(%)　住宅　非住宅　電力事業　独立形他

日本　ドイツ　イタリア　フランス　スペイン　米国

資源総合システム調べ

り、太陽の動き（地球）につながりながら生活しているＰＶ設置者が全国にくまなく存在していることです。この人々が地域を支え、地域を再生させ、自然の力をもとにしたエネルギー社会をプラン化して実行できる可能性があるとも言えます。

ＰＶ設置者の交流から生まれた新しい活動

多くの苦難を乗り越え、自ら身銭を切って、高揚した気持ちで住宅用のＰＶを設置した人たちのなかには、自分が電気をつくっている発電所長であることに感激し、そして自然と無駄な電気のスイッチを切って回り、節電に励むようになり、何かこれまでとは違った世界を見つけたような気分になる人が非常に多くいます。しかし、ＰＶは太陽に忠実でおとなしく、目立たない屋根の上であることもあり、いつしかほかの人にも自分が発見した新天地の内容やおもしろさを話してみたい、こんなおもしろくて環境にもいいＰＶをもっと普及させたいと考えるようになります。そんな思いのＰＶ設置者が２００３年に東京の国連大学に２５０名集まって発足したのが「太陽光発電所ネットワーク」（以下ＰＶ-Ｎｅｔ）です。今年で12年目になり２７００名の会員と全国展開の組織になっています。集まった皆さんは多くの苦労を乗り越えてＰＶを設置した経験者ばかりなので、自己紹介で自分の発電所を語り出すと何時間あっても足りないという状況が展開されました。このような会員交流をベースに各自のＰＶシステムの発電状況を調べる「ＰＶ健康診断」の仕組みを大学や研究所と共同で開発し、その記録を今日までとり続けています。この現場のデータがこれだけ集まっているところは非常に少なく、国や研究機関の基礎データに数多く使用されています。

このほかにもＰＶとＰＶ設置者の特質を生かして、多くの活動・提言・事業を行っています。そのなかでもＰＶの環境価値を生かした、住宅用ＰＶ余剰電力対象のグリーン電力証書のビジネスモデルを創設提案し、その後10年間続けてきています。

読者の方も、ＰＶ設置者はもちろん設置希望者やＰＶに興味のある方は、ぜひＰＶ-Ｎｅｔの会員になることを勧めます。会員になると気象庁のアメダスデータをもとにした予測発電量チェックと、気象条件が同じ地域のＰＶ設置会員同士の近隣比較というふたつの精度の高い本格的な毎月のＰＶ健康診断が受けられ、故障の早期発見ができます。年会費３０００円ですがメンテナンスを安い費用で委託し、その他の情報や活動を共有できることも考えれば、会員加入は結構お得です。

住宅用ＰＶの設置の進め方

これからＰＶ（住宅用の場合）を設置したいと考えている人へのチェックポイントを挙げてみます。

①設置目的を明確にする：目的によって揃える設備や資金などが違います。意識して目的をはっきりさせる。

②情報を集める：ＰＶセミナーや展示会参加やインター

ネット、PVメーカー相談窓口を活用する。設置経験者の現地を見学し経験談を聞く。

③候補地を探す：身の周りを見渡してPVを設置できそうなところを探す。まとまった場所としては家屋の屋根の上か農家の様に所有地が広くあるところは身近な空き地などがあります。駐車場・物置の屋根などもあります。

④実測する：屋根の上は危険ですから住宅建築図面で検討してください。またはGOOGLEの地図写真を活用できます。自治体などでもたとえば東京都のソーラー屋根台帳[2]なども利用できます。

⑤必要な広さ（面積）は？：1kWのシステム当たり8〜10㎡の面積を目当てにします。

⑥影は大敵！：近隣の建物や樹木や電柱などの影をチェックしてください。それも影としてもっとも状況の悪くなる冬至の時を想定することが大事です。樹木の場合は逆に夏の葉が生茂ることを想定して影を検討してください。PVの発電に影が一番影響を及ぼします。煙突など常時影になるところはホットスポットになりやすく劣化の原因になります。

⑦防水に細心の注意：極力屋根の瓦を破損させないように注意し、陸屋根の場合、防水塗装を新たにやっておくこと防水面を傷付けないように注意してください。

⑧余裕をもつ：屋根面一杯余裕なく設置するのではなく、工事やメンテナンスの時の為の通路確保が必要です。安全の意味からも軽視しないこと。

⑨自給目標を考える：PVの発電量で自分のエネルギー生活の何％をまかなうのか考えること。

⑩お金の用意：PV建設にいくら投資できるのか、自治体などの補助金や融資もチェックする。

⑪作成方式：メーカーの一式揃ったPVを購入するのか、自分で部品を集めて設置を業者に頼むのか、それとも自分で設置までするのか。

⑫メーカーを選ぶ：国内メーカーは価格的に高いが保証の面で国内であることで安心が得られる。海外メーカーは価格は安いが保証に難がある。性能的には今のところ、差はあまりない。価格の最安値だけを狙うのではなくリーズナブルを心がける。最安値にはどこかでそのしわ寄せが現れる。

⑬現場図面を確保する：システム建設中には可能な限り現場で工事事業者と付き合ってください。特に機器などの配置は遠慮しないで事業者に聞いてください。システムの配置を分かるようにしておくことがメンテナンスや緊急のときに慌てずにすみます。工事完了後には現場の配置機器の説明や、さらに契約書や取扱説明書は納得のいくまで質問をしてください。説明は後からではないように。そしてもうひとつ大切なことは、工事で使用した図面をもらうこと。工事前にもらった図面ではなく、現場で工事の人が変更した図面の写しを必ずもらうように。何しろ工事担当者がいつも来てくれるわけでなく、頼りになるのはその現場で修正した最終図面だけなので、特に屋根の上のパネルの

[2] ソーラーポテンシャルマップ　http://tokyosolar.netmap.jp/map/

ケーブル配線は正確なものを手に入れましょう。

市民ファンドとＰＶ市民共同発電所建設

ＰＶ設置者や施工者のなかの市民活動者が自分たちの経験を生かして、出資・寄付という市民ファンドの手法でＰＶを持てない条件の人も参加できる地域で、協働で、取り組む市民共同発電所建設が宮崎や滋賀・琵琶湖で始まり、ＣＯＰ３京都会議と重なり全国化しました。ＰＶ-Ｎｅｔでも第2種金融事業者の協力や擬似私募債[3]などの手法を活用して、市民共同発電所としては大きい50kWクラスの発電所をつくり、サポートしてきました。特に東日本大震災で被災した岩手県野田村の被災者自らが中心になり、さらに一過性でない出資期間14年間の支援の続く「ダラスコ市民共同発電所」建設と運営は、野田村の暮らしを構築するものとして続けられています。岩手だけでなく秋田、福島、東京、静岡、長野、岐阜、和歌山、香川でも地域づくりを要に協働作業が進められています。

ＦＩＴ制度と電力自由化のなかのＰＶ発電所長

これまで高かったＰＶの発電コストが、ＦＩＴによる大量普及で火力や原子力の販売コストと同等になり、さらに卸電力のコストに近づくのも確実な状況になっています。ＰＶ発電者も系統につないで余剰電力を売るよりは自家消費するか、蓄電して活用するほうが得になる時代がすぐそこに来ています。困難だった蓄電も膨大な普及が予測される電気自動車の蓄電装置をプラグイン活用することや水素貯蔵活用などで生活の一部になることが現実味を帯びています。個人の生活や街の成り立ちが化石・核燃料社会から再生可能エネルギー社会に大転換しようとしています。

これまで地域で送配電を独占してきた『東京電力』などを一般電力会社と言いますが、好きでも嫌いでも地元の一般電力会社からの電力しか買えない規制に縛られていました。２０１６年4月から電力全面自由化が始まり、いよいよ自分で電力会社を選べるようになりました。一般電力会社に加えてガス会社、通信会社、交通会社、流通販売会社、自治体でつくる地域会社などなど多くの業界から新電力（ＰＰＳ）と言われる２００社を超える電力小売り業者が勢ぞろいして、電気だけでなくそれに付随する低価格化や各種ポイントなど、それぞれの利点を付加したエネルギーサービスが提示されています。

電力プロシューマーの発電所長には、ほかの人たちとは違って、買う電力会社を選ぶだけでなく自分の電気を売るための新しい電力会社を選べるという二重の役割があります。1円でも高く買ってくれる新電力を選ぶ選択肢をもっているだけでなく、地元産のＰＶからのグリーンな電力という環境価値も実質的に供給できることです。さらに電力自由化が先行したヨーロッパなどで見られる、ＰＶなどの再生可能エネルギーの発電所がネットを組んで大きな集合した発電所（仮想発電所＝ＶＰＰ）として売り買いに参加できます。大きな発電所になると安定的な電力供給ができ

[3] 私募債に準じて発行する、民法上の金銭消費貸借契約の証書にあたり、縁故者に「○○協力債権」などと名づけた債権を買ってもらうことにより資金調達を行うもの。

るだけでなく電力が過剰なときにはプールしておき、まとまったネガワット（節電所）をデマンドレスポンス（DR）として行使し実利のある役割を発揮できます。すでに自由化の前に、国内でも『三愛石油』のようにネガワット取引を実施しているところもあります。

今後のPVの普及に関して考えておかなければならないことは、FIT制度の資金調達が電気料金に上乗せする付加金（サーチャージ）でまかなわれ、さらに電力自由化の実施で電気料金価格変動に連動した形で評価が変わることです。また電気を使えば使うほどポイントが貯まるなどの反地球的な電力会社やメニューを選ばないことです。

さらに「2019年問題」が間近に迫っています。2009年に導入された余剰電力買取FITは10年間の買取期間です。電力会社は買取義務がなくなり、その後の扱いについてはFIT法ではPV発電者と電力会社が相対で話し合って決めることとしか表記されていません。ここでも電力自由化による電気料金変動とPVの大規模普及拡大でPVの発電コストがグリッドパリティー（再生可能エネルギーの発電コストが、系統からの電力のコストと同等かそれ以下となること）になることとの錯綜への調整などがあり、PV設置者にとって注意が必要です。

PVはどれだけ環境にやさしいのか？

PVの重要な環境指標としてエネルギーペイバックタイム（EPT）があります。工業用シリコンを鉱山から切り

〈図 3-17-3　三愛石油が実施しているネガワット取引〉

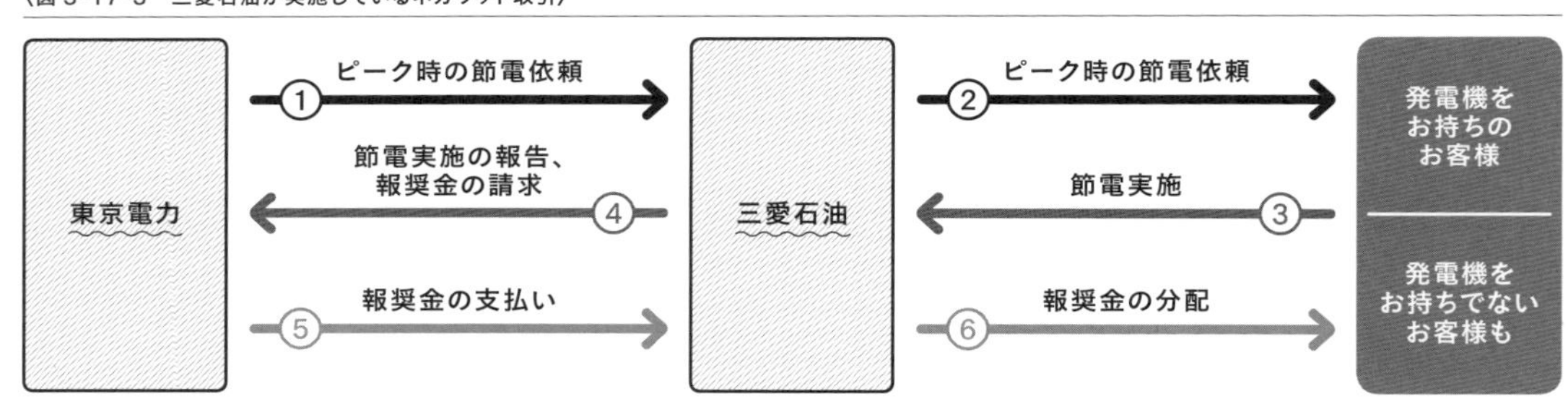

〈図 3-17-4　太陽光発電システムの製造時投入エネルギーとペイバックタイム〉

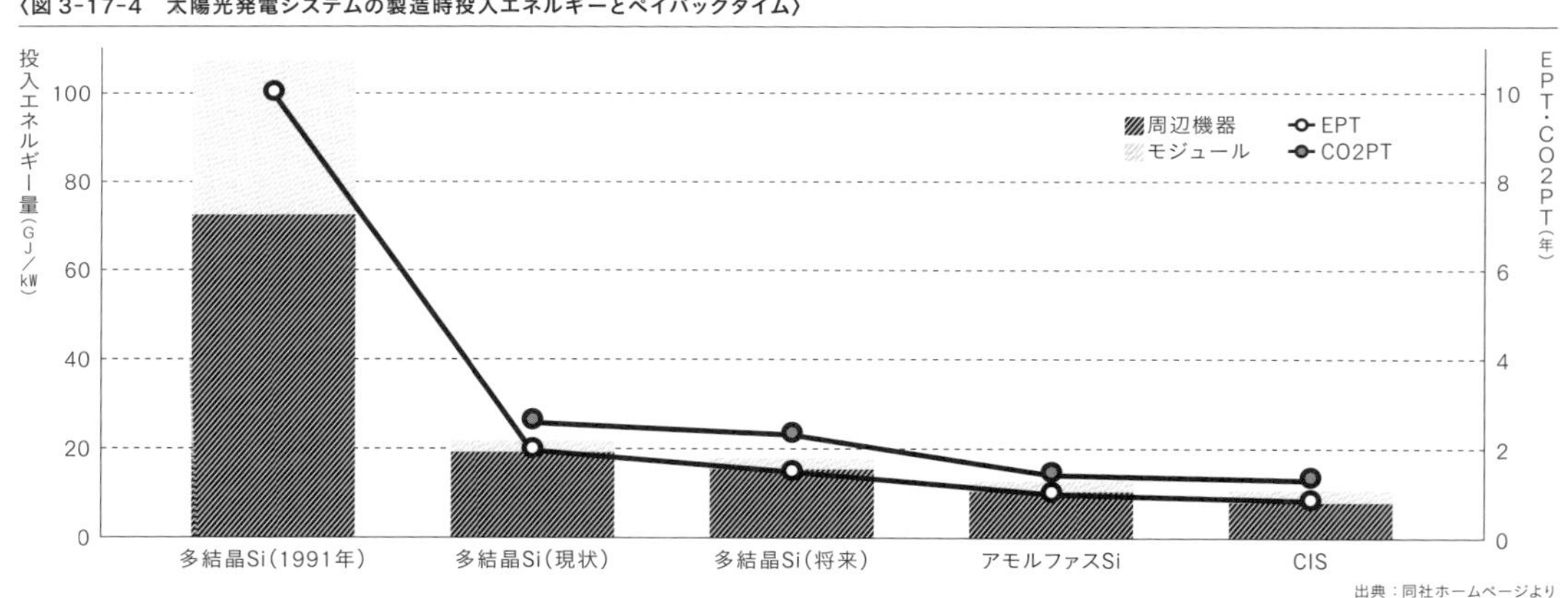

出典：同社ホームページより

出すための必要なエネルギーから始まって、ＰＶの建設完了までの全投入エネルギーを、完成したＰＶが発電することで、何年で回収できるかを示すのがＥＰＴです。

CO_2回収（CO_2PT）の場合も同じ考えで、検証した結果が図３-17-４です。アモルファスやＣＩＳ化合物ＰＶではすでに２年以下１年近くで回収することを表しています。ＰＶの導入がＦＩＴ制度の効果で急激に増えています。システムが増えれば学習曲線に従ってＥＰＴも短くなり、環境貢献度も高まります。ＥＰＴやCO_2PTの指標だけでなく地産地消なことや重機などを必要とせず市民の手で動かせるなど、多方面で環境に貢献する環境価値の高いツールです。

地球とつながる暮らしのデザインのために

ＰＶの統計や集計ではkW表示のものが圧倒的に多くkWhの統計はほとんどありません。kWはＰＶシステムを設置して装置が完成したことを表しますが、発電の実績ではありません。私たちがほしいのは装置そのものではなく発電した電気の量であり、それによってできる通信で送られてくる映像や照明の明かりそのものです。kWhデータは暮らしのデザインをつくるためにもなくてはならないものです。

国や自治体ではＰＶ普及の補助金をkW当たり数万円という形式で行っています。補助の効果を表す、補助金で設置した装置の発電量kWhの結果を報告していることは稀なようです。国民や住民が本当に補助金に見合った結果を生かしているかを自己検証・地域検証するためにも必要です。

同じような話としてＰＶの出荷量（kW）は統計としても出されますが、ＰＶパネルやシステムの生涯発電量に関心が向けられることはありません。システムの瞬間のデータ表示の大きさ（kW）ではなく、システムが寿命までの生涯にわたって発電したことの多さ（kWh）やよし悪しを評価すべきです。

また商品や製品には生産・消費だけでなくリユース・リサイクルがあって初めて製品としての循環が完結します。ＰＶのリユースは中古ＰＶパネルを再利用化し生涯発電量を最大化しようとすることであり、リサイクルは再資源化を示します。国内ではＰＶリサイクルが北九州市で実証実験が始まり、この後全国の地域ごとにＰＶリサイクル工場建設・稼働のプランも用意されつつあるようです。しかしＰＶリユースはＰＶメーカーがいろいろな理由を使って中古市場をつくろうとしません。自動車の中古市場の運用でもわかることですが中古市場は製品のメンテナンスや修理工場に連結するもので修理技術を維持向上させる貴重な社会資本となるものです。

安全安心のＰＶ

昨今の異常気象のなかでＰＶが破壊されたり吹き飛ばされたりする映像がマスコミに流れることが多くなりました。規模別のＰＶ構造計算の適用が課題であり、施工技術の向上も必要です。

メガソーラーが増えることによって直流電圧が高圧化して深刻なPV火災事例も出るようになりました。高電圧は通常の消火活動が困難であり、さらに住宅用PVが急激に増えるとPV設置家屋の自焼だけでなくPVのない隣家からの類焼によってPVへの消火現場となることから消防士の危険性が大きく、通常でもさらに広く起こり得ることが指摘されています。PV設置の家であることを示すシールなどを玄関などに貼るなどして、消防士に事前に知らせるようにすることも必要です。埼玉県川口市では、試験的に市民によってシールが作られ実施されています。さらに、茨城県の利根川決壊によるPV水没などは感電事故の危険が指摘され、国としてガイドラインづくりなど対応が迫られています。

自立運転機能の活用

3・11大震災直後からPV-Net事務局に電話が殺到しました。被災地の停電だけでなく首都圏での計画停電でも停電でパワコンディショナー（以下パワコン）[4]が動かなくなり、PVは屋根の上で発電しているが使えないので使い方を教えてほしい、というものでした。さらにPVメーカーの代理店からも教えてほしいとの緊急問い合わせがありました。PV-Netは震災後の5月に被災東北3県のPV被災調査を行いました。甚大な被害を受けた海岸部では停電が1か月以上続いたところもありましたが、被災したPV設置者が自立運転機能を使っていたのは数軒でほとんどは使っていない状態でした。

多くがこの機能を知らなかったと調査メンバーに答えていました。PVシステムの取扱説明書には自立運転機能についての記載がありますが、設置事業者から説明を受けていないか、受けていてもしっかり理解するまでにいたっていなかったことが窺えました。

住宅用太陽光発電のほとんどのシステムのパワコンには自立運転機能がついていますが、この機能は1995年1月の阪神淡路大震災の教訓を生かして機能追加したものです。3・11後しばらく経って、ようやくPVメーカーの団体であるJPEAのホームページに自立運転の緊急時の使い方が掲載されるようになりました。

さらに驚いたことに、阪神淡路大震災の教訓から付帯するようになったこの自立運転機能は住宅用パワコンには全品適用でしたが、肝心の避難集会場などの施設につけられたPVシステムにはほとんどがこの機能はつけられていませんでした。管理する自治体からも要請はなく設置を請け負ったメーカー側からも積極的な進言はなかったと言われています。その後、コストは上がるが現地の改善要望に応じつつあると報告されていますが、緊急の安全に関することですから今後も注意が必要です。

つづく・けん
『太陽光発電所ネットワーク』代表。1980年代より市民の立場から自然エネルギーの普及活動を続け、国や自治体の自然エネルギー普及の諮問委員なども務め、提言とともに多くの講演や執筆活動を行っている。

[4] PVパネルが発電した直流の電気を家庭等で利用できる交流に変換する機能と系統の電力を乱さないようにする保護機能を併せもった装置。

直流ワールドによる電力革命

田路和幸

人類は、太古の昔から、それぞれの時代の中で安価にかつ利用しやすいエネルギーを使って文明を構築してきた。火の利用から始まり、化石燃料の利用、そして原子力の利用とエネルギーの利用の変化が文明の変化をもたらしたと言える。現在の社会システムにおいて電気というエネルギーは、もっとも中心となるエネルギーの形態である。2011年3月11日に起きた東日本大震災は、電気がいかに私たちの生活に必要不可欠であるか、そして電気をどのようにつくり、どのように使うのがよいかを考えるきっかけを与えてくれた。つまり、地球温暖化問題では関心が薄かった国民が、東日本大震災というエネルギー危機に直面することで、これからの環境とエネルギー問題を理解し、真剣に考えるようになったと言える。このような現状であるからこそ、20世紀型の消費文明を見直し、我が国が培ってきた環境エネルギー分野の科学技術をさらに発展させ、それらの技術をスムーズに社会に導入できる基盤が整ったと言える。今こそ、環境エネルギー分野の革命により、持続発展可能な社会システムへと変革できる時と考える。

私たちは、東日本大震災と福島原子力発電所の事故によって、電気の大切さ、ガソリンの大切さ、そして燃料の大切さを実感させられたのは事実である。特に被災地に居住していた著者は、その当時、限られた電気、ガソリン、燃料をいかに大切に使って生活するか真剣に考えた。そこで分かったことは、私たちの生活は電気、ガソリン、燃料の3拍子がそろって初めてなり立っていること、そしてひとつでも欠けるとそれぞれの機能が失われるような社会になっていることを身に染みて感じた。石油ファンヒーターは、灯油が入っていても電気がないと動かない。オール電化の家は文明の力が使えず、全く機能しない家になってしまう。そして都市ガスが使えない状況のもと、プロパンガスで生活していた家庭は食事や風呂にも入れた。

著者が所属する東北大学大学院環境科学研究科は、震災の1年前に「EcoLab」という高気密、高断熱の木造校舎をつくり、そこに10kWhという当時では大型のリチウムイオン二次電池の蓄電システムと約6kWという太陽光発電を設置していた。そのため震災時に「EcoLab」は30名を超える帰宅困難者が避難所として利用した。自家発電による非常用電源も数時間でなくなり、公的なエネルギー供給の目途が立たないなか、「EcoLab」の蓄電システムからのエネルギー供給での生活がスタートした。そして3日間以上、情報機器やLED照明が常に使え、わずかな燃料で非常食を作る生活であったが、安心感のある生活環境が確保できた。そして、このようなエネルギー制約を経験した私たちは、いかにエネルギーを無駄に使って生活しているか、ということに気づいた。

エネルギーは、安価にいつでも手に入るという環境に慣れすぎているのかもしれない。また、エネルギーはマスプロ的に社会が提供してくれることに甘え、自分でつくることも忘れたことが、エネルギーの無駄使いを進めた原因かもしれない。このエネルギーの無駄使いが地球温暖化問題を引き起こしているのも事実である。現在の右肩上がりのエネルギー消費量を削減するには、少しでも自分でエネルギーをつくり、それを無駄なく地産地消する心構えが必要である。それにより、エネルギーを大切にし、効率的に利用するマインドが生まれるような気がする。

そこで大切なことは、エネルギーを節約しても快適さを失わないようにすることであり、無駄な努力を払わないというのも重要である。エネルギーの節約と言えば、快適性を犠牲にする行動が多いと思う。たとえば、快適性を失う温度にエアコンを設定する、昼休みに消灯するなど、これらは気分が憂鬱になる省エネ行動である。このような行動の前に、今の電気やエネルギーの使い方に無駄がないかを考えるべきだ。まさに常識の非常識が電気にあることに気づくべきだ。それが、本稿の趣旨でもあり提案でもある、全く同じ生活をしながら省エネルギーできる方法、直流ワールドの構築である。

「EcoLab」

直流利用の原点

日本はエネルギーを自給できない先進国として発展してきた。その歴史を振り返ると日本の発展は、さまざまな分野において世界をリードする省エネルギー技術を有したからではないかと思う。特に電気の省エネ技術としてインバーター技術がさまざまな家電製品に取り入れられた。どの家電製品を見てもインバーターという文字が家電製品についていた時代があったように思う。現在では、省エネタイプの家電製品は、必ずインバーターで制御されている。

省エネルギー家電は、インバーターを持っている。すなわち、機器の中で交流を一度、直流化している。よって、電力会社から送られてくる電力が交流であっても直流を利用することで省エネルギーが可能になっている。

東日本大震災以降、太陽光発電、蓄電池、EV車、燃料電池自動車、パソコン、LED照明、液晶テレビなどが設置されたエコハウスが注目された。このエコハウスに導入される電気機器の内部は直流で稼働している。そして、モーターの入っている冷蔵庫、エアコンなどはインバーターで制御されている。最近ではDC（直流）モーターを利用した掃除機や扇風機も市販されている。さらに、お湯と電気を同時に作る燃料電池やガス発電の機器も民生普及し、そのエネルギーの利用効率は95%を超えている。これらの機器でつくられる電気も直流である。このように身の回りの電化製品は、ほとんどのものが直流で動き、知らないうちに私たちの社会は直流ワールドになっていると言える。よって、この社会に適合する電気の形は、交流ではなく直流だと結論できる。直流電力を供給した方が合理的であり、交流から直流への返還ロスによる電気の無駄をなくすことができる。同じ生活をしていても、交流から直流に変換するときに失われる電力は必ず削減でき、その分のCO_2の排出量も削減できるわけである。究極は電力会社から送られてくる電力が直流に変わるのがもっとも現代の社会に合った理想だが、現実は現状の交流電力のもとで、いかに直流を使いこなすかが重要だと言える。

直流給電による省エネルギー効果

私たちの生活に必要なエネルギーは、平均的な家庭では、夏冬のもっとも電力を必要とする季節においても数kWの電力と20kWh程度の電力量があれば普通の生活ができる。そこで、具体的に直流化により、どのくらい電力消費量が減少するかを見積もってみる。

資源エネルギー庁の報告によると、家庭内で使用されている電気機器の中でエネルギー消費量の多い順に、冷蔵庫、照明、テレビ、エアコン、電気温水器と続く。これらを直流化した場合、冷蔵庫はインバーターへの交流——直流変換のロス分として5から10%程度、空調も同様、照明は蛍光灯のLED化と直流化で50%以上、お湯を活用するものは後述するとして、テレビ、パソコンや携帯電話などのデジタル機器は消費電力が小さいために、変換効率の悪い交流——直流変換器（AC－DCコンバータ）が使用されている。パソコンを例にとると直流化で20～30%程度の省エネルギー化が見込める。このように家庭で使用する全電気エネルギーは直流化により、電力消費の大きな機器は約4%、照明機器は約8%、そのほかデジタル家電は約6%の省エネルギーになり、交流社会においても直流化により少なくとも10%以上の省エネルギーが生活スタイルを変えることなく達成できる。

太陽光発電と直流利用

直流化の利点は、特に太陽光発電と組み合わせることで威力を発揮する。太陽光発電は直流であり、それを変換することなく利用できる直流給電と直流機器は、発電した電気を高効率で利用できる。しかし多くの太陽光発電は系統連携され、交流に混ぜ込んで利用される。そのためデジタル家電を使えば、単純に考えても直流——交流、交流——直流変換を2回行うため、少なくとも20%の変換ロスが生じる。この無駄を解決するためには、直流給電とリチウムイオン2次電池（LiB）を利用する必要がある。LiBの特徴は、蓄電と放電に際してのエネルギー変換ロスが無視できるほど小さいこと、そして、蓄電した電気が自然となくなる自己放電が極めて小さいという特徴がある。これは、鉛蓄電池やニッケル水素二次電池などのほかの蓄電池にはない特徴である。このような特徴を有するLiBを交流給電で利用するとLiBへの電気の入出力の際の交流――直流変換により、20％程度のロスが生じる。再生可能エネルギーの安定化のためにLiBを導入する場合、エネルギーロスをなくす観点から太陽光発電と蓄電池は直流連結が必要である。現在、太陽光発電と蓄電池を組み合わせたシステムは数多く市販されているが、このようなエネルギーロスが生じることを念頭につくられた蓄電システムがいくつ存在するか疑問である。

　再生可能エネルギーを交流電力に混ぜ込んで利用することはあまりにも電気のロスが大きすぎる。おそらく太陽光発電で製造した電力の半分程度しか使えないと推察する。よって太陽光発電の電力は、直流ワールドのなかで地産池消するのがもっとも利用効率が高い。つまり太陽光発電の電力は、直流でLiBと連結して安定化し、直流で利用するのが一番効率的だ。

家庭用直流給電システム

　私たちは東日本大震災でエネルギーの重要性を感じた。また、世界規模ではCO_2の排出を抑制し、地球温暖化を防止することが急務になっている。家庭でできることは、生活レベルを維持し、省エネルギーのライフスタイルを構築することである。理想は太陽光発電を利用し、LiBにより安定化し、余剰電力は蓄電して夜間に利用する。お湯は太陽光温水器でつくることにより、CO_2ゼロの暮らしができる。しかし、そのためには大容量のLiBと大容量の温水タンクが必要になる。これは費用がかかりすぎ、経済的ではない。そこで直流給電を可能な範囲で活用するシステムが費用対効果を考慮すると現実的である。

　著者が実際に利用している、直流を使える市販の機器は次の通りだ。以下の（　）内の数字は消費電力である。テレビは12インチ（20Ｗ）、ＬＥＤライト（２Ｗ）、扇風機（15Ｗ）、小型プロジェクター（40Ｗ）、ラップトップパソコン（20Ｗ）、スマートフォン（５ｗ）。これらの値から推測できることは、デジタル家電と言われるものは数Ｗから数十Ｗという電力で動いているということである。しかし、この電力を商用電力の交流から供給するためには、ＡＣ－ＤＣ変換器が必要である。この変換器を触ると火傷しそうに熱いものからほんのり熱を持つものまであるが、この熱が交流――直流変換による電気のロスである。性能の悪い変換器では、半分近くの電気がこの変換器で消費され、熱に変わっているものもある。よって、直流給電がされていれば、身の回りからこの変換器をなくすことができ、エネルギーの無駄もなくなり、さらに重い変換器を持ち歩く必要もなくなる。

図3-18-1は、熱需要を含めた24時間の電力変動モデルを示す。この図からわかるように、電気の需要とお湯の需要は一致すること、家庭での昼間での電気の需要は小さいことがわかる。そこで、一般的な家庭における電気の使用パターンをつくり、仙台市内のハウスメーカーの協力を得て実験を行った。設置した太陽光発電の最大出力は828W、LiBは1・2kWhとした。総消費電力量は、朝7時からの1～2時間と夕方5時以降就寝まで増加することが分かった。当システムでは、太陽が昇り始めた時点から日没まで発電している。それに伴い、発電した電力が消費されるために購入電力は減少し、消費電力が小さい午前11時から16時までは、ほぼ太陽光エネルギーで自給していることが分かる。このように、平均的な家庭では、最大出力1kW程度の太陽光発電と1kWh程度の蓄電池で十分生活でき、数十%の省エネルギーとCO_2排出量の削減ができることが分かる。

直流給電の安全性と信頼性

東北大学では平成21年から直流給電の実証実験を進めている。特に直流給電を導入するにあたり、アーク放電の危険性が考えられた。平成21年の時点では安全性を考え、また『パナソニック』（当時は『パナソニック電工』）の協力もあり、48V直流給電を「EcoLab」に導入した。また『パナソニック電工』が開発したスイッチと配電盤、直流給電

〈図3-18-1　熱利用を含めた24時間の電力変動モデル〉

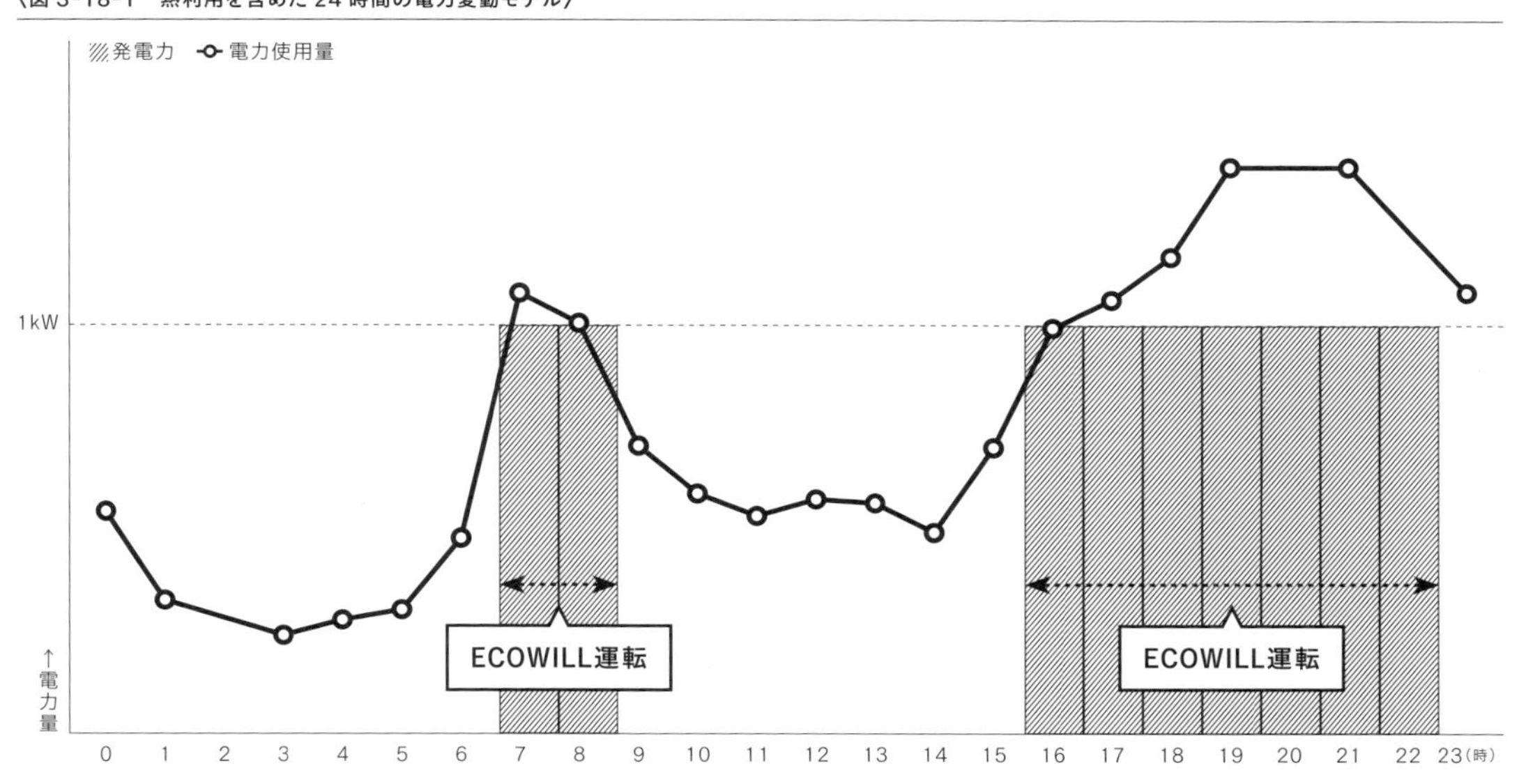

対応ＬＥＤを導入した。そして震災後、３００Ｖ直流給電の実証実験をスタートした。本システムは東北大学大学院環境科学研究科のホームページをご覧いただくとして、直流給電の危険性を克服するための要点のみ以下にまとめる。

①アーク放電は、スイッチの入り切りに起こる。

②小さい電力を利用する場合は、低圧かつ低電流で作動する電子スイッチを利用できる。

③大電力でのスイッチングは、可能な限り避ける。

④船舶用の直流スイッチは、大きく高価であるが、必要な場合は、利用は可能である。

⑤家庭で利用可能な直流スイッチの開発は進んでいる。

以上のように、直流給電関係のデバイスは実用化レベルであり、その利用が増えれば安価で購入可能になると考える。つまり直流給電は、現在の科学技術で十分可能であり、安全性も確保されている。しかし、その普及を妨げているのは、交流型社会に慣れ親しんだ人間の常識のようだ。

誰でもできる直流ワールド

ここでは具体例として、筆者がＤＩＹ的に機器を購入し、組み合わせで作った直流ワールドを紹介する。いかに直流ワールドを誰でも作れることを示すために、購入した機器およびそのメーカーも含めて書くことにする。既製品の組み合わせのため安全性は担保されているが、割高のシステムになっていることをご了解いただきたい。図３-18-2は、著者が構成した直流ワールドのブロックダイアグラムである。

用意したものは、太陽光パネル（京セラ製、サムライ、46W、5・9V、7・9A公称最大出力）9枚を直列接合したものを2セット、ＳＯＮＹ製蓄電池およびコントローラー（IJ100M,IJ1001C）を各一台。ＳＯＮＹは今回使用した電池とコントローラーをベースに大型容量のものを市販しているためこのような単体で販売してくれるかどうかは分からないが、単体であっても安全性は担保されている。本蓄電池は入力が1時間で満充電（入力レート１Ｃ）、出力は30分で完全放電（出力レート２Ｃ）という高速な電気の入出力が可能な蓄電池であり、かつ10年保証という製品である。もし他社メーカーのものを使用される場合は、ＳＯＮＹ製蓄電池のようなスペックの製品を購入していただきたい。意外と知られていないが、リチウムイオン電池の入出力レートや寿命保証は各メーカーによって異なるので気をつけていただきたいし、用いる蓄電池の性能がシステム性能を決め、使いやすさも決める。この組み合わせで太陽光発電により生成した電力は、１００％無駄なく蓄電池で安定化され、直流システムに供給される。この時、蓄電池が満充電状態、かつ負荷として利用する機器がない場合や使っていない場合は、太陽光発電した電力はパネル内で自己消費され無駄になる。よって、システムを構成する場合は、十分なＤＣ負荷を接続することを勧める。

さて、電気をつくり、電気の安定化と安定な電気を供給するための機器は準備ができた。次は、蓄電池からの電力をLED照明やパソコン、DC扇風機などに供給しなければならない。そのためには、使用する機器の入力電圧をつくる必要がある。現状では、直流は交流のように電圧が100Vといった統一がされていない。使用したい機器の入力電圧をつくるには、直流――直流変換器を用意する。SONY製蓄電池の出力は、蓄電容量に応じて約45〜54V程度まで電圧が変化する。そこで、このような電圧変化においても安定な電圧を供給するために、直流――直流変換器を準備する。今回使用したMEAN WELL社製DC-DCコンバーター（SD-500L-24）は、入力電圧が24〜72Vと広く、出力電圧24V一定という製品である。本システムでは、USB対応製品用に5V、自家用車対応製品用に12V、ラップトップパソコン用に16Vと19V、トラック対応製品用に24V、配電電源用として48Vを用意した。今回は多くの機器に対応させるためにいろいろな電圧を用意したが、本来は直流で使いたい機器を対象に電圧を決めるとよい。多くの直流機器は、自家用車の電装部品を想定してつくられたものが多く、まずはDC12Vを準備し、その電圧で稼働する機器を購入して徐々にさまざまな電圧を時間をかけて用意することを勧める。

接続箱内の結線の様子

〈図 3-18-2　誰でもできる直流ワールドのシステムブロック図〉

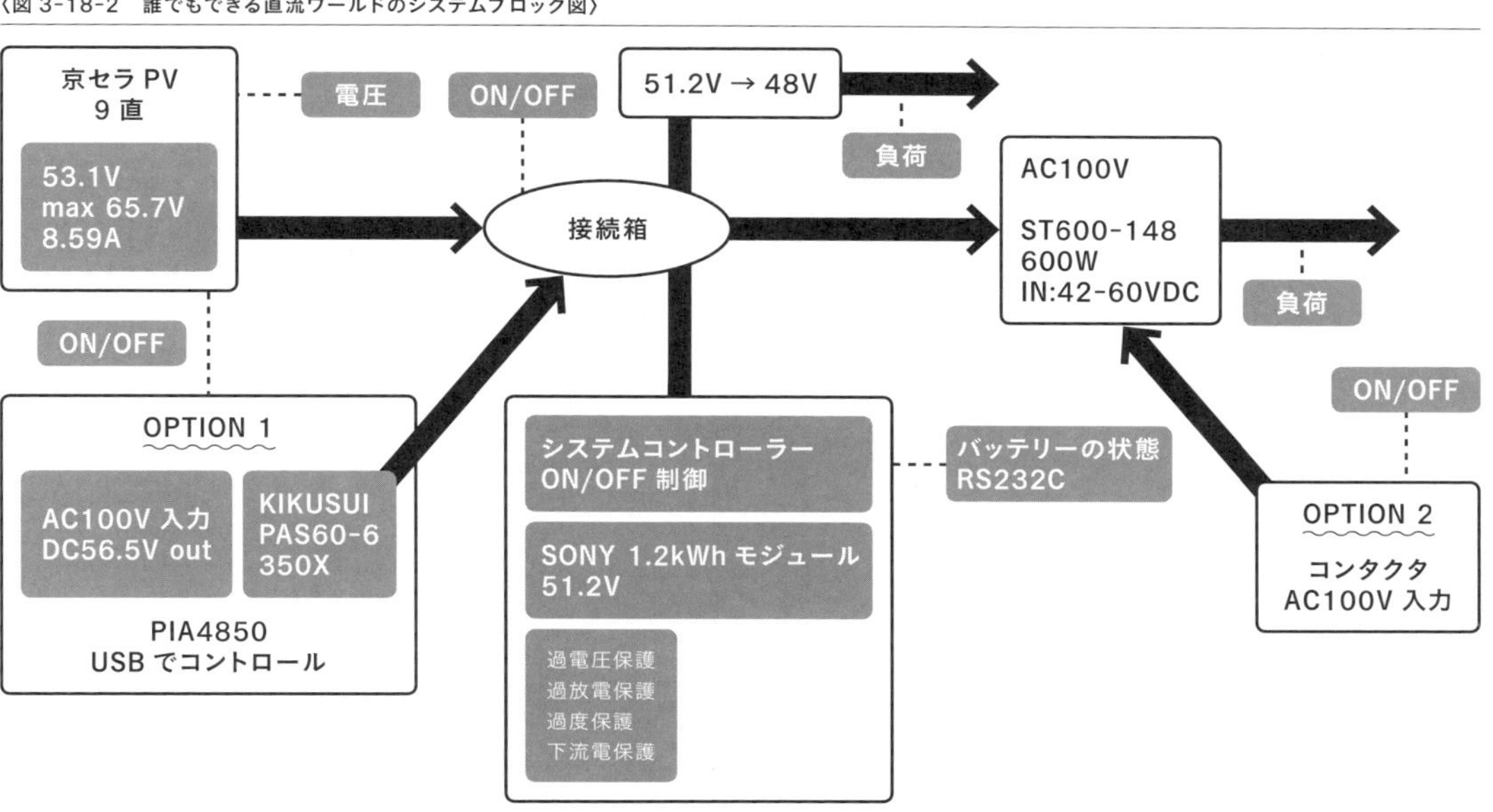

さて、太陽光発電を中心に直流システムを紹介したが、天気の悪日が続いて蓄電池が空になったときは、商用電力に頼る必要がある。そのためには、商用電力から直流をつくる必要がある。そのための直流電源としてKIKUSUI社製（KPAS60－12）を準備した。あくまでも商用電源は使わない場合や商用電源が得られない環境の場合は購入の必要はないので、OPTION1とした。また、どうしても交流電力を使いたい場合は、電気ロスを覚悟して直流―交流変換器を導入する必要がある。そのためOPTION2に示すように、本システムではDenryo社製（ST600、ST2000）などを接続し、交流機器を使用することができる。最後に、これらの機器をつなぎ合わせるのが接続箱である。本システムでは、河村製作所製の太陽光パネル用接続箱（KPVL－04V）を使用した。

　直流給電システムは、太陽光発電と整合性がよいことに気づく。また、地産池消を考えると、1kW以下の太陽高発電とLiBで十分であることが分かる。このように、家庭内で大型の蓄電システムや太陽光発電やガス発電システムを導入するのは費用対効果が悪く、ハウスメーカーが提案するエコハウスシステムは、売電を行わない場合はオーバースペックである。今後、電力自由化が進み、電力法が改正されて家屋間での電気の融通が可能になり、さらに電気自動車の普及により、電力システムに電気自動車が連結できるような社会が到来し、そして、それらが直流グリッドによって結合されるようになることを期待する。さらに、各家庭に設置された太陽光発電や蓄電池の導入費用を受益者負担するようにエネルギーマネジメントシステムが管理すれば、再生可能エネルギーを中心とする低炭素社会の電力システムが完成すると考える。当然、この小さな電力グリッドは、現有の電力システムでバックアップされる必要がある。直流ワールドによる電力革命は、いつでも始めることができるのだ。

とうじ・かずゆき
1953年兵庫県生まれ。理学博士。1981年学習院大学博士課程を中退し、文部科学省分子科学研究所文部技官、東北大学工学部助教授、教授を経て、現在、東北大学大学院環境科学研究科教授。2010年度から4年間、研究科長。ナノ素材とそのエネルギーデバイスへの応用に関する研究により文部科学大臣賞受賞。東北復興次世代エネルギー開発プロジェクト研究代表。

家のエネルギーの使い方のシンフォニー

西 宏章

日本も長い年月を経て、ようやく一般家庭を含めた電力自由化が２０１６年に成し遂げられました。さらに、その直後の２０１７年にはガスの自由化、さらに２０２０年には発送電分離の実施を控えています。電力自由化の実現には、東日本大震災で計画停電や大規模な節電を経験し、みなさんがエネルギーやエコにより関心を持つようになったことが、少なからず影響していると私は考えています。

世界的な太陽光発電の普及も相まって、家庭向け太陽光発電や燃料電池の導入コストが低下し、政府もその導入の後押しを積極的に講じるようになりました。結果、各家庭でも分散電源の導入が進み、比較的大きな太陽光発電所や風力発電所も各地に建設されました。もちろん、低炭素社会の実現という観点からも、この流れは自然であったといえます。今までは、遠くにある原子力発電所や大型の火力発電所といったバルク発電（大型の発電所で集中的かつ大量に電力を発電すること）により発電コストを比較的低く大量に電力を生み出し、大量消費地へ送電するという仕組みでしたが、消費地もしくは近いところでつくられた多くの小さな発電所がこれを補佐するという仕組みに移り変わりました。このような分散電源の導入は、エネルギーの自給自足（地産地消とも表現されます）の促進や、レジリエントな社会（強靭な社会とも表現されますが、災害などに対して抵抗力や回復力の高い社会）の実現にも役立つと考えられます。さまざまな要素が絡み合った結果、電力自由化という次のステージが見えてきたといえるでしょう。この大きな変革にあって、具体的にエコに向けて何ができるのか、また何をなすべきか、考えてみたいと思います。

家庭におけるエコ

分散電源の効率的な利用、低炭素社会の実現といったエコへの貢献を考えたとき、すぐにできるのは家庭での節電、ハードルは上がりますが、より長期的には太陽光パネルなど自然エネルギーを利用した発電がよく利用されています。さらには、電気自動車を導入し、内包するバッテリーを使った電力の有効活用も議論されています。節電は賢く使うことですし、太陽光発電や家庭用燃料電池はまさしく発電に関係しますし、電気自動車や家庭用バッテリーは蓄電に関係します。これは家庭用のエネルギー管理システム（HEMS）の基本機能そのものです。太陽光発電システムや家庭用燃料電池の導入が進むことでHEMSに類するシステムの導入も進みました。さらに家庭の電力をほぼ即時的に計測するスマートメーターの導入も進められ、2024年までに100％導入することが目標として挙げられています。このスマートメーターの普及も、HEMS導入をさらに後押しすることにつながるでしょう。つまり家庭におけるエコは、HEMSが持つ、エネルギーをつくる・蓄める・賢く使う、の3つの基本機能をいかに効率化させるかが鍵であると言えます。

まずは、賢く使うという点について考えてみましょう。HEMSに必ずと言ってよいほど備わっている機能が「見える化」とも呼ばれる、ビジュアライゼーション機能です。今どの程度発電しているのかだけでなく、どの程度電力を利用しているのか、さらには過去どのくらい電力を利用したのかといった情報を提示することができます。体重計に毎日乗れば体重を気にして痩せることができるのと同様、見える化により電力利用を自己管理すれば、節電意識が高まりエコにつながることが知られています。

ただし、重要な点がふたつあります。ひとつは、この効果には個人差があり、全員がこの効果を享受できるわけではない、という点です。つまりHEMSが導入され電力需要が見えたからといって、気にしない人には削減効果は期待できません。もうひとつは飽きです。最初は効果が見られた場合でも、日を重ねることで節電行動をとらなくなることも想定されます。技術的に確実にエコに向かわせるには、HEMSはどのような機能を備えればよいのか、今後のHEMSに求められる大きな課題と言えます。

そこで、私たちは2013年より既設住宅向けにパッケージ化したHEMSを宮城県栗原市のご家庭20軒ほどに導入し、2年間にわたる実験を行いました。このHEMSでは各種センサーで快適性指標PMVを推定します。PMVは居住者の温冷感申告による指標で、0を快適とし、寒いと負の値、暑いと正の値に大きくなります。±0・5の範囲で約70％の人が、±1・5の範囲で約90％の人が、±1の範囲で約40％の人が快適と感じるとされています。これにもとづきエアコンやファンヒーターの制御を行います。これ居住者はiPhoneを利用した活動量、およびiBeaconと連携させた在宅検知を行います。これらの情報はHEMSゲートウエイとして動作する低価格Linuxサーバーに集められ、全体をクラウドで管理します。

この実験のHEMSは、「見える化」の機能を備えてはいますが、実験においては利用者は一般的な見える化画面を一切見ることはありません。私たちはあえて「見えない化」と呼び、見なくてもエコな暮らしができることを目標にシステムの設計をしています。それは、次のような動作原理にもとづいています。まず、システムは空調のリモコンやボタンを操作し、スイッチを入れたり切ったり、設定温度を変えたという利用者の行動を計測します。これらの空調操作行動は、現在の室内の温熱環境に満足ではない、温熱環境を変えたいという意図の表れであると判断します。環境センサーにより、快適性指数PMVの値は逐次計測されていますので、その「変えたい」という意思が働いた時の快適性指数を学習します。これを続けることで、システムは快適性指数値でどの範囲を快適と思うかという快適範囲を自動的に求めることができます。これは、見える化でき、暖かめが好み、涼しめが好み、さらに快適性に関して敏感・緩慢といったことも把握します。この快適範囲を利用して、夏場は快適範囲の暖かい側の境界で、冬場は同様に寒い側の境界で、それぞれ空調の制御を行います。結果として20%程度の低炭素化が実現可能であることが実証実験で明らかになり、利用者からは不満の声はなく、「賢さが認識できた」や、「操作が簡単だった」「快適だった」といった意見をいただいています。

さらに「慶應コエボハウス」と呼ぶ未来型HEMSを搭載した、二酸化炭素排出量をゼロにする家の実験住宅を開発しました。現在も居住実験を続けています。また、「慶應コエボハウス」にはより多くの機能が盛り込まれており、iPhoneユーザーの宅内位置推定やOMソーラー、窓やシャッターの開閉制御、パナソニック製HEMSであるAiSEGとの協調動作、ECHONET Liteを利用した情報家電としての冷蔵庫、洗濯機、ロボット掃除機連携、全照明の色温度と照度制御、外部気象センサによる宅外温度・湿度・照度・UV照射量・降水量・風向・風速計測、雨水タンク水量計測、ガスおよび水道利用量計測、床下蓄熱層熱量計測、太陽光パネルおよびエネファームの発電量計測など、さまざまな機能拡張がなされています。

コエボハウスでは行動推定そのものを行い、より詳細に居住者の意図や行動、状況をくみ取った制御が可能となっています。たとえばソファーで座っていると、リビングに

〈図 3-19-1　栗原市で構築したHEMSシステム〉

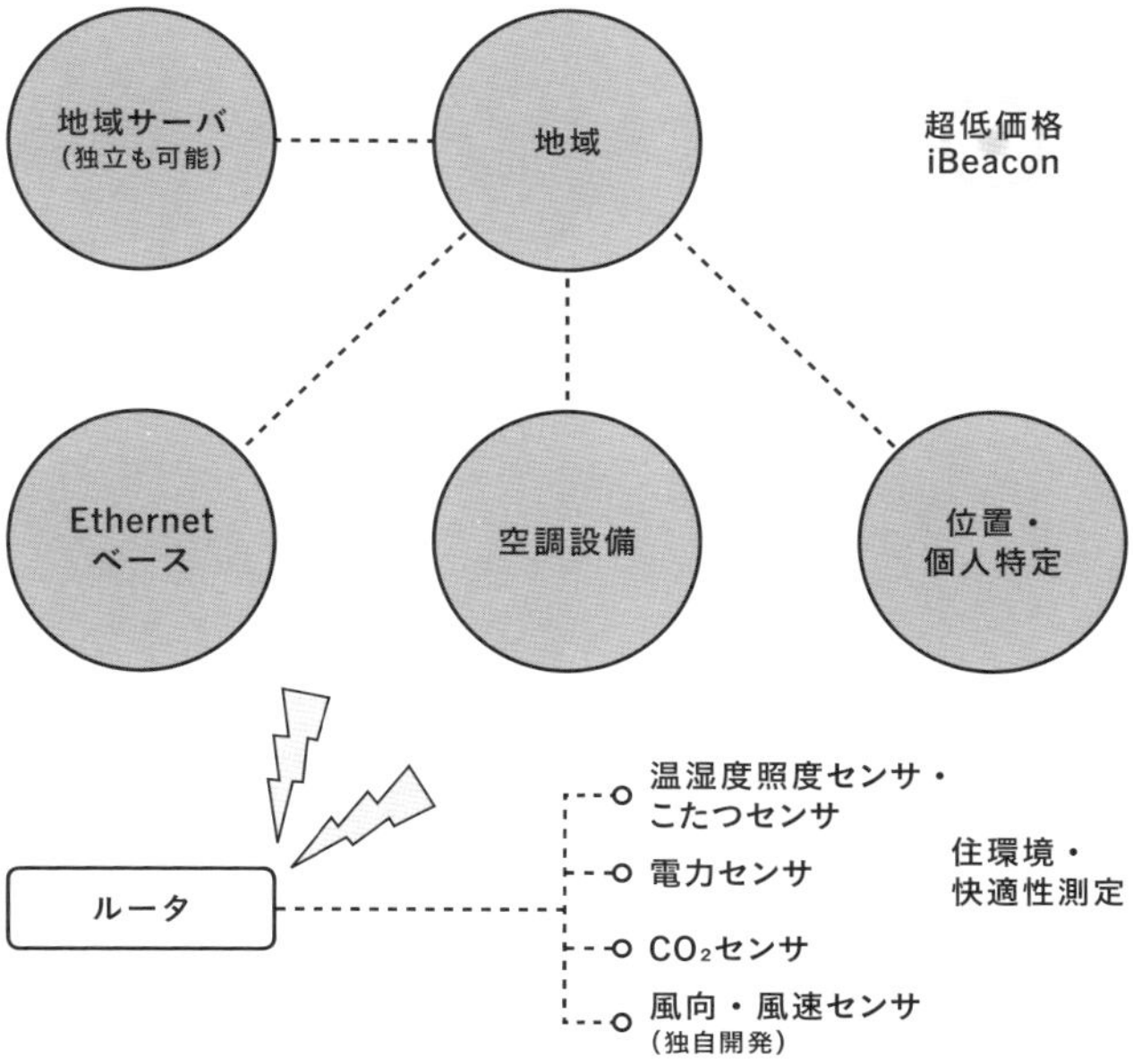

地域サーバ（独立も可能）
地域
超低価格 iBeacon
Ethernet ベース
空調設備
位置・個人特定
ルータ
温湿度照度センサ・こたつセンサ
電力センサ
CO_2センサ
風向・風速センサ（独自開発）
住環境・快適性測定

利用者がいて、活動量から座っていることが推定できた場合、その活動量を利用したPMV値を算出、リビングの照明と空調に注力し、そのほかの電力利用を極限まで制御して落とします。この時、室外の環境も測定し、シャッターや窓の開閉制御も併用します。もしそのまま寝てしまった場合、夏であれば空調を緩める、冬場であれば暖房温度を少し上げるなどの制御を照明の制御とともに行います。一般に仮眠と呼ばれる時間が過ぎれば、レコメンド機能により覚醒ときちんとした睡眠を促すメッセージを送ることができます。同様にエコな生活を送るためのレコメンドを、iPhoneを通じて受け取ることができます。今も機能の拡張を行い、快適性やエコに対する効果の確認、またシステム設計の汎用化に取り組んでいます。

慶應コエボハウス

エネルギーをつくる・蓄える

次に、エネルギーをつくる・蓄えるという点について考えてみましょう。「つくる」とは具体的には、自然エネルギーやコジェネレーションを利用した発電を指します。この時、供給（発電）と需要のバランスが整ってなければなりません。各家庭は周辺との関わりのなかで需要供給のバランスをとること、またそれを容易化するために変動を抑え合うことができれば、地域における電力融通が可能となります。つくりすぎたり、使いすぎたりした場合に発生する電圧や周波数変動を抑制でき、安定した高品質な電力を供給できるためです。これは、広域電力網への依存を減らし、自然エネルギー利用へのシフトが達成されたことを意味します。逆に需要についてもHEMSなどを利用して発電側から制御（デマンドコントロール）することも想定できます。次の図を参考に、その地域的特徴についてみてみましょう。

まず、家庭など、規模が小さい中での電力需要は、電力利用量が少なく、需要規模が小さい。したがって、エアコンやIH調理器などのオン、オフに伴う需要変動が比較的大きく、不安定になりやすい。また発電においても、太陽光発電は天候の影響を受けやすく不安定であり、家庭用燃料電池のように安定的に発電できるが、発電規模が小さいといった問題があります。一方で工場の電力需要は大きく、一般に安定しています。また、巨大な発電所では、比較的低コストで安定的に発電ができます。

「蓄える」についても、電気自動車のバッテリーを利用して、家庭での余剰電力を用いた充電や、電力不足時における放電とその利用といった技術がすでに利用可能であり、ある程度家庭での電力需要や発電の変動、すなわち不安定化を抑制することができるようになりました。しかし電気自動車も本来の走行目的を考えれば自由に使える電気量が限られます。自宅にバッテリーを備えることも検討されていますが、投資コストに見合うメリットが得られるかどうかは議論の余地があります。各家庭の中で需要と供給のバランスが難しい場合でも、各家の変動を近所同士で融通し合えば、より進んだ安定化が可能となります。さらに、近くにプールなど熱需要のある施設があれば、内包するガスコジェネレーションシステムとの融通や、施設が持つエネルギー管理システム（ＢＥＭＳ）との融通も想定できます。より進んで、工場といった、大量の電力を消費しますがある程度制御が可能な電力需要家や、メガソーラー、風力発電所といった地域向け中規模発電所が、肥大化した需要や、その変動を支えると考えられますし、それでも不安定であるならば、さらに広域での連携も可能です。このように、変動を抑えるためにはシステムの連携規模を広げて大きくすることが有効です。しかし単純に大きくすればよいわけではなく、ここまで議論した安定化や、電力供給、需要制御の仕組みは、実際にはかなりのコストが求められます。つまり、価格の高い電力需要と供給の仕組みと言えます。常に必要となるベースロードと呼ばれる基本供給部分については、できるだけ価格の安いバルク発電（従来型の大型発電設備から供給すること）で、全体のバランスを考えた需要と供給が実現できます。これがベストミックスのひとつの形と考えることができます。

このような、家、電気自動車、近隣の家庭、大型施設、さらにバルク発電まで、全てがお互いに依存しつつ全体の

〈図 3-19- 2　連携規模と特性の関係〉

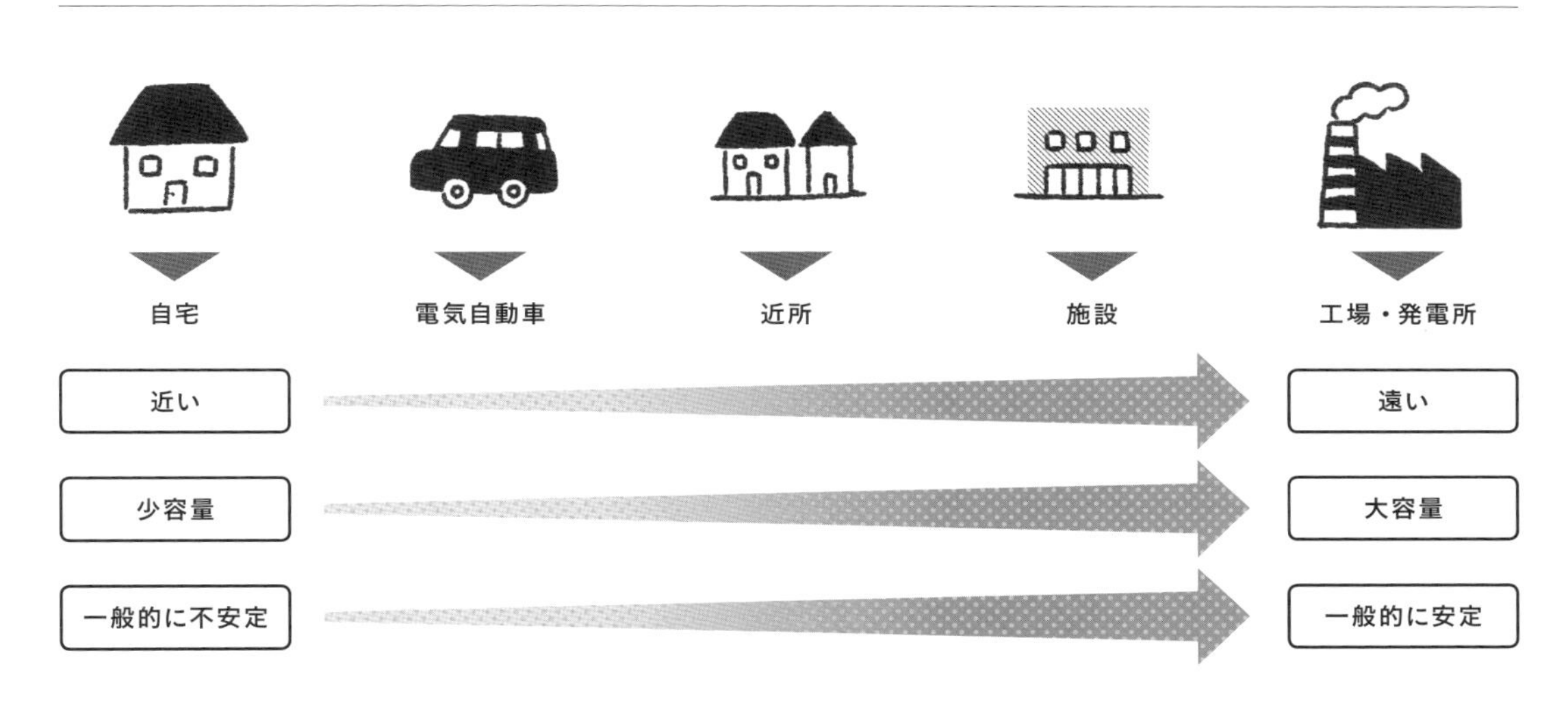

バランスをとり、内包する自然エネルギー資源を有効活用することが可能かどうか、これが技術面、そして家庭に対する協力面で今求められている課題です。特に技術面に関して、家庭向けのHEMS、ビル向けのBEMS、太陽光パネルやコジェネレーション、電気自動車の急速充電器や放電した電力を有効に利用する仕組み、さらにはクラスターやコミュニティを対象としてこれらを束ねるCEMSの実現が必要とされています。スマートシティ実現のひとつの目的は、このCEMSの内包にあります。居住者はこのことを認識しなくともよいでしょう。ただ、HEMSがその受け皿となって、CEMSの一員として必要な制御を行い、必要なレコメンドを住人に対して提示する、これが求められる機能なのです。

家のエネルギーの使い方のシンフォニー

家のエネルギーの使い方のシンフォニーは、利用者により千差万別です。ただし、重要なことは住まいと住まう人の間のシンフォニーでしょう。「慶應コエボハウス」は、co-evolution の発音の頭をとってコエボと呼んでいます。日本語にすれば「慶應共進化型住宅」となります。「共に進化する」とは、住まいは、住まう人に合わせてその機能や指示の内容を機械学習などを用いて進化させ、住まう人は、その指示を受けて行動し、効果を見てエコを理解する、つまり進化するということです。このように、ともに進化することで、その人に合った生活が実現できるであろう、という考え方です。もちろんこの進化は、どこかで答えが出ておしまい、ということはありません。その人が住まう限り、シンフォニーは奏でられるのです。

にし・ひろあき
慶應義塾大学理工学部システムデザイン工学科教授、国立情報学研究所客員教授。地方自治体・企業が連携したIoTなど情報統合インフラ構築に携わり、現在、さいたま市美園地区スマートタウン事業委員長などを務める。また、技術標準化やビジョン策定活動に関わる。

消費者が育てる、自由化時代の電力市場

大林ミカ

60年ぶりに日本の電力市場が変わる

２０１６年4月から、一般家庭を含めた小規模な電力需要家を対象に「小売り電力市場の全面自由化」が始まりました。今まで、工場や病院など、大規模な電力需要家のみを対象に開かれていた電力市場が、一般家庭にも開かれたのです。

大規模電力需要を対象とした市場はすでに自由化され、多数の事業者が参入しているため、大口の需要家は電力会社と交渉して電気料金を決めたり、地域独占の大手電力会社でない「新電力」と契約することができます。今後は一般家庭や比較的事業規模の小さな事業所も、地域ごとに決まった大手電力会社だけではなく、さまざまな会社や料金プログラムを選べるようになりました。

日本の電気事業は、戦後から60年以上にわたり、大手電力会社による「地域独占」と、各社が発電から送配電までを担う、垂直統合型の「発送電一貫体制」のもとに発展してきました。この体制が戦後の復興と高度成長期に急速に伸びる電力需要をまかない、安定的に電力を供給する力を発揮したのは事実です。しかし、経済が成熟し、電力需要の伸びが鈍化している今の状況では、膨大な設備を抱える大規模な地域独占状態から、それら設備を相互に連携させて効率化する、新しい電力供給の姿が模索されるようになってきました。

きっかけは3・11

各国では１９９０年初頭から、国営から民営への移行など、独占市場に競争を導入して市場を効率化する流れのなかで、電気事業の改革が行われてきました。配電事業者のあり方などの違いはありますが、発電と送電部門を分割し、送電は公益的インフラとして中立的に運営しつつ、発電と小売りは自由化して競争を行うというのが一般的です。現在では、発電から送電・変電、配電、市場の全体を指す「電力システム」という言葉を使って「電力システム改革」と

〈図 3-20-1　電力の流れ〉

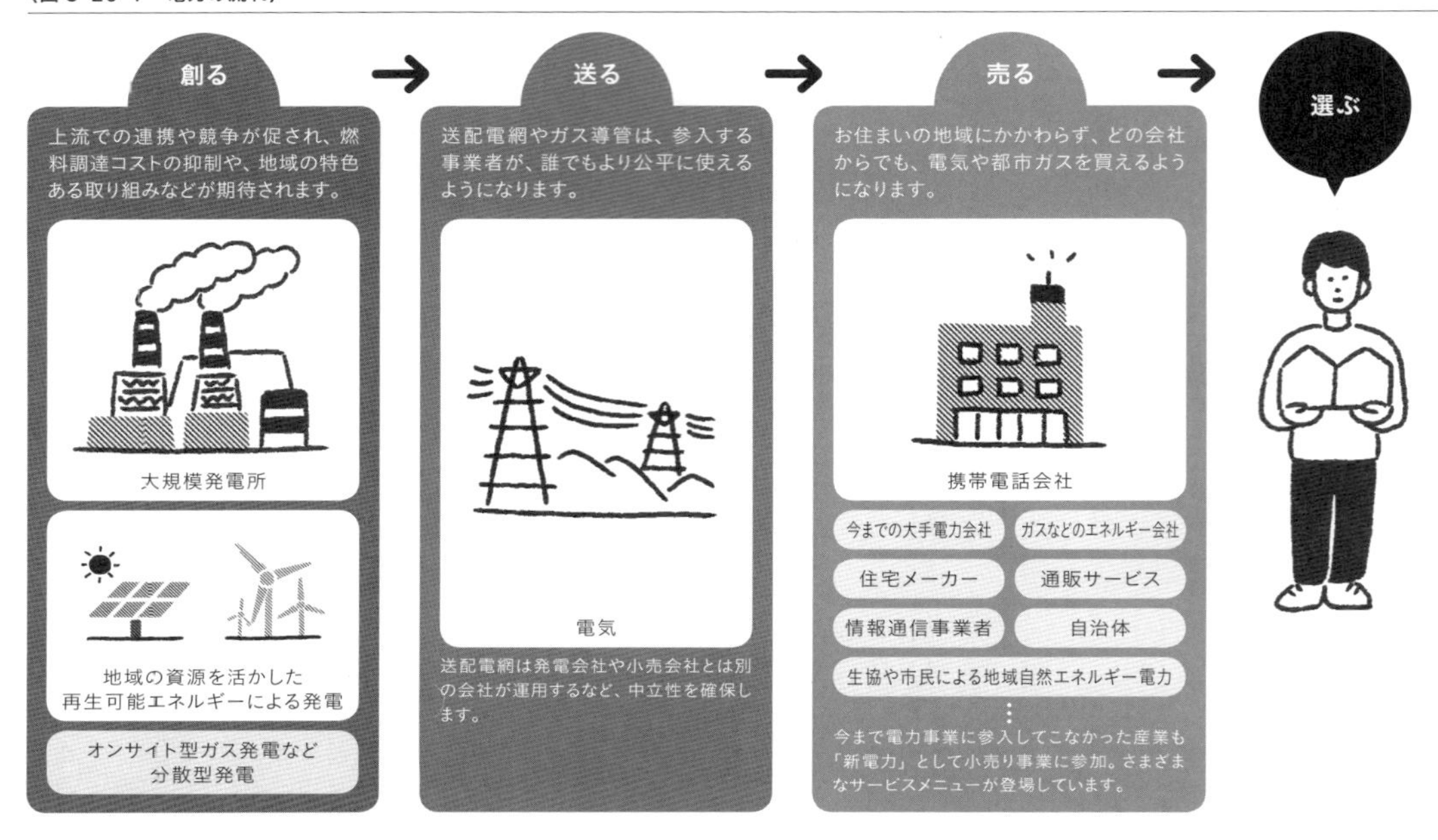

言われています。

こういった海外の動きに押されるかたちで、日本でも90年代後半から、電気事業の改革議論が始まりました。欧米先進国に比べて高い電気料金をどう下げられるかという観点からの議論が主流でした。１９９５年には大手電力会社以外の事業者にも発電事業が認められるようになり、２０００年には契約電力が２０００kW以上（特別高圧）の大規模工場や大規模ビルなどの大口需要家を対象に一部自由化が導入されました。その後も自由化の範囲は次第に拡大され、２００５年からは中規模の工場や自治体など50kW以上（高圧）の需要家は電力会社を選べるようになりました。

しかし大手電力会社間の地域独占が崩されることはなく（電力会社間をまたいでの「越境供給」は２０１１年までわずか１件でした）、発電や自由化対象部分での参入が進まず、市場に占める新規事業者（新電力）の割合は３％程度に留まっていました。そのため、一般家庭を含めた低圧の全面自由化の議論にまで辿り着かない状況が続いていました。

東日本大震災と東京電力福島第一原子力発電所の事故は、20年近く遅々としていた電気事業改革の議論を一気に進めるきっかけとなりました。硬直化した日本の電力システムに衆目が集まり、一箇所に集中する巨大発電所から一括して大量の電力を送電するあり方や、地域独占状態が公正な競争を妨げている状態が、原発事故やその後の停電を招いた要因のひとつであると捉えられたからです。

自由化部門では激しい価格競争を行って新規事業者を閉め出しているのに、一般家庭などの非自由化部門では高い電気料金を保ったままで、むしろそこからの利益率の方が圧倒的に高いことも問題になりました。

こうして、2015年には電力会社をまたいで電力を広域的に運営する機関（電力広域的運営推進機関）が設立され、翌年には一般家庭も含めた小売の全面自由化が行われることになりました。さらに2020年には大手電力会社に対して発電と送配電部門の法的分離（子会社化）が導入される予定です（東京電力のみは2016年4月から他社に先駆けて発電と送配電部門の子会社化を行いました）。

過度な価格低下を期待するのは禁物

シンクタンクやマスコミ、経済産業省などが、消費者を対象として実施した小売りの全面自由化に関する複数のアンケート調査では、どれも、電力会社の変更にあたっては価格を最重要視するという結果が出ています。消費者が価格を重視するのは当然ですし、事業所であればなおさらのことですが、電気料金の上下は、電力システムにかかるコスト以外の、税金や地域状況、消費規模により強い影響を受けるし、今までかからなかった宣伝費や人件費、手間が増えるわけですから、よっぽど今の電気料金が不当に高いものでない限りは、自由化されたからといって、単純に大幅な価格低下が起こるとは想像できません。

実際に先行する海外の事例を見ると、当初は価格競争が起きるのですが、数年経つと市場のプレーヤーが固定化して競争がなくなり、電気料金が上がっている事例も見られます。

ドイツでは、8大電力会社が約8割のシェアを占めるなかで1998年に一気に小売り自由化が始まり、100社以上の新規事業者が市場に参入しました。しかし、大手電力会社が所有する送電網の利用料（託送料）が高かったり、小売市場でもコスト競争力のある大手電力会社と料金価格競争をしなければならず、ほとんどの新規参入者は撤退を余儀なくされました。既存の大手電力会社が合併・統合を繰り返して競争力を増していったのとは対照的でした。その後の検証では、2004年時点で大手電力会社は4社に統合、市場の寡占状態は9・5割にも達し、電気料金の水準ももとに戻っていることが分かりました。そこで、発送電分離強化による送電網の中立的な運営や、適正な託送料金の設定、送電網の建築計画を含めた送電事業への監督・監視、取引市場の改革が実施されました。自然エネルギーを販売する事業者も増えましたし、10年経った現在では、大手電力会社のシェアは3～4割程度になっています。

電力システム改革の基本的な考え方は、公正な競争こそが、電気事業を健全にし、効率化を進め、経済を強靭にするというものです。「自由化だからなんでも自由に競争」するのではなく、市場支配的な大手電力会社には料金規制をして新規事業者の市場参入を促したり、送電網は自然独占として託送料金を監視したり、大手電力会社にはむしろ

「再規制化」を行います。

日本もドイツと同じく、本格的な発送電分離が導入されないままで小売りの全面自由化が始まるので、圧倒的に大きな競争力を持つ大手電力会社と新規参入者が、公正に競争できる仕組みを担保する必要があります。そのためには、徹底した情報開示によって第三者でも検証できる状況を作り出すことが重要です。

2015年に設立された電力広域的運営推進機関や電力取引を監視する機関（電力取引監視等委員会）が規制を強化すべきところは強化し、市場とのバランスをとりながら発電事業者、送電事業者、小売事業者それぞれに対して、柔軟かつ透明なルールを定めていくことが必要です。

システム改革の機会を気候変動問題解決の一助に

電力システム改革は経済の根本に変化をもたらす構造改革であり、地球温暖化問題など、ほかの重要な政策課題と整合性のとれた改革を実現することが必須です。

2015年末にパリで開催されたCOP21では、先進国・途上国の区別なく、すべての国が削減目標を提出し、目標達成のための対策の実施を国際的に約束した「パリ協定」が合意されました。地球温暖化の悪影響が顕著になっているという危機感から、産業革命前にくらべて地球の気温上昇を2℃未満に抑えることと、1・5℃以内に抑えるよう努力することが目標とされています。そしてこの目標を達成するために、今世紀後半には、海洋や森林の吸収量を超えないよう排出を実質ゼロにするという、化石燃料からの脱却を明確に宣言しています。

一方で、日本の大手電力会社は、90年代から発電に占める化石燃料の割合をずっと増加し続けています。自由化論争が始まった95年以降は、コスト競争のために石炭の割合を増やしてきました。自由化で参入する大手ガス会社や新規参入事業者も、石炭火力発電所の建設計画を立てています。今の日本は、先進国の中で唯一、石炭火力の大規模増設計画を持っている国になっています。

石炭は、化石燃料のなかでも、もっとも二酸化炭素の排出が多いエネルギー資源で、最新型の高効率石炭火力発電所でも、最新型のガス・コンバインドサイクル発電に比べて、排出量は2倍です。また石炭火力は、ガスに比べて刻々と変わる需要に合わせた柔軟な運転ができにくく、現在拡大している自然エネルギーとの組み合わせに不向きです。

石炭火力の排出規制そのものはほかの気候変動対策で担保するとしても、自由化なんだからという理由でその対策が蔑ろにされるようなことがあってはなりません。いったん建設した発電所は少なくとも40年間は運転され続けるし、「パリ協定」では各国がどれだけ脱化石燃料を実現できるかが問われているからです。

電力システム改革を行いながら、気候変動問題の解決を目指すことは可能です。実際に、気候変動対策に熱心な米国現政権や英国などは、石炭火力に厳しい規制を導入しています。そしてそれを実現するためには、私たち消費者の役割が非常に大切です。

システム改革は消費者の賢い参加から

小売り自由化にあたって地域独占の大手電力会社もポイントサービスを提供したり、他社と協働して電気以外にもガスや携帯電話や通信などと組み合わせることで全体が安くなるメニューを提案しています。大手ガス会社などの新規参入者はもっと具体的に大手電力から乗り換えたときに、電気料金がいかに下がるかを提案しています。現在のメニューのほとんどは、電力を多消費するほど割引率が高くなる仕組みです。事業者にとっては、売れれば売れるほどいいわけで、需要側の省エネルギーを進めるインセンティブが何もないからです。今後は、電気事業者が省エネルギーを進めるためのプログラムの提供にも力を入れるような市場環境を整備してほしいところです。

アンケートでは消費者は料金に関心があると出ていると前述しましたが、同時に、それら調査では、価格以外のその他の要素として、「電力供給の安定性・会社としての信頼性」や「料金メニューや手続きのわかりやすさ」、「環境配慮型の電源・再生可能エネルギーの利用」なども重視する要素に挙げられています。

日本でも住所や現在の消費形態（家族構成や在宅の有無など）を入力すると最適なメニューが表示されるような複数の電力比較サイトが立ち上がり始めました。『価格ドットコム』[1]や、住宅設備企業だった『エプコ』が中心となって運営する『エネチェンジ』[2]などです。『エネチェンジ』では、自然エネルギー特性も選ぶことができるようになっています。

システム改革で先行する欧米ではもう20年以上前から、むしろ省エネをすれば電気料金が安くなったり太陽光や風力を選べたりする電力プログラムがあり、自由化された地域では自然エネルギーだけを販売する電力会社も存在します。また、その地域で直接自然エネルギーを買えなくても「グリーン電力証書」という形で購入できます。海外の電力比較サイトでは、１００％や50％の割合で自然エネルギー電力がほしいと入力すれば、提供している会社が価格順や契約期間順にずらりと出てきます。二酸化炭素の排出量はもちろん、放射性廃棄物の発生量の表示が義務づけられている国や地域もあります。

こういった仕組みの根底にあるのが、電源の選択にかかわる情報を充分に開示する制度を公的に義務づけていることです。アメリカでは自由化しているのは13州＋ワシントンDCですが、それより多い25以上の州で電源開示を定めています。ヨーロッパではEU加盟国すべてに消費者にわかりやすい形での電源開示の義務づけを求めています。

日本生活協同組合連合会が２０１５年5月に発表したアンケートでは、「電源構成は選択のために必要な情報かどうか」を尋ねたところ、「必要な情報である」と回答した人が82％以上にのぼり、さらに電力会社に対して「電源構成の情報公開を義務づけたほうが良いか」という問いに対

[1] http://kakaku.com/energy
[2] https://enechange.jp

しては、88・5%で9割近くの人が「義務づけたほうがよい」と答えています。

経済産業省が制定した「電力の小売営業に関する指針」(2016年1月29日)では、2016年4月の小売自由化開始時点では表示は義務づけされず、望ましい行為としての推奨に留まっています。義務づけがないので、統一された分かりやすいラベルもまだありませんし、ウェブや広告で示すのみで、料金票や請求書など消費者の目につく割合の高い方法ではありません。火力発電を一括りに表示してしまう可能性も出ています。

価格についての情報開示も気になります。契約期間が長かったり、ほかの電力会社に変える場合に違約金を払わねばならない場合もあります。前述の「指針」では、料金請求の根拠を示さないこと、誤解を招く情報提供で自己のサービスに誘導すること、高額違約金を設定すること、解除を著しく制約する条項を設けることなどを、問題となる行為として定めています。契約しようとする電気がこれらにあたるかどうか、消費者自身もチェックが必要です。

2016年4月現在、約300社が小売事業者として登録し、そのうち一般家庭への販売を実施する予定あるいは検討中と答えているのは約100社です。すでに大手はテレビなどで宣伝競争を始めています。地域の自治体や生協が取り組んでいる自然エネルギーの販売も、いくつか開始されています。ただ、日本での自然エネルギー供給がまだ少ないことと、系統連系運用ルールをはじめ、制度が追いついていないので、自然エネルギー100%などの選択肢が出てくるのはまだ先です。焦って選択せずに、比較サイトや新電力のサイトもじっくり検討し、自分にあった電力会社やメニューを見極めることが大切です。

動き出した新しい息吹を育てよう

地域や消費者のなかからの試みをいくつか紹介したいと思います。

群馬県中之条町は、2013年に自治体が設立する電力会社としては初めての『中之条電力』を設立しました。町内のメガソーラーから、役場だけでなく、保育所や幼稚園・小中高校など、町内の公共施設30箇所へ電力を供給しています。

福岡県みやま市が取り組む『みやまスマートエネルギー株式会社』は、市が事業参加するメガソーラーや市民所有の太陽光から電気の買取を行い、市内の7割への電力供給を目指しています。安い地代など地域新電力という利点を活かし、大手よりも少し安い電気料金を実現し、市民に還元していく計画です。

浜松市は『浜松新電力』を設立し、市内企業対象に電力供給を計画しています。市の清掃工場やメガソーラーから調達する自然エネルギーで、82%をまかないます。

茨城県を中心に関東地方全域の企業や一般家庭に電力を販売する『水戸電力』は、木質バイオマスや太陽光で80%の電気を供給しています。

東京都世田谷区の『みんな電力』は「顔の見える発電所」を合言葉に、「自分のお気に入りの発電所を応援できるサービス」を『東京電力』管内の一般家庭に提供し始めました。70％が太陽光でまかなわれています。

生協も動きだしています。北海道の『コープさっぽろ』は自由化開始を前にいち早く、60％を自然エネルギーでまかなう『トドック電力』を発表しました。『生活クラブ』は2014年に『生活クラブエナジー』を設立。関連会社が設置した風力や太陽光発からの電力を、自らの事業所など55事業所に供給し、組合員対象に一般家庭へも事業参入しました。『パルシステム東京』も『うなかみの大地』で小売り参入を計画しています。

そのほか、大手では『ソフトバンク』の『SBパワー』が一般家庭に対して電力の57％を自然エネルギーで供給するメニューを提供し始めています。

60年かけてたどり着いた電気事業の改革は、消費者の選択が将来の社会のあり方を決める始まりのひとつです。公開されている情報を精査し、より環境負荷を与えない電源を選択すること、電源表示や価格の透明性などの必要な情報の公開を要求していくことで、消費者自身が新しく、公正で健全な電気市場を育てていくことが重要です。

おおばやし・みか
公益財団法人自然エネルギー財団事業局長。1964年中津市生まれ、小倉育ち。国際再生可能エネルギー機関（本部・アブダビ）を経て2011年に自然エネルギー財団の設立に参加。92年より原子力資料情報室、2000年より環境エネルギー政策研究所。

column

海外の電力会社　～意識しない、楽しい省エネルギー～

システム改革で先行する諸外国ではさまざまな電力メニューを検索することができます。

アメリカでは、国ではなく州ごとに電気事業の規制が任されていますが、自由化されているかいないかに関わらず、消費者向けの豊富なメニューが用意されています。とくにカリフォルニア州都のサクラメント地域の大手電力会社である『サクラメント市公営電気事業者（SMUD）』の取り組みは有名です。

たとえば電力需要のピーク時にエアコンの利用をほんの短い時間自動的にカットすることで、ピークの負荷を減らすことに協力すれば数ドルの報奨金が支払われる「ピーク・コープ（ピーク協力）」プログラム。エアコンにコントローラーを取りつけて自動制御するのですが、実際にはエアコンを短時間消しても気がつく人はあまりいないそうです。またエアコンの電気代を減らし地域緑化を進める「シェード・ツリー（木の陰）」プログラム。その家に合った木を適切な場所にアレンジしてくれます。

消費者側の参加によって需要を管理することで（「デマンドサイドマネージメント」）、消費者は電気代を抑えられるし、会社としては最大需要のためだけに用意しなくてはならない設備への投資を避けることができ、電気事業全体の効率化を図ることができる仕組みです。『SMUD』は、太陽光パネルを屋根に取り付ける日本の「屋根貸しプログラム」のようなグリーン電力プログラムの元祖をつくった電力会社でもあり、こういった取り組みをすでに90年代半ばから実施しています。

家庭ごみとの付き合い方

浅利美鈴

「ごみ」は、暮らしを映す鏡

私の所属してきた研究室（京都大学環境科学センター）では、1980年から毎年、家庭ごみを300種類以上に分けて、その実態を調査する研究を続けている。私自身も参加するようになって随分経ち、ごみを見るとその家庭の暮らしぶりや家族の性格なども想像できるようになってきた。

きっちり分別されたごみだなぁ……きっと几帳面な人なんだろうな。おむつがたくさん出てきた！　子育てまっさかりだわ。まだまだ食べられる美味しそうなものが……ぜいたくな暮らし。個包装の包みや入れ物がいっぱい……一人暮らしなんだろうな。といった具合に、心でつぶやきながら、ひたすらごみと向き合うのだ。

一つひとつの袋から見える暮らしもあるが、数百袋（世帯）のごみを毎年観察することで、社会の変化も目の当たりにする。みるみる贅沢な「手つかず食品」が増えたバブル時代、中食（調理済みのものを自宅で食べること）が増えるに伴って使い捨てのカップやトレイが増えてきた近年、子ども用おむつが減少する一方で大人用おむつやペット用シートが増加するここ数年。確実に高齢社会だと感じると同時に、将来のごみに想いを馳せるのである。

「ごみ」からみた環境問題

ごみはエコライフを始めるとっかかりになりやすい。目に見えるし、重量感もあるし、財布に直結するものでもある。また、環境負荷低減効果も抜群だ。図3-21-1に廃棄物が与える影響が示されているが、適正処理が重要であると同時に、ごみを削減した際の効果や影響範囲も大きいことがお分かりになるだろう。

ごみ削減は、よいことばかりと言って過言ではない。とりわけ、埋め立て処分量を削減できることは大きい。いくらリサイクルを進めても、必ず最終処分するごみ

家庭ごみの調査の様子

は出るが、埋め立て処分場を新たにつくることは簡単ではない。「必要なのは分かっていても、自分の裏庭にはつくってもらいたくない」という人間の心理から、NIMBY（Not in My Back Yard）問題と言われるが、大変貴重なスペースと言える。図3-21-2に示す通り、最終処分量の減少により延命していっているものの、現状では後20年もたないことから、ごみ減量を進め、利用を節約するに越したことはない。

ごみを削減すると、ごみの収集運搬やプラスチックごみの焼却などの減少により、CO_2などの温室効果ガスも削減することができる。さらに2R[1]によりごみを減らすことは、製品の製造から減らすことになるため、製造にかかる資源消費やCO_2削減にもつながり、効果は大変大きなものとなり得る。

ごみ問題の歴史、削減策とその成果

ごみ問題の歴史をさかのぼると、貝塚の時代にまで戻ることもでき、人類と切っても切れないテーマである[2]。日本においてごみが都市問題となり、記録が残っているのは江戸時代からで、その多くは河川や海への投棄と言われる。江戸時代にはリサイクルが盛んで、ほとんどごみは出なかったと言われるが、近年の江戸遺跡調査では一括廃棄された陶磁器類なども見つかり、いつでも何でもリサイクルされていたわけではないことが分かってきた。しかし金属類はほとんど発掘されておらず、古着なども大事にリユース

〈図 3-21-1　廃棄物をとりまく環境問題〉

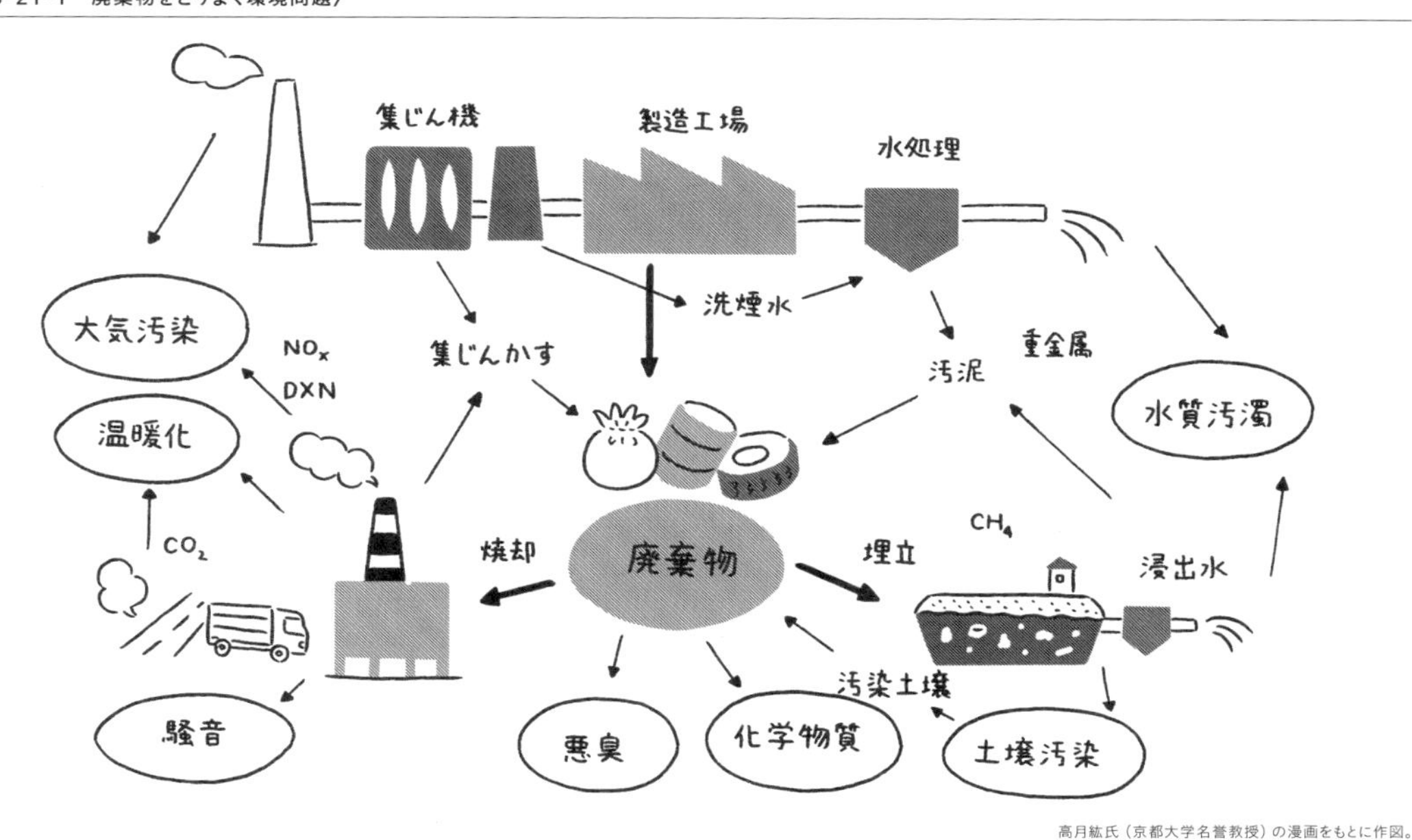

高月紘氏（京都大学名誉教授）の漫画をもとに作図。

[1] ごみ削減のための3Rのうち、出たごみのリサイクルに頼るのではなく、特にリデュースとリユースに注力して、おおもとからごみを減らそうという考え方。最近、国や多くの自治体の取り組みのキーワードになりつつある。
[2] 出典：3R・低炭素社会検定公式テキスト【第二版】ミネルヴァ書房（2014）

されてきた。水運の発達はごみの商品化も促し、江戸では都市ごみの舟輸送による海面埋め立て・陸地造成を経て、18世紀初頭からは肥料として流通するようになり、のちには大半のごみが千葉方面に輸送された。

　明治から大正にかけては、衛生の時代と言われる。明治10年代（1870年代後半~1880年代）はコレラなどの伝染病対策が国家の最優先課題であり、明治33（1900）年の汚物掃除法の制定により、ごみ処理は市の義務とされる。ごみは「なるべくこれを焼却すべし」との規則も設けられた。日本では、ごみは焼却するのが当たり前のように捉えられているが、世界的に見ると稀な焼却大国である。その原点は衛生対策にあったことがわかる。

　昭和初めになると全国的に農業利用は衰退し、焼却炉建設が進められた。しかし、戦争の進行につれ焼却炉建設が難しくなり、厨芥、可燃雑芥、不燃雑芥の3分別が実施され、有価物の集団回収や自家焼却などによる減量運動が行われる。また「特別回収」が広範に実施され、「もったいない」がスローガンとして使われた。戦争末期には、日用アルミ製品を含めた資源の徹底回収が行われたことはよく知られているところだ。

　戦後、都市の復興とともにごみ量は増えていく。戦後間もなくから現在にいたる京都市におけるごみ量の推移を見ると、1960年代に激増したことが分かる。この間に人口増加などに加え、大量生産・大量消費・大量廃棄への社会構造の変化があったと考えられる。

〈図3-22-2　日本の一般廃棄物の埋立処分場の残余容量と残余年数〉

出典：環境省「日本の廃棄物処理」平成24年版

　1973年の第一次オイルショックは省資源・省エネルギー型社会への転換を意識させ、国ではそのための技術・経済的な検討も行い、また一般にも「リサイクル」という言葉が広がり始めた。ごみ減量を模索する市町村は集団回収や分別・リサイクルの工夫を行うようになった。

　しかし、1986年ごろから始まったバブル景気は再びごみ量の増加をもたらした。そして、京都市でも日本全体でも２０００年にごみ量はピークに達する。増加が続くなか、１９９１年には廃棄物処理法の目的に「廃棄物の排出抑制・再生」が加えられ、１９９５年には日本初となる個別リサイクル法として「容器包装リサイクル法」が制定された。２０００年には循環型社会形成推進基本法が成立し、循環型社会元年と称される。その後も減量は進展し、たとえば京都市においては、「ピーク時より半減以下」にする目標を掲げ、ごみ有料化や分別回収・リサイクルの工夫など、さまざまな方策を順次導入し、大幅な削減を達成しつつある。

こうして２０００年以降、全国平均では京都市ほどの削減率ではないものの、家庭ごみは徐々に減少してきた。これは、行政のごみ減量や分別・回収、有料化などに関する方策、それに呼応した消費者の理解と協力・努力が功を奏した結果と言えるだろう。市町村によって分別方法や削減方策は異なるが、各種制度や経済的手法を組み合わせてより一層の削減を模索している。

この間、サプライサイド（生産者）でも努力が行われてきた。家庭ごみの削減に結びつくものとしては、製品や容器包装類の軽量化、詰め替えやパーツ交換可能な製品の開発、長寿命製品の開発、省包装化、量り売りや持参ボトル・容器に対応した販売、分別・リサイクルに対応した素材ラベリングや製品設計などが挙げられる。しかし、激化する販売競争のなかで、必ずしも主流となっていない取り組みもあることには注意が必要である。消費者から支持される

〈図 3-21-3　燃やすごみの内訳〉

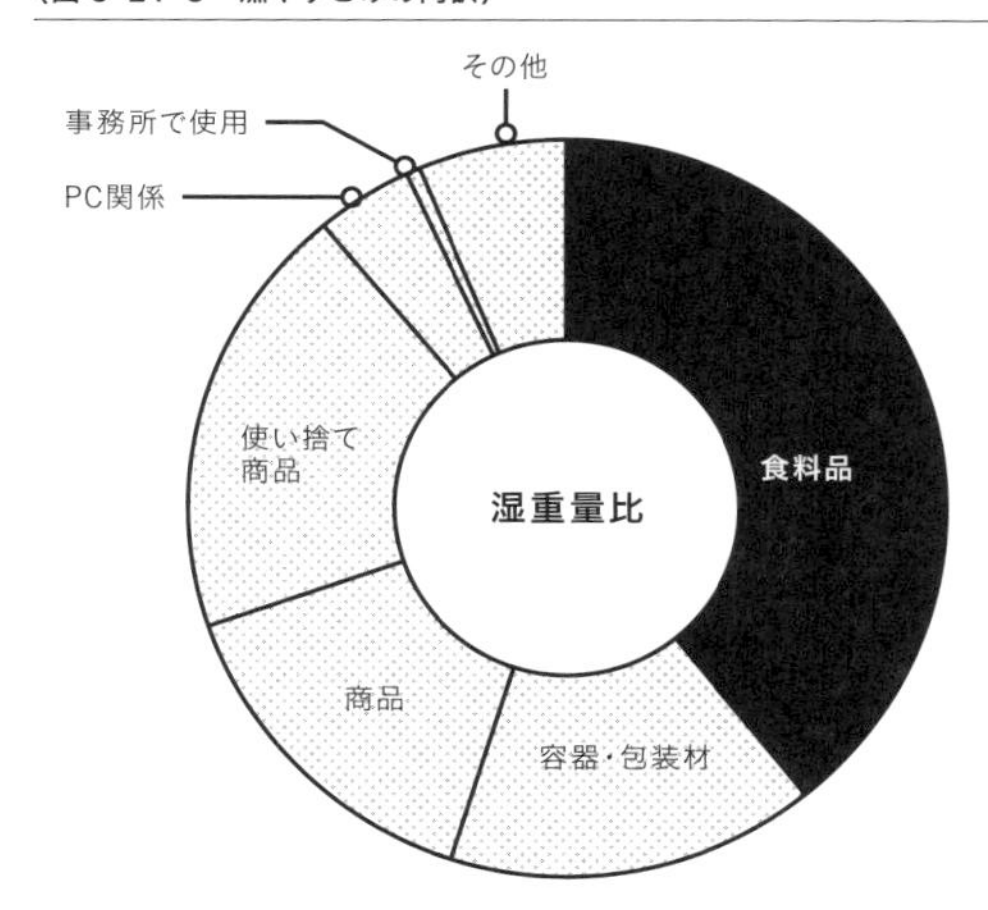

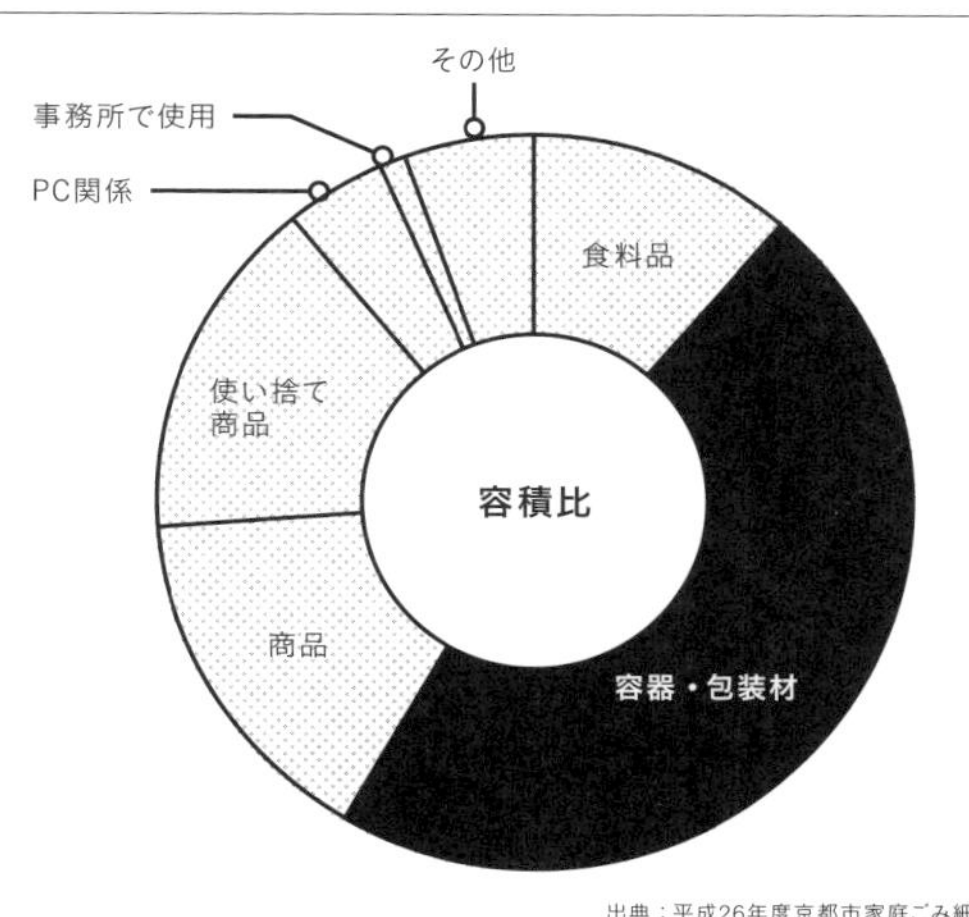

出典：平成26年度京都市家庭ごみ細組成調査

か否かが非常に重要であり、単に環境配慮だけでなく商品そのものも魅力的なものにすることが必須であり、いかにアピールするかも問われている。

家庭ごみの実態と削減の余地

さらなる家庭ごみの削減を目指すに当たって、現在のごみの実態について紹介しておきたい。冒頭で触れたが、私の所属してきた研究室では長年、京都市と協働し、家庭ごみの調査を行ってきた。その組成の内訳は、の図3-21-3の通り、同じごみでも重量で見るのと容積（かさ）で見るのとでは大きな違いがあることが分かる。

重量での内訳では、「食料品」がダントツの多さであることが分かる。多くの市町村で生ごみの自家処理（堆肥化など）が促進される背景には、この実態がある。また、生ごみの約8割は水分であることから、生ごみの水切りを推奨する市町村も多い。さらに、食料品の約4割が食品ロス（食べ残しや手つかず食品）であることから、食品ロスをいかに減らすかで市町村は頭を悩ませている。手つかず食品（未開封など原型をとどめたまま廃棄された食品）を中心とした食品ロスは、どの調査でも必ず出てきて、もったいなさのあまりため息が出てしまう。私たちのライフスタイルや価値観が大きく関係していることは間違いなく、解決に向けては私たちが消費者として主役にならざるをえないと言えるだろう。なお、コンビニやスーパーから出る食品ごみのほうが多いという印象をお持ちの方もおられると思うが、実のところ、全国的にも家庭から出る食品ごみのほうが圧倒的に多い。さらには、リサイクルも進んでおらず、家庭ごみのなかで積み残された大きな課題となっている。

家庭ごみから出てきた手つかず食品（京都市調査にて）

重量のグラフでもうひとつ注目しておきたいのが「使い捨て商品」である。具体的には、ティッシュやペーパータオル、おむつ、ポケットカイロ、マスク、割りばしなどが代表選手だ。調査を始めて以来、年々増加しており、今や家庭ごみの2割を占めるようになった。今後の高齢社会の進行を考えると、ますます増える可能性もあり、注意を要する製品群である。

容積での内訳では、「容器・包装材」が半分近くを占める。調査を行うと、ヨーグルトや納豆のプラスチックや紙製のカップ、お惣菜の容器、パンの入った袋、野菜を包むフィルム、菓子箱などが続々と出てくる。それに、まだレジ袋も根強く使われ捨てられている。マイバッグ持参運動や有料化、特典付与などのキャンペーンで減少したものの、頭打ちとなっているようだ。容器・包装材の削減は消費者の努力はもちろんであるが、生産者や流通関係者（特にスーパーや商店、コンビニなどの小売店）の努力や工夫も重要となってくる。

ごみ問題のこれから

日本においては、日々の暮らしのなかで廃棄物問題を意識することは少ないかもしれない。出したごみは定期的にきちんと回収され、ポイ捨ても随分減り、ごみが目につくことは少なくなった。しかし、まだまだ対策や研究が必要な点はある。ここでは3点をあげたい。

一点目は「有害・危険ごみ」である。日本人の分別の美しさには定評があり、生ごみリサイクルこそ遅れているとは言え、ほかの製品についてはリサイクルでも劣ってないと思われる。しかし、忘れてはならない弱点があるのだ。それが、有害・危険ごみの分別・適正処理である。皆様も処理に困った経験や捨て方が分からず溜め込んでいる有害・危険物をお持ちではないだろうか。家庭で使われる製品は多岐にわたり、なかには有害な物質を含むものや爆発の危険のあるものなども存在する。欧米の多くの自治体やアジアの先進地域では、拡大生産者責任（ＥＰＲ：Extended Producer Responsibility）として製造者に一定の責任を課しながら、これらのきめ細かな分別の受け皿を自治体が用意するのが一般的だ。多様な有害危険ごみを、住民が気軽に持ち込める便利な分別・回収拠点の運用、スーパーやコンビニなど目につくところに徹底して設置された電池などの回収ボックス、さらには、電話一本で回収に駆けつける特別車両を備えた自治体まである。一方、日本においては、ＥＰＲの展開も難しく、有害・危険ごみの適切な分別・処分がなかなか進まない現状がある。

そんな日本だが、20種類以上の分別で知られるいくつかの市町村においては、きめ細かな分別が定着している。京都市においても、有害・危険ごみを含む多様な廃棄物を「移動式」で回収する仕組みを導入した。京都市の場合、回収を行うその日（1箇所で半日程度）、コミュニティ（学区）の誰もが集まれる公園などに、多くの分別・回収ボックスが並べられる。そこに次々と市民が溜め込んでいた悩みの品が持ち込まれる。分別に際して、市の職員の方がごみの先生として適宜アドバイスを行う。人が集まりやすい週末に実施する場合もある。ひとつのコミュニティに移動式回収がやってくるのは2年に1回程度だが、モデル試行のときから市民に大好評であった。最大の理由は、気になっていた物が処分できたことであるが、職員の方とのコミュニケーションを楽しむ姿も印象的だ。また、この取り組みは消防署からも歓迎されていると聞く。というのも、スプレー缶や石油など、火事などの原因になる可能性のあるものがきちんと処理され、リスクが低減する可能性があるというのだ。

ただこのような取り組みは緒に就いたばかりと言えるだろう。海外の例にならって製造者とも協力する（負担を分け合う）仕組み、消費者として購入・使用や管理そのものを見直す、つまり有害・危険なものを無駄に買い過ぎないようにする取り組みも、合わせて進めることが重要と考えられる。また、在宅医療が増えるなか、医療系廃棄物の扱いも大きな課題となりそうである。

二点目は「ストックごみ」である。私自身がこの問題を意識したのは東日本大震災の時であった。発災2週間後から現地に入り、処理計画立案などの支援をさせていただいたが、その際に目の当たりにした被災地の様子は衝撃的だった。当然、少し前まで多くの人の暮らしが営まれていたわけであるが、津波によって破壊されたエリアは、すごい物量の災害廃棄物で覆われていた。私たちの暮らしがいかに多くの物に囲まれているか……。「シンプル」や「スマート」とは、ほど遠い。この量的な問題に加えて質的な問題も明らかになった。歴史的に繰り返してきた自然災害だが、おそらく昔は災害廃棄物も、さまざまな形で自然に還っていったはずである。それが今や、気をつけなければならないごみ、分けなければならないごみ、さらにはどう処理すればよいか分からないごみが、まさに山積していた。[3]

〈図3-21-4　平成24年度の日本の物質フロー〉

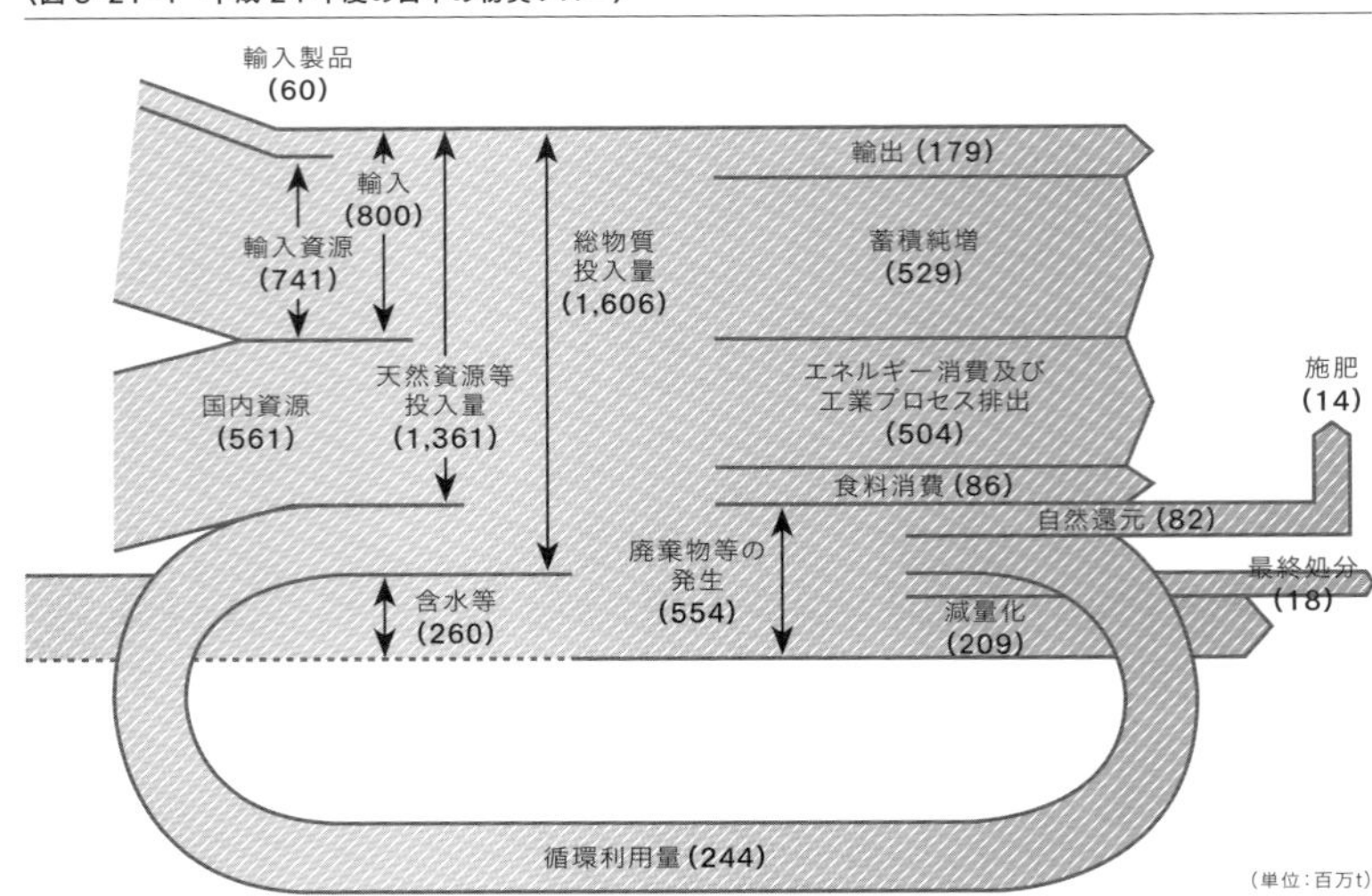

出典：平成27年度環境白書（環境省）

量の問題に着目すると、東日本大震災における災害廃棄物の量は３１００万ｔにのぼるとされている。[4]日常生活からはピンとこないと思うが、たとえば日本の一般廃棄物の発生量が年間約５０００万ｔであるから、その半分以上にあたる量が、この地域からいっきに出てきたということになる。たとえば、被害が深刻な石巻市などでは、通常のごみ処理で対応するとなると95年かかる量とされる。では、どうして、これほどの量になってしまったのだろう。

もちろん、災害の規模が非常に大きかったこと、破壊されたものだけでなく、津波で浸水などしてしまったものも、全て廃棄物化してしまったことなど、災害の破壊力が決定的な決め手になっているが、そもそもの社会の実態にも目を向けなければならないと考えている。図3-21-5に、日本の年間の物質フローを示す。左から資源が流入し、右へと流通していく図であるが、右への流れで、蓄積純増が多

[3] 出典：災害廃棄物分別・処理実務マニュアル、ぎょうせい（2012）
[4] 出典：環境省ホームページ（http://kouikishori.env.go.jp/disaster_waste/outline_processing）

いことが分かる。建築物や自動車、耐久消費財が毎年5億3000万t程度、社会に蓄積されているのである。これが潜在的な廃棄物（ストックごみ）となり、災害時に一気に災害廃棄物になり、社会問題化したようにも見えないだろうか。別の見方をすれば、災害がなくても何かのきっかけで将来必ず直面する問題とも言える。空き家問題もその一環と捉えることができるだろう。この構造を変えるのは簡単ではないが、多くの資源を海外に頼っていることも明確であり、そのこととあわせて、今後の資源利活用の戦略、地域における資源循環の可能性を考える必要がある。

そのようななか、「断捨離」や「ミニマリスト」が流行っていることは、個人や家庭単位でストックごみを減らす風潮として注目している。物との賢い付き合い方を、私自身も模索したいと考えている。

三点目は「世界のごみ問題」である。最近、世界各地の途上国から、ごみ問題を解決したいという熱心な留学生たちが増えている。各国とも人口増加や経済発展により急増するごみに処理が追いつかず、なんとか問題解決の糸口をと必死である。日本の戦後と高度経済成長の状況が同時に進行している様相なのだろう。そのような課題に、日本の経験やノウハウが活かされる場面も多いに違いない。ただ、経済レベルや国の抱えた事情や制度は異なることから、私たちも学びながら解決策を模索する必要がある。

私自身、太平洋に浮かぶ多くの島々からなるソロモン諸島（首都はガダルカナル島にあるホニアラ市）でのプロジェクトに関わっているが、現地のゆったりとした時間の流れに癒されつつ、美しい海の前に野積みされたごみの山や、掃除しても掃除しても毎日出てくる道端の散乱ごみに頭を痛める日々を送っている。日本でも公害問題やポイ捨てに苦しんだ過去があったが、それをさまざまな手段で時間をかけて解決してきた。そんな歴史に想いを馳せながら、現地の方々と一緒になってソロモン流に一歩一歩前進していければと考えている。ぜひ本書を読まれた方も、海外旅行の際にはごみ事情にも目を向けていただければと思う。また、ごみ問題を通じて世界の環境問題に貢献できることも念頭に置いておいていただければ幸いである。

あさり・みすず
京都府出身。京都大学地球環境学堂准教授。ごみや環境教育が研究テーマ。「びっくり！エコ100選」や「びっくりエコ発電所」、「3R・低炭素社会検定」「エコ～るど京大」などを立ち上げ、社会にムーブメントをおこすべく、実践・啓発活動や情報発信にも力を注いでいる。

修理でリユース、現代のいかけやさん

丸子哲平

本節では、物を修理しながら長く大切に使うことが、環境にも人の心にもやさしいことを伝えるための取り組みを紹介する。

現代とは異なり、身の回りの物が少なく、特に金属製品は貴重であった江戸時代。そこにはかつて「鋳掛屋（いかけや）」という職人が存在していた。持ち前の職人道具を天秤棒に担ぎながら、呼び声をあげて家々を歩き回り、安価で修理を行う鋳掛屋の存在は、江戸の町になくてはならない存在であった。人口が百万人を超えていたと言われる江戸の町では、物を修理し、長く大切に使うことが基本だった。これらは鋳掛屋のような「修理屋」が多く存在し、町を巡回してくれていたからである。

そもそも鋳掛屋とは、「鋳る」という言葉が使われていることから分かるように、主に金属を溶かして修理を行っていた職人さんだ。直すものは鍋や釜といった鋳物で、これらは江戸時代の人々にとって生活の最重要品だった。ほかの日用品の多くも、それぞれに対応した専門の修理屋が巡回していた。たとえば樽や桶は、箍（たが）を締め直してくれる「箍屋」がいた。刃物類も素人が研ぐと逆に切れ味が悪くなる場合があったので、専門の「研ぎ屋」に頼むのが普通であった。また古くなった物の回収も徹底しており、金属や紙、古着もそれぞれ回収され、再利用していた。紙と竹でできていた傘も「古骨（ふるぼね）買い」が買い取り、新たな傘の再生部品として用いていた。また捨てられていた紙は「紙屑拾い」が拾い歩いていたし、木も湯屋が回収して湯沸しに使用した。有機物の終着点である肥（こえ）や灰ですら買い取り業者がいたくらいである。本当にさまざまな物が専門的に細かく修理・回収され、江戸の町にはごみと呼べるものの自体が少なかったと言える。

鋳掛屋は江戸時代にもっとも活躍したが、特に扱っていたのが鍋や釜という生活必需品であったことから、昭和になっても存続し、場合によっては店を構える職人もいたそうだ。しかし同時に、鋳物製品の品質は徐々に向上し、壊れにくくなった。さらに大量に安く製造できるような生産システムができ始め、修理するよりも購入したほうが早いという考え方が主流となっていった。結果として昭和30年代には鋳掛屋は姿を消してしまったのだ。

鋳掛屋が現代に復活

残念ながら現在では姿を見ることができない鋳掛屋。しかし、江戸時代には宿場町として栄えた東京の板橋区に、なんと鋳掛屋は復活している。環境学習施設『板橋区立エコポリスセンター』では、循環型社会の実現を目指し、区民に対して3Rの普及を促すなかで、職人の力をお借りしながら、その名も「現代のいかけやさん」という取り組みを行っている。

環境教育・環境学習の推進、環境情報の発信、環境活動の拠点施設として、全国でも先駆け的に設立された『板橋区立エコポリスセンター』は、平成27年度で開設20周年を迎えた。その間、館内の展示物や運営形態、そして事業内容にいたるまで、日々変化する環境の情報や時代の流れに合わせるように変遷を経てきた。そんななか、開設当初より続けられている活動のひとつが、「現代のいかけやさん」だ。

学校の技術室を思わせるような部屋の一角に、大小さまざまな工具がずらりと並べてあり、作業用エプロンを身につけた職人が数名常駐している。ここに直してもらいたいものを持ち込み、壊れ具合を見て相談しながら、修理が始まっていくのである。当初、「現代のいかけやさん」はエコポリスセンターが初年度より発行している館の情報誌「エコポ」の第2号（1995年6月発行）によると、鋳物から始まり、電化製品、文房具、傘、刃物研ぎ、時計（腕時計を除く）、陶器、ガラス製品、そしておもちゃまで、曜日ごとに分けて修理・再生の方法を職人が教えるという目的で開設された。しかし開設と同時に、待ちわびていたかのように多くのお客さんが集まり、時間内に個別に対応することが厳しい状況となった。また、専門的な修理はやはり職人の力がなければ難しかったため、開設から3か月後にはシステムを変更し、曜日の分類をなくしてお客さんが直してもらいたい物を持ち込み、それらを一日預かり、職人たちが有料で修理するという、現在まで続く営業方法に変わったのだ。

〈図 3-22-1　鋳掛屋（守貞漫稿より）〉

〈表 3-22-1　現代のいかけやさんで取り扱っている主な品目と金額〉

品目	金額
包丁とぎ	300円〜
ハサミ類とぎ	400円〜
まな板けずり	400円〜
なべ取っ手直し	500円〜
かさ直し	100円〜
婦人靴	500円〜

※金額は基本料金

「現代のいかけやさん」の利用

表3-22-1は2016年1月現在の「現代のいかけやさん」で扱っている品目と、その基本修理費である。これらの金額は、設立当初の設定より大きな変化なく続いている。江戸時代では鋳物を専門に扱っていた鋳掛屋だが、現代となると話は別。金物研ぎやまな板削り、傘直しなど、鋳物以外にもさまざまな日用品も請け負う「総合修理屋」といった存在となっている。また当時はなかった婦人靴のかかとまできれいに直してしまうのだから、なんだかおもしろい。このほかに、場合によっては表にない物も対応できる。実費での修理となるのだが、対応できるかどうかは職人さんの腕次第であり、直接相談して決まっていくのだ。このあたりの交渉過程は、当時の鋳掛屋を思わせる部分がある。

「現代のいかけやさん」は現在、週に3日（月・水・土曜）営業しており、年間の利用者は平成24年度で1583名、平成25年度で1678名、平成26年度で1639名と、ここ数年は延べ1500人を超える方々が利用している。一日の利用者として算出するとおよそ10名程度であるが、ていねいで誠実な仕事がその人気を確かなものにしている。また修理件数は平成26年度で3128件あり、複数の品物を持ち込むお客様が多くいるという状況だ。もちろんリピーターも多く、人伝えに噂を聞きつけやってきたという方の話もよく耳にする。包丁研ぎであれば基本的には即日対応、物によっては郵送でのやり取りも可能なので、利用者は板橋区民だけに留まらない。また材料を再利用する目的で、折り畳み傘など、さまざまな物の回収も同時に行っている。

「現代のいかけやさん」に持ち込まれる品物は、図3-22-2の通り、なんと半分以上が包丁研ぎである。包丁はどんなによい物でも定期的に研がなければ切れ味が悪くなる。持ち込めばその場で研いでくれるので、「いかけやさん」を利用して包丁のメンテナンスをする人が多いのだ。次いで傘、そして婦人靴と続く。かつて鋳掛屋の本業であった鍋は、品質の向上で穴が開くことはほぼなくなり、取っ手の修理がメインだ。全体として、使い込んでいてお気に入りとなっている物や特別な思い入れがある物を持ち込んでくる方が多く見られる。

板橋区立エコポリスセンター

〈図3-22-2 「現代のいかけやさん」に持ち込まれる品目の割合（平成26年度）〉

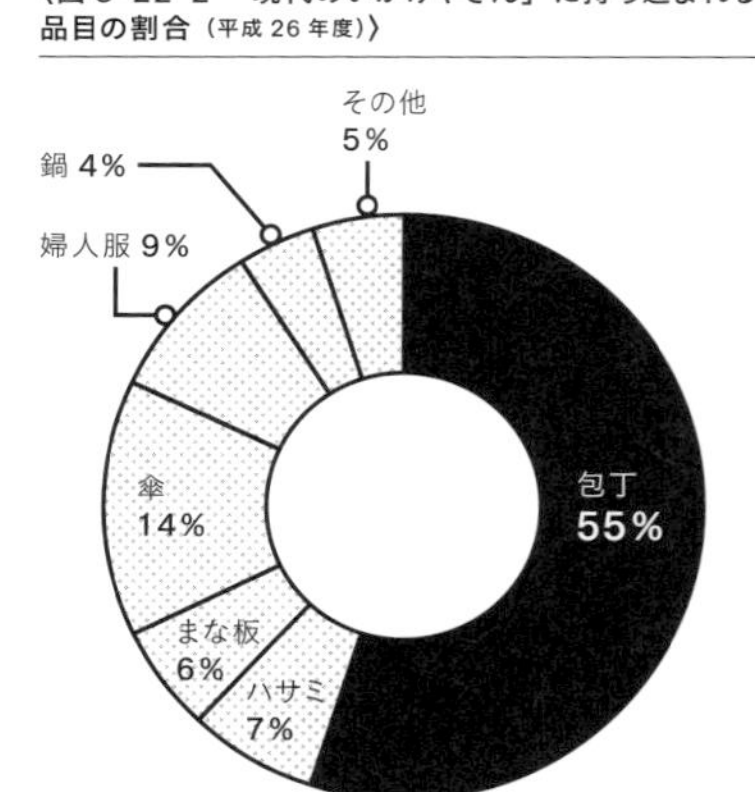

リユースとリサイクルの違い

大量消費・大量生産という物の流れから、環境負荷を低減する循環型社会を目指す。その際のキーワードである「3R」を聞いたことがあるだろう。廃棄物・ごみを少なくするための3つの行動、それらの頭文字をまとめて3Rと呼んでおり、ひとつは廃棄物の発生抑制、つまりはごみを出さないこと（リデュース）、ふたつ目は再使用すること（リユース）、そして最後は再資源化して利用すること（リサイクル）である。この3つの行動の中で、もっとも環境によい行動はどれだろうか。当館で実施している出前授業でごみについて話す際にもこの質問をすることが多いが、ほとんどの小学生が「リサイクル」だと答える。これは、リサイクルという言葉がごみ問題に対する特効薬のように日常的に使用されているからであろう。しかし実際には、リサイクルで別の物に生まれ変わるには、一度原料資源にまで変形させる必要があり、その分多くのコストがかかる。

「現代のいかけやさん」の作業の様子

循環型社会形成推進基本法ではこれらの順位について明言されており、もっとも環境によい行動は、当然ながらごみ自体を出さないリデュース、そして次にリユースが来て、最後の処理としてリサイクルが挙げられているのである。「現代のいかけやさん」の活動は、壊れて捨てられてしまうような物を直して再使用しているので、もちろんリユースである。思い返すと江戸の町の暮らしは、このリユースが徹底されていた社会であったと言える。リサイクルという技術はまだ発展していない状況でも、ごみがほとんど出ていない循環型社会を実現していた江戸の暮らしに、現代でも見習う部分は多くあるだろう。そのためエコポリスセンターでは、江戸の職人に敬意を払い、修理屋という名前ではなく、江戸時代のリユースの代表格である「鋳掛屋」の名を用いて活動している。

物を大切にする心を伝えたい

みなさんは、最近何かを修理しただろうか。心当たりがないとすれば、最後に物を修理したのはいつだろうか。この投げかけに対し、ドキッとした方もいるだろう。エコポリスセンターでは「いかけやさん」の活動を通して、物への愛着を育んでいきたいという思いがあり、その成果も一部感じている。

よい物は、長く使うほど味が出てくるものである。靴は履いているうちに足の形に馴染んでいき、包丁やまな板なども使い勝手が分かってくる。しかし、一部が壊れただけで捨ててしまう人がいるのも事実である。踵が壊れただけで馴染んできた靴を捨てるのはもったいない。少し切れ味が悪くなっただけで別の包丁に切り替えるのは、もはや道具を正しく扱えていないと言えるだろう。

鋳掛屋が消えた現代では、物質的な豊かさを得た代償として、物を修理するという習慣がなくなりつつある。このままでは、物が壊れれば新しいものを購入するという発想しかできなくなってしまうのではないだろうか。「現代のいかけやさん」の利用者は、修理することの重要性をしっかりと身につけている。先ほど紹介した、利用内訳の半分以上を占める包丁研ぎは、修理というよりも品質を長持ちさせようとするメンテナンスに近く、まさに物を大切に扱う気持ちが原動力となっているだろう。また2番目に利用が多かった傘は、今や100円ショップで購入することができる品物である。同じ100円でも、壊れて新しい傘を買うのか修理するのかは、金額は違わずとも環境に対する感覚に非常に大きな差があるだろう。

鍋の取っ手の修理の様子。鍋本体は壊れていないのに、捨ててしまうのはもったいない。捨てる前に「修理」という道も考えよう。

経済的・物質的に豊かになった現代において、環境負荷を低くするリユースを促進していくには、このような「物を大切にする心」が重要である。そして、その心を育てるには、日常的に修理する機会を多く持つことが大事である。エコポリスセンターでは日常的に修理という行動を選択できるように「いかけやさん」を設置しており、このような場所が各自治体、各地域にも増えていくことを願っている。

ただし、物を大切にする心は、どこであれ育むことができるのではないだろうか。「現代のいかけやさん」ははじめ、修理の方法を伝授する場所として開設した。この狙いは職人さんがまだ身近にいる今だからこそ、職人の技術や想い、考え方を直接伝えられるような交流の場が必要であると感じたからだ。人と人とのつながりのなかで、古くより引き継がれてきた物を大切にする心、その伝承を途絶えさせることなく、これからの循環型社会の形成に役立てていきたい。

利用者が持ち込むものは、どれも使い込まれており、物への愛着を感じるものばかりだ。「現代のいかけやさん」は、新たな物との出会いを楽しみにしながら、今日もお客さんを待っている。

まるこ・てっぺい
1988年神奈川県生まれ。琉球大学理学部海洋自然科学科卒業。麻布大学大学院動物応用科学専攻修了。2013年より板橋区立エコポリスセンターで、「環境学習指導員」として勤務。

古紙から見えてくること

木村重則

古紙の回収率上昇による環境負荷低減

紙は木材から作られ、使用後は放置すると生分解し、空中に放出されたCO_2は再び木として固定化されることにより、本来的にはCO_2の発生が少ない環境にやさしい商品です。また、石油や鉄、アルミなどの資源は有限ですが、紙は木材→紙→CO_2→木材と永久に循環可能な資源として利用されています。ただし大量に使用した場合、使用済みの紙類は日本のような狭い国では焼却処分が避けられず、ごみ処理に伴う焼却場設置、ごみ処理費用負担などの問題が発生します。人間の活動には資源、エネルギーの確保が前提になりますが、安価な資源確保と環境の両立は避けられない課題です。植林による木材資源確保は食糧生産、自然の生態系保持が望ましいとする観点を重視すれば、無限の拡大は不可能です。古紙の利用は、木材→紙→古紙→CO_2→木材と新たな紙リサイクルを構築することにより、環境・ゴミ処理・資源確保を可能とする優れたシステムの一部を形成します。

古紙は原料として安価であり、調達が簡単なため、製紙にとって不可欠な原料となっています。日本の２０１４年の古紙利用率は64％で、特に段ボール原紙などの板紙では原料の古紙配合割合が高く、古紙利用率は93％に達しています。これらの古紙を木材資源に切り替えた場合、森林資源でまかなうことは難しく、紙価格は大幅に高くなります。また、新聞や段ボールは３〜５回ほど再利用できるとの調査研究もあり、何回も使えるものを１回限りで捨てるのはもったいないわけです。

日本の古紙回収率は１９９４年に51・7％でしたが、２０１４年に80・8％になり、この20年間で回収率は約29ポイントも上昇しました。この古紙回収率は世界のトップレベルです。この20年の間、さまざまな古紙回収の取り組みがありました。

１９９０年以前の日本では、スーパーなどの事業所や家庭からの排出古紙を民間が主体となって回収を行うのが基本であり、回収率は50％前後に留まっていました。１９９０年代に入ると地球温暖化や森林破壊などの地球環境に対する関心が高まり、持続可能な資源利用、環境保護の両立が強く意識されるようになりました。

１９９３年に国、地方自治体、事業者及び国民の責務が規定された循環型社会形成推進基本法が施行され、社会・経済システムの循環型への転換が方向づけられました。１９９０年代後半には、廃棄物処理場の確保、ごみ焼却炉建設用地の確保に苦しんでいた地方自治体は、ごみ減量施策の一環として都市部を中心に家庭から排出される古紙の直接回収（行政回収）を始めました。それまで家庭から古紙を回収する方法は、一般的に町内会や子ども会による集団回収やチリ紙交換などでしたが、毎月決まった資源回収日に古紙を出すことができるようになり、家庭から古紙を出しやすくなったことで古紙回収量、古紙回収率が上昇しました。

２００１年には製品製造段階における３R対策、設計段階における使用原材料の削減・部品の再利用・使用済み製品の原材料への再利用用配慮、分別回収のための識別表示、事業者による自主回収・リサイクルシステムの構築などが規定された資源有効利用促進法が施行され、さらに紙のリサイクルがしやすい環境が整ってきました。２０００年代に入ると、地方自治体は事業所から排出される可燃ごみ処理費用の有料化や、それまで可燃ごみとなって家庭から排出されていた封筒、紙製容器などを新たに雑がみとして回収するようになりました。こうした地方自治体による継続したごみ減量、古紙回収促進施策と、事業所・家庭の古紙排出の協力によって、順調に古紙回収量増加、回収率向上が進展しました。

２００８年のリーマンショックを契機に、紙の消費量がピークアウトして減少に転じたことにより、年々古紙回収量は減少していますが、紙リサイクルは社会に定着し現在もその努力が継続され、古紙回収率は上昇し続けています。

〈図 3-23-1　日本の紙・板紙消費量と古紙回収量、古紙回収率の推移〉

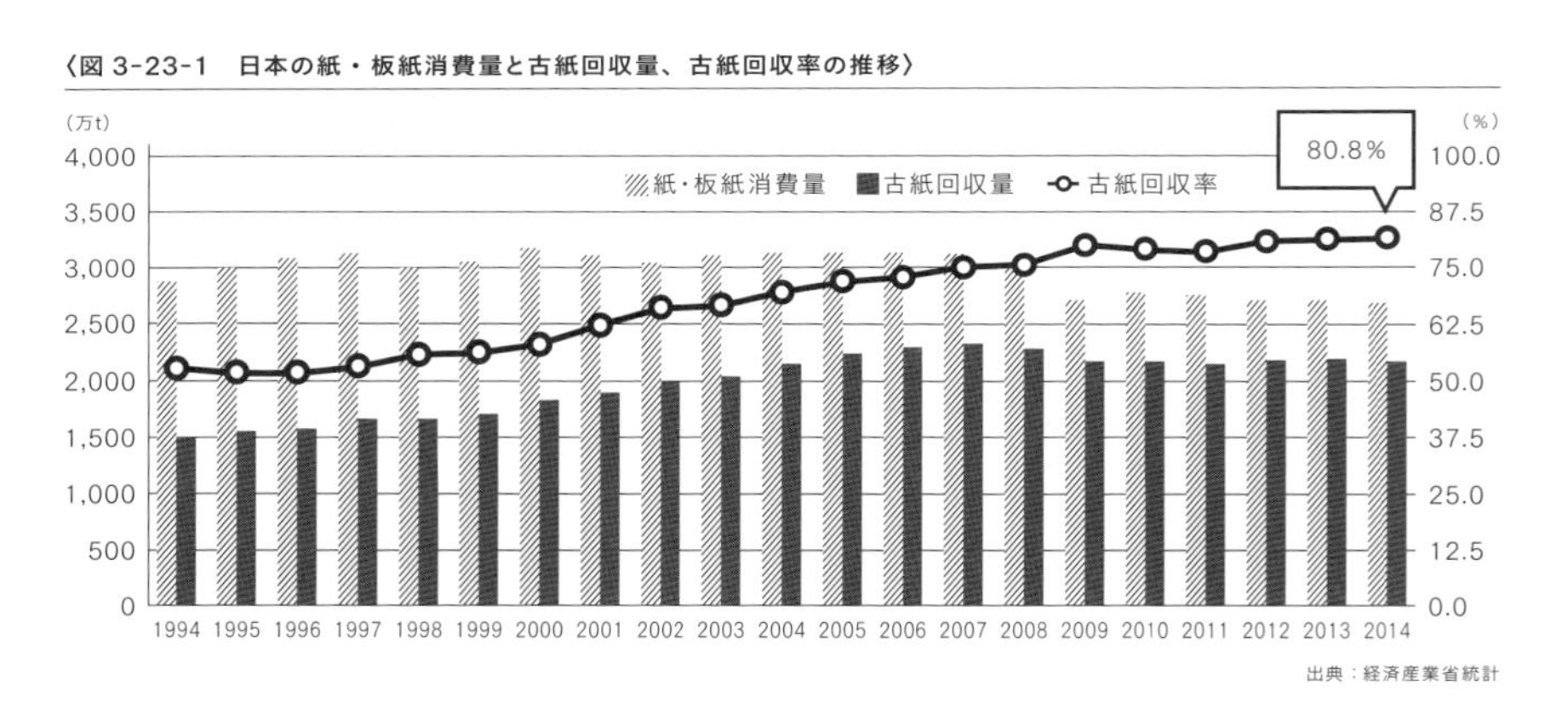

出典：経済産業省統計

〈図 3-23-2　古紙回収率 29 ポイント上昇による効果〉

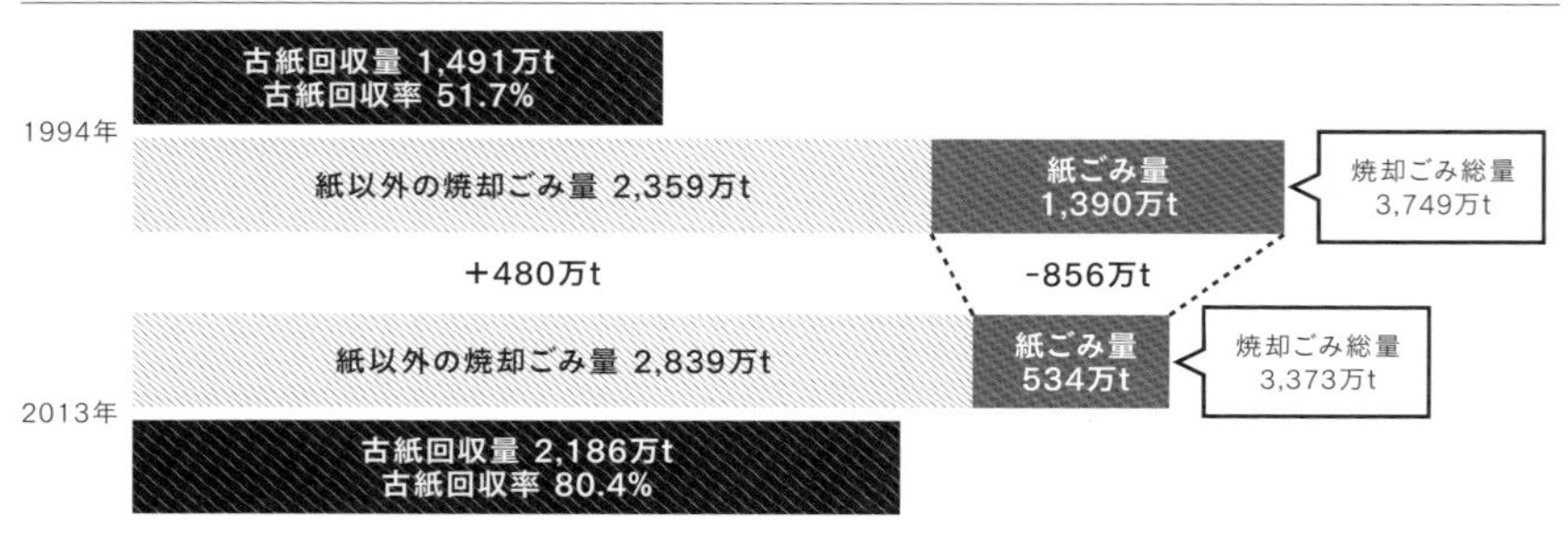

出典：環境省「一般廃棄物処理実態調査結果」、経済産業省統計

それでは古紙回収率の上昇が環境負荷低減にどのように貢献したのでしょうか。

1994年の紙・板紙消費量2881万tに対し、古紙回収量1491万tに達し、古紙回収率は51・7%、焼却された紙ごみ量は1390万t（焼却ごみ量3749万tの約37%相当）でした。2013年の紙・板紙消費量2720万tに対し、古紙回収量2186万tに達し、古紙回収率は80・4%、焼却された紙ごみ量は534万t（焼却ごみ量3373万tの約16%相当）に減少しました。1994年と2013年の焼却ごみ総量を比較すると、焼却ごみ総量は376万t減少しています。この減少は、紙ごみ以外の焼却ごみ量が480万t増加しているのに対し、焼却された紙ごみ量が856万t減少したことに起因しています。このことから、古紙回収率の上昇は確実に焼却ごみ減少、紙ごみの有効活用に効果があったと言えます。

分別した古紙が再生される製品

家庭から排出される古紙は、新聞古紙、雑誌古紙、雑がみ、段ボール古紙、飲料用紙パックに分別するルールが一般的です。なぜ古紙を分別するのかというと、古紙には品種ごとに特有の性質があり、それぞれの古紙の性質を生かした紙製品に生まれ変わらせるのが、紙製品の品質確保、生産コストのミニマイズ、古紙の最大限利用の観点からベストだからです。また最適な古紙を原料として利用することは環境負荷の軽減にもつながります。

たとえば新聞用紙の生産において木材パルプの使用はわずかで、9割程度は新聞古紙を原料として生産されています。新聞古紙は新聞用紙の原料に再生する段階で印刷インクを取り除く必要がありますが、新聞古紙の中に茶色の強度のある段ボール箱や、見栄えのする特殊インクを使用している化粧品を入れる包装容器が混ざると、太くて堅い繊維、茶色い染料や特殊インク、接着剤などの異物をうまく取り除くことができないため、製品の品質トラブルにつながったり廃棄物を多く発生させたりします。雑誌古紙や雑がみは、さまざまな紙や特殊インク、接着材が使用されていることから、再生された製紙原料にはインクや異物が多少残ります。しかし紙箱や段ボール箱に使われる紙は板紙と呼ばれ、複数の紙の層でできているので、その原料を表面から見えない板紙の中層の製紙原料として使用することが可能です。段ボール古紙は、主に段ボール箱に生まれ変わります。段ボールは強度維持が必要とされるため、強度の少ない雑誌古紙や雑がみは少量しか使用できません。飲料用紙パックはトイレットペーパーやティッシュペーパーに生まれ変わります。飲料用紙パックは防水フィルム加工が施されているので、製紙原料として利用するには、防水フィルム除去設備が必要となり、ほかの古紙と混ざらないよう飲料用紙パックのみで分別回収する必要があります。これらのことから分かるように、家庭から排出される古紙をきちんと分別することが環境負荷の軽減につながっています。

古紙としての回収、利用の対象にならない紙類

使用済みの紙のなかには、古紙として回収・利用できない紙類があります。古紙再生促進センターの調べでは、雑がみに混入させてはいけない紙類（平均7％）が多く含まれ、これらの紙類は製紙工場での生産トラブルや紙製品の品質トラブルを起こす可能性があります。特に問題になっているのが、臭いのついた紙、食品残渣などで汚れた紙、感熱性発泡紙（立体コピー紙）、昇華転写紙（アイロンプリント紙）などです。臭いのついた紙は線香や洗剤などが入った紙箱などですが、これらを製紙原料として生産した段ボール箱にも臭いが残ることから、段ボール箱に詰められた果物、野菜などの商品に臭いが付着するトラブルが発生します。場合によっては中に詰めた商品回収にまでおよびます。食品残渣などで汚れた紙は、古紙の排出場所、古紙回収車両、古紙問屋のヤードなどを汚染したり、混在している周りの古紙にも悪影響が出ます。これらの臭い、食品残渣による汚染問題は、今後も市民、地方自治体の理解・協力を得ながら削減することは可能と考えています。

感熱性発泡紙（立体コピー紙）は、熱で膨らむ特性を生かし図形や地図として主に点字印刷物に使用されています。これが古紙に1枚でも混入すると、製紙工程で板紙の表面に凹凸を作り出し、数十トン単位で印刷不良などの製品トラブルを引き起こします。昇華転写紙（アイロンプリント紙）は、熱でインクを布や紙へ転写をする加工紙のことで

〈図 3-23-3　分別した古紙の生まれ変わる製品〉

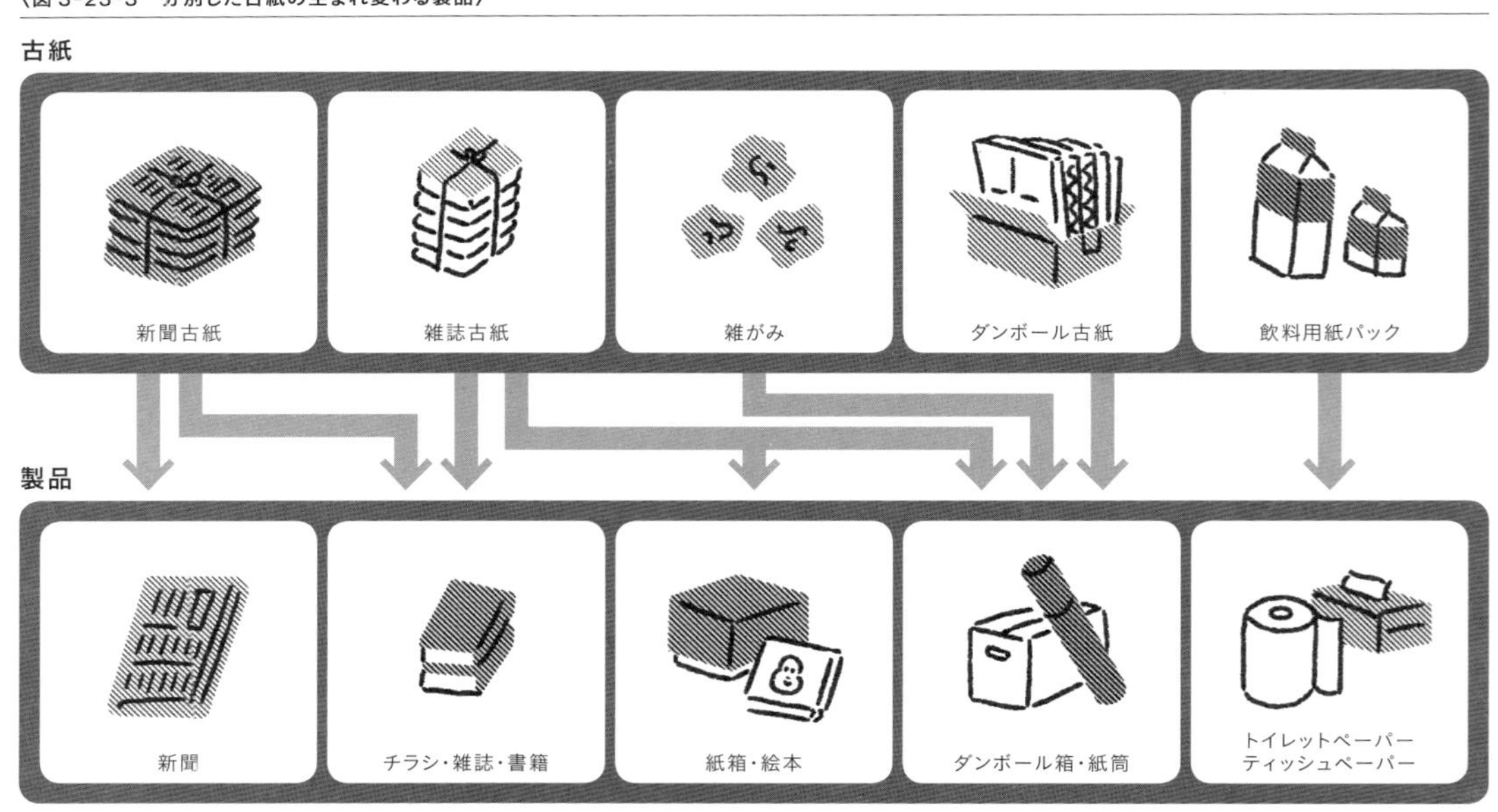

出典：公益財団法人古紙再生促進センター「古紙ハンドブック2015」

す。使用済み昇華転写紙は、輸入品のバックや靴の緩衝材として詰め物に使用されるケースがありますが、古紙に数枚でも混入し、紙器用板紙の原料として使用された場合、紙箱の紙表面にカビのような斑点を作り出し、数十t単位で製品トラブルを引き起こします。製品トラブルは関東地方の製紙工場だけでも、2014年度に31件、1849tも発生しています。これらは焼却処理され、環境負荷の増加につながります。昇華転写紙、感熱性発泡紙は外部から見ただけでは判別しにくいことから、昇華転写紙のユーザーである出版社には雑誌の付録としての昇華転写紙の利用中止、感熱性発泡紙を利用している事業者には使用後の焼却処理徹底をお願いしていますが、根絶は難しいのが実情です。今後はこれらの古紙として回収・利用ができない紙類については、廃棄物として焼却処理を徹底する取り組み、規制を強める必要があると考えています。

古紙回収方法の多様化

家庭からの古紙回収方法は、時代とともにさまざまな方法が編み出されました。最近では2008年ごろから古紙回収の新しい手法として、ポイント制古紙回収システムが本格的に広がりはじめました。このシステムはスーパーの駐車場などに設置された古紙回収ステーションに出した古紙の量に応じてポイントがもらえ、貯まったポイントはスーパーの商品券などと交換できるシステムです。古紙回収ステーションは2015年までに全国で約400箇所に設置され、今後も増えていくことが予想されています。このように古紙回収方法の多様化が、古紙回収量の増加、古紙回収率の上昇につながることが期待されます。

古紙回収方法は古紙回収量を増やすために、古紙に関わる人たちによってその時代に合った回収方法が生み出され、家庭から古紙を出しやすくすることで古紙回収量を増やし、焼却ごみを減少させてきました。市民、古紙回収業者、地方自治体それぞれが資源の有効活用・ごみ削減を通じて環境負荷の低減に貢献しています。

〈図 3-23-4　県別ポイント制古紙回収ステーション数〉

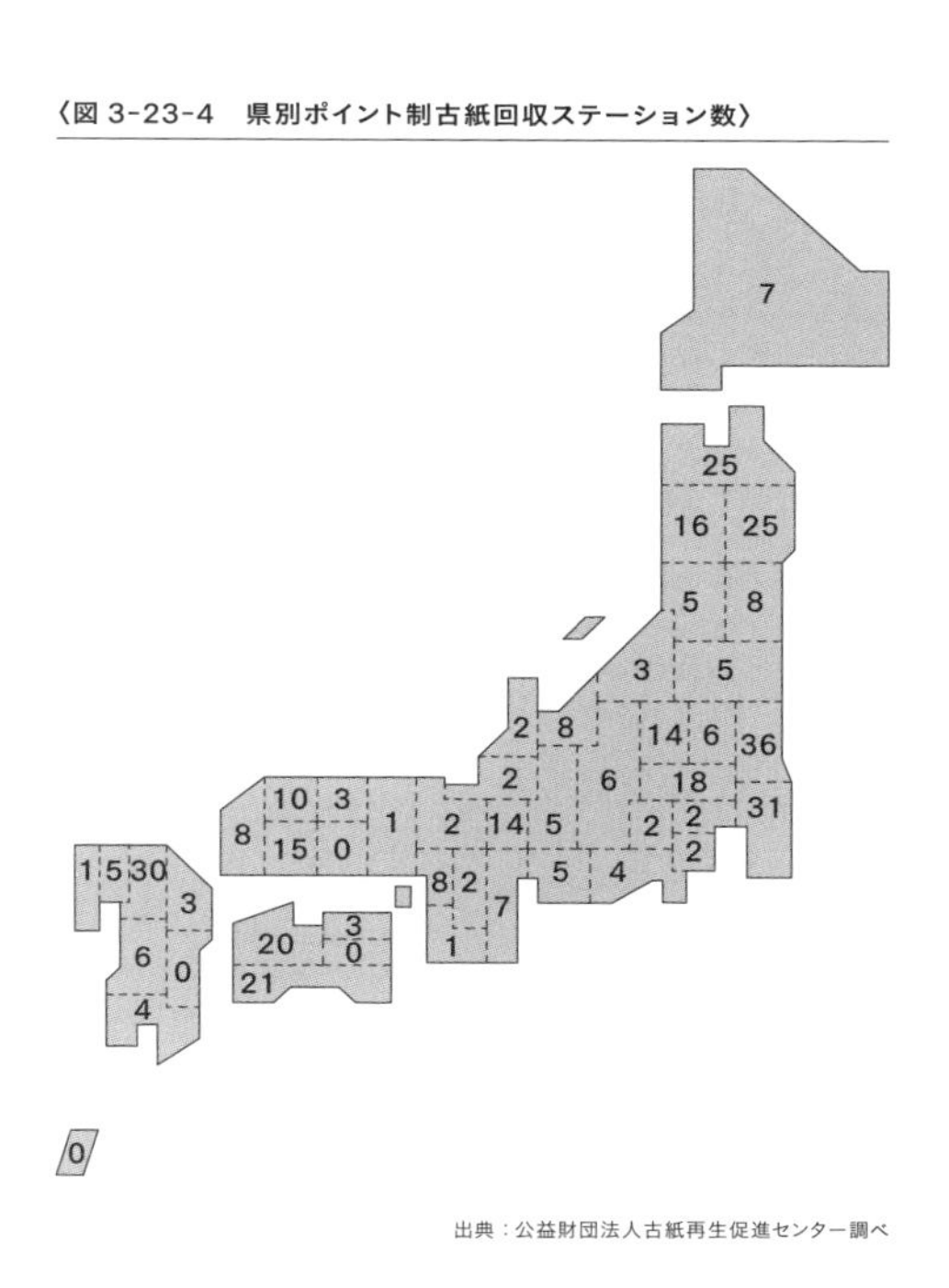

出典：公益財団法人古紙再生促進センター調べ

きむら・しげのり
1949年北海道生まれ。北海道大学経済学部卒業。73年製紙会社（現日本製紙）入社。原材料部門において新聞用紙、印刷用紙、ボード原紙用古紙及び再生エネルギー資源調達担当。現在は公益財団法人古紙再生促進センター専務理事。

身近な緑のデザイン

一ノ瀬 友博

みなさんの自宅の庭などで、エコな緑のデザインを楽しんでもらうための基礎知識として、植物の種類と植生などについて解説します。

緑もいろいろ

「緑」と総称されることが多いのですが、植物は私たちの生活と切っても切り離すことができません。日本では古くから生け花や庭園の文化が育まれてきました。花瓶に切り花を生けることが好きな方もいれば、室内に観葉植物を置いている方もいるでしょう。庭があれば、あるいはベランダでも、ガーデニングを楽しんでいる方はたくさんいらっしゃいますし、街に出れば街路樹や公園などの緑を目にします。大都市の真ん中でも私たちが植物と接しない日はまずないでしょう。

花屋に入れば、いつでもさまざまな種類の切り花を買うことができます。ホームセンターのガーデニングコーナーも同様で、数え切れないほどの種や苗の品揃えです。ガーデニング初心者にとっては、何を買って、いつ植えたらよいのか迷ってしまいます。

それでは植物はどのくらいの種類があるのでしょうか。野外に自生している植物は、地球全体で30万種ほど確認されているそうです。30万種といっても、その数の多さをほとんどイメージできないかと思いますが、日本国内では8000種程度と言われています。花屋やホームセンターでは、カタカナで名前が記載されている植物が実にたくさんありますが、それらは海外から輸入されたものや、園芸品種と言って野生の種をもとに人間が作りだした品種です。

たとえば、私たちにとってとても馴染みのある植物として、桜があります。開花時期が卒業や入学式のイベントに重なることもあり、多くの歌に歌われたりしています。生物学では、生物の名前をカタカナで記載する標準和名というものがあるのですが、「サクラ」という種名の植物は存在しません。サクラという名称は、正確にはバラ科モモ亜科スモモ属の植物の総称です。そして、日本で「桜」と呼ばれているのは、ソメイヨシノという品種であることが多いです。ソメイヨシノは、江戸時代にエドヒガンとオオシマザクラというサクラの種をかけ合わせて作られた園芸品種とされています。このソメイヨシノが明治時代の中頃から日本各地に植栽されたそうで、サクラの仲間の園芸品種は実に600種にものぼるようです。よって、先ほど日本には8000種ほどの自生種と書きましたが、園芸品種も入れるともっと数多くの植物の種類が存在することになります。

在来種と外来種

日本に自生する種と書きましたが、このようにもとから日本にある種類を在来種と言います。逆に海外から輸入された種を外来種と言います。この区分は野生の種に対して使われるもので、園芸品種は対象になりません。その定義は簡単ですが、問題は私たちにとって身近な植物が、実はずいぶん昔に日本に持ってこられた外来種であったりすることです。

たとえば日本の竹には大きくふたつの種があります。一方のモウソウチクは800年頃に中国から日本に持ち込まれた外来種です。もう一方はマダケというのですが、こちらももっと古くに持ち込まれた外来種であるという説もあれば、もともと日本に自生していた在来種であるという説もあります。それにしても、竹は私たちにとても馴染みがある植物で、道具をつくるために欠かすことができないものでした。タケノコは私たちの食卓に春を告げる食べ物のひとつです。なによりも『竹取物語』（あるいはかぐや姫）は誰でも知っている昔話なのですが、そこになくてはならない竹が外来種かも、となると驚きです。

江戸時代からの桜の名所である東京・飛鳥山のソメイヨシノ

多くの方に馴染みがある外来種としては、シロツメクサを挙げることができるでしょうか。江戸時代末期にオランダからのガラス製品の包装材としてつめられていたことからその名がついたそうで、明治時代以降に家畜の飼料用として輸入されたものが日本に定着しました。四つ葉のクローバー探しは、誰でも経験があるのではないでしょうか。なお、外来種という用語は、動物も含めたすべての生物に対して使われるのですが、植物についてだけは帰化種という言葉も使われます。

困った外来種たち

なぜ在来種、外来種というようなことを書くかというと、海外から持ち込まれる外来種の中には、トラブルメーカーがいることがあるのです。そのような外来種を侵略的外来種と呼んでいます。植物はあまり大きな話題になることがありませんが、最近ですとカミツキガメやアルゼンチンア

管理されなくなり周辺に拡大するモウソウチク林

リなどがニュースに取り上げられることがありました。カミツキガメは北米、中米に生息しますが、ペットとして輸入されました。大きくなると攻撃的になる種で、飼いきれなくなって野外に捨てられたものが野生化しています。甲羅の大きさが50 cmにもなるそうで、そのような大きな個体に噛まれると大けがをする恐れがあります。

植物では、水草のホテイアオイも侵略的な外来種とされています。紫色の花がきれいな水草で、南米が原産地とされていますが、日本のみならず世界各地で外来種として野外で広がっています。ホテイアオイは繁殖力が強く、ため池などに広がるとどんどん増えて水面を覆い尽くしてしまいます。そうするとほかの水草が繁茂できなくなり、駆逐されてしまうのです。外来種はさまざまな経緯で持ち込まれるのですが、植物の場合は園芸用として持ち込まれたものと、家畜の飼料用として持ち込まれたものが数多く存在します。ホテイアオイも当初は園芸用として持ち込まれ、よく知られているセイタカアワダチソウも園芸用でした。

外来種のすべてが悪者なわけではありません。国外からもたらされた生物のごく一部の種が大きな問題を起こしています。もともとその土地にいなかった種が持ち込まれることにより、強力な競争相手や捕食者がその生態系に突如登場するようなことになり、大きな影響を及ぼします。今では多くの国々が外来種の管理に動き出しており、日本でも2004年に「特定外来生物による生態系等に関わる被害の防止に関する法律」（略して外来生物法）が制定されました。詳しくは環境省のホームページに記載されていますが[1]、日本の生態系、人の生命・身体、農林水産業に被害を及ぼすもの、あるいはその恐れがある外来種を特定外来生物と呼んでいます。

この特定外来生物に指定されると、その種はさまざまな規制を受けることになり、飼育、栽培のみならず、保管も運搬もできなくなります。植物のなかではやはり園芸用に持ち込まれたオオキンケイギクが特定外来生物として指定されています。特定外来生物として法律で規制されていなくても、日本の生態系などに被害を及ぼす恐れのある外来種がリストとして環境省により公開されていて、生態系被害防止外来リストと呼ばれています。先に挙げたホテイアオイとセイタカアワダチソウは、こちらのリストに重点対策外来種として掲載されています。ガーデニングを楽しむときには、このような外来種を思いがけず広めてしまわな

空き地や農地の周辺によく見られるセイタカアワダチソウ

特定外来生物に指定されているオオキンケイギク

[1] www.env.go.jp/nature/intro

いように心がけることが大切です。

在来種で緑化する

外来種に対して、もともと日本に自生してきた種を在来種と言います。近年は、都市の緑化にこのような在来種をもっと活用しようという動きが広まっています。在来種であれば外来種のような問題を引き起こすことはありませんし、もともとあった植物であれば植栽する場所の気候や土地にもあっているはずです。

東京都は2014年に「植栽時における在来種選定ガイドライン〜生物多様性に配慮した植栽を目指して〜」というガイドラインを公表しています。[2] このガイドラインによれば、在来種を植栽することにより、自然分布している在来の動物の生息空間を提供することができる、地域に特有の自然豊かな景観を創出することができるというふたつの利点を挙げています。ガイドラインは58ページにもおよぶもので、離島を除く東京都に植栽することを推奨する在来種のリストが掲載されています。東京都にお住まいの方はぜひこのリストを参照いただければよいのですが、ほかの地域の方はどうしたらよいでしょうか。どこでもこの東京都のリストでよいでしょうか。実は、植物を含めた生物は気候や水分、日照条件などさまざまな環境に応じて生きています。特に植物は通常移動ができませんので、特に環境に大きな制約を受けます。よって、場所が変われば異なる植物が生育しているのです。先のガイドラインでも、区部東部から奥多摩まで、離島を除いても東京都を6つの地域に分けて説明がされています。在来種という意味ではそれぞれ日本に自生するものでも、地域によって生育する種が異なることが多いのです。

もうひとつ気にかけなければならないのが、同じ種であっても遺伝的にかけ離れたものであることが多いことです。これは遺伝的多様性と呼ばれるもののひとつですが、同じ種であっても地理的に離れたところにある別々のグループは、長年交流して繁殖することがないと遺伝的な変異が蓄積していきます。もっと時間が経てば将来別の種に分かれていくかもしれません。このような遺伝的にかけ離れた種のグループを人間の手によって混ぜてしまわないほうがよいとされています。ただ、外来種と違って、同じ種の中ですから、見た目では分かりません。そうすると、野生の植物を長距離移動させないことがもっとも安全な方法です。

植生という植物のまとまり

リストがなければどのような在来種を使えばよいのでしょうか。各地域の在来種を知る方法はそれほど難しくありませんが、そのためには植生という概念を理解していただく必要があります。植生とは、ある場所にまとまって生育している植物の集団のことです。野生の植物は、日本で8000種ほど確認されていると書きましたが、それらがバラバラに存在しているわけではなくて、ある程度まとまった集団で分布しています。そのまとまりが植生で、同じよ

[2] www.kankyo.metro.tokyo.jp/nature/green/attachement/ns_guidelines_all.pdf

うな環境であれば、異なる地域であっても類似の植生が成立していることが多いのです。

植生を構成する植物の組み合わせを調べることにより、植生をいくつかのタイプに区分する植物社会学という学問があります。日本では全国の植生が環境省により調査され、どこにどのような植生タイプが存在しているか公表されています。そのような地図を現存植生図と言い、環境省のホームページで閲覧することができます。[3] 最新のものは2万5000分の1の縮尺で作成されていて、その地図ごとに閲覧できます。筆者の大学は神奈川県藤沢市の北部に位置するのですが、図3-24-1は大学とその周辺を拡大したものです。凡例が数字で示されていますが、41というのはスギ・ヒノキ・サワラ植林という凡例で、いわゆる針葉樹の植林地です。24というのがいくつか見えますが、これはクヌギ—コナラ群集という植生タイプです。これは本州をはじめ、日本各地で見られる植生タイプで、いわゆる雑木林のひとつです。過去には薪炭林や、肥料としての落ち葉や枝を集めた農用林として使われてきた林です。そこに生えている植物は在来の植物ですが、人為が加わり続けることによって成立する植生タイプのひとつで、代償植生と呼ばれます。それに対し人為が加わらずに成立する植生を自然植生と言います。これらの植生タイプにどのような植物が主に生育しているかは、先の環境省のホームページで閲覧できますし、より詳細に知りたい場合はそれぞれの地域の市史や町史に詳しく記載されていることが多いので図書館

〈図 3-24-1　現存植生図上の慶應義塾大学湘南藤沢キャンパス周辺〉

〈図 3-24-2　植生の階層構造〉

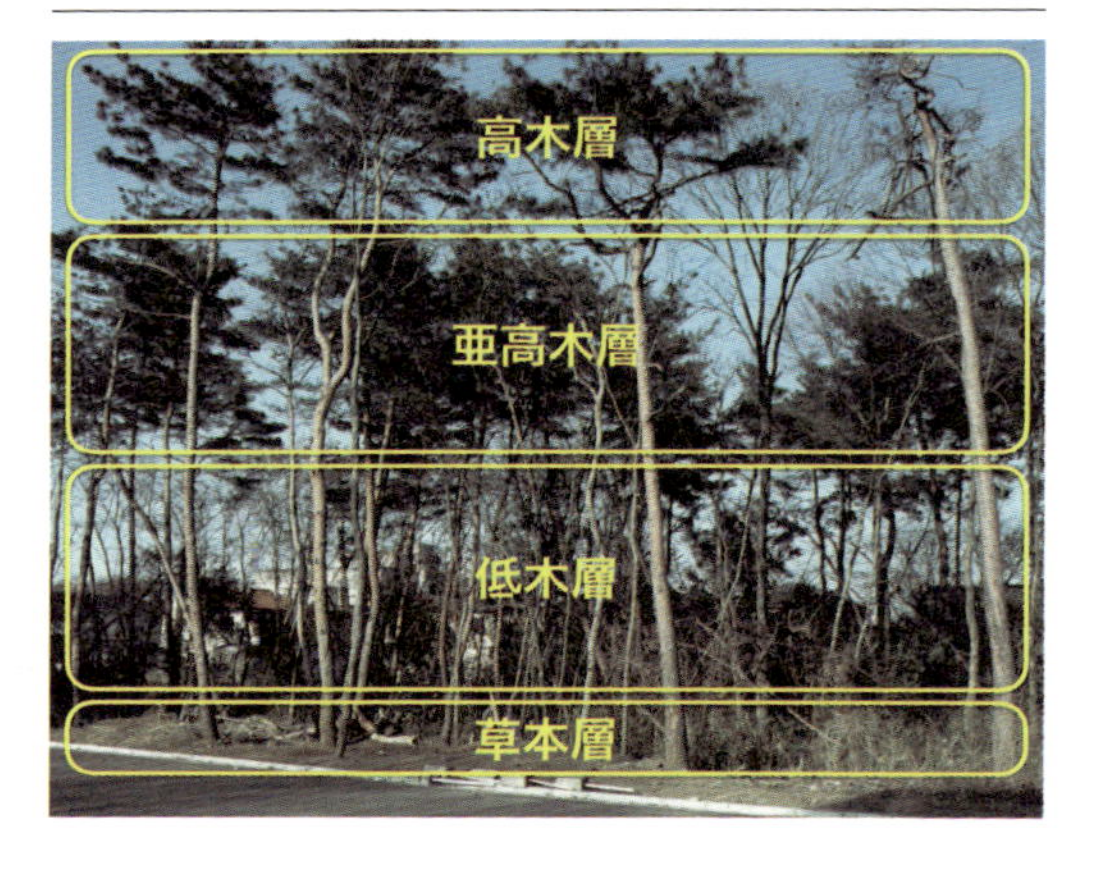

[3] www.biodic.go.jp/kiso/vg/vg_kiso.html

などで調べることができます。

植物社会学には、潜在自然植生という考え方があります。これは先の自然植生とは異なり、現在の気候条件のもと、人間の影響を排除した場合に将来成立することが予想される植生です。つまり放っておくとそうなる植生と考えてよいかと思います。今の気候条件に適した植物のまとまりであるので、この潜在自然植生にあたる植物を植栽することが望ましいという考え方もあります。先に挙げた東京都のガイドラインにおいても、東京都の潜在自然植生図が掲載されていますし、作成された時期は古いものが多いですが各地の潜在自然植生図が公開されており、その多くはインターネットで検索することができます。ただ、この潜在自然植生の考え方には、気候変動は想定されていません。気候変動により将来温暖化するとしたら、潜在自然植生は異なるものになります。よって、現在公開されている潜在自然植生図は目安として参考にする必要があります。

植生の構造

植物は環境に応じて生育する場所が違うことを説明しましたが、同じ場所に生育する植生のなかでもそれぞれの植物が占める場所は異なります。図3-34-2は埼玉県所沢市の林を横から撮ったものですが、林の上層を構成する樹木を高木層、その高木層のすぐ下に位置する樹木を亜高木層、そして林の下部に位置する樹木の層を低木層、最下層の草本植物の層を草本層と言います。先の植物社会学の調査では、これらの層ごとにどのような植物種がどれだけ繁茂しているかを調査します。図は人為的な影響を受けている二次林ですが、自然植生ではこれらの階層構造は複雑になり、それぞれの階層に特徴的な植物が出現します。ひとつの植生を構成する植物種は、時にお互い競争し、時に助け合い生育しています。上層に位置する樹木はその位置を確保できれば、十分に太陽の光を得て生長できますが、競争に負けてほかの植物の陰になってしまうと枯れてしまうこともあります。また、強風や落雷、大雪などにも見舞われます。一方で、それほど大きくならない樹木でも、林の中のわずかな光を効率的に利用し、少しずつ生長し、長年林の中で生き続ける種もあります。植物種がそれぞれの戦略を持っているので、多くの種が同じ林の中に生育することができるのです。複雑な階層構造は、動物の生息にとって重要であることが分かっています。たとえば鳥類の場合は、植生の階層構造が複雑になるほど、多くの種が生息していることが数々の研究によって明らかにされています。また、階層構造に限らず、植生を構成する植物種の数が多ければ、それらの植物を利用する動物の種類が増えることは明らかでしょう。

植生の移り変わり

先ほど潜在自然植生という考え方を紹介しましたが、日本は湿潤で降水量が多いので、放っておくとほとんどの土地はやがて森林になります。たとえば空き地の草刈りをしないと、春から秋であればあっという間に雑草でぼうぼうになります。そして気がつくと草だけではなく、木が生えてきます。10年も放っておかれた土地は人が入るのも大変な藪になり、20年も経てば森林へと移り変わっていきます。このように植生が時間とともに変化していくことを植生遷移と言います。その遷移が進んでいって、もう変化しなくなった状態を極相と言います。先ほどの潜在自然植生は、今の気候条件で人為的な影響を一切排除した場合に想定される極相のことを指します。

遷移には大きく二種類あり、乾燥した立地における遷移を乾性遷移、湿った場所における遷移を湿性遷移と言います。どちらも最終的には森になるのですが（降水量が十分にある場合）、途中の段階が大きく異なります。また、火山の噴火の後のように、全く植物が存在しない状況から始まる遷移を一次遷移と言います。溶岩が冷えて固まってからも、そこには水も溜まりにくかったり養分もほとんどないことから、植物が生育するにはとても厳しい環境です。よって、まずは苔の仲間などが岩に張りつき、水分が溜まる場所ができるとようやく高等植物が生育することができるようになります。一方で、山火事や人間による伐採など、遷移の途中段階から何らかの理由で遷移が戻されてしまい、また遷移が進行していくようなものを二次遷移と言います。

本州の広い範囲では、遷移が進行すると常緑広葉樹の森林が成立しますが、そのような地域であっても私たちの回りには落葉広葉樹林がたくさんあります。いわゆる雑木林ですが、先に説明したように炭を焼いたり肥料となる落ち葉を取ったりする目的で落葉広葉樹が維持されてきました。あるいは、茅葺き屋根の茅を取る目的や家畜を放牧するために草地のままで維持されてきたところもかつてはたくさんありました。これらは人間が植生の遷移を進行させずに、特定の植生の状態に維持してきたものです。

身近な緑をエコにデザインしよう

私たちのまわりには多様な緑があり、私たちに安らぎや楽しみを与えてくれます。特定外来生物のように、地域の生態系や人間などに大きな影響を及ぼさなければ、それらの多様な植物を楽しんできたのが、豊かな園芸文化です。でも、地球温暖化と並び、生物多様性の減少が問題視されている現在ですから、在来の植物を使ってエコな緑のデザインを楽しんでみませんか。特別難しいことはありません。

1　地域を歩いて気になる植物を探しましょう
2　その植物を調べてみましょう
3　種か苗を入手しましょう
4　自然に倣って植えてみましょう
5　手をかけすぎずに楽しみましょう

地域にどんな在来種があるのか知らないと、エコな緑のデザインは始まらないのですが、まずは地域の自然を知るところから始めるとよいと思います。あまり難しく考えず、里山公園のような地域の自然を生かした場所を歩いて、気になる植物を見つけましょう。植物は季節とともにその姿を変えます。花が咲いているときには目立っても、それ以外の時期には全然目立たない植物もたくさんあります。

気になる植物が見つかったら、ぜひその植物を調べてみましょう。植物の図鑑はたくさんあるのですが、ある程度の知識がないと図鑑での検索ができないことも多いのです。最近はSNSに花をはじめ、植物の写真を投稿する人も多いので、その植物の特徴などをキーワードにインターネットで検索するのもよいかもしれません。植物の名前がだいたい分かったら専門的な図鑑で調べてみましょう。

野生の植物はさまざまな適性があるので、どの植物も簡単に栽培できるというわけではありません。最初は自生する植物であっても、苗や種がホームセンターなどで購入できるものから始めるのが無難です。絶対に見つけたところの植物を掘り採るようなことはやめましょう。地域の自然に影響を及ぼしてしまっては、エコなデザインではなくなってしまいます。苗や種を購入する際には、産地にも気をつけてください。遺伝的な多様性の保全を考えると、できるだけ近くで生産された植物のほうが確実です。なお、簡単に苗や種が手に入らないものも、種を拾ってきて苗を作ることをチャレンジする方法もあります。

購入した苗や種であれば、栽培方法が記載されていたり、購入先でアドバイスをもらうことができるでしょう。そうでなければ、その植物が好む環境を参考に植栽してみましょう。芽が出なかったり、枯れてしまったりうまくいかないこともあるかもしれませんが、エコな緑のデザインは試行錯誤が大事です。特に、野外で採取した種はすでに虫に食われてしまっていたり、販売されている品種のように、発芽率が高いわけではないことが多いのです。

植物は種によって大木になるものもあれば、毎年種をつけて枯れてしまう一年草もあります。育てる環境に合わせて植物を選択しなければなりませんし、明るい環境を好む種であれば日当たりのよいところ、暗い環境を好む種であれば日陰や樹木の下にといったように、植物の好みに合わせて植栽しなければなりません。そして、できるだけ手をかけすぎずに楽しんでください。農薬は極力使わないのがよいでしょう。植物は鳥や昆虫をはじめとした動物たちの住みかや食物を提供しています。もちろん、人にとって有害な生物が大繁殖することもあるかもしれませんので、全く使わないわけにはいかないかもしれませんが、虫などに食べられてこそのエコです。さあ、エコな緑のデザインを始めてみましょう。

いちのせ・ともひろ
1968年千葉県生まれ。東京大学大学院農学生命科学研究科博士課程修了。農学博士。日本学術振興会特別研究員、兵庫県立大学准教授、ウィーン工科大学客員研究員、ヴェネツィア大学客員教授などを経て、現在は慶應義塾大学環境情報学部教授。

ビオトープ・ガーデンによる、生態系との新しい調和

泉 健司

集める庭から集まる庭へ

20世紀までは人間の心地よさや楽しみのための庭づくりが主流で、世界各地からのさまざまな生き物を寄せ集めてつくる庭がほとんどでした。21世紀の庭は、身近な野生生物とやんわり共存できて、なおかつそこに暮らす人間も快適に過ごせる庭づくりが主流になればいいなと思っています。庭が人と自然をつなぎ、環境への負荷を軽減できる。人が暮らすことで身近な生きものたちも健やかに暮らせる。そんな街づくりができれば、と思います。

植物は、生態系のなかで太陽エネルギーを受け取る源です。生態系のエネルギーの流れをさりげなくコントロールしている、とも言えるでしょう。蜜源や食草、アレロパシー[1]などの植物の生態的機能に注目して庭に植える種類を選べば、好きな生き物を呼びよせ、苦手な生き物を遠ざけることができます。ここでは小鳥、蝶、鳴く虫など、ミニ生態系のつくり方を便宜的に分けて、身近な生物と仲良くする方法を紹介します。もしあなたの庭やベランダなどの条件が許すなら、ガーデンスタイル別に植物を選ぶことも意識してみてください。より生活に密着した、深い楽しみを満喫できるはずです。

生物多様性と自然保護のTPO

ここで生物多様性について復習してみましょう。生物多様性は便宜的に3つのレベルに分けられていて、簡単にまとめると、種の多様性（いろいろな種類の生き物が暮らしている）、遺伝子の多様性（同じひとつの種類であっても、家柄や血筋の違いがある）、生態系の多様性（生き物が住めるいろいろな環境がある）があります。これまでの自然保護活動では遺伝子の多様性が軽んじられてきたために、他地域からの野生生物の持ち込みが蔓延して、後述するさまざまな弊害（特に国内移入問題と遺伝子汚染）を引き起こしてしまいました。地元の在来野生種を利用することはとても重要ですが、遺伝的知識の乏しい人たちが軽々しく

[1] 植物の成分がほかの生き物に影響を与えること。コンパニオンプランツのような生育の促進のほか、発芽抑制、抗菌作用、昆虫防除などさまざまな効果が知られています。

増殖などに関わってしまうと、本来の遺伝的多様性を簡単に歪めてしまう原因にもなりかねません。個人の庭に入り込んだ野生種を積極的に残すなど、ガーデニングに取り込み共存させる方法に留めるのが、私個人の意見としてはより安全だと考えます。

日本の自然は氷河期の影響を強く受けたヨーロッパの自然と比べると、桁違いな多様性を持っており、地域ごとで残されている生物多様性の状態もさまざまなので、回復や保護の手法にも多様性が必要になってきます。

〈表 3-25-1　自然保護と環境回復の手法〉

生物多様性	エリアごとでの生態系の特徴	多様性回復の手法
都市の多様性	ごく限られた種類の生物が暮らしている。日本の野生種よりも帰化生物や園芸種の方が多く生息。	その地域で絶滅した野生種は、他地域から持ち込まず、園芸種で代用する。場合によっては帰化生物もいちどきに排除せず、利用する。
里山の多様性	人工環境と二次的自然、残存的自然が入り組んで存在する。	周囲に残された自然環境に負荷の少ない園芸種を利用。周囲の自然環境から入り込んだ種類は、可能な限り残す。
奥山の多様性	日本の在来野生種がほとんどを占める。多様な生息環境が、地形や地質、微気候などで形成される。	人為的な影響を可能な限り減らす。「何も足さない、何も引かない」が原則。

自然が残されている奥山エリアに園芸植物や外来種を持ち込むことは当然ながらしてはならないことですが、里山エリアや都市部の居住地でも個人の庭に植える場合でも、できるだけ野生化の実績のない園芸種[2]を利用するよう配慮したり、増えすぎた植物を野外に捨てないなどのマナーを守ることはとても重要です。

ここでは特に、都市部での身近な自然と共存する方法を紹介していきます。

基本的な手順

1　近所で見かける呼びたい生き物を決める（呼びたくない生き物も）

2　場所を決める

◎日向ならほとんどの果樹、蜜の多い花木や花壇用草花、野菜、ハーブ類の組み合わせが可能。

◎日陰では、日陰が好きな植物や日陰でもたえられる植物に限られる。

3　ガーデンスタイルを決める

◎キッチンガーデン風なら果樹、野菜、ハーブ類を中心にまとめる。

◎ナチュラルスタイルならイングリッシュガーデンの手法を参考に。

◎そのほか、和風など好みにあわせて植物を選ぶ。

4　管理法

◎のんびり待つ。

[2] たとえばミントやルドベキアなどの近縁種でも、植えられた環境や地域、品種によっては野生化することもあるので要注意です。

◎花がら摘み、剪定などは最小限にとどめる。
◎草取りもほどほどに（小鳥や虫たちが利用するため）。
◎イモムシなど1種類だけ増えすぎたらお裾分けする。
◎半分は生き物たちのものと割り切るか、人間用は別のところに置く。

ビオトープづくりのポイント

ビオトープ（生き物たちのための場所）をつくる場合は、食事や休息、隠れ家、繁殖地など、全ての機能を兼ね備えていなければなりませんが、ベランダや小さな庭ではそれは難しい。むしろ「私は蝶が好きだけどイモムシは嫌！」「子どもに見せたいからイモムシもＯＫ」「わが家に小鳥を呼びたい」「トンボのいる庭がいいな」なんて、みんながわがままを言ってそれぞれが理想のビオトープ・ガーデンをつくったほうが、マンションや町全体のレベルではすべてのビオトープ機能を持つことになるのです。玄関先の寄せ植え（コンテナガーデン）や緑のカーテンも、蜜源や食草の供給源として、身近な野生生物たちの小さな住みか（マイクロニッチ）としての機能も意識してデザインしてみましょう。それはきっと、窓辺からはじめる自然保護への第一歩となるはずです。

これまでのビオトープづくりでは、しばしばシンボル的に貴重種を使うことが行われたため、メダカやホタルなどが他地域から持ち込まれ、地域特有の遺伝的特徴を破壊する遺伝子攪乱が問題になってきました。野生生物が自分で移動できる範囲というのは、種類によってまちまちです。それぞれの生き物は進化しながら住みかを広げていくので、それぞれの土地に最適な遺伝子の組み合わせを持っています。どこにでもいる種類というのは、それぞれの土地に適応する能力を秘めている結果なのではないでしょうか。最近の研究ではススキのような普通種でも地域によって遺伝的な違いのあることが分かり、遺伝的多様性の保護の大切さがようやく理解されはじめています。アシやガマのような種類でも、安易に他地域から持ち込んだり持ち出したりしないで、地元のものを遺伝的多様性のバランスを崩さないようにすることが大事なポイントです。都市部の住宅地や公園のように野生種が残っていない場合、無理に他地域から持ち込まないで、たとえばススキやチガヤの代わりにパンパスグラスやファウンテングラスを、アシやガマの代わりにミズカンナやパピルスなど、ある程度生態系の地位が似たもので代用します。

ビオトープは本来、野鳥や虫たちだけのものではなく、野生の植物をはじめとした、いろいろな生き物たちの住みかなのです。だから、もともとその地域に生えていた野生の植物を植えるのが一番なのですが、それでも個人の庭に近くの林

地元の野生生物が自由に行き来できるのがビオトープ

や河原から根こそぎにして持ってきてしまっては、かえって自然破壊を進めてしまいます。そこで、野生の植物と同じような役目の園芸植物を庭に植えることで、人にも生き物たちにもやさしい庭をつくっていこうと考えています。この考え方は、とくに自然破壊が進んでしまった都市部で有効ですが、逆に自然豊かな別荘地などでは地元の野生種と交配しない種を選んだり地元野生種のタネを集めてガーデニングに利用したりなどの配慮も必要です。

たとえば都市部の庭では、クサイチゴやナワシロイチゴのかわりにブラックベリーやラズベリーを植えれば、ジャムを作ることもできます。食べきれない果実は、野鳥たちの餌に。別荘地などではマリーゴールドやサルビアよりも地元のノコンギクやオトコエシのほうが、すっきりとした雰囲気を演出できるのではないでしょうか。

また、手入れをしすぎないことも重要です。雑草の芽を目の敵にしないでください。庭の片隅や、余ったプランターを雑草のために残してあげてください。爆発的に増殖して在来の野生種を圧迫してしまう制圧的な帰化植物を選択的に抜きとり、トキワハゼやノジスミレ、ヘビイチゴのような日本の野生種を残してグランドカバーとして利用すれば、帰化植物の侵入を防ぎ、意外にかわいい花を咲かせてくれます。カタバミやナズナのような食草になる雑草を庭の気にならないところに残しておけば、ヤマトシジミやモンシロチョウの仲間が遊びに来たり、エノコログサの草むらにはエンマコオロギが鳴いたりするようになるかもしれません。カワラヒワやスズメたちが小さな実をついばみに来たり、落ち葉も残しておくとコムクドリやジョウビタキたちが虫を探しに来るかもしれませんよ。

池やベランダの睡蓮鉢には、水中から茎の立つ水草を植えましょう。トンボが卵を産んだりシジュウカラなどが水浴びに来ます。コイやアメリカザリガニは禁物。ほかに何もいなくなってしまいます。絶滅危惧種のメダカを閉じ込めたりせず、ヒメダカのようなペット動物の小魚をボウフラ避けに飼うのがおすすめ。

小鳥たちが遊びに来るようになると、プランターや庭の片隅にいろんな実のなる木が芽を出しはじめます。気に入った種類を大事に育てれば、ベランダの自然ももっと豊かになります。もちろんタダで。

蝶の来る庭をつくる

蝶などを呼び寄せるバタフライガーデンは、アメリカなどで盛んです。花の蜜で呼び寄せる方法と、産卵のための植物（食草）で呼び寄せる方法をセットにすると効果的ですが、イモムシは苦手という人のために成虫だけを呼ぶテクニックもご紹介しましょう。

蝶は完全変態を行う昆虫として有名で、幼虫期と成虫期で食べ物も口の構造も異なります。成虫は花の蜜や樹液を吸い、幼虫は食草の葉を食べて育ちます。ですから、庭に何を植えるかで、蝶の親と子どちらを呼ぶかを選べるというわけです。

たとえばアサギマダラは高原の蝶のイメージが強いけれど、都市部も通過地点になっているため呼び寄せるのは意外と簡単。ユーパトリウムなど、フジバカマの仲間を植えてみてください。

一口に蝶と言っても毎年台湾や沖縄あたりから2000km以上の旅をしているアサギマダラから、裏庭をよたよた飛んでいるスジグロシロチョウ、クロアゲハやカラスアゲハのように林の縁を伝いながら日がな周遊コースを散策している蝶、山頂まで出かけて群れ遊んでいるキアゲハの雄たちと、実にさまざま。まずはあなたの住んでいる町でどんな蝶たちに出会えるか、散歩や買い物ついでに調べてみることをおすすめします。庭やベランダに何を植えるのかを決めるのは、それが分かってからのお楽しみ。

「イモムシは嫌!」という方は、蝶の幼虫は偏食家なので、食草、食樹になる種類を避けて植えるだけで見ないですませることが可能です。一方、蛾の幼虫は雑食性の強いものも多いので、庭に植える植物をできるだけ多種類の組み合わせにするよう心がけるとともに、小鳥のための巣箱や水飲み台などを置いて、イモムシやケムシを食べてもらうようにしましょう。毛虫がつきやすいサクラやツバキの仲間は最初から庭に植えないのも効果的です。1種類植えの生垣をやめて混ぜ垣にするなど、庭の生態系が複雑に安定するほど1種類の害虫だけが異常発生することは減っていきます。

その成虫の好む花は種類によってさまざまですが、幼虫のころの食べ物の好き嫌いの激しさに比べたら、問題にならないほど種々雑多な花に訪れます。それでもやはり大型の蝶はユリやアザレア、ブッドレアやランタナといった大型の花や筒型の花に多くが集まり、小さな花のペパーミントやスイートアリッサム、小さな皿形の花のカモミールやクジャクアスターなどには小型のシジミチョウやモンシロチョウがやって来るようです。蝶のストローの長さも体の大きさでかなり違うので、蜜を吸える花がある程度決まるのですが、実はこれは花が訪花昆虫を選んでいるためで、オダマキやホタルブクロなど下向きに咲く花や、キンギョソウのように蓋があるもの、サルビアのように蝶の重さでうつむいてしまうものなどは、いずれも蜂専用に進化したのだと言われています。

イモムシから育てて、我が家ブランドの蝶たちを巣立たせてみたい方は、ぜひ食草を植えてみてください。これは場合によっては花で蝶を呼び寄せるときよりもはるかに確実に呼べます。卵を産める植物のある場所は住宅地などでは極端に限られるので、蝶も必死で探すからです。そのため一度見つけた場所は忘れずに何回もやって来ては卵を産みつけます。そのうえ幼虫たちの食

都市部では園芸植物も地元の野生生物の暮らしの支え

欲はものすごい。小さめのキンカンやサンショウの木なら、たった数匹であっという間に葉を食べつくしてしまいます。イモムシが多すぎるようなら、子どものいるご近所さんやお友達にお裾分けしましょう。野生の食草が生えているところを、前もって調べておくのもひとつの方法です。

鳴く虫の来る庭をつくる

都市部で生き残っている鳴く虫たちも、虫たちの好みに合わせた園芸植物を組み合わせるなど多様な生息環境を確保することで、秋の気配を楽しめる庭をつくることができます。まずは、鳴く虫たちの暮らしを知ることが大切です。

鳴く虫というとコオロギやキリギリスの仲間が思い浮かびますが、ヒグラシやハルゼミも風情あるものです。とはいえ都市部でも庭に呼べる種類となるとアブラゼミやクマゼミのように、ちょっと風情とは言いにくい蝉が主流になってしまいます。庭に呼ぶならせめてツクツクボウシかミンミンゼミぐらいにしておきたいところですが、そんな連中だけ呼びよせられる樹木はないようです。ヒグラシやハルゼミはマツやスギの林が背後にひかえているような郊外のお家なら庭でも鳴いてくれるかもしれませんが、サクラやケヤキが街路樹に植えられていると、どうしても騒々しい連中の声が勝ってしまいます。

キリギリスやバッタ、コオロギの仲間は、頻繁に刈られたり掘り起こされたりすることのない安定した草むらがあれば、住みつかせるのはわりと簡単です。カンタンの仲間のようにヨモギやハギ、ススキなどの茎に産卵する種類も少なくないので、秋の終わりに草を長めに刈るか、刈らずに庭の冬景色として楽しめるデザインにしましょう。ペニセタムやエノコログサなど、刈り取った草も庭の敷き藁として使えば万全です。ヨモギやススキの代わりにシロタエギクやオーナメンタルグラスを宿根草の花壇に混ぜて植えるのも手です。

土に産卵する種類も多く、春まで掘り起こされない地面が必要ですが、コンクリート敷きでもプランターをいくつかまとめておけば大丈夫。長い期間植えっぱなしで楽しめるよう、グラス類に球根類や宿根草と常緑の草木を組み合わせましょう。フリンジドラベンダーやユリオプスデージーなどのように冬場に花を咲かせてくれる種類も混ぜておくと、水やりも忘れず霜景色の庭に色を添えることができます。

坪庭の小さな石庭のような場所でも、荒れ地を好むツヅレサセコオロギが住みついて、秋の終わりを教えてくれたりします。

鳥の来る庭をつくる

庭やベランダに実のなる木を植えたり、巣箱をかけたり、水場を設けることで、徐々に小鳥たちは訪れます。はじめのうちは警戒心でいっぱいなので、気長に待つのがポイントです。さえずりが聞こえたら、カーテンの隙間などからそっと小鳥との出会いを楽しんでください。

木は、鳥たちにとって羽根を休める休息所であり、身を隠す、あるいは巣としても活用する大切な場所ですが、特に食料源としての役割はとても重要です。ツバキやサクラ、ビワやウメのように花や蜜を食べることもありますが、なんと言っても実のなる木が一番人気。アオキやグミ、ムラサキシキブやブルーベリーなどのように果肉ごと丸飲みして種を排出する場合もあれば、エゴノキやスダジイ、ヒマワリやエノコログサのような種子が好物という場合もあります。種のついたヒマワリを冬すぎまで抜かずに庭に残せば、そのまま餌台としてカワラヒワたちが利用しに来るかもしれません。庭のハコベやナズナの芽を抜いてしまわず残しておけば、ヒヨドリたちが菜園の野菜やプランターの花をついばむこともなくなります。いずれにしても実のなる木や草を植えることが、小鳥を呼び寄せる第一歩です。

高さが違う木を植えれば、庭に来る鳥の種類が多くなります。中形のヒヨドリや、カケス、オナガなどの用心深い鳥たちは、大きめの木があれば上のほうに止まって辺りの様子をうかがいながら徐々に降りてきます。一方で、外敵に襲われる危険の多いシジュウカラやスズメのような小鳥は、ツツジやクチナシのように枝が密生している樹木があれば素早く逃げ込むことができるので、庭に余裕があれば実のなる木と一緒に植えてみてください。メジロやウグイスなどは特に密生した藪を好みます。でも、まさか庭の真ん中にざわざわと藪を作るわけにもいかないので、数種類の樹種を組み合わせて作る混ぜ垣がおすすめです。なるべく異なった時期に花や実が楽しめる組み合わせを工夫しましょう。

ベランダでも野鳥を呼ぶには、今住んでいるエリアにどんな木が多く自生または植えられているか、特に実のなる木を念入りに見て回るといいでしょう。近くの公園や、ご近所の庭などは重要ポイントです。散策途中で出会う鳥のチェックも忘れないように。

おおよその植生が分かったら、実際に苗を植えてみましょう。ほとんど園芸店か造園屋さんで手に入ります。近所にネズミモチやクロガネモチのように冬場に実をつけるものが多ければ「我が家では初夏から楽しめるスグリやラズベリー、グミ、ジューンベリーを植えてみよう」などと、作戦を練るのも楽しいものです。ベランダしかないという方でも深めのプランターなどに植えれば大丈夫。その際は一本だけではなく、斑入りヤブランやワイルドストロベリーなどの下草も数種類を組み合わせたほうが鳥たちも利用しやすい寄せ植えになります。各家庭が一本でも木を植えていけば、それだけで、緑の回復に関わることもできます。

餌が少なくなる冬には、少しだけお手伝いしてあげましょう。餌はナッツ類や果物、穀類など。ただし、殻なしの小鳥の餌やハト用を置くとドバトばかり集まってしまうので必ず殻つきをあげましょう。できれば野鳥が自然の中で食べているものを食べやすい形にしてあげることが大切です。

鳥が多いと困るのがフンの問題。物干し台の近くに餌場を作るのは考えものですね。でも汚れに嘆くより、いろんな鳥から排出されたフンにはさまざまな種子も混じっているので、何も植えてないプランターをさりげなく置いて、いつか芽を出す謎の植物に期待してみてはいかかでしょう。

マンションのベランダなどはネコという外敵が来ないので、餌台を置くより水場を設けたほうが鳥の集まる確率は高いようです。鳥の水場は、水飲み場であると同時に浴槽です。水浴びすることで羽根の中の虫やごみを落とします。小鳥がすべらないように石を入れるなどして浅めというよりはヒタヒタに、1～2cm程度の深さにすることが大事です。水は毎日忘れずに交換しましょう。そして、なにより気長に待つこと。

巣箱を作る場合は、巣穴の大きさによって利用する鳥が異なります。たとえばシジュウカラの場合は2・8～2・9cm。これ以上にするとスズメが侵入してシジュウカラを追い出すことがあるためです。このサイズであればほかにヒガラ、コガラなども利用します。スズメ用の巣箱は別に用意してあげましょう。取り付け場所はネコやヘビが来ないよう、2m以上の高さが必要です。マンションの軒下でも、壁側に実のなる木などとともに設置すれば大丈夫です。都会の鳥は人間をカラスよけのガードマンに利用することが多く、商店街の街路樹などにさえ巣を作ることも多くなっています。

巣箱をかける時期は、野鳥が繁殖期を迎える春の数か月前、10～12月がいいでしょう。何にも入れずに空っぽのままかけること。ネコの気配のない庭なら2mほどの高さでも大丈夫ですが、シーズンオフに箱を掃除するための扉も忘れないようにしましょう。

巣箱の向きはどの方角でもOK。明るく乾いた場所のほうが、ゴキブリの巣にならずにすみます。雨や風が入らないよう、やや下向き加減にするのもポイントです。

小鳥たちは白い壁を怖がります。トレリスにキウイフルーツや、アケビ、ブドウなどをからませ壁を隠しましょう。キウイフルーツには雄株と雌株がありますから、必ずセットにして植えるのを忘れずに。ゴーヤやパッションフルーツ、ハゴロモジャスミン、あるいはヒヨドリジョウゴやセンニンソウで緑のカーテンもよいかもしれません。西向きの壁面なら冷房費の削減にもなります。

ちょっとした工夫で、あなたのベランダもさらに一歩、すてきなビオトープ・ガーデンに近づきます。

いずみ・けんじ
1954年愛知県豊橋市生まれ。東京農業大学農学科卒業。農学修士。同博士課程単位取得退学。植生・フロラ調査に従事しビオトープ・ガーデンを提唱。自然公園などをプロデュース。一般社団法人 山岳環境研究所理事、NPO法人 Green Workers 顧問なども勤める。http://biotopegarden.jp

木材のすすめ

住友林業

木のもつ魅力

住友林業は、木とともに成長を続けてきました。１６９１年、愛媛県別子の銅山経営に必要な薪炭や木材を調達するために始めた銅山備林経営がそのルーツです。明治時代、鉱山業の近代化に伴う木材伐採量の増加や煙害などの影響で、銅山周辺の森林が荒廃してしまいます。そこで当時の別子銅山支配人・伊庭貞剛が森を再生させるために「大造林計画」を開始し、多いときには年間２００万本を超える大規模な植林を実施した結果、山々は豊かな緑を取り戻しました。以来、住友林業は木を植え、育て、木材として活用し、使った分だけまた植えて育てる、持続可能な「保続林業」を続け、再生可能な資源である木を軸にしたさまざまな事業を展開してきました。

木がもつ持続可能性という、ほかに類のない特性による環境保全の効果は、目先の経済性だけでは測れない重要な価値です。ほかにも木は多くのすばらしい特性を備えています。ここではほんの一部ではありますが、木の魅力を知っていただくためのトピックスを紹介していきます。

木のもつ力

木に囲まれた空間にいると安らぎを感じる方も多いと思いますが、それには明確な理由があります。一般的に、色には筋肉の緊張を変化させる効果があるとされており、明るい木の色はその緊張を和らげます。また、金属やコンクリートなどと比べると熱伝導率が低く熱が伝わりにくいことから、温かくしっくりと手になじみます。加えて調湿効果もあることから、心地よい湿度を保ってくれます。

さらに木材は音を適度に吸収してまろやかにし、心地よく感じる範囲に調整してくれるという効果もあります。そのため、木で囲まれた空間は音楽を聴くのにも最適です。木の香りも心地よさの理由のひとつ。これは「フィトンチッド」という物質によるもので、抗菌・殺菌にも効果があるとされています。ほかにも、木材を多く使用している施設のほうが、子どもがインフルエンザにかかる率が低いというデータがあるなど、木にはさまざまな力があります。

木の効果をもっと知ろう

木の効果や効能をさらに知るために、当社では筑波にある研究所でさまざまな研究を行っています。たとえば住まいの中でもっとも触れる機会が多い床材について、子どもたちがどのような床材を好むのかを調査しました。無垢の床材、薄い板を表面に張った床材、挽き板の床材、木目が印刷されたシートフロアの4種類の床を用意し、3歳から5歳までの幼児に遊んでもらったところ、無垢の床材での滞留時間と寝転ぶ時間がいずれも一番長い、という結果が出ました。木に触れると副交感神経が高くなり、リラックス状態になることなどが理由として考えられます。

木の空間が記憶に与える影響についても調査を行いました。「覚える」「思い出す」という記憶のふたつの段階について調査したところ、白いクロスの空間よりも木質空間のほうが長時間覚える作業に向いており、かつさまざまな種類の記憶を思い出しやすい、という結果が出ました。さらに、勉強時の集中と休憩時のリラックスの度合いを脳波で分析する研究では、木質空間のほうがどちらもその度合いが高いことが分かりました。これらのことから、木の部屋は長時間の勉強や仕事に適しており、休憩時にはリラックスできる、切替えがしやすい空間と言えそうです。

木は地震にも、火にも強い

木の家は地震のときに心配、と感じている方も多いのではないでしょうか。同じ重さで強さを比較すると、木は鉄の約4倍の引張強度、コンクリートの約6倍の圧縮強度を備えています。つまり、同じ強さの建物をつくろうとした場合に、木を使うとそれだけ軽い建物がつくれるということです。建物が受ける地震エネルギーは重さに比例することから、木の家は重たい鉄やコンクリートの建物と比べ地震の影響を受けにくくなります。最近はさらに柱と梁の接合部分などの技術進化もあり、より一層強くなっています。

木は火に弱い、というイメージがあるかもしれませんが、決してそんなことはありません。木の表面に着火した場合、火が内部に進むスピードは1分間にわずか0・6〜0・8㎜程度とされています。しかも、表面に炭化層が形成されて内部への酸素の供給が絶たれるため、断面の大きな木材の場合は中心部まではなかなか燃え進みません。ある実験では、加熱から10分後の強度について、木は7割以上を維持する一方、鉄は熱により2割以下まで落ち込むという結

〈図 3-26-1　木の香りによる血圧・脈拍の低下〉

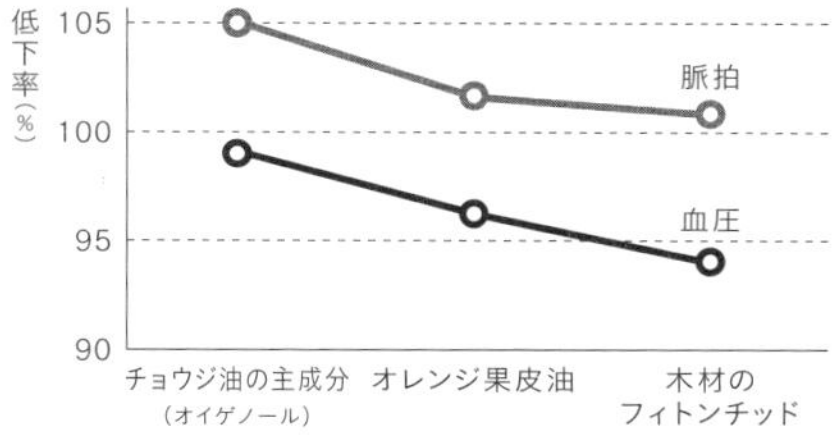

出典：森林総合研究所生物活性物研究室 宮崎良文、1996

フィトンチッドのほうが花や果実の強い香りより、血圧が下がり、脈拍が整えられていくという結果に。

〈図 3-26-2　標準加熱試験による材料の強度低下比較〉

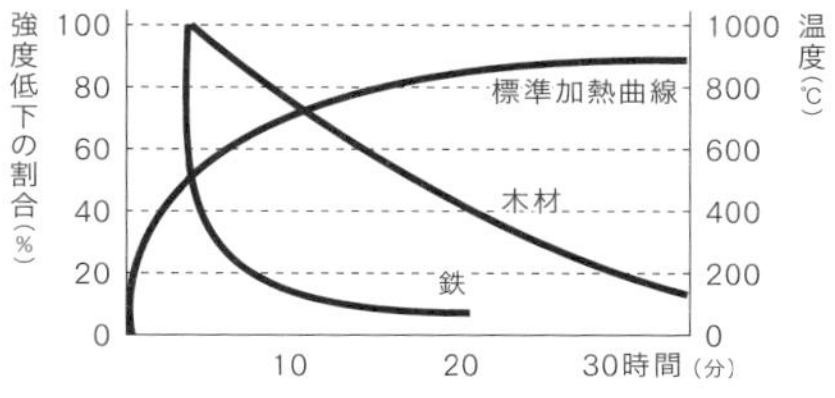

出典：Thompson,H.E.:F.P.J,Vo;8,No.4,1958

果も出ています。その特性を理解し、正しい知識をもって使えば、木は安心で安全な空間を提供してくれる信頼できる素材でもあるのです。

木は温かい

昔の家は隙間が多かったことなどから、木の家は寒い、という印象をおもちの方もいらっしゃると思いますが、木は非常に断熱性能が高い素材です。木の内部は空気を含んだパイプ状組織の束で構成されているため、熱の伝わりやすさを示す熱伝導率はコンクリートの約13分の1、鉄の約460分の1。そのため、同じ温度でも木はコンクリートや鉄に比べ熱が奪われにくく、触ると温かく感じます。

木は長持ちし、エネルギーにもなる

世界最古と称される木造建築物・法隆寺の築年数は1300年以上と言われています。メンテナンスや修復を繰り返し、建立当時の威厳をいまだ保っています。木造住宅の税務上の耐用年数は22年ですが、実態とは大きくかけ離れています。当社グループは「旧家リフォーム」[1]の名称で、古民家などのリフォームに取り組んでいますが、築100年以上の立派な邸宅も多くあります。適切にメンテナンスを施せば木造建築物は長寿命です。

また、木は資源として余すことなく使うことができます。たとえば、家のリフォームや建て替えを行う際には多くの木質廃材が出てきますが、これらの廃材はパーティクルボードやバイオマス発電の燃料として生まれ変わることができます。ことあるごとに資源のない国と言われる日本ですが、雨の多い気候と国土の約7割を占める豊かな森林に恵まれたこの国には、木という誇れる資源があります。木を使うことは、心地よく過ごすためだけでなく、循環型の社会をつくる一端を担うことにもつながります。

現在世界では、バイオ燃料など木を活用した新たな技術が次々に開発されています。日本では搬出コストなどの問題で、年間伐採される約4000万㎥の木材のうち、半分程度しか使用されていません。資源を有効活用するためにも知恵をもち寄り、木を活用し、育てることができれば、それが地球環境の保全にもつながると考えています。我々は今後も、320余年の間森林を守り育ててきた企業の使命として、木の無限の可能性や魅力を見い出し続けたいと思います。

「旧家リフォーム」の実例

川崎バイオマス発電所

[1] 昭和25年の建築基準法施行以前に伝統工法などで建築された住宅を「旧家」と分類しリフォームを行っている。

健康的で安全な自転車の使い方

小林成基

自転車で健康な生活を始めよう

つい運動不足になりがちの現代人にとって、手軽に全身運動ができ、心肺機能の強化、太りすぎの防止、糖尿病予防に効果があると言われる自転車は、環境にもやさしい健康器具である。単にエコだからといっても、楽しくなければ長続きしない。自転車に乗ることが楽しいと思えるならやったほうがよい。そして肝心なことは無理をしないことである。自転車に限らず人間はそれぞれ好き嫌いや相性があって、向かない人は事故やトラブルにも対処しにくい傾向があるのでおすすめしない。健康のために汗をかいてみようと思う人は、ぜひチャレンジする価値がある。特に、体重が増えすぎてしまった人はいきなりジョギングやマラソンを始めると足や膝を痛めやすく、結局歩けなくなって逆に肥満が進んだりする。そういう場合はまず、自転車で体重を落としてからマラソンに移行するとよい。アスレチックジムでエアロバイクのペダルを踏むのもよいが、やはり本物の自転車で、風を感じ、バランス感覚を養うほうがずっと気持ちがいい。

自転車は、昭和33年まで税金が課されていたほど高級な贅沢品のひとつだった。初任給が月額7000円程度の時代に、一台なんと3万円。初任給が3万円に達した70年代でも、少年たちが憧れたフラッシャーつきジュニアスポーツ車は4万円を超える高嶺の花だった。その頃の少年たちが、いまや中高年となり、当時手が届かなかった高級車を買えるようになった。いま、高級自転車ブームを牽引するのは何十年も自転車を忘れていた世代だ。数十万円もする超高級車を買った人に聞くと、自転車が世界を一挙に何倍にも広げてくれた子どもの頃がよみがえるという。いわゆる「ママチャリ」では絶対に味わえない爽快感を求めて、休みごとにヘルメットとサイクルジャージに身を固めて出かけていく。ゴルフが自転車に変わっただけという見方もあるが、仕事上の付き合いで客とサイクリングという例はまだあまり聞かない。

自転車で痩せ、すっきりとしなやかな脚をつくるには、ペダルをたくさん回すのが一番である。足を踏ん張って漕ぎまくるのではなく、軽いギアでくるくると足を上げ下げする。そのためには多段変速ギア付きで、身体にあったサイズの軽い自転車がいる。そういうものは当然高いが「最強の美容器具ならこんなものよ」である。ちなみにその価格は初任給くらいだ。昔よりずっと安くなっている。

健康と美容と安全のための乗り方

自転車は最高の美容器だが、乗り方を間違えると逆効果。自転車に乗ろうと思っている人は、まず正しい乗り方から始めてほしい。自転車ですっきり痩せてスリムな脚を目指すなら、一番下までペダルを踏み込んだ際に、膝がほんの少し曲がるくらいまで脚が伸びきる高さにサドルの位置を上げる必要がある。当然、サドルに座ったままでは地面に足はつかない。危ないと思うだろうが「前乗り前降り」という自転車の基本を理解すれば、実はこれが安全で、しかも楽な乗り方なのである。

よく見かける間違った危険な乗り方の典型は、自転車の片方のペダルに足を乗せ、もう片方で地面を蹴って助走し、走りながらまたがるやり方。いわゆる「ケンケン乗り」である。降りるときも走りながらという人も少なくないが、これが実に危ない。操作ミスによる事故のほとんどは乗り降りのときに起きる。不安定な状態のまま身体の位置を変えるのだから、何かを避けようとしても避けられない。ママチャリであれば、ケンケン乗りも前から素早くできるので比較的危険は少ないが、最近流行の電動アシスト自転車でこれをやると急発進して運転者が振り落とされ、大事故につながる危険がある。

〈図 3-27-1　前乗り前降りの仕方〉

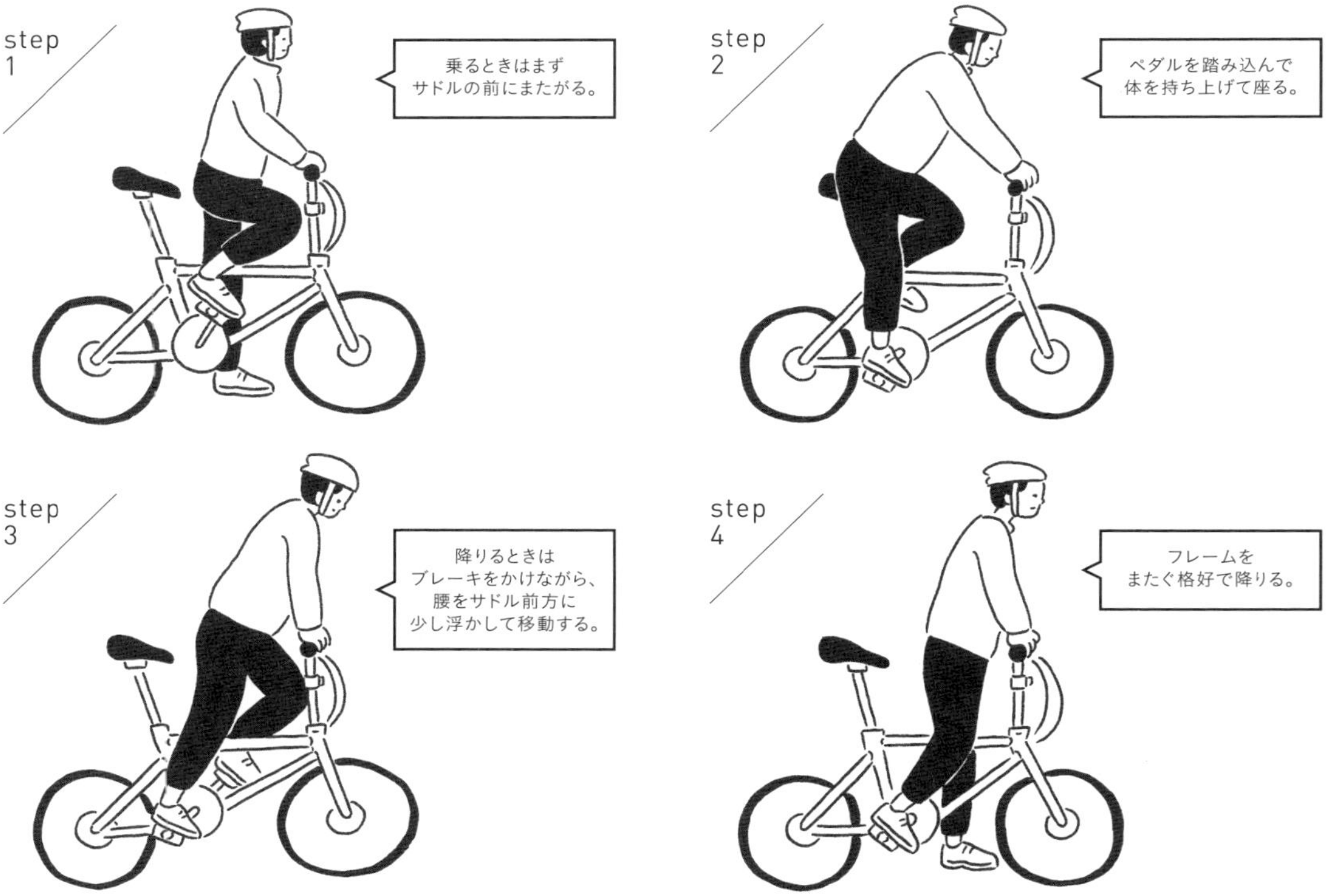

step 1
乗るときはまず
サドルの前にまたがる。

step 2
ペダルを踏み込んで
体を持ち上げて座る。

step 3
降りるときは
ブレーキをかけながら、
腰をサドル前方に
少し浮かして移動する。

step 4
フレームを
またぐ格好で降りる。

正しく安全な乗り方はまず、自転車のハンドルとサドルの間をまたぐ。サドルの先が尾てい骨の上に当たるくらい高くセットするのが目安だ。右側のペダルを引き上げて足を乗せ、振り返って後方の安全を確認しよう。大丈夫なら右足に体重をかけてグイッと踏み込んで発進。自然に身体が持ち上がるので、サドルに座り、左足もペダルに乗せる。止まるときはブレーキをかけると、身体は慣性で前に出る。そのまま左足を地面につけて、またいだ姿勢のままサドルの前に降りればよい。サドルに座ったまま地面に足を着こうとしてはいけない。慣れるまでは大変だが、健康と美容と安全のためである。正しい習性を身につけよう。

どのくらい乗ればよいのか

楽するために自転車を使う、という人が多い。確かに自転車は楽に速く走ることができる。平坦な道をある程度の速度で走るためにはペダルを約15㎏の力で踏めばいいことがわかっている。人間の片脚の自重は体重の約1割なので、60㎏の人なら片脚は6㎏。すると、私たちがペダルを踏む力は脚の自重を引いて約9㎏ということになる。歩いたり走ったりする場合には、片脚に全体重を交互に乗せて支えなければならないが、自転車の場合は体重のほとんどをサドルとハンドルで支え、ペダルにわずか10㎏以下の荷重をかければ時速20㎞くらいで走ることができる。フルマラソンのコースを自転車で走らせてみると、平坦で信号の少ない道なら、アスリートでもない普通の女性がオリンピック記録を超えて走りきる。まさに自転車は驚異の超効率を誇る移動手段なのである。

もっとすごいのは楽なのに健康にいいことだ。厚生労働省は「健康日本21」というキャンペーンでメタボリック症候群から脱却し、成人病を予防するために1日1万歩は歩こう、と呼びかけている。歩幅を50㎝とすると1万歩で5㎞しか移動できない。歩行の平均は時速4㎞と言われているから、1万歩分の運動のためには75分間歩き続ける必要がある。歩きだと大変だが、自転車ならせいぜい15分間である。ここで大きな勘違いが起きる。健康や美容のために歩く「距離」を自転車に置き換えてしまい、効果が現れないと文句を言う。距離ではなく、歩くのと同じ「時間」自転車に乗ると、歩行に比べて2割から3割も心拍数が上がり、運動強度が増すことがわかっている。

大切なのは「持続」である。自転車に慣れると走るのが楽しくなる。楽しければ長い時間走り続けることができる。無理をせず、楽しんで軽いペダルで長く乗る。これが鉄則だ。

自転車での移動をクルマ（乗用車など）に置き換えると、いかに自転車がエコな乗り物であるかがわかる。人は呼吸によって1日に約1㎏のCO_2を発生させると言われているので、1分あたり約0・7gということになる。時速20㎞で走れば3分で1㎞を走破できる。かたやクルマは時速60㎞なら、1分間で1㎞走る。近頃の省エネカーは1リットルあたり18㎞と燃費がよく、1リットルのガソリンは燃えると約2・3kgのCO_2になるので、1分あたり12 9g。クルマは自転車の時間あたり184倍、距離あたりで61倍ものCO_2を排出する計算になる。（本来ならクルマを運転する人の呼吸分のCO_2を加えるべきだが、微小なので省略した）。何十倍もの排ガスをまき散らすほど、その移動が価値あるものかどうか、エンジンをかける前に考えてみたいものだ。

安全快適に自転車を使うには

自転車はいったいどこを走ればいいのか、というシンプルな疑問に答えるのは実に難しい。自転車は長い間「ちょっと早い歩行者」と見なされてきた。1970年に道路交通法を改正して自転車の歩道通行を認めて以来、歩道を走りやすいママチャリが開発され、低速で走る、ハンドルにカゴを付けた運転性能の劣る自転車だらけになった。

道路交通法では、自転車はクルマと同じ車両の仲間であると定義されている。車両なのに、歩行者用道路を通っていいことになっていて、これを法律で定めているのは日本だけである。欧米にも歩道部分に自転車通行空間が整備されていると勘違いしている人がいるが、その部分は歩行者が歩いてはいけないルールになっていて、歩道に見えるが歩道ではない。

高度経済成長時代にクルマがどんどん増え、自転車は路面電車などと同じクルマにとって邪魔者として消されかけたが、歩道に逃げこんで命脈を保ち、歩道通行に適応した変化を遂げ、ママチャリを生みだし、しぶとく生き残った。21世紀になって健康志向、環境意識、エネルギー価格、高齢化などに加えて、大震災で自転車が見直され、電動アシスト技術や超軽量化で走行性能がアップし、再び自転車を車両として利用する動きが高まっているが、40年以上、歩道通行が常識とされてきたために、自転車が安全快適に利用できる環境は失われてしまっている。

事故統計などの研究が進み、自転車の多くが歩道を走ってきて交差点でクルマと衝突していること、そしてたいて

〈図 3-27-2　交差点における自転車事故の発生件数〉

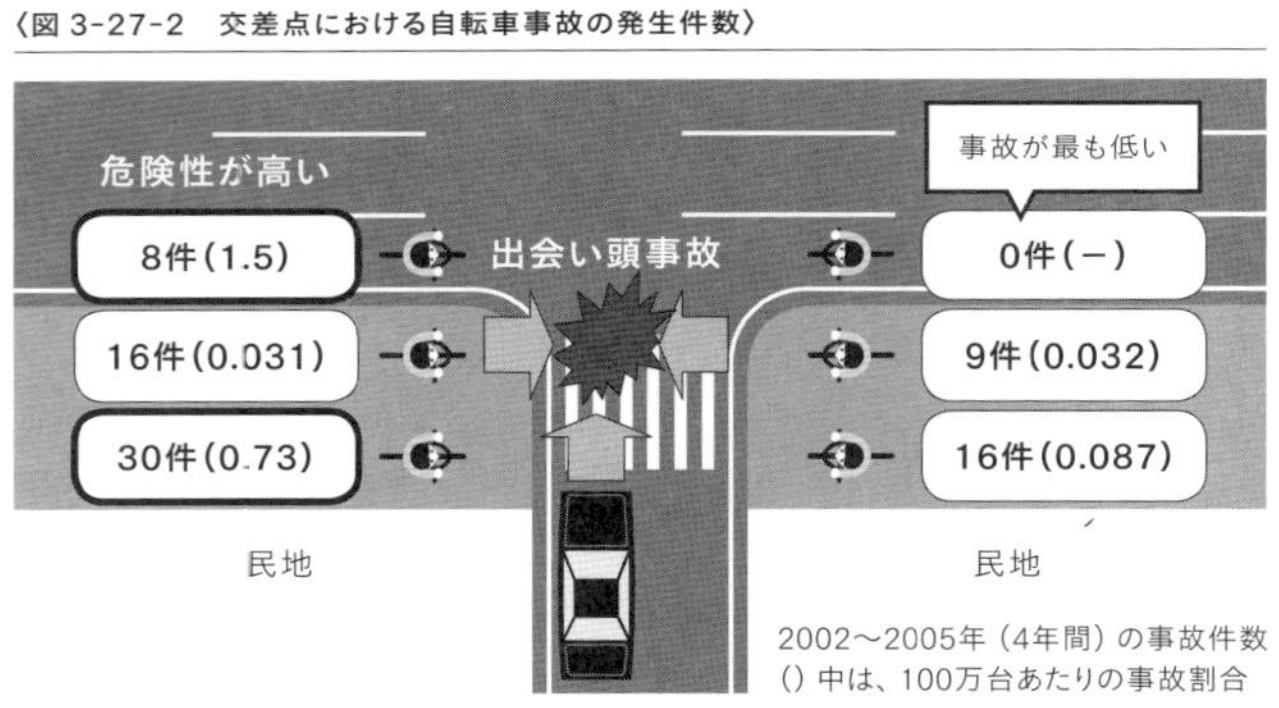

※東京都内のある国道での出会い頭事故件数と自転車交通量により事故割合を算出。

出典：自転車事故発生状況の分析 土木技術資料51-4 2009

いの場合、自転車側が交通ルールに違反していることがわかってきた。事故を起こす自転車は交差点にさしかかっても安全確認や一時停止をしない。自転車の歩道通行を許す政策が、自転車が車両であるという意識を希薄にし、交通ルールを守るべき乗り物だと思えなくしてしまったからではないだろうか。クルマのドライバーは、周囲のクルマの動きに神経を集中させていて、歩道から交差点に、歩行者の数倍の速度で突っ込んでくる自転車を認知することができない。歩道をルールを守って通行すれば安全は高まるが、ルール通り「徐行」していたのではそもそも自転車に乗る意味などなくなってしまう。この日本固有の矛盾に満ちた条件の下で、どうやったら安全に楽しく走ることができるようになるのか。

利用環境整備への道

全交通事故に占める自転車関連事故は20%を超えている。東京に限ると実に約35%が自転車がらみである。クルマの事故は、クルマそのものの数やドライバーが増えなくなって減少傾向に拍車がかかっているが、自転車は利用者の増加に加え、自転車の高性能化もあいまって、事故が減りにくい状況にある。深刻なのは、歩道通行が自転車事故の原因になってしまったことだ。自転車事故のほとんどはクルマとの衝突。多くの自転車が歩道を通っているのになぜクルマと？　と思うだろうが、安心して歩道を走っていると交差点で出会い頭にぶつかったり、見通しの悪い角から出てきたクルマや自転車にぶつかる。

より安全な走り方は、クルマのドライバーの視界に入って、車道を左側通行することだと統計的にもはっきりしている。自転車に乗るときにはクルマから見えやすい明るい色を身にまとい、車道左をふらつかずにまっすぐ走ると安全で快適に走れる。しかし、車道が怖いのも実感だ。さてどうしたらよいか。

そこで、最近あちこちの都市で車道の左側に着色された自転車通行空間が整備され始めた。自転車は車両として車道を走る方が安全だとわかり、2012年に自転車ネットワークのためのガイドラインが警察庁と国土交通省の共同作業でまとめられ、法定外の路面表示までもが可能になったためだ。ちなみに私はこの委員会の委員の一人でもある。

安全快適に自転車を使うには、法的にも、統計的にも車道を車両として左側通行で走るのがよいのだが、せっかく習った道路交通法を忘れたドライバーが多く、車道の自転車を見つけると警笛を鳴らしたり、幅寄せなど危険な嫌がらせを仕掛けてくることがある。自転車事故のほとんどが「交差点でクルマと衝突」であり、自転車も気をつけなければならないが、まずドライバーが自転車を意識することが肝心だ。カラーやマークで自転車の存在を知らせ、矢羽根で左側通行を強調した場所では自転車の歩道通行、車道の危険な逆走やクルマの路上駐車が減り、ドライバーにもおおむね評判がよい。クルマ側は「ここを自転車が走るんだな」と意識し、自転車は自分がクルマから認識されていることを感じられる。車道を走ると、車両としての自覚が生まれるのか、基本的な交通ルールを守る自転車も増える。よくなると分かっていても、いざ実現するとなると慎重論や時期尚早論が出て先送りされることも多い。

健康にも環境にもよい自転車を使いやすくする必要は認めるが、道が狭い、予算がない、整備基準が難しい、果てはつくっても守ってもらえない……など、言い訳を並べていては改善はおぼつかない。道路環境の整備の進捗に合わせて自転車を使う私たちも、自転車を50CCバイクの仲間だと認識し、ルールを守って走る努力を始めたい。日々の自転車利用が、やがて環境保全に貢献している手応えにつながる。そのときにはきっと身体の環境も改善されているにちがいない。

こばやし・しげき
1949年奈良県生まれ。駒澤大学文学部卒業後、コピーライター、雑誌編集者、通販会社取締役、国会議員秘書、政策秘書、大臣秘書官、シンクタンク研究員などを経て、NPO『自転車活用推進研究会』創設メンバー。現在、理事長。

空気をきれいにする自動車

清水 浩

車は便利なものです。人類が立って歩くようになって、手が使えるようになって多くのことを得ました。これだけ知能が発達したのも、頭で考え、それを手でつくることができることができるようになったからです。

しかし、ひとつだけ失ったのものがあります。それは移動がとても不得意になったことです。そのために人類は長い間、移動を助けるものをつくってきました。馬に乗りやすくするための道具、馬車、鉄道と発展し、1885年に車が発明されました。車のおかげで人類は大変便利な移動ができるようになりました。なんと今は世界で年間9000万台もの車がつくられています。そして新興国での車が大きく増え続けています。このように増えた車は環境への負担も多く、世界で排出されるCO_2のうち、20％は車です。

排ガス問題を抜本的に防ぐために1970年頃から多くの努力がされてきました。まず、排ガスの浄化や燃料消費の少ない車の開発が行われ、エンジンの改良や排ガス浄化装置の取り付けなど、ある程度成功しました。1997年にはよりエネルギー消費の少ない車としてハイブリッド車が実現し、燃料消費が大きく向上しました。ハイブリッド

〈図 3-28-1　電気自動車の構造〉

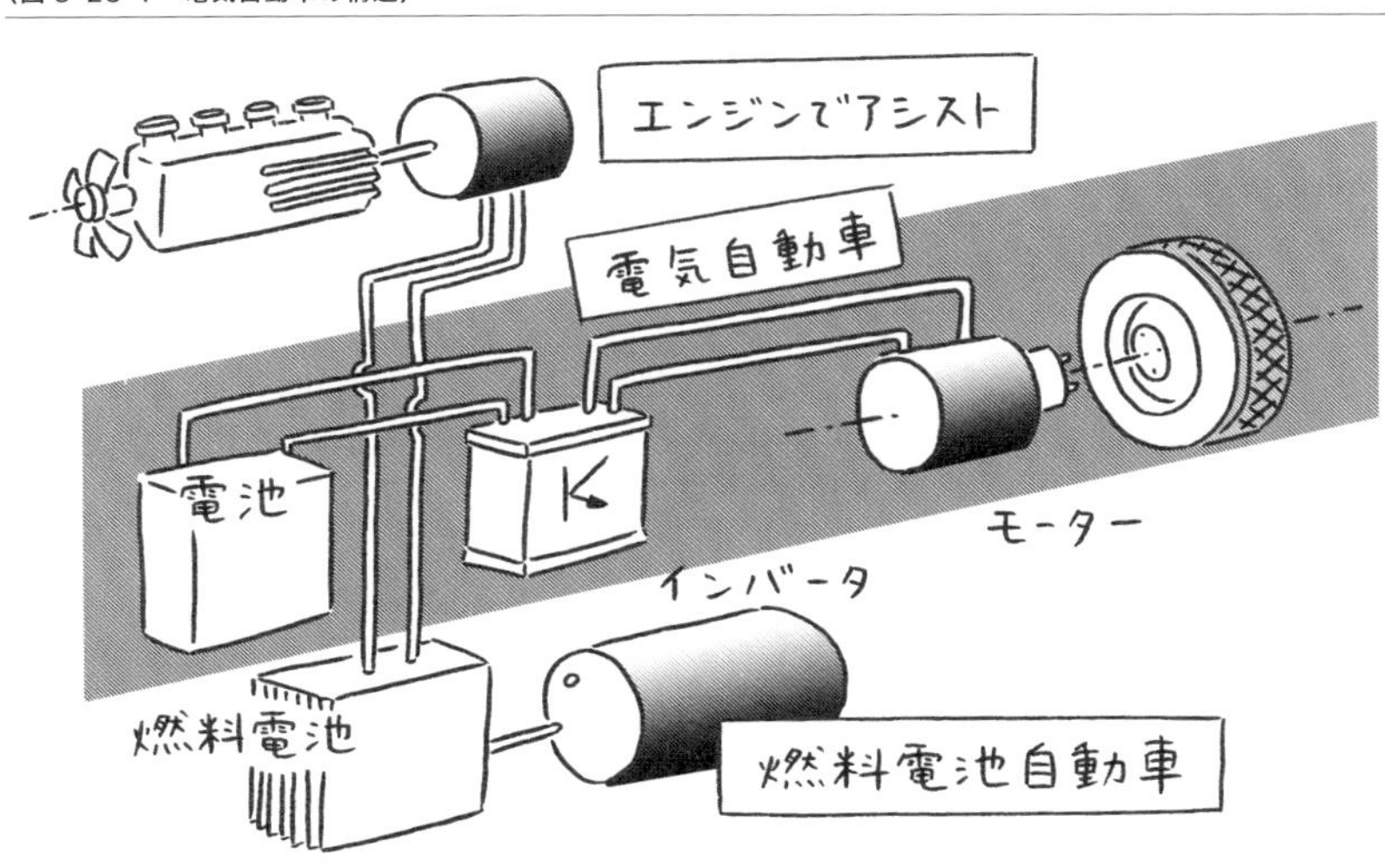

車は電気自動車と内燃機関自動車を合わせた車と思われがちですが、実際は内燃機関自動車が捨てていたエネルギーをモーターで回収して電池に蓄え、それを走るための補助にする車です。なので、正しくはモーターアシスト式ガソリン自動車なのです。

自動車にはもう一種類、モーターの力のみで走る車があります。モーターに用いる電力を電池からすべてを供給するのが電気自動車です。電池だけで走るのは心もとないので、燃料電池の電力を使うのが燃料電池車です。また小さなエンジン発電機を付けて走行を助けるのはレンジエクステンダー車です。これらの車は全く異なる原理で走る、全く異なる車のようですが、基本は電池とモーターで走るので電気自動車の一種と考えてください。

もっとも効率がよいのは電気自動車

地球のために、どの車がふさわしいのでしょうか。それを比較するため、まずエネルギー効率という点で比較しましょう。ここでは一次エネルギーとして化石燃料を使うものと考えます。内燃機関自動車では原油を精製し、スタンドに運んで、エンジンで消費します。エンジンの効率は高いと思われがちですが、10％に達していません。それに精製と燃料輸送にかかるエネルギーを計算すると8・6％となります。

一方の電気自動車は燃料を使って発電、送電し、充電した上でモーターを回します。これらすべてのところで効率

〈図 3-28-2　電気自動車、燃料電池車、内燃機関自動車の効率〉

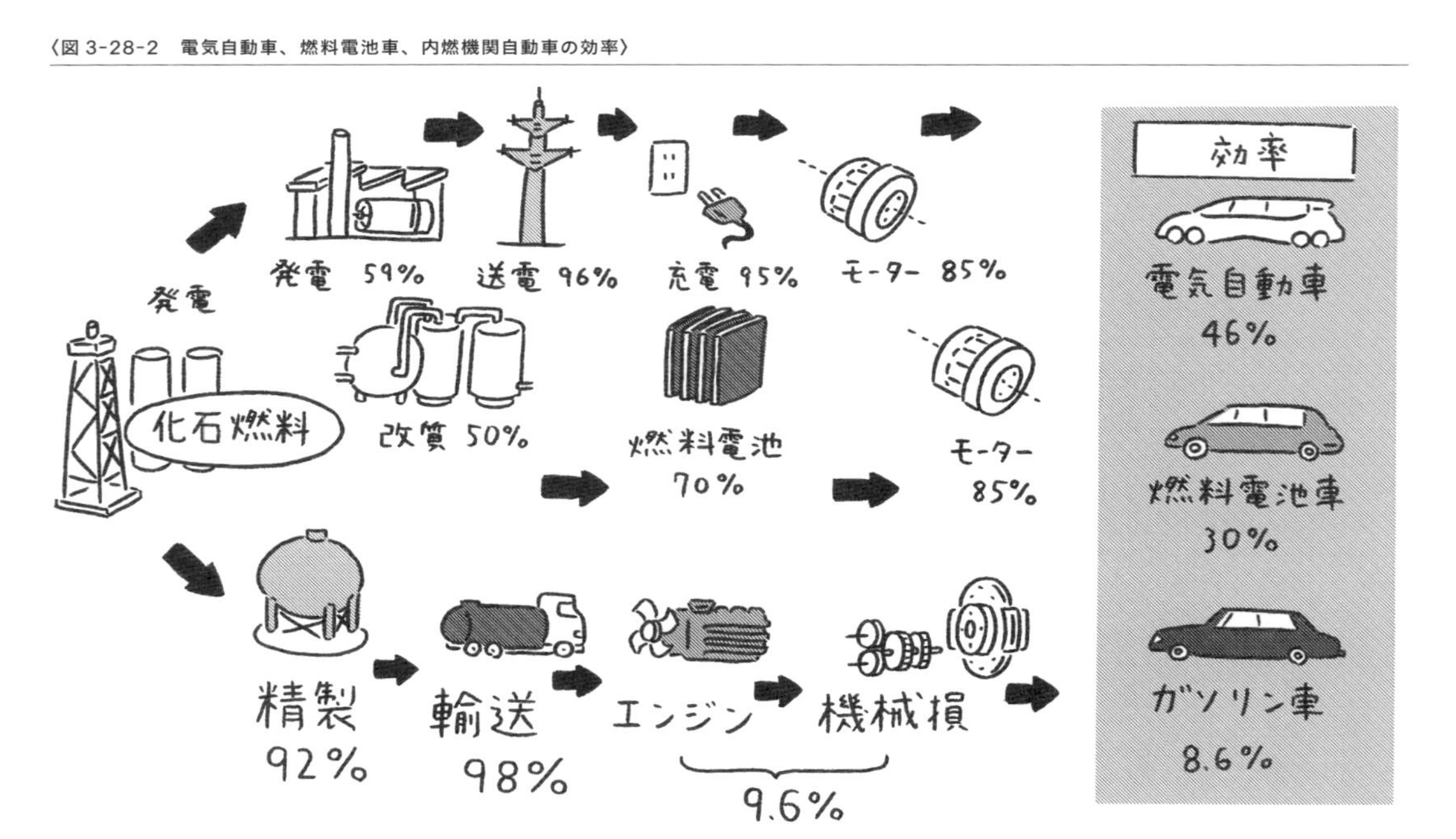

がとても高いのです。発電所の効率は最高59％にまでなり、モーターも実用的に使うという条件で85％の効率があります。これらを考えると全体の効率が46％になります。その違いは約4・5倍です。さらに将来は太陽電池のような再生可能エネルギーで起こした電気を充電して走ることができるようになります。そうするとCO_2排出が全くゼロとすることも可能です。

次に電池で走る場合と燃料電池にした場合の違いを見ましょう。電池は充電し、車が走るときはそこから電気を取り出します。燃料電池は水素と大気中の酸素を燃料電池の中で化合させると電気が起きるという原理です。このとき水素が持っているエネルギーのうち約70％を電気に変えることができます。燃料電池には水素が必要です。これをつくるには天然ガスが使われます。天然ガスに水を混ぜて触媒中で高温にすると水素とCO_2が生まれ、水素のみを取り出します。これを「改質」と言いますが、このとき天然ガスが持っているエネルギーの約半分が失われてしまいます。すると天然ガスから改質を経て燃料電池で電気を起こすまでの効率は35％ほどになります。これにモーターの効率をかけて30％が燃料電池自動車の効率となります。

今後は天然ガスではなく太陽電池による電気で水を電気分解して水素をつくることもありえます。この方法では水の電気分解の効率が重要ですが、やはり50％ほどです。すると太陽電池で起こした電気は、燃料電池を通すとやはり約35％の効率になります。

〈図3-28-3　乗用車のライフサイクルCO_2発生量〉

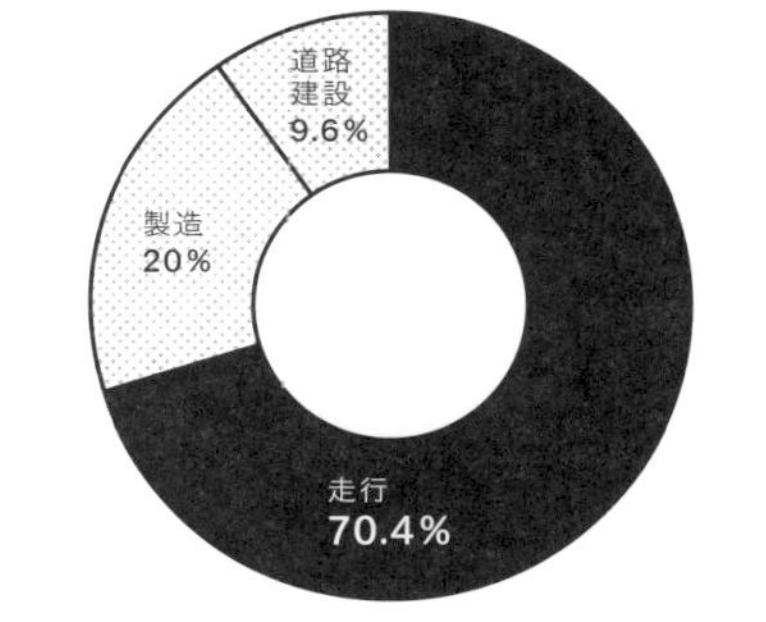

乗用車1台のライフサイクルでのCO_2発生量は30トン

自動車を走らせる場合、燃料消費効率に加えて車をつくるためのエネルギーのことを考えなくてはなりません。広く言えば、道路をつくるエネルギーも見なくてはいけません。

図3-28-3はこれまでの内燃機関自動車でつくるエネルギー、寿命が来るまでに使うエネルギー、道路をつくるエネルギーを計算したものです。これによると走行のエネルギーが圧倒的です。電気自動車では構造が簡単で部品も少ないので、つくるエネルギーも減らせる要因がありますが、内燃機関自動車と大きな違いはありません。このため車の走行によるエネルギーを減らすことが、車全体で見た時のCO_2の排出を抑えるために最も効率的です。

電気自動車は商品としての素晴らしさが必要

これらの比較から、今後、電気自動車を増やせばよいのですが、2015年に売れた電気自動車は約15万台です。これは内燃機関自動車の0・15%にしかならず、今のところ温暖化防止には役に立っていません。

電気自動車が売れない第一の理由は、一回の充電あたりの航続距離が短いことです。また、電気自動車はすべての面で内燃機関自動車よりいい、という理由で買いたくなる性能と機能を持ち、かつ価格が安いということが求められます。カメラはフィルムからデジタルに変わりました。固定電話から携帯電話、スマートフォンになり、ブラウン管テレビも液晶になりました。すべて消費者が買いたいと思う商品だったからです。これから電気自動車を普及させるには、この航続距離と商品としての魅力のふたつが実現されることが必要です。私はそのために、これまでに15台の試作車をつくってきました。そのなかでもっとも有名なのは「Eliica」です。これは2004年につくりましたが最高時速が370㎞も出たということで多くの人に注目していただきました。また2012年につくった「Wil」は、わずか4・15メートルの長さですが新幹線のグリーン車並みの座席の広さを持っています。そして2013年につくった「Cel」はとても少ないエネルギーで走ることができます。

これらの開発を振り返って、今後普及させるために何をしたらよいかについて話しましょう。まずは誰でも考えるのは電池の性能向上です。それは間違いがありません。今、電気自動車用電池にはリチウムイオン電池が使われています。これに代わる新しい電池が実用化される見通しはついていないので、これまでの電池の改良でどこまで高性能化できるかが鍵です。電池は正極と負極、それにこの間をイオン状のリチウムを移動できる電解質も主な材料です。これらの材料の性能向上により電池の性能向上の可能性がありますが、この電池は発明されて約30年経つので、この分野での発展はそれほど進まなくなりました。

しかし、電気自動車に使われている電池の構造をすべて見直してみると、せっかく性能のよい材料を使ってはいても、わずかその6分の1程度の性能しか出せていないことに気づきました。そこで電池の構造をゼロから見直した結果、これまで以上に安全性の高い電池でありながら、5倍も容量の高い電池をつくることができそうだという計算ができました。5倍の性能の電池ができるか、これを今、開

2004年に開発したEliica（エリーカ）
最高速度が370km/時

2012年に開発したWil（ウィル）
座席の広さは新幹線のグリーン車並み

2013年に開発したCel（セル）
電力消費が著しく少ない

発中です。間もなく結果が分かります。目標が達せられれば電気自動車はこれまでのガソリンタンク程の容積で60㎞の航続距離が期待されます。すると航続距離が短いから電気自動車を買わないということはなくなります。

電気自動車の時代へ

次の問題として、車を買う人々が買いたい車にできるかどうかです。車を買う動機は、性能が高いか、機能が高いか、価格が安いかです。この3つがすべて内燃機関自動車以上なら、電気自動車は大きく普及します。

車の性能とは高い加速力と速度、ブレーキの停止距離、カーブを曲がるときに高速に安全に曲がれることが主な点です。これを実現するために、インホイールモーターという技術を開発してきました。これは車輪の中にモーターを入れて直接タイヤを回す技術です。これを全車輪に付けて、全ての車輪に独立に加速力とブレーキ力を与えるようにします。するとどんな道でもスリップすることがなく路面とタイヤが持つスリップ力の限界までの加速とブレーキングと車の旋回ができるようになります。ということは、車が出せる限界までの性能が出せることになります。

機能とは何でしょうか。まず車全体の大きさの割に車室が広く、床が平らで低いことです。これは高性能の電池と高性能のインホイールモーターに加えて、床下に中空構造の強固なフレーム構造を作りその中空の空間に電池をすべて収納する技術の採用で実現できます。この技術のことをコンポーネントビルトイン式フレーム、略してCBFと呼ぶことにしましょう。インホイールモーターとCBFの組み合わせで車が走るための重要な部品はすべて車輪の中と床下に収納できます。すると床から上はほとんどが車室として使えます。これで車室を大きく広げることが可能になります。

機能の第二は乗り心地のよさです。電気自動車はモーターの音と振動がなくなります。静かで振動のない車は乗り心地のよい車となります。インホイールモーターに特別な制御を加えると、車の揺れを小さくすることもできます。これらが電気自動車だからできる機能となります。このほか、今の車には必須のエアコン、ナビ、オーディオなどは当然つきます。

価格はどうでしょうか。工業製品の価格は、構造が簡単でつくりやすいか、大量生産をしているかで価格が決まります。この点で電気自動車は間違いなく安くなります。エネルギー効率が高いのでランニングコストも非常に安くなります。

このような電気自動車は、早ければ3年から5年後には商品にできます。しかし、そのためには高いハードルがあります。試作車をつくり、1台だけナンバーをとることはできますが、これを市販するとなると信頼性や耐久性、安全性を確かめる必要があります。最初の試作車をつくった後テストを繰り返し、改良した車でテストを行い、もう一度つくってテストをして、やっと商品にできるという息の長い開発をしなくてはなりません。そのための費用が非常に高くかかります。それを現在の自動車会社がやればいいのですが、いろいろな理由があって実現をすることには至っていません。

それを動かすのは世論です。多くの人々がこのような電気自動車をほしいということになれば、自動車会社もそちらの方向に向いてきます。政府の政策もそちらの方向を推し進めるようになるでしょう。そのために多くの人々が電気自動車の技術に注目していただくことが実現の早道だと思っています。

そして、私はこれまでの技術にさらに磨きをかける努力を続けていきます。

しみず・ひろし
株式会社e-Gle代表取締役。1975年東北大学工学研究科応用物理専攻博士課程単位取得退学。1976年に環境庁国立公害研究所（現国立環境研究所）入所。1997年～2013年まで慶應義塾大学環境情報学部教授。

電車と自転車のエコな関係

阪急電鉄　秦 健太郎
（阪急電鉄株式会社　都市交通事業本部　都市交通計画部）

阪急電鉄のエコロジカルな取り組み

阪急電鉄の鉄道ネットワークは、大阪・梅田を起点に、神戸や京都など関西経済の中心地とその近郊都市を結んでいる。沿線は、関西圏のなかでも人口集積度が高い一帯である。鉄道、バス、タクシー会社を有する阪急電鉄グループは、こうした圏内で鉄道と連携した多彩な都市交通サービスを提供してきた。

２００８年度、阪急電鉄は都市交通グループとしての環境ビジョンを制定し、よりよい地球環境を次世代につなぐ都市交通事業を目指すことを決めた。具体的には、車両１両が１キロ走行するのに要する運転電力量と付帯電力量の合計値を、前年度比１％削減することを目標とし、交通インフラを担う企業としての環境負荷低減、そして沿線地域に向けた環境啓発と自社事業の利用促進を進めている。

環境ビジョンを制定して以降、駅運営に起因するCO_2排出量を実質的にゼロにする日本初の「カーボン・ニュートラル・ステーション」摂津市駅が開業した。また、京都市内の地下駅の照明をＬＥＤ化したり、電車がブレーキをかけたときに発生する回生電力を駅舎の照明や空調、エスカレーターに活用したりするなど、鉄道に関わる環境負荷の低減に取り組んでいる。

阪急電鉄の沿線は、鉄道を軸として都市機能の一定の集積が見られ、高い水準の都市サービスが提供されている。しかし人口減少と高齢化の進展とともに、郊外から都心部への人口回帰によって、都市構造も変化しつつある。このような都市構造の変化が、運輸部門のCO_2排出量に大きく関係することも示されている。阪急電鉄としては、行政やほかの交通事業者と連携しながら、新駅の整備や乗継改善などの総合交通ネットワークの充実を図るとともに、拠点駅周辺のまちづくりに取り組んでいるところである。

そのひとつが、レンタサイクル事業である。阪急電鉄は、レンタサイクルをバスやタクシーと並ぶ鉄道の重要な端末交通手段と位置づけている。駅までのアクセスを強化し、沿線の交通利便性を向上させることが都市サービス水準の維持や沿線価値の向上につながり、ひいては社会全体の環境負荷を低減させ、持続可能なまちづくりにもつながる。

しかし実際のところ、レンタサイクル事業を軌道に乗せ、理想を実現させることはなかなか難しい。行政をはじめ、さまざまな団体や事業者が手がけるものの、利用が伸び悩み、厳しい運営を強いられる事例も多く発生している。

　こうした現状があるなかで、阪急電鉄がどのようにしてレンタサイクル事業の運営を実現してきたのか、そして今後の展望について紹介していきたい。

阪急レンタサイクルの取り組み

　阪急電鉄は、駅までのアクセス手段として自転車を利用する乗客が多く、放置自転車対策として有料駐輪場の整備を早くから進めてきた。駐輪場を運営していくなかで、駅周辺の商業施設や金融機関までのアクセスとして短時間、自転車を利用したいという声が多く寄せられた。このニーズに応えるため、現在は改札に近いエリアに時間貸し駐輪機を整備し、利用者の必要に応じて、既設駐輪場と時間貸し駐輪機を選択してもらうメニューを設けている。

　レンタサイクルは、複数でシェアすることで自転車総台数を抑え、限られた空間を有効に活用できるというメリットがある。レンタサイクルの利用により、駅からの行動圏域の拡大を図ることもできる。阪急電鉄では、1998年頃からレンタサイクル事業の検討を始め、2000年に神戸線西宮北口駅に最初の「阪急レンタサイクル」を開業した。改札近くにスペースを確保し、料金は定期駐輪場を利用するより安価に設定した。自分でメンテナンスする必要がなく、常に手入れの行き届いた自転車を使えるため、次第に認知されるようになり、年々利用者は増加している。

持続可能なレンタサイクル運営に向けて

　レンタサイクルは、完全無人化の運営が難しい事業といわれる。阪急電鉄では、係員が常駐する有料駐輪場の一部のスペースを利用してレンタサイクルを配置し、同係員が駐輪場とレンタサイクルを管理している。レンタサイクル単体では収支が厳しいものの、初期投資と人件費を最小限に抑えることで、駐輪場・レンタサイクル全体で採算を確保している。スペースをとることができず、通常のレンタサイクル営業所の開設が難しい駅では、定期利用料金に加えて、時間従量制（短時間単位）の一時利用料金を設定し、

〈図 3-29-1　阪急電鉄によるレンタサイクル事業の沿線展開〉

〈図 3-29-2　利用者のニーズと駐輪施設のマッチング〉

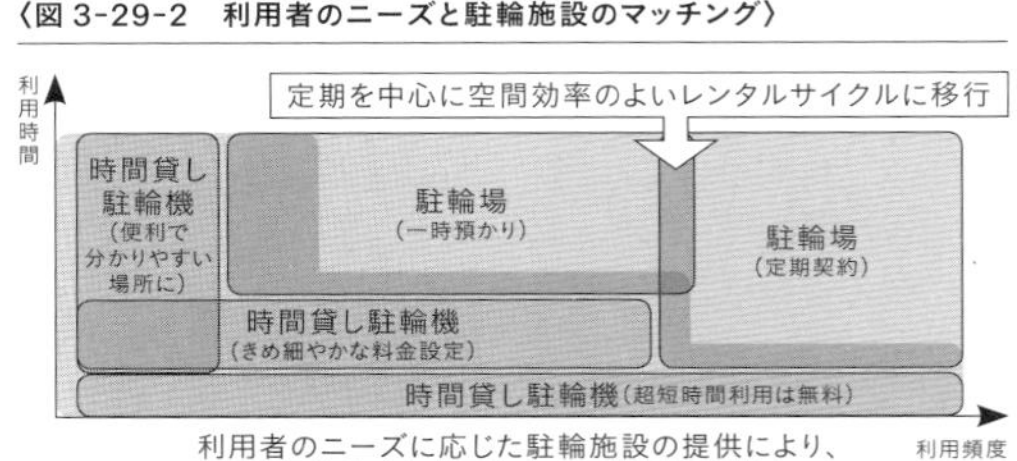

小規模型（S-style）の営業所として開設している。

使いやすいレンタサイクルとは何か

阪急電鉄は、通勤や通学、業務で利用してもらうため、車体の色、サドルの高さ、前かごの材質・大きさなどレンタサイクルを継続的に改良している。また、子育て世代や女性にも使いやすく、自転車による行動圏域を拡大するため、半数の営業所で電動アシスト自転車を導入した。

レンタサイクルには、家から駅までの「アクセス利用」と駅から学校や企業など訪問地への「イグレス利用」のふたつの利用方法がある。どちらかに利用が偏っている場合は、利用状況のバランスが取れるよう、もう一方の利用に限定した定期利用を募集し、効率的な稼働を維持している。

さらに、放置自転車の取締りや駐輪場などの利用促進について、地域と行政、警察など関係者間で連携し、自転車の利用しやすい地域づくりに取り組んでいる。

レンタサイクル導入によるさまざまな効果

阪急電鉄は、環境省の低炭素地域づくり面的対策推進事業として、２００９年度からの2年間に、京都線西院駅の既設駐輪場を改良し、電動アシスト自転車を含むレンタサイクル駐輪場、太陽光発電設備などを整備した。２０１３年度に利用者に調査を行ったところ、のべ約８％（約６４００人）の利用者が、バイクや自家用車からレンタサイクルに転換したことが分かった。これは年間約３・０トンのCO_2排出量の削減につながる計算になる。

レンタサイクル事業の未来

「環境にやさしい」「健康によい」「経済的」「気軽に利用できる」「高齢者の移動手段として有力」といったことが、個人や企業、まちづくりにとっての自転車の利用によるメリットとして挙げられている。一方で、自転車関連事故の全交通事故に占める割合は増加している。自転車を安全で適切に利用するための環境整備がレンタサイクル事業を運営する阪急電鉄にも求められているのではないだろうか。

より安全・安心して長期的に自転車を活用してもらうため、現在阪急電鉄では、従来の駐輪場・レンタサイクルの機能を強化し、利用者のサイクルライフをトータルにサポートする新しい施設やサービスの展開を検討している。今後もさまざまな関係主体と連携しながら、自転車の利用しやすい地域づくりに貢献していきたい。

はた・けんたろう
１９７６年兵庫県生まれ。京都大学大学院工学研究科修了。２００３年に阪急電鉄入社。バリアフリー化工事、新駅整備の設計・工事監理、端末交通計画、鉄道高架下開発計画などを担当。

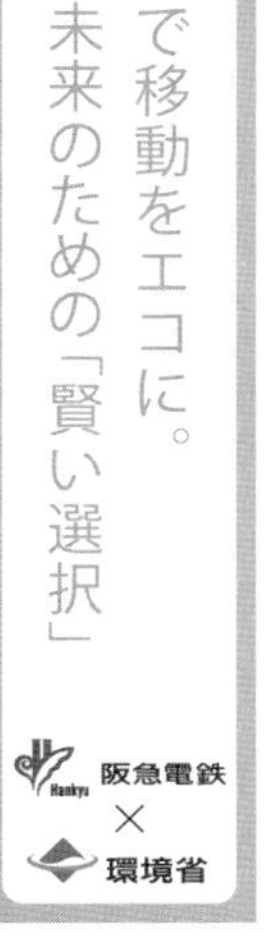

自転車の利用を通じた「移動のエコ」を呼びかけるステッカー（環境省との連携施策）

エコを届ける宅配便

佐川急便
CSR推進部 環境課

佐川急便の環境への取り組み

京都に本社をおく佐川急便は、1997年に京都で開催されたCOP3（気候変動枠組条約第3回締約国会議）を機に、CO_2排出削減へ向けた取り組みとして、設備更新などのハード面だけでなく、生産性を向上させるソフト面の工夫を組み合わせ、環境に負荷の少ない宅配便を構築してきました。その結果、対策を実施しなかった場合と比較して、約16万トン（29・5％）のCO_2排出削減を実現しました（2014年度実績）。本稿では、環境対応車の積極的な導入やトラックを使わない集荷・配達（以下、集配）など、当社の環境への取り組みについて説明します。

第一の取り組みが、環境対応車の積極的な導入です。短距離で発進・停車を繰り返す宅配便事業の車両運用において、燃費がよく環境に優しい車両の研究・検討を重ね、ディーゼル車と比較して、約2割のCO_2排出量を削減できるといわれる天然ガストラックを中心に導入し、2011年には、トラック部門で天然ガストラック保有台数（4217台）世界一に認定されました（国際天然ガス自動車協会調べ）。

第二の取り組みは、安全とエコを統合した運転技術の教育です。当社は、運転技術はもちろん、安全意識を向上させるためのノウハウを結集させた独自のカリキュラムを定め、新人からベテランまでのドライバー全員が環境に配慮した「エコ安全ドライブ7カ条」を実践しています。急発

〈図 3-30-1　環境に負荷のない宅配便〉

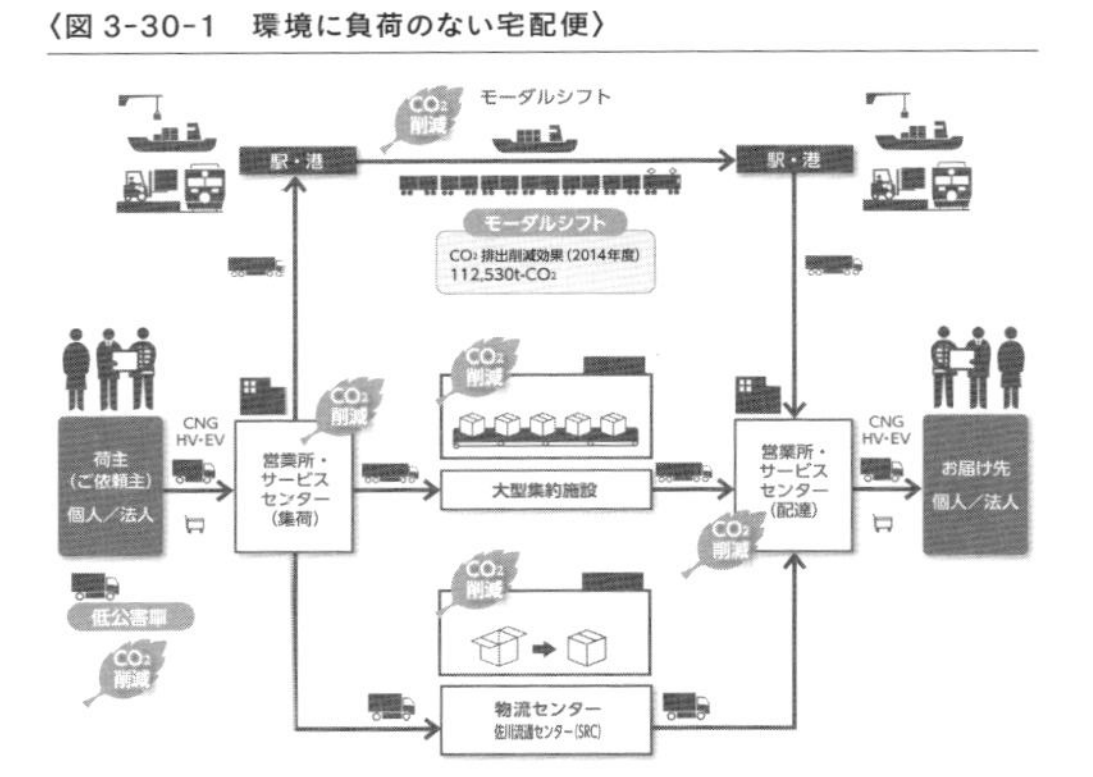

天然ガストラック

進、急加速、急停止をしない運転をすることで、交通事故を未然に防ぎ、ドライバーとしての安全意識の向上につなげています。7カ条のひとつである「アイドリングストップ」では、駐車時にドライバーが車から離れる際は、必ずキーを抜いてエンジン停止を徹底しています。こうした取り組みにより、年間約2万８０００トンのCO_2排出量を削減しました。

第三に、荷物を運ぶ際のCO_2排出量がトラックよりも少ない輸送モードに転換する、モーダルシフトの推進です。日本貨物鉄道株式会社と共同開発した16両編成の電車型特急コンテナ列車「スーパーレールカーゴ」は、最高時速が１３０㎞と国内最速の貨物列車であり、東京と大阪間を毎日深夜に上り下り各1便運行しており、往復の合計積載量は10トントラック56台分に相当します。このモーダルシフトの導入はCO_2排出量の削減に加え、ドライバーの長時間勤務の低減や交通事故の抑止にも寄与しています。

第四の取り組みは、集配時にトラックや軽自動車を使用せず、台車や自転車を用いた集配の推進です。都市部を中心に、小規模店舗のサービスセンターを約３４０か所に設置しています。サービスセンター1か所につき、トラック３～５台を削減できるため、合計で約１５００台相当の使用抑制となります。またサービスセンターの業務は、荷物の小型化に伴い、台車や自転車で簡単に集配業務ができることから、多くの女性が活躍しています。

こうした女性の活躍を推進する新たな取り組みとして、

電車型特急コンテナ列車「スーパーレールカーゴ」

〈図 3-30-2　サービスセンターの設置〉

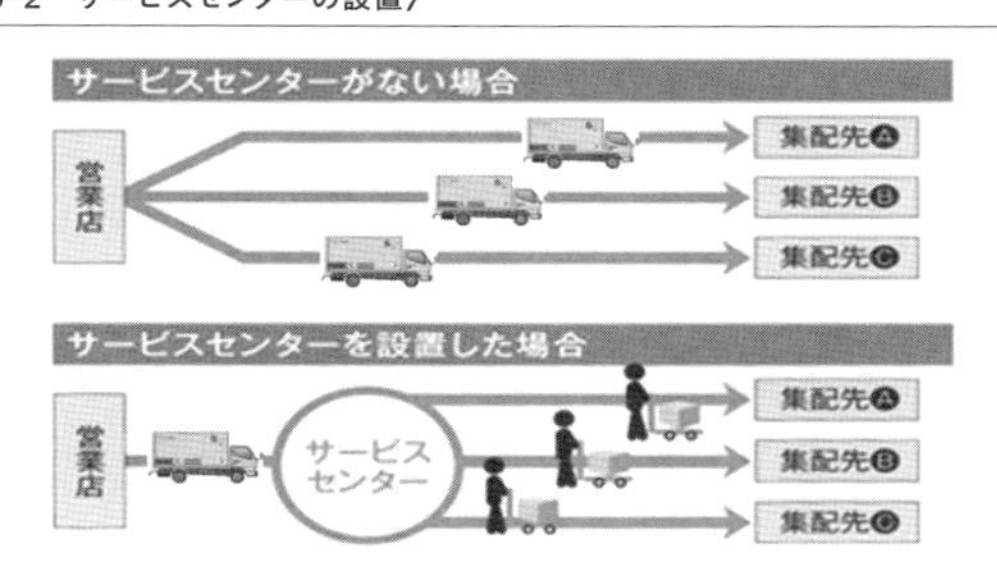

浅草雷門サービスセンター

〈図 3-30-3　スマート納品〉

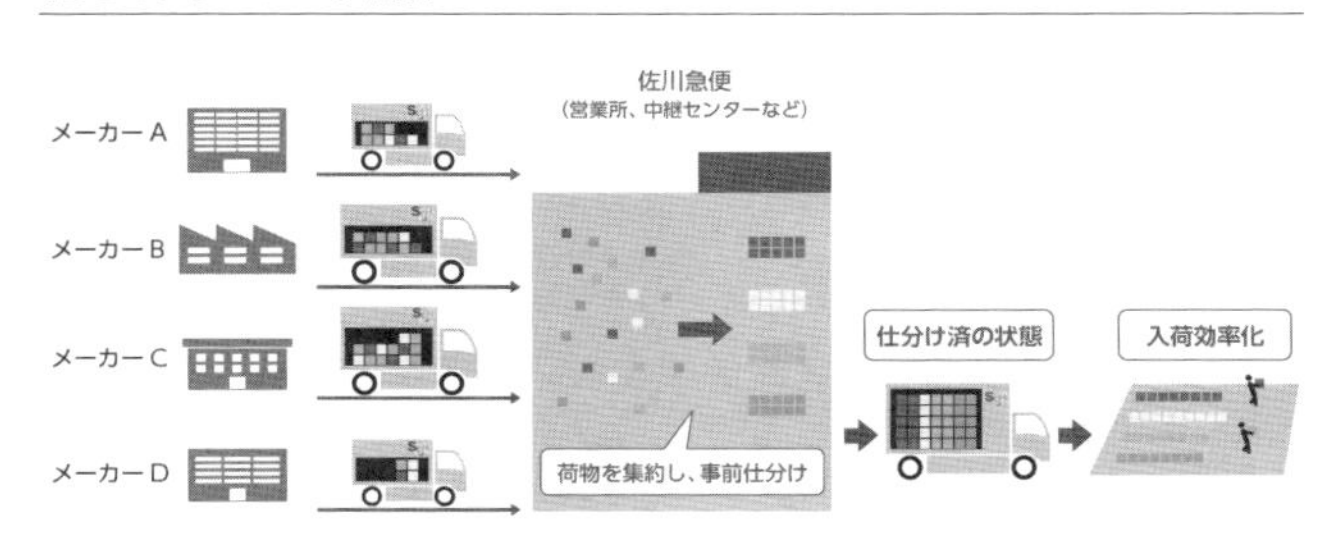

主婦層の女性が都合のよい時間帯や曜日を使って自転車や台車で自宅周辺を配達する「宅配メイト」があり、現在、約２８００人が活躍しています。この取り組みは、宅配便の環境負荷削減にとどまらず、社会の課題とされている雇用問題も視野に入れたもので、主婦層における、家事や育児などの合間の働きやすい時間帯の雇用を促進する集配システムです。地域の雇用創出、事故減少による地域住民の安全確保にも寄与する新しいビジネスの形と言えます。

地域社会との取り組み

佐川急便は、こうした自社の取り組み以外にも地域社会と連携して環境負荷低減に努めています。

２０００年に大規模小売店舗立地法が施行され、大規模複合商業施設の地域社会に配慮した施設運営が求められるようになりました。これを機に、当社では「館内物流」システムの取り組みを本格化させています。このシステムは、施設の入館や搬出入に関する「人・物・車・情報」を一元的かつ効率的にコントロールすることで、オフィスや商業施設などに荷物を届ける物流プロセスの効率化を図るもので、荷さばき場や施設周辺の混雑を緩和し、貨物用エレベーターの待ち時間を短縮することで、集配時間の短縮を実現します。それにより、納品車両台数が抑制でき、環境負荷の低減、交通事故の抑制につながります。

代表的な事例として、東京スカイツリーの取り組みがあります。２０１２年の開業前の予測納品車両約８５０台／日に対して、開業後の実績では、約３８０台／日と55％削減しました。CO_2排出量に換算すると７４１トンの削減となり、２０１４年12月のグリーン物流パートナーシップ会議において国土交通大臣賞を受賞しました。

また、２０１４年10月からは利用者の視点に立った新たなサービスとして、「スマート納品」を開始しました。このサービスは、配送荷物を商品カテゴリー別・ロケーション別に事前仕分けしたり、時間帯別に納品することで、入荷業務の効率化や納品時の待機車両の削減を実現するもので、お客様のニーズに合った形態で配達する業界初のオーダーメイド納品です。

物流事業者が考える環境保全

車両を使用して事業を営む物流事業者として、環境負荷低減に取り組むことは大きな責務です。持続可能な社会の発展に向けて、佐川急便は自社で定めた環境理念・環境方針のもと、本稿で紹介した具体的な取り組みを通して地球温暖化や大気汚染の防止に努め、国や自治体、企業との協働などにより、より実効性の高い活動を推進していきます。

佐川急便株式会社　ＣＳＲ推進部　環境課
ＷＷＦ（世界自然保護基金）のクライメート・セイバーズ・プログラムに物流業界で唯一参加し、CO_2総排出量を９・29％削減するなど、積極的な環境活動を継続的に展開。２０１５年度日経環境経営度調査では運輸部門第１位。

エコな設備を買うときに考えること

小林 光

もし皆さんが企業の経営者で、会社の発展を考えていたら、どんな風にお金を使うでしょう。企業の場合、付加価値をたくさん稼ぎ出すことが第一の使命なので、ある事業案にお金を投じるとどれだけ儲かるかが判断を分ける際の基準になります。この場合、何年かで投資額を回収し、たとえば10年でけっこう儲かる、といったことでは、その事業案に投資する決断にはまだまだ大雑把すぎて不十分です。企業にとっては、銀行からの借入金の金利を超えて大きく儲けなければならないだけでなく、さらに、おそらくはたくさんの投資案があって、そのなかで最善のものを選ぶ必要もあります。もっと儲かる事業があるのに、うっかり、そうではない案件になけなしのお金を使ってしまうと、一見儲けているように見えて、実際は儲けていたはずのお金（「機会費用」と言います）を失っていた、ということもあります。

つまり、企業の場合は単に儲かるだけではいけなくて、投資総額を回収し、累積で赤字が解消される年数（ペイバック・イヤーと言います。もちろん短いほうがいいに決まっています）が5年以内とか、粗利益率（これは大きいほうがいいに決まっています）が20%とか、そういった指標に照らして投資の判断をしています。

ところが家庭の場合は、企業とはお金の使い方の判断がだいぶ違います。家庭は儲ける場ではないので、専ら採用される手段は日々の消費での節約です。これと環境との関係を調べてみましょう。実は家庭でも、企業と同じように、時には投資も大事なのです。

省エネ型の家電はお得

家自体の支払いを除けば、家庭でよくあって金額の張る消費項目は、家電の購入でしょう。そのなかでも使用時の環境への負荷がもっとも大きいのは冷蔵庫とエアコンです。これらは家庭の電力消費量の相当大きな部分を占めていますが、消費者の賢明な選択を助けるため、年間の標準的な使

統一省エネラベル

用に伴う電力消費量が表示されているほか、一目で分かるように電力消費量が少ないほど数多くの星印がつけられています。

たとえば前頁の写真は、パナソニックの最新型のエアコンの星の表示で、5つもついています。私たちは買い物の際に、この目立つ表示を嫌でも見ていると思います。

星の多い性能の優れたエアコンは、当然ながら価格が高いです。精密な部品をたくさん使ったりしているからです。表3-31-1はある量販店で私が調べた、パナソニックやそのほかの会社の、同じ冷暖房能力のエアコンの売値の違いを星の数ごとに見たものです。売っていたなかで性能がもっとも劣るもの（星2つ）と優れたもの（星5つ）では、平均をとると約7万3000円の違いがありました。

〈表 3-31-1　エアコンの省エネ等級と価格の事例〉

星の数	価格（単位：万円）
★	–
★★	9.0、9.0、10.4、13.0、14.0、14.8
★★★	14.0
★★★★	–
★★★★★	17.5、17.8、18.8、19.2、20.8、20.9

※2016年1月に、ある量販店で調べた、冷房能力4kWのものの比較。
※★の数は同じでも省エネ基準に比べた能力には差があり、
最上級の5つ★の場合は特に、年間に予想される電気代に幅があるので、その表示もチェックすることが重要。
※エアコンの価格は新型機が出る年始は安い。上記は2016年製を省いて旧型機のみの価格を調べたもの。
ちなみに同等の新製品は旧製品に比べ8万円から10万円高い。

この違いをどう評価するでしょうか。ヒントを出します。性能が劣ったものの年間の標準的な電力料金はおよそ4万4000円と表示されていました。他方で優れたものは約3万円前後となっています。1年間で1万4000円ほど、性能のよいものが得になることになります。そうすると、約5年使えば、それ以降は性能のよいもののほうが得になる計算です。

さて、皆さんはどう判断しますか。「5年は長いな」と感じるかもしれません。私はこう考えます。仮にあえて性能の劣るものを買って性能の優れたものとの価格差を節約し、これを銀行に預けたとしましょう。家庭にとってもっとも手近な利殖行為は預金です。そうするとこの7万3000円は、年々0・02％の利子を生みます。一方で同じ金額を性能の優れたエアコンに投じたとしましょう。年々1万4000円の利益を生みます。金利に直せば単利19％にもなります。冒頭に述べた機会費用、つまりそのお金を別の形で使えば儲けられたはずの金額に比べても相当にお得です。エアコンが丈夫で10年も稼働すれば、生み出された利益の累積は差額の倍にもなり、エアコンが壊れても元本は残ります。[1]

通常の家庭には儲ける方法がほとんどありません。もち

[1] なお、この計算は預金の意義を否定する趣旨のものではありません。いつでも換金できる金融資産を持って、不測の事態に備えることは重要です。また、その預金が預け先の金融機関でどのように使われるかに関心を持ち、金融機関や金融商品を選ぶのも、社会全体を環境保全的にしていく有効な方法です。この点については次の論考を参照ください。

ろん長く働いた結果、それなりの資産を築くこともでき、それを運用するポートフォリオのなかで環境をよくすることへ取り組んで儲けることもできるでしょう。（詳しくは吉高まり氏の論考を参照。）しかし普段は宝くじを買っても期待収益はマイナスです。そうしたなか、目先の節約も大事ですが、実は省エネへの投資や太陽光発電パネルの設置こそが日常生活では必ず儲かる、貴重な家庭資産運用術なのです。たとえば太陽光発電パネルはエアコンよりもずっと高価ですが、10年も使えば初期投資は賄えて、それ以降は無料で電気が使えることになり、パネル導入前に払っていた金銭はすべて儲けに転じます。

それでもエコな設備や機器に億劫になるマインドセット

太陽光パネルやエアコンといった高価な買い物でなくても、私たちは同じような選択に毎日遭遇しています。たとえばエアコンと併用してさらに省エネを深めるのにうってつけなのが扇風機です。最近、この扇風機にニューフェイスが出てきました。直流モーター駆動の扇風機（DCモーター扇風機）です。我が家ではこれを5台も仕入れて愛用しています。

この扇風機は、これまでの交流モーターで駆動するものと違って、回転させるために常時の通電を要しません。モーターの中の回転子を引きつけたり反発させたりするときだけに電流を流し、電流が流れる時間が少ないので節電になります。我が家で実測したら70%ほどの省エネでした。

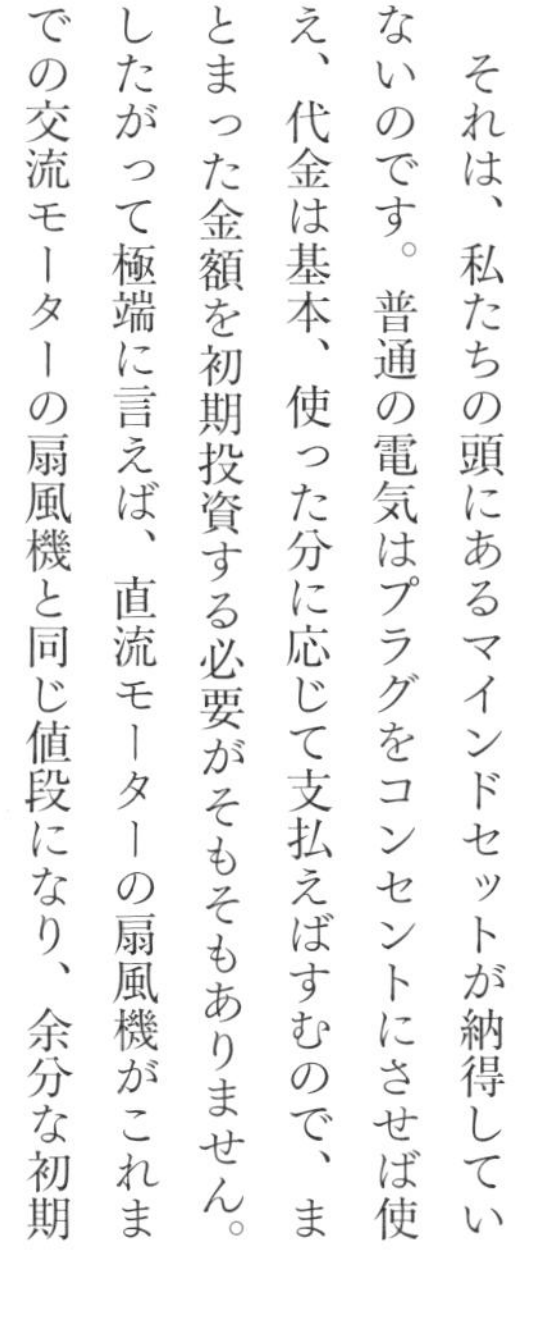

さらに寝ているときにも体を冷やしすぎない微風は大の得意です。回転音も静かで、またモーターも熱を持ちません。よいことずくめです。しかし、ひとつ欠点があります。値段です。こなれた交流モーターのものが2500円程度とすれば、直流のものはネット通販でも6000円ほどします。節電額でこの差を埋める年数は、使い方にもよりますが、先ほどのエアコンの場合よりも長く、7年から10年です。私は家で、その省エネ性能を家人に大いに自慢したところ、「ではいったい何年で差額の元がとれるのか」と切り返され、正直に返答しましたところ、高い評価を受けられませんでした。時間はかかるがもとはとれるし、銀行に預けるより得だ、ということで何がいけないのでしょうか。

直流モーター扇風機

それは、私たちの頭にあるマインドセットが納得していないのです。普通の電気はプラグをコンセントにさせば使え、代金は基本、使った分に応じて支払えばすむので、まとまった金額を初期投資する必要がそもそもありません。したがって極端に言えば、直流モーターの扇風機がこれまでの交流モーターの扇風機と同じ値段になり、余分な初期投資がなくならないと、買う気にはならないのです。これは言い換えると「環境によいものは悪いものと同じ値段であるべきだ」と思うことと同じです。つまり「環境をよくすることに余分のお金は払いたくない」、もっと言えば「環境は無料で使えて当たり前だ」と思っていることと同義です。この思い込みを変えないことには、環境にやさしい家庭用設備や家電は大きくは普及していかないと思います。

私がここで言いたいのは、そもそも省エネや再生可能エネルギーの利用は、ほかに競合する儲けの手段がない家庭ではむしろ利殖術であって、大いに採用すべきであること、そして、これに加えて家庭で儲けが出るという範囲を超えても、つまり機器の寿命の期間内では回収できないような持ち出しがあったとしても、資金を投じてみたらどうだろうか、という提案です。別の表現をすれば、環境を壊さないものを選択することが、環境を壊すものを選択することよりも余分の費用が掛かっても、それを環境を汚さずに使うための必要経費として見て、積極的に負担してみたらどうだろうか、ということなのです。なぜそのように言うかといえば、それは見掛けの安いものが本当に安いものとは限らないからです。

電気料金は環境使用料を適切に含んでいるのか

安全に環境を使用するための費用を惜しんで、結果的に「安物買いの銭失い」になったのが原子力発電です。東日本大震災とそれに続く福島第一原子力発電所での炉心溶融、放射能の拡散事故を経験して、私たちは「原子力発電は安いと聞いていたが、甚大な被害を起こし、その回復などに膨大なお金が掛かることになった。果たして、原子力発電は安かったのだろうか」と自問するに至りました。政府ではさまざまな発電方法に応じた真のコストを推定する作業を行いました。細かい数字はともかく、原子力発電の費用にこれまで含まれていたのは、残念ながら十分ではない程度の耐震や津波などに抗する安全対策費用、これまた不十分な核廃棄物の処理処分費用であって、原子炉立地のための地元対策にあてる税金や、万が一の場合の事故の際の被害賠償費用、除染などの復興費用はそもそもほとんど含まれてはいませんでした。このため、計算をし直したら、原子力発電の1kWh当たりの原価は、2005年の推計時よりも2・2円も増嵩し、最低でも1kWh当たり8・9円になると推計されることになりました（2015年、経産省・総合エネルギー調査会[2]の再計算では、10・3円／kWh。ほかの電源を含めたコストのあらましは図3-31-1を参照）。

つまり私たちは、長い間、原子力で発電された電気を安いものとして余分に使い、他方で発電所では事故に対する十分な備えができていなかったのです。後知恵ですが、そうではなくて、電力料金をもっと高く払って省エネをもっとし、原子力発電所では事故への万全の備えにもっとお金を使う、という姿が正しかったわけです。CO_2が出ないことだけに眼を向けて、所掌外のことを放念してしまっていたことを私としても大いに悔み、反省しています。

［2］総合エネルギー調査会「長期エネルギー需給見通し小委員会に対する発電コストなどの検証に関する報告」（2015年5月）による。

ついでですが、石炭火力発電も同じような問題を今まさに抱えています。石炭火力発電は、そこから多量に（天然ガスによる発電に比べ倍くらい多く）CO_2を出します。よく知られているようにCO_2は地球温暖化を進め、結果として海の水位を上昇させたり、洪水や干害を激しくしたり、山火事や熱波で人の命を奪ったり、といったさまざまな悪さをし、金額に換算するとおそらくは天文学的な額になる被害を生みます。けれども、このような被害額はわざわざ計算すれば出てきますが、現実の石炭火力発電所の操業にあたってその被害を防いだり、被害額を埋め合わせたりするような費用負担を求められることは今のところありません。石炭火力発電所は安い電力を生産しますが、他方で、それが生む被害に伴う負担は自分ではしていません。生産に伴って生じる費用で、生産者が負担せずに第三者、社会に負担してもらうことになる費用を「社会的費用」と言いますが、震災後もなお、社会的費用の負担をしないで発電が行われています。これは、原子力発電の場合に原価を安く見積もって、結果として放射能汚染を生じたことと同じことが、石炭火力発電にも（より少ない割合ですが天然ガス火力発電にも）存在していることを示しています。

　私たちが安いものを選ぶことはもっともですが、安いものが実は環境を犠牲にすることで安さを実現しているのではないか、と疑ってみることは重要です。そうしたチェックなしに安いものを選んでいると、私たちは環境の破壊という大きなしっぺ返しを、震災の時のように、また受けるかもしれないのです。

　初期投資を余儀なくされても「長い目」では得があることは冷静に計算されるべきです。このことに加えて、自分の選択が社会に損を押しつけているのではないかと「広い目」でも検討することが大事なのです。

環境にいいものに高いお金を払っても損はないはず

では、仮に自宅の家計の損得について長い目で考えても

〈図 3-31-1　2030 年時点の発電コストの試算結果〉

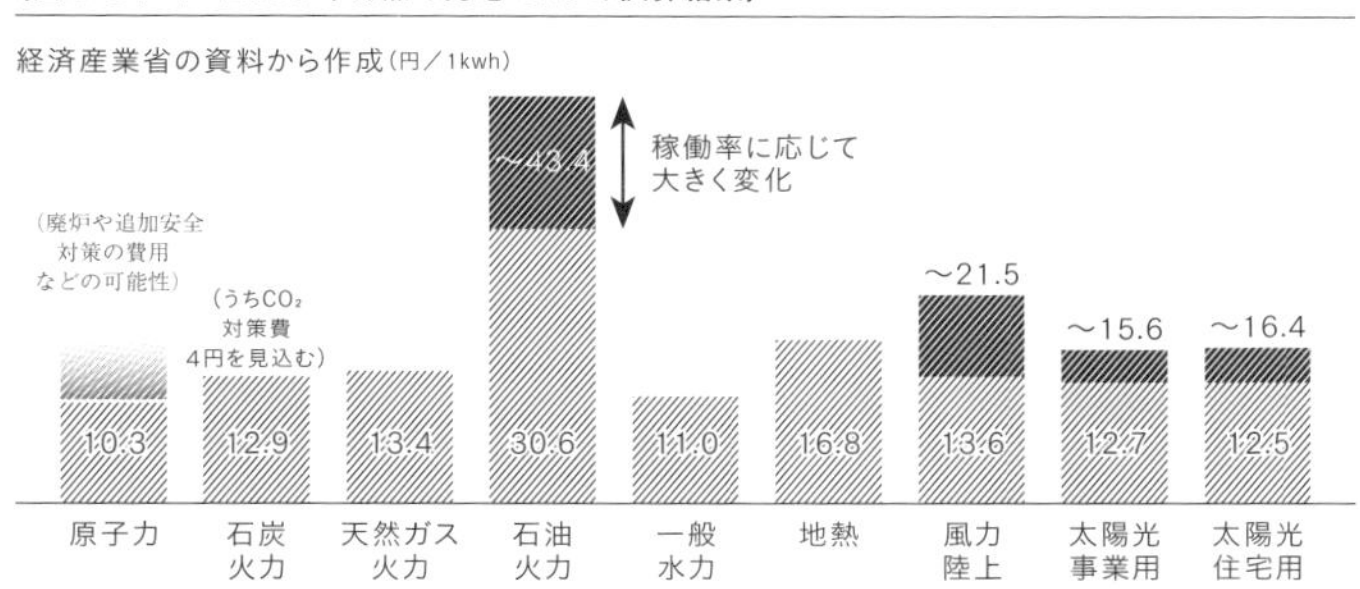

〈図 3-31-2　環境のためにお金を使った場合にマクロ経済に起こること〉

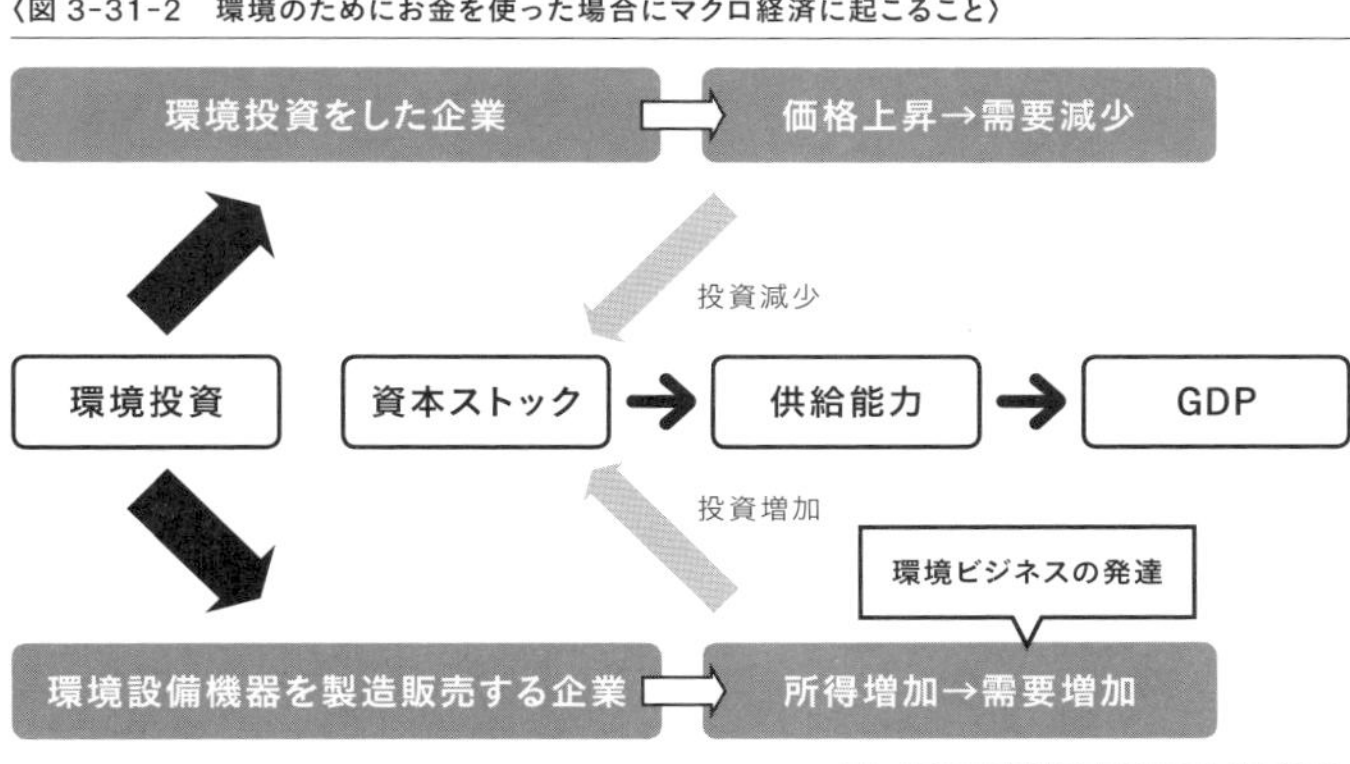

出典：昭和52年版環境白書掲載の図に筆者が補筆。

得にはならない投資を、広い目で必要と思い、あえてしたら、社会の広い目では得であっても、自分は得にはならないのでしょうか。私はこのことに関しても、得になるはずだ、と思っています。

簡単に言うと、誰かの支払いは誰かの収入になるという、経済全体の大きなメカニズムを通じて、皆さんの支出が経済を大きくする働きをするからです。別の表現で言うと、皆さんがお客さんになって、新しいビジネスが世の中に生まれ、その分経済が大きくなるからです。たとえば、ウォークマンが生まれた時のことを考えてください。それより前には、身に着けて聞けるステレオなどというものはありませんでしたが、それが生まれると、爆発的にお客さんができ、そして経済もウォークマンがなかった時よりも大きくなったはずです。

環境の分野でも、私たちはすでに同じような経験を持っています。日本は高度経済成長期、今の中国と同様に著しい公害を経験しました。そこで厳しい公害規制が行われ、いろいろな工場で排煙の脱硫や、脱硝をする装置、汚水処理設備などが設置されました。個々の工場にとっては全然儲からない投資です。けれども日本全体として見ると、公害防止装置をつくるのに多くの鉄やセメントなどの素材が使われ、それを動かすのに人の雇用や薬品などが必要になり、これらを供給するために経済に大きくなったのです。環境対策がない場合のシミュレーションと比べると、環境対策があった現実のほうが経済は成長していた（実質で年率0・9%ポイントの上乗せ）という結果が得られました。[3]

環境対策は、環境破壊の損失を将来につけ回しすることを防ぐだけでなく、現在において環境ビジネスという新しいビジネスを生むのです。私たちの一見得にはならない、しかし大義ある投資は社会全体を潤し、結局私たち自身を潤すことにもつながる秘めた力を持っているのです（図1-31-1参照）。

2016年1月、IRENA（国際再生可能エネルギー機関）はレポートを出し、次のように述べました。現在の世界全体のエネルギー需要の18%を賄う再生可能エネルギーを2030年に今の倍増のシェアを占めるものへと活用を増やすと、その結果、2030年時点の世界のGDPは成り行きに任せた場合に比べ1兆3000億ドル増え、雇用も同じく2440万人増える、と予測されるとのことです。[4] どうですか、世の中をよくするこの企て、一口乗りませんか。

こばやし・ひかる
1949年東京都生まれ。慶應義塾大学経済学部卒業。東大まちづくり大学院修了。工学博士。73年環境庁（当時）入庁。地球温暖化対策、エコまちづくり、グリーン経済などを担当。2009年に環境事務次官に就任。現在は慶應義塾大学大学院特任教授。

[3] 環境庁編、「平成4年版環境白書」総説p.192による。
[4] IRENA, 'Renewable Energy Benefits : Measuring the Economics', January 2016による。

ものづくりのバックヤード・ツアー 消費者の知らない環境との関わり

行木美弥

私たちの生活はさまざまな物に支えられています。物を使うということは、いろいろな形で環境との関わりがあります。環境にやさしい物を選ぼうとする人もいますが、何が環境にやさしいのかを考えることはそう簡単ではありません。

物には私たち消費者の手元に届くまで、使われる前までのライフステージもあれば、消費者の手を離れ、捨てられた後のライフステージもあります。物が環境にどのような影響を与えるかをきちんと知るためには、その物のライフサイクル、つまり原料を自然から取り出すところから、製品に加工し、製品として使用し、捨てられるところまで全ての段階での環境への負担（環境負荷と呼びます）になるのかを知る必要があります。

金はどうやって作られるか

たとえば金を考えてみましょう。金は富の象徴といえる金属で、アクセサリーにも欠かせないものですね。価値のあるものですから投資に使われることもあります。金は歯の治療にも使われるほど、そのもの自体には人体への有害性はないとされています。金はもともと鉱石の中に眠っていますが、掘り出され、鉱石の中から取り出された金は8割がアクセサリーなど　に、15％ほどが工業用・その他加工用に使われ、残りが投資に回るとされています。

金のライフサイクルを通じた環境負荷を考えてみましょう。大半はアクセサリーですから、使う段階での環境負荷はあまりなさそうです。高価なので、金を使ったアクセサリーなどをただ捨てる人はいないでしょう。工業用の金メッキなどに使われた場合、金だけを取り出して再利用しようとすると薬品を使った処理が必要となります。ただし、廃棄される金製品はそれほど量も多くないので廃棄の段階でもあまり大きな環境負荷にはならなそうです。しかし、金は採掘の段階で廃棄される土砂の量は大変なものです。金1gを得るのに土砂は1t も出るとも言われています。

また、金の精錬に有害な水銀が使用されることがあるのをご存知でしょうか。水銀には有害性があり、国際的にも排出を抑えるための約束「水俣条約」が定められています。日本が経験した、深刻な公害のひとつである水俣病の原因はある種の水銀でした。このような悲惨な経験を繰り返さないためにも、この国際条約には「水俣条約」と名前がつけられています。途上国ではきちんとした施設も知識もないまま金を取り出すのに水銀が使われ、そのまま捨てられ、環境が汚染されているところもあります。どこの国でどのように環境から取り出された金なのかを知ることが重要です。

もっとも身近な素材、鉄

次に鉄を使った製品を見てみましょう。「地球は鉄の星」と表現することもあり、鉄は地球にもっとも多く含まれている元素のひとつとされています。鉄は身近な素材のひとつで、身の回りにさまざまな形で存在します。橋やビルなどの土木・建設材料から、自動車や船などの乗り物、工場や身の回りの機械、オフィスなどでの本棚や机、さらに飲み物や食べ物の缶にも使われています。

鉄は、それ自体は無害です。何せ血液の中に含まれていますし、飲食物の容器にも使われています。鉄ももとは鉱石に含まれていますが、何しろたくさん存在するため地面から掘り出す段階での環境影響はものすごく大きいわけではありません。使用の段階の環境負荷は用途で違うようです。自動車など交通関係以外では、使用段階はあまり環境

〈図 3-32-1　金の主な産出国（2012年）〉

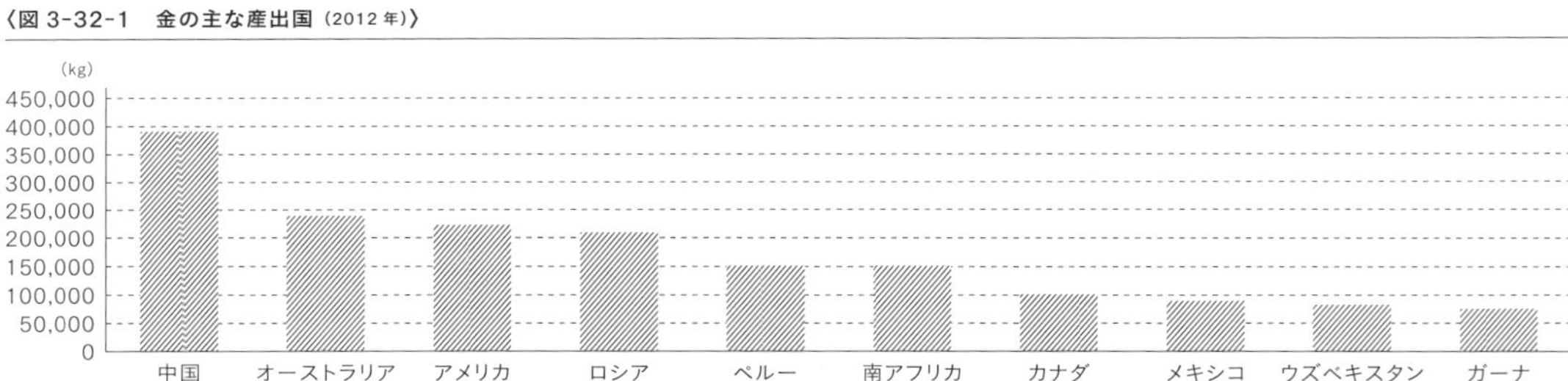

出典：アメリカ地質調査所

〈図 3-32-2　鉄鋼の主な生産国（2014年）〉

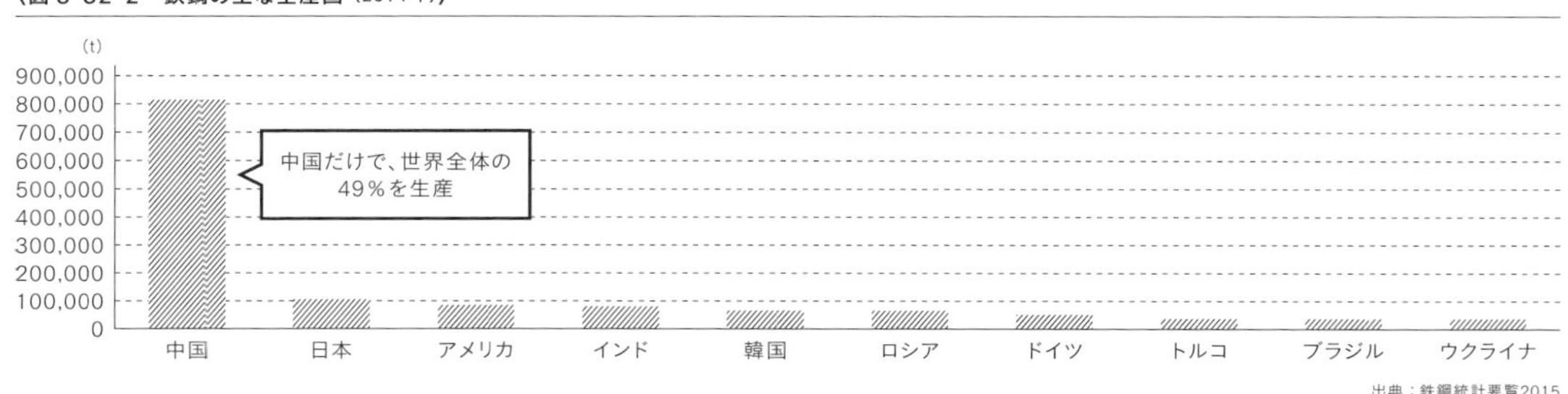

出典：鉄鋼統計要覧2015

負荷も高くなさそうです。廃棄段階でも、鉄鋼[1]はリサイクルが盛んにされる物質なので基本的には問題とはならなそうです。

では製造段階はどうでしょうか。鉄製造は世界全体のなかでもっともエネルギーを使う産業です。なぜなら鉱石に含まれている鉄は酸素としっかり結びついているので、私たちが使うような純度の高い鉄を取り出すためには、石炭を原料としたコークスを使い、特別な炉を使って酸素を引きはがす必要があります。これには大変なエネルギーが必要です。

鉄鋼の生産量が一番多い国、中国では、世界全体の生産量の半分近くを占めています。これは大変な量です。世界第2位の生産国は日本ですが、中国の生産量と比べると8分の1程度にすぎません。中国は最近は生産量の伸びも落ち着いてきていますが、ここ10年の間に生産量が3倍も伸びました。

視点を変えてみると、鉄鋼の主要な生産国は中国からウクライナまでの10か国となります。鉄鋼の生産量はこのたった10か国だけで世界全体の生産量の8割以上を占めています。中国ほどの生産量ではありませんが、インドもこの10年間に3倍近く生産量が伸び、ほかの国はそこまで大きく成長していないか、場合によっては生産量が減ってきています。

なぜ中国やインドでは鉄鋼の生産量が大きく伸びているのでしょうか。鉄鋼は先に述べた通り、さまざまな用途に用いられます。経済が大きく成長する段階では、特に建設・土木用途に用いられる量が多く、産業や街を大きくしていくための基本的な材料として、あちこちで使われます。図3-32-2の主な鉄鋼の生産国をみると、先進国が半分、それ以外の国が半分となっています。建設・土木用途に使われた鉄鋼は長く社会の中で使われ、ある程度、国が発展してしまうと鉄鋼製品が蓄積していくので、新しい鉄鋼製品の需要はあまり伸びなくなります。

何を使って、どうつくるか

鉄鋼をつくるために使われるエネルギー量はどの国が多いでしょうか。使われるエネルギー量の国ごとの全体の量を見ると、鉄鋼の生産量の差が大きいので、その答えは鉄鋼の生産量とほぼ同じとなります。しかし、物を作るうえでの効率を知るためにもう少し細かく見てみましょう。1tの鉄鋼を生産するために使われるエネルギー量を求め、それと鉄鋼をつくるために使われるエネルギー量と、鉄鋼をどれだけつくっているかと合わせてみます。

図3-32-3から、鉄鋼1t生産あたりのエネルギー消費量は国によって随分異なることが分かります。もっとも効率が悪いのはウクライナで、一番効率のよいトルコと比べると、その差は半分近くになっています。最大のエネルギー消費国である中国がもしトルコと同じ生産効率だった場合、消費するエネルギーは半分程度となります。鉄鋼の生産量の多い国で、生産効率を上げることが、エネルギー消

[1] 鋼とは鉄に微量の炭素などを加えて強度や耐熱性などを高めたものを指します。ここでは鉄を含む金属の総称として、「鉄鋼」と表します。

費量を抑えるうえでは重要です。
トルコは先進国ですが、ほかの先進国よりもだいぶ効率がよいということになります。日本やドイツは省エネルギー技術が高い国だったはずですが、トルコや韓国、アメリカよりも効率が落ちるということに違和感を覚える方もいるかもしれません。

各国の鉄鋼のつくり方には違いがあります。鉄鋼には原料とつくり方の違いで大きく2種類があります。ひとつは、鉄鉱石を使い高炉と呼ばれる巨大な炉を使う方法、もうひとつは鉄鋼スクラップを使い電炉と呼ばれる炉でつくる方法です。鉄鉱石を使う場合、先に述べた通り酸素としっかり結びついている鉄を取り出すための作業が必要となり、これには大変なエネルギーがいります。スクラップを原料とする場合には、その作業はもう終わっていますから、そこまでエネルギーは必要ありません。スクラップを原料とする割合は国によって異なり、中国では1割、日本は2割、ドイツは4割のところ、トルコでは8割となります。

それでは、スクラップを原料とする割合を増やせば鉄鋼生産のためのエネルギー量が減らせるではないか、と思いませんか？　それはそうなのですが、残念ながらそれほど簡単ではありません。鉄鋼は用途によっては長く社会で使われ、橋や道路などの場合、仮にもう使われなくなったとしても多くの場合は回収されず、そのまま置いておかれます。そのため、スクラップとして出る量には限りがあります。たとえば近年の中国のように爆発的に需要が伸びた場

〈図 3-32-3　鉄鋼の生産量とエネルギー量の関係（2011 年）〉

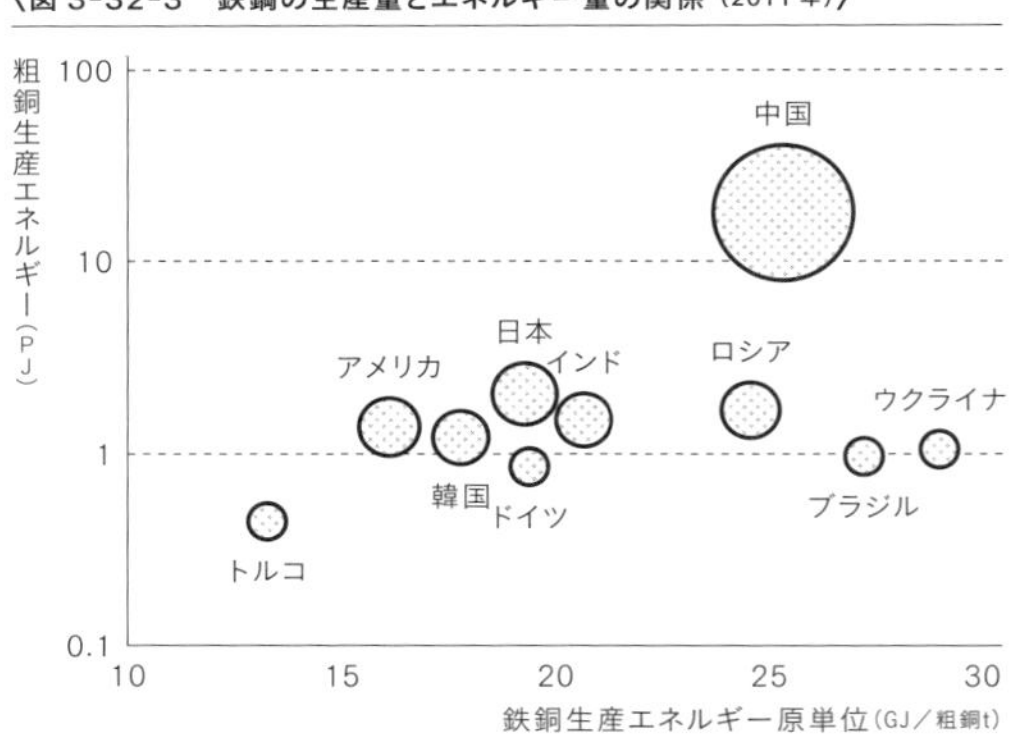

※円の大きさは粗鋼生産量を表す。
※鉄鋼生産時のエネルギー消費量についてはRITE（2010 年時点のエネルギー原単位の推計 鉄鋼部門-転炉鋼）、2010年時点のエネルギー原単位の推計（鉄鋼部門-スクラップ電炉鋼）による鉄鉱石-転炉とスクラップ-電炉のエネルギー消費原単位とWSA（Steel Statistical Yearbook 2013）による各プロセスによる粗鋼生産量のデータをもとに算出。

〈図 3-32-4　自動車のライフサイクルでの温室効果ガス（CO_2）排出〉

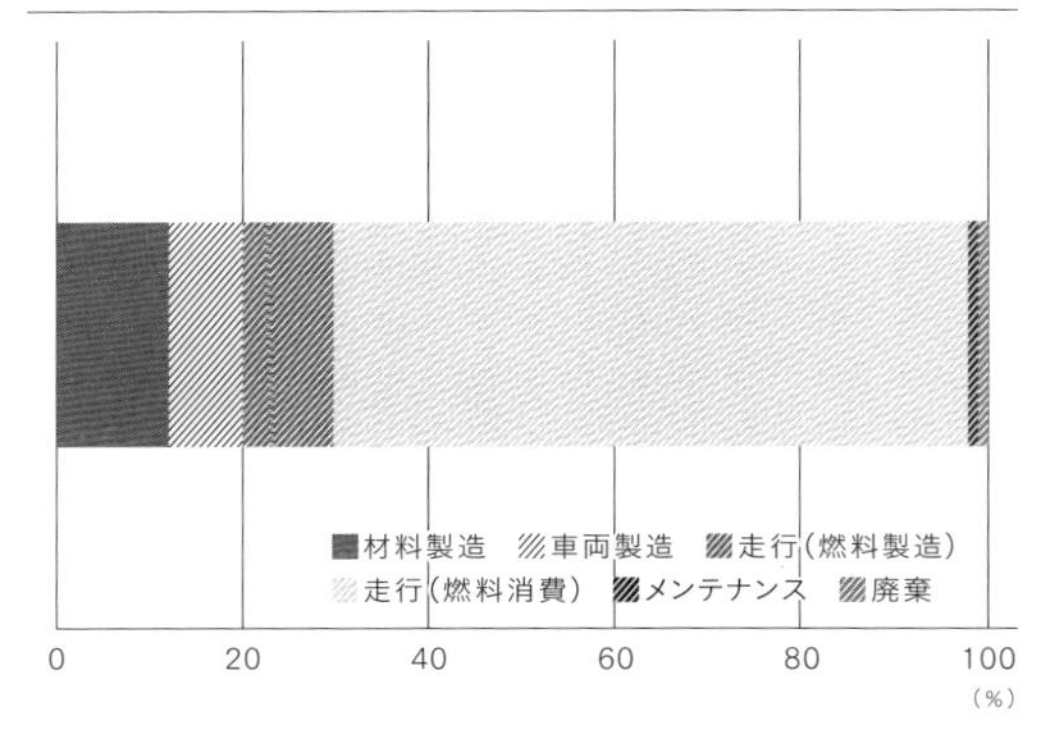

※『トヨタ』のThe MIRAI LCAレポート for communication（2015.6.10）の従来のガソリン車の事例をもとに作成。

合[2]、手に入るスクラップだけではとても必要な分には足りません。そうすると、重要なのは鉄鉱石を原料とした鉄鋼づくりでの効率です。日本は世界でもっとも効率よく鉄鉱石で鉄鋼をつくることができます。日本はスクラップを原料とする割合は小さく、鉄鋼の生産量も多いですが、鉄鉱石を使った製鉄の効率が大変高いため鉄鋼生産に使われるエネルギーは抑えられています。中国も鉄鋼生産のエネルギー効率は改善されてきていますが、もし日本と同じ効率にできれば、1年間で2割エネルギーを減らすことができます[3]。日本が鉄鋼をつくるのに必要なエネルギーは中国の1割程度ですから、これは日本2か国分という大変な量のエネルギー削減になります。

大切なことは、鉄鋼の生産量が多い国、そしてこれから大きく伸びると見込まれる国で、生産効率を上げること。また中国やインドなどの国で鉄鋼が社会に蓄積された後、出てくるスクラップを上手に活用していくことも、この先重要なこととなるでしょう。

自動車の環境負荷

鉄鋼を使った代表的な製品である、自動車の環境負荷を考えてみましょう。主な原料は鉄鋼です。自動車を使うことによる環境負荷を、温室効果ガスをどれだけ出すかという視点でみると、自動車として使われている段階が圧倒的に問題となります。そのため、実際走らせる際にどれだけエネルギーを使わないですむかが重要です。つまり何をエネルギー源として走り、燃費がどれくらいよいか、ということが大切なのです[4]。

自動車については、走るためのエネルギー源についての工夫、燃費をよくする工夫どちらもさまざまなことがなされています。たとえば電気自動車、ハイブリッド自動車、それから燃料にバイオマス燃料を加えるといった取り組みはエネルギー源についての工夫です。より燃料効率のよいエンジンの開発や、自動車に使用する素材や部品などを軽く丈夫なものにする、よりスムーズに走りやすいものにするといった取り組みは燃費をよくする工夫となります。もちろん自動車は安定して安全な走行ができることが大前提なので、丈夫な材料でなければなりません。燃費をよくすることは決して簡単なことではありません[5]。多くの会社が工夫を凝らして開発を進めており、効果もさまざまです。効果を謳う広告の仕方もさまざまで、ひとつの広告を眺めるだけではなかなか判断はできないかもしれません。さて、あなたは、どの会社の製品を選びますか？

なめき・みみ
千葉県生まれ、北海道育ち。東京大学大学院修了（環境学博士）。1995年環境庁（当時）入庁。水質保全、化学物質対策、地球温暖化対策などを担当。現在は環境省にて悪臭・騒音対策などを担当。

[2] 中国の鉄鋼の生産量は減少傾向にあります。
[3] 2011年のデータを用いた推計結果です。
[4] ここでは一般的な車を平均的な年数使用し、求められている車両点検を受け、使用後は日本のルール通りリサイクルや廃棄がなされているという前提で述べています。
[5] 渋滞では本来の車の性能も活かすことができません。道路の維持管理や整備、公共交通機関の確保も重要です。

地域金融機関が進める地域のための金融サービス

西武信用金庫　髙橋一朗
（西武信用金庫　常勤理事・業務推進企画部長）

多岐にわたる。助成金を受けた団体は、助成金を活用した環境保全活動の報告書を作成し、それらを一冊にまとめたレポートを預金契約者全員へ手渡しで届けている。冊子のなかに助成団体の連絡先を記載し、環境保全活動への参加を促すきっかけともしている。商品を紹介したり、レポートに関する案内をしたりなど、契約者への説明が不可欠であるため、「eco. 定期預金」は金庫職員の環境意識の向上にも一役かっている。

これまでの実績は「eco. 定期預金」総額387億円、「西武環境保全活動助成金」92団体に1702万円となった。こうした環境保全への取り組みが高く評価され、2013年3月に環境省「持続可能な社会形成に向けた金融行動原則（21世紀金融行動原則）」において、第1回グッドプラクティスに選出されている。

地域金融機関だからできる地域のための試み

現在では、日本財団の「わがまち基金」プロジェクトの

エコロジカルな定期預金

西武信用金庫は、地域金融機関としての役割から、住みやすさ、子育てのしやすさ、働きやすさなど、地域力を高めるために地域で活動しているNPO法人やソーシャルビジネス団体への支援を積極的に行っている。そのなかでも環境分野へはいち早く取り組みを始めていた。

預金商品の「eco. 定期預金」を活用して地域の環境NPO団体へ助成金を出す「西武環境保全活動助成金」をつくり、2008年からサービスを開始した。「eco. 定期預金」は、契約した顧客の受取利息額の20％を助成金の原資として拠出してもらい、さらに西武信用金庫がそれと同額を拠出して、その合計額を「西武環境保全活動助成金」として地域の環境保全活動に役立ててもらう仕組みの定期預金である。

NPO法人やソーシャルビジネス団体の活動はさまざま。環境教育や里山保全、生態系の改善、省エネなど、分野は

第一号連携先となり、「街づくり活動助成金」と「西武ソーシャルビジネス成長応援融資CHANGE（チェンジ）」（以下「CHANGE」）を独自に取り扱い始めた。この事業の狙いは、地域の資金を地域で循環して、地域の事業成長を促すことにある。

「街づくり活動助成金」は「eco.定期預金」と同様のしくみで、環境分野を含めた子育て、教育、コミュニティ創りなどの分野において地域や社会課題の解決に取り組むNPO団体などへ助成金を提供するサービスだ。現時点で41団体へ922万円を贈呈。毎回募集数を上回る申請を受けている。

「CHANGE」は、日本財団、西武信用金庫、そしてソーシャルビジネスのスタートアップ支援を行っているNPO法人ETIC.との三者で連携を図り推進している。国の法制度や民間のサービスなどではカバーされずに困っている事業者を対象に、上限500万円までは金利0・1%、上限5000万円までは金利1・0%の低金利融資を提供している。

「CHANGE」には、一般の融資とは異なるふたつの特徴がある。ひとつは、社会性や事業の継続性、課題解決の実現可能性等を含めた事業モデルを評価する事業評価委員会を設置し、通常の財務審査と事業モデルとによる2段階

〈表 3-33-1 「CHANGE」の概要〉

	事業成長応援コース	社会変革応援コース
目的	主に創業期のソーシャルビジネスに融資を通じた資金調達の機会を提供すること	拡大・成長期のソーシャルビジネスに社会的インパクトの拡大に向けた融資による資金調達の機会を提供すること
融資金額	500万円以内	5000万円以内
融資利率	固定金利 年0.1%	固定金利 年1.0%
ご利用いただける方	西武信用金庫の地区内にて事業を営んでいる法人及び個人事業主の方で、下記全てに該当する方 （1）主たる事業が福祉、教育、環境、まちづくりなどの社会貢献性の高い分野であること （2）下記の必要書類の提出が可能であること ①応募条件確認リスト ②事業計画書（所定の書式がございます） ③財務諸表（原則直近3期分）	
使いみち	運転資金、設備資金 ※助成金や補助金に対するつなぎ資金は対象になりません	
融資期間	運転資金：6年以内、設備資金：7年以内	
貸付形式	証書貸付または手形貸付	
返済方法	元金均等返済／元利均等返済／期日一括返済	
連帯保証人	法人の場合は原則代表者、 個人事業主の場合は原則不要	
不動産担保	原則不要	
手数料	有担保の場合はご融資時に当金庫所定の不動産担保事務手数料が必要となります。また、本商品はご返済中に返済条件を変更しますと、当金庫所定の手数料をいただきます。	

※審査の結果、必ずしもご希望に添えない場合もございますのでご了承ください。
※ご返済の試算やご用意いただく書類など、詳細については当金庫の窓口までお問い合わせください。また、店頭に「商品概要説明書」をご用意しております。

融資後の定期ヒアリング（両コース共通）
融資先事業者様へは3か月に一度、西武信用金庫職員が伺い、事業計画書にご記入いただいた社会性評価指標と売上、従業員数の進捗をヒアリングさせていただきます。 （各報告の内容は事業評価委員会へ報告されます。上記に加え、決算後には決算書を提出していただきます。）

西武ソーシャルビジネス成長応援融資「CHANGE」の各コースの目的と審査方針

の審査を実施していることだ。

もうひとつは「CHANGE」の利用先に経営強化支援を行っていることである。融資後、事業先へヒアリングを行い事業の課題を洗い出しながら、西武信用金庫、NPO法人ETIC.が有する専門性の高い経営支援を提供する。資金と経営強化支援により、より成長性の高い融資商品となる。現在では34団体。2億円の融資を実施している（2015年12月末現在）。

この分野の取り組みは決して収益性が高いものではないが、西武信用金庫では将来、地域が生き残っていくためには欠かすことのできない取り組みと考え、地域金融機関の本業のひとつとして位置づけている。

たかはし・いちろう
2006年事業支援部長就任、2008年より常勤理事に就任し、地域経済の活性化などにも尽力。2010年より環境省「21世紀金融行動原則」起草委員会委員、2013年より内閣府「共助社会づくり」懇談会委員就任。

地球をよくするマネーの今

吉高まり

「なんでもお金で解決できると思ったら大間違いだ！」というセリフはよく使われる。まして、地球が抱えている問題は単にお金で解決できるわけではない。その問題のほとんどは人間が生活を便利にするためのすべての活動から起きたことだから、その活動を変えることが先決であろう。とはいえ、問題解決にお金がかかることも否めない。そして、世界的に景気が鈍化し湯水のように使えるわけではない限られたマネーを上手に使うことにより、その活動の変化を一層促進できることもある。ちょっとした身近なことから、地球全体に変化をもたらしえるものまで、マネーはさまざまな形で働いてくれる。

まずは、ざっとマネーの働きについておさらいをしよう。お金の使われ方には、直接的なものと間接的なもののふたつに分けられる（直接金融と間接金融）。つまり、「お金が必要な人」と「お金が余っている人」の間に、「誰か」が取引を支援してマネーを使えるようにすることが間接金融で、これまで日本は銀行などの金融機関が提供する預金を介在させた間接金融が中心であった。一方、自らが所有する資金を、受ける側へ直接的に供給（出資、債券の購入な

〈図 3-34-1 「市民風車ファンド」の仕組み〉

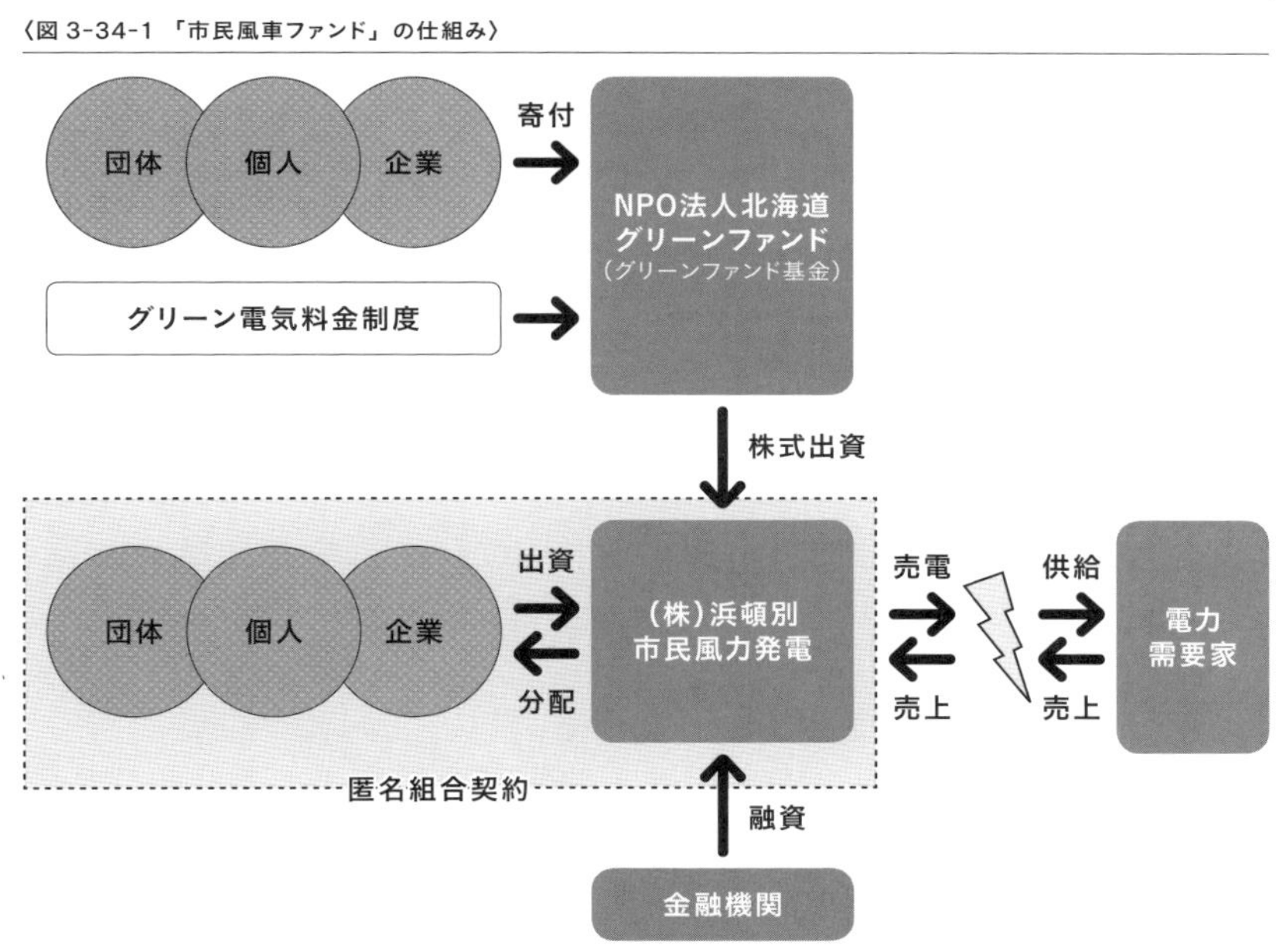

出典：『北海道グリーンファンド』のホームページおよび発表資料をもとに『三菱UFJモルガン・スタンレー証券』が作成

ど）することを直接金融という。ファンド方式（匿名組合出資）、ＳＲＩファンド（投資信託[1]）、グリーンボンド（債券）、グリーンＩＰＯ（株式）、クラウドファンディングなど、直接、金融が地球をよくすることに使われ始めている。直接、地球をよくするマネーのトレンドを見てみよう。

ファンド方式（匿名組合出資）

　地球をよくするアイデアや技術があり、事業化したいと思ったものの、お金がないとき、政府や自治体の補助金を探すことを考えるが、確実性は低い。銀行からの借り入れも期待できない。そんな時に資金調達する手法として、ファンド方式が注目を浴びた。

　その代表例が北海道の「市民風車ファンド」であろう。市民から匿名組合に出資を募り、そのお金で発電用風車を購入・設置する。そして、電力を電力会社に売電して、利益がでれば分配するのが組合方式だ。ＮＰＯ法人[2]『北海道グリーンファンド』は３つのプロジェクトをファンドで資金を調達した。最初のファンドは２００１年に１口50万円で募集を始め、約２２０名からおよそ１・４億円を集めた。その資金と銀行融資で日本初の市民風車「はまかぜ[3]」が稼働した。ＮＰＯ法人は会員に利益を配当できないため、匿名組合契約で集めたファンドを運用する営業者にはなれない。そこで、株式会社『浜頓別市民風力発電』は同法人が設立した事業目的会社であり、同法人は株式出資をし、株式会社『市民風力発電』という風力発電事業の企画立案、風力発電設備のオペレーションおよびメンテナンスをする会社が運営業務にあたる。営業者である事業目的会社は毎年分配するとコストがかかるため回数を2回としたが、それでも「配当に魅力を感じ」て、市民運動に参加しない人にも参加のインセンティブとなったという。２０１５年現在では、青森や秋田など『北海道グリーンファンド』が関わった風力発電設備は18基となっている。その後、太陽光発電の「おひさまエネルギーファンド」などさまざまな市民出資ファンドが設立され、日本の再生可能エネルギー発電の普及に一役かっている。

ＳＲＩファンド

　毎年、世界１９５か国の代表が一堂に集結し、温暖化防止に向けての二酸化炭素排出削減をどのようにしていくべきか活発な議論を交わす。「温暖化を招いたのは先進国の経済発展のせいなので責任をとれ」という途上国と、「これからの排出量は途上国から増えるのだから差異はあってもともに努力すべき」と主張する先進国との間の論争の主題はいつもマネーだ。誰がそのお金をだすのか？　先進各国の政府資金の拠出には限界があるから、民間企業からの資金もカウントしたい先進国、開発援助などの国際支援金でコミットメントを求める途上国との対立が鮮明になり、２０１５年にパリで開かれたＣＯＰ21でも簡単には溝が埋まらず積み残しされた。

　地球温暖化の主要原因は化石燃料の多大な使用であり、

[1] 投資信託商品（SRIファンド）を間接金融に分類する見方もあるが、ここでは、お金を出した人が直接リスクを負うという点から、直接金融に分類する。
[2] 北海道グリーンファンド「これからのエネルギーを地域・市民の手でつくる　市民風車 - Community Wind Power-」 www.h-greenfund.jp/citizn/citizn.html
[3] 北海道グリーンファンド「はまかぜちゃん」 www.h-greenfund.jp/citizn/hamakaze.html

電力を大量消費する企業や人々の活動を変化させることが解決の第一歩である。先進国は、開発途上国が取り組むクリーン・エネルギーの技術投資に対して多額の資金援助を表明しているとされる。民間も温暖化防止に向けて動き出している。『マイクロソフト』創業者のビル・ゲイツ氏や『Facebook』のマーク・ザッカーバーグ氏などの経営者たちがクリーン・エネルギー基金を始めている。もし、あなたが『Facebook』や『マイクロソフト』の株式に投資していたとして、それらの企業が利益を出し、その利益を地球をよくするために使っていたとしたら、そのマネーは地球をよくすることに貢献していることになるだろう。プリウスを開発した『トヨタ』や、自然エネルギー利用を促進している『ソニー』など、これらの株式が組み込まれている、いわゆるエコファンドや社会的責任投資（Socially Responsible Investment: SRI）ファンドは、投資対象が倫理的、社会的、環境的基準を満たした企業に限られる。そうしたファンド（投資信託）を購入することも間接的に地球をよくすることにつながる。

COP21の様子

　また、パリで開かれたCOP21のサイドイベントでは、欧米の多くの国民年金などを運用する機関や投資家たちが、さらにグリーンな企業への投資を進めることを宣言していた。昨年、日本の国民年金運用機関である、年金積立金管理運用独立行政法人（GPIF）も国連の責任投資原則に署名した。今後、日本国内でも環境取り組みを支える金融の仕組みづくりが盛んになり、家庭から世界の環境改善に投資をする機会は増えていくだろう。

グリーンボンド

　株式とは別に、企業の資金調達手段として債券の発行があるが、この資金調達の使途が地球をよくすることに特化されている債券がある。それが、グリーンボンドやウォーターボンドと呼ばれるものだ。これらの債券に投資するのも、地球貢献につながる。グリーンボンドとは、代替エネルギーの導入、温室効果ガス排出削減の技術開発支援、森林再生など気候変動対策を目的とする事業活動に資金使途を限定した債券であり、水のプロジェクトに限るのがウォーターボンドである。

　グリーンボンドは2007年に欧州投資銀行（EIB）によって発行されて以降、金融機関による発行が続いたが、2013年にフランスの電力会社である『EDF』がグリーンボンドを発行した。その後、毎年のようにうなぎのぼりに発行が増えている。グリーンボンドには2種類あり、〝ラベルなし〟と〝ラベルあり〟だ。〝ラベルなし〟とは、債券の目論見書上、発行体自ら「グリーン」と称していないものの、たとえば純粋に再生可能エネルギープロジェク

[4] 自ら「グリーン」のラベルを付している債券の発行体（企業）は、第三者から認証を得ることが多い。

ト事業のみを行っている企業が債券発行する場合のように、その資金調達が「グリーン」であることが明らかな債券である。"ラベルあり"は企業が新たにグリーンな事業をするために、資金使途などが「グリーン」であることを説明したうえで「グリーン」のラベルを付して、[4]通常の資金調達と同様に債券を発行して資金調達する場合である。後者の場合、ＣＳＲ（企業の社会的責任）などのＰＲ目的で発行される場合もあり、『ＥＤＦ』のグリーンボンドはその傾向が強い。

日本では、世界銀行が発行する世銀グリーンボンドやアジア開発銀行のウォーターボンドなどが販売されている。また、ハイブリッド車など対象の資金調達のため『トヨタ』は米国の自動車ＡＢＳ（資産担保証券）市場で、初のグリーンボンドを発行した。発行規模は7億５０００万ドルで、債券発行による調達資金はハイブリッド車や電気自動車、燃料電池自動車などの将来のローン、リースのファイナンスに活用される社債である。

グリーンIPO（Initial Public Offering：新規上場株式公開）

環境問題の解決に資するビジネスを行う企業が、企業の成長過程において、必要としている資金調達に一役買うのが株式上場であり、その際に発行される株式の購入は直接その事業の支援につながる。

２００５年創業し、２０１２年に東京証券取引所市場マザーズに上場を果たした『ユーグレナ』の創業者かつ代表

〈図 3-34-2　ラベルありグリーンボンドの年間発行額推移〉

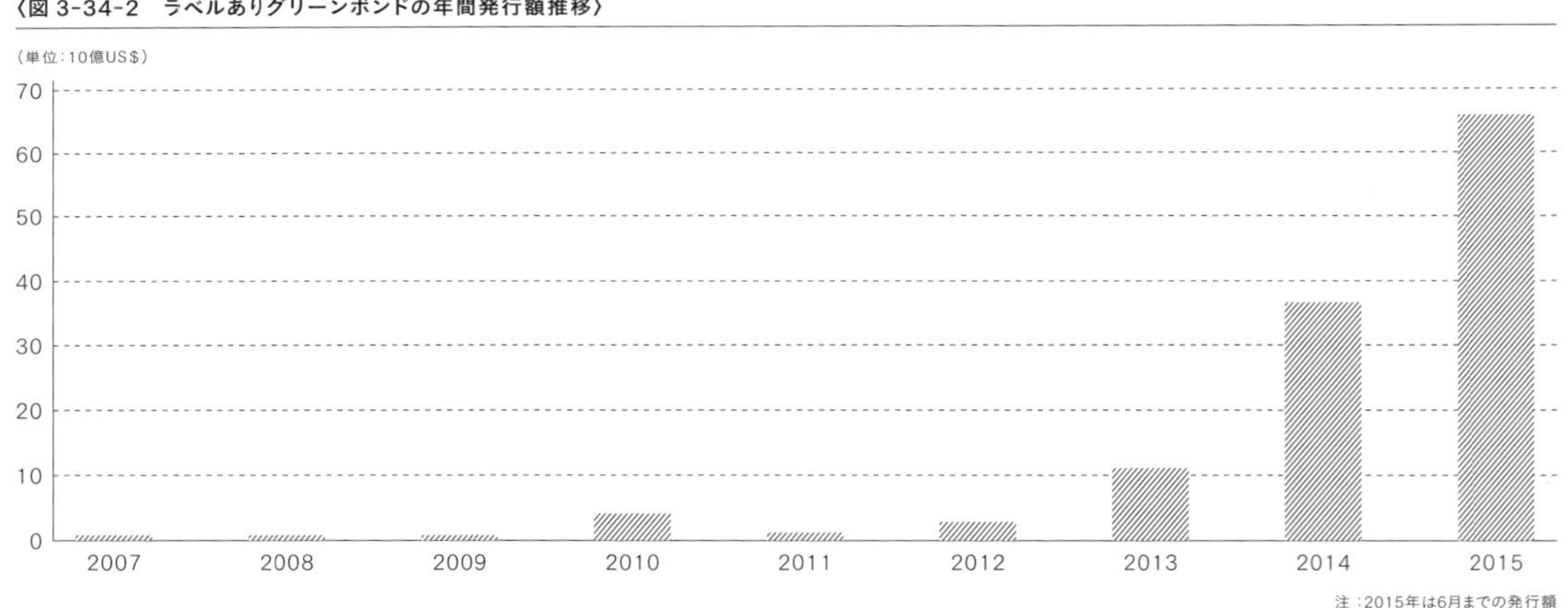

注：2015年は6月までの発行額
出典：Climate Bonds Initiative

取締役社長の出雲充氏は、大学のときにバングラデシュを訪れ、世界の貧困や栄養事情の解決に貢献したい思いが芽生えたという。同じ大学の農学部に在籍していた鈴木健吾氏（現・研究開発担当取締役 研究開発担当）から、同氏の研究テーマであった「ミドリムシ（学名：ユーグレナ）」を紹介され、ミドリムシが持つ栄養素や高い二酸化炭素固定化能力から、世界の食料や環境問題解決の潜在性を確信したという。その後、出雲氏は培養技術を確立させ事業化を図った。

『ユーグレナ』では機能性食品や化粧品の開発・販売のほか、二酸化炭素固定化、水質浄化やバイオ燃料の生産に向けた研究を行っている。研究開発型の企業は、資金を外部からのエクイティによる調達に頼らざるを得ず、『ユーグレナ』も創業以来、２０１２年12月20日の上場までの間に多くのベンチャーキャピタル（ＶＣ）や事業会社からの出資を受け入れて会社を成長させてきた。ＶＣの資金を呼びこむには出口戦略が重要であるが、上場を目指すことによりＶＣからも出資を得て企業を成長させ、上場を実現した。

このような新たに社会を変える可能性のある起業家を発掘し株式が上場したときに株に投資し、中長期的に保有しながら、新たな環境ビジネス市場を育てるのも地球をよくするマネーなのだ。

クラウドファンディング

群衆（crowd）と資金調達（funding）を組み合わせた造語で、ある目的のために、インターネットを通じて不特定多数の人から資金の出資や協力を募ることをいう。クラウドファンディングでプロジェクトを公開したことがきっかけでＶＣから出資を受けたケースもある。クラウドファンディングは寄付型、投資型、購入型の３つに分類できる。寄付型はお金を出す側が見返りを要求せず、プロジェクト実施者は資金提供者に対しリターンを出さない。ｉＰＳ細胞でノーベル生理学・医学賞を受賞した山中伸弥教授の京都大学ｉＰＳ細胞研究基金のプロジェクトなどは、３０００万円近くを集めている。２０１４年度は投資型はまだまだ少ない。未公開企業への株式投資については注目度も高いが、金融商品取引法（以下、金商法）にもとづいた事業者登録が必要で、クラウドファンディングのプラットフォームを運営する事業者側に一定の資本金や金融取引のノウハウが必要となる。また、プロジェクトを立ち上げる側もかなりの事業計画資料などを用意しなければならない。

もっとも多いのが購入型で、日本では１００サイトほど立ち上がっているといわれている。これは、支援者がＥＣサイトを利用する感覚でお金を支払い、開発商品やイベント参加といった形で支援に対するリターンを受け取る。事業者が購入型クラウドファンディングとしてサイトを立ち上げる場合は金商法と異なり、特定商取引法などＥＣサイトのスキームで参入できるため敷居は低い。

アメリカの汚染されている海洋のゴミをクリーンアップするロボット技術を開発した『Protei』[5]はクラウドファン

［5］www.kickstarter.com/projects/cesarminoru/protei-open-hardware-oil-spill-cleaning-sailing-ro

ディングで最初に資金を調達した。この技術はヨット型のドローンであり、手動の清掃技術より安く実現する。はじめ、海洋に漏れたオイルをピンポイントで発見し除去するために開発され、２０１０年にビジネスとして開始。創業者のガブリエル・ラバーン氏はこの技術を日本の福島での災害から広がる放射線測定にも適用できるとしている。その後、技術のスケールアップのためＶＣなどから資金調達をしている。

クラウドファンディングのようにクリックひとつで少額な資金で事業の参画にも関われる手法もある。このように、地球をよくするマネーはますます我々の生活に身近になってきているが、これらのマネーの活用手法の違いはリスクの違いだ。どんな少額だとしてもそれぞれのリスクをよく理解しよう。そして、地球をよくする事業を見つけて投資することにより、たとえ自分が動くことができなくても、あなたに代わって、あなたのマネーが社会を、そして地球を変えるために活躍するに違いない。

よしたか・まり
三菱ＵＦＪモルガン・スタンレー証券クリーン・エネルギー・ファイナンス部主任研究員。明治大学を卒業後、ＩＴ会社、米国投資銀行を経て、米国ミシガン大学自然資源環境大学院環境政策科科学修士。

第4章

政策で暮らしを地球につなげる

政策を捉える視点 ―意識啓発と環境行動の普及―

杉浦淳吉

社会的ジレンマとしての環境問題

環境に配慮した行動は、頭では重要だと分かっていながら実行が伴わないことが多い。このことが環境問題の解決を困難にしている。そこで本章では、私たちが環境行動を起こすための足がかりとして、人々の意識と行動を決定する要因や変化を導く方法について解説する。

人々の意識と行動を変えていくような働きかけが求められているが、そのために、まずはなぜ行動の実行が難しいのかを理解しておこう。行動の実行が困難な理由は、個々人にとって行動しないほうが快適で負担の少ない生活が送れるからであり、それは容易に自覚できる。一方で、多くの人が行動を起こさなければ世界は住みにくい環境となり、そのツケが自分に回ってくることも何となく理解できる。つまり、やらなければならないと分かっていながら、自分自身はそれを回避してしまっているのである。解決に向けた行動は他人任せで「自分一人くらいは実行しなくても大丈夫」と思ってしまいがちになる。自分以外の多くの人々も同じように考えるので、結局問題が解決できない。こうした事態を「社会的ジレンマ」と言う。

社会的ジレンマとしての環境問題を解決する方法は大きくふたつある。ひとつは人々にとって環境行動をとることが得になるように社会の仕組みを変える「構造変容アプローチ」、もう一つは個々の環境に対する意識や行動を変える「態度変容アプローチ」である。両者は別のアプローチの仕方に見えるかもしれないが、そうではない。社会の仕組みは特定の強力なリーダーの一声で変わるものではなく、さまざまな利害関係にある人々が環境を守るという観点で合意形成をしていく必要があり、それには環境への個人の意識を変える必要がある。また、環境行動が得な仕組みになったとしても、環境への意識が伴わなければ、自分は得をしなくてよいからと、環境への配慮よりも便利な生活を選ぶことにつながりかねない。環境行動をとらない分、たとえば税金を余分に払うというのも環境への貢献といえるかもしれないが、そうした人たちこそ環境に配慮した行動をとれば、より社会貢献につながるだろう。いずれにしても社会的ジレンマとは、自分以外の多くの他者の行動が自分の行動に影響を与えるということであり、他者の行動が個人にとってどのように影響し、また自分の行動が他者にどう影響を与えるかを踏まえた方策が必要となる。

意識と行動の食い違い

社会的ジレンマとしての環境問題で、もうひとつ考えておかなければならないことがある。それが意識と行動の乖離（食い違い）である。「分かっちゃいるけど、やめられない」という心理だ。健康や美容のためにダイエットが必要と思っていながら、抑制すべき目先の飲食物に手をつけてしまうようなことであるが、環境行動ではこれが社会の問題と関わっている。

図4-1-1はエネルギーの消費行動を、学習心理学をもとにした社会的トラップモデルによって表している。たとえば暑い時にエアコンのスイッチを入れる、という行動を考えてみよう。28℃に設定するべきところを25℃に設定すればすぐに快適になるが、いつも温度設定を低くしていると電気料金が高くなる。もちろんそのことは分かっているが、人々は行動した結果により状況が変わること（ここでは涼しくなること）のほうが、高い電気料金を請求されるよりも早く起こる。電気料金が高いことが望ましくない結果であればエネルギー消費行動は抑制されるが、それよりも「快適である」という望ましい結果（フィードバック）が先に得られれば，人々はそれによって行動が強化される（持続するようになる）。行動の結果が快適か不快かのフィードバックされる時間が短いほど、その行動は強化される。

〈図4-1-1　社会的トラップモデル（広瀬1995）〉

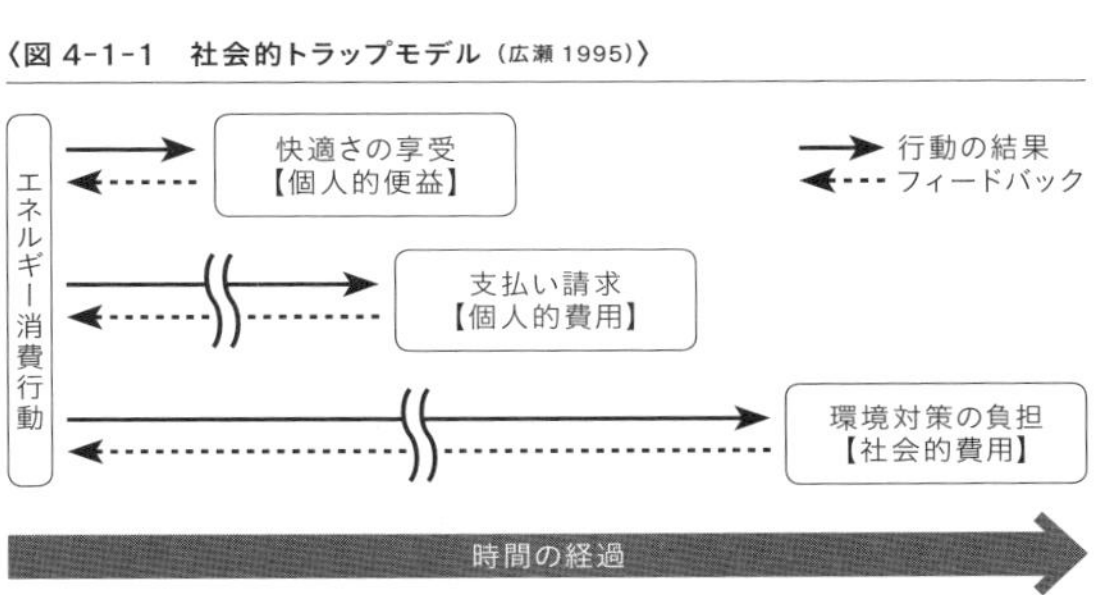

〈図4-1-2　環境配慮行動の規定因（広瀬1995）〉

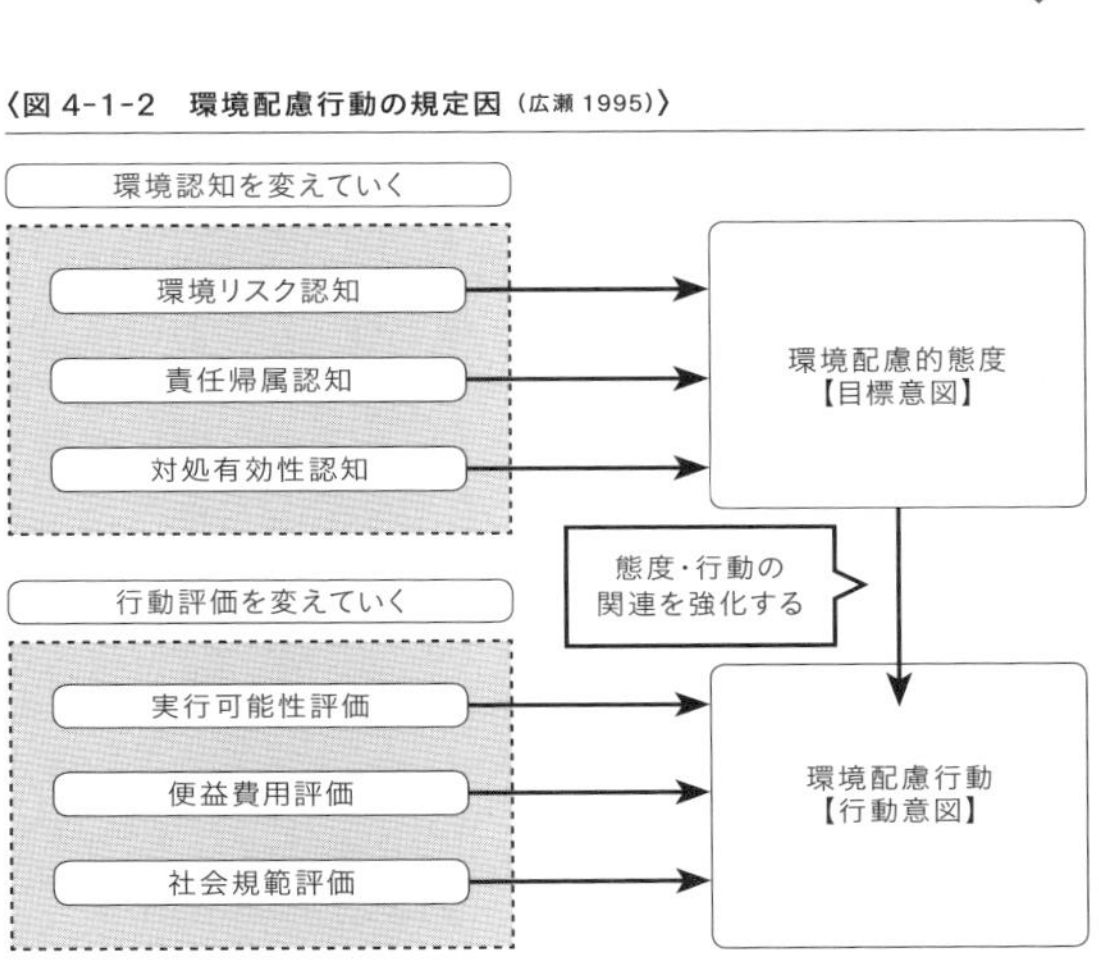

こうして人々がエネルギーの消費行動を続けてきた結果が地球温暖化問題であり、その対策として莫大な費用を負担しなくてはならなくなっている。このように、社会的費用や個人的費用があることが分かっていながら、目先の個人的便益を優先させてしまうという社会的トラップに私たちははまってしまうのだ。

環境行動の規定因

社会的ジレンマと、意識と行動の乖離というふたつの特徴をもとに、意識と行動の規定因をそれぞれ理解し、その原因となっている要因をコントロールする方策につなげていこう。

図4-1-2は環境配慮的態度としての目標意図（環境問題に対処したいとする意識）と環境配慮行動（行動意図）それぞれに影響する要因が異なっていることを示している。このモデルでは意思決定を環境認知の段階と行動評価の段階とに区別している。目標意図は環境リスク認知（環境問題が深刻である）、責任帰属認知（対処の責任が自分にある）、対処有効性認知（自分の行動が解決に有効にはたらく）の3つの要因で決まる。また行動は実行可能性評価（具体的なノウハウや行動の機会）、便益費用評価（お得感や負担感）、社会規範評価（他者の行動からの影響）の3つの要因で決まる。

目標意図と行動は、食い違いも見られる。では環境行動がなぜ実行されにくいか、その原因と解決へのアプローチを3つ挙げる。第一に、意識を高めようとする時点と行動を実行する時点が一致しない場合が多いことである。行動が求められる場面と意識を高めようとする「態度－行動の関連を強化する」アプローチを工夫する必要がある。第二に、目標意図は環境問題を包括的にとらえようとすることが多く、具体的な行動にフォーカスできていない場合が多いからである。目標意図の実現のために多様な環境配慮行動を求めるのではなく、個々の具体的な行動を特定し、具体的に「行動評価を変えていく」アプローチを工夫することである。第三に、個々の消費行動（とりわけ快適性をもとめる行動）の場面で目標意図が思い出されるとは限らないことである。個々の消費行動場面で環境リスク、責任帰属、対処有効性の3つの「環境認知を変えていく」アプローチを工夫することである。

行動変容への2つの処理モード

与えられた情報をもとに自らの態度を形成し、行動を実行しようとする際に、私たちが行う情報処理にはふたつのモードがある。ひとつは中心的な情報処理モードで、与えられた情報について処理する能力と動機づけの両方がある場合に中心的な態度変化が起こり、ここで形成された態度は変化しにくく、行動への一貫性が高い。行動変容を促す相手がその対象に関して情報処理する能力や時間的資源などを持ち合わせていれば、相手に熟考してもらえるような提案が有効である。もうひとつは周辺的な処理モードで、与えられた情報について処理する能力、あるいは動機づけの片方が欠ける場合、周辺的な情報処理が行われる。この処理モードは、たとえばメリットがたくさんありそうだからやってみようとか、お気に入りのタレントが宣伝しているからエコ商品を買ってみようといったように、行動変容の対象となる事柄の本質とは関係ないことにより態度変化が起きる。これを周辺的態度変化と言い、変化しやすく行動との一貫性が低い。一時的には行動が変わっても移ろいやすく、行動がもとに戻ってしまう可能性も高い。

では変化した行動を持続させるには、動機づけや能力が伴わなければ実現できないのだろうか。実際に周辺的な情報処理はマーケティングでも多用され、短期的に行動を変えるのに有効である。先に紹介した社会的トラップモデルでは、行動の結果として快適さが得られればエネルギーの消費行動は継続的に行われることを学習理論によって説明した。これと同じように環境行動の実行により経済的なインセンティブがあれば行動は継続する。環境に配慮する意図がなくとも行動は実行されるが、インセンティブがなくなると行動はもとに戻りやすい。ここで大事なことは、きっかけは何であれ行動が実行されることであり、行動することで「この行動が環境保全に貢献する」という意識を芽生えさせることである。行動が伴っていない「意識の高さ」よりも、行動をすることによる「意識の高まり」は行動を持続させ、ほかの環境行動の実行につながりやすくなる。経済的インセンティブなど行動を強化する外的報酬を永続的に外部から提供できれば行動も継続するが現実的には難しいことが多い。経済的なインセンティブが行動のきっかけとしての役割をもつのに対し、行動の実行を裏づける意識を個々人が高め、外的報酬がなくとも自分自身の内的な意識が行動を支えるようになるのである。

説得による態度と行動の変容

意識と行動を変化させる有益なコミュニケーションとして「説得」がある。説得の成否を決める要因として、①説得の送り手（情報源）、②説得の受け手、③メッセージ内容があり、状況や媒体（メディア）の要因と組み合わさって効果が決まる。

説得の送り手の要因として信憑性と魅力が挙げられる。特に信憑性が重要で、専門性と信頼性のふたつの要素からなる。専門家が偏りなく情報を伝えることで説得効果は高まるが、都合の悪い情報は伝えないことが分かると信頼性が崩れ、説得効果は低下する。また情報の受け手によっても効果的な説得効果は変わる。中心的な情報処理と周辺的な情報処理では、情報の受け手が説得メッセージを考える動機づけと能力の有無により、メッセージの工夫も変わってくる。

メッセージ内容の工夫の例を紹介しよう。ひとつは「一面呈示と両面呈示」である。一面呈示とは説得内容のメリットだけを伝えるコミュニケーションで、両面呈示とはメリットとデメリットの両方を伝えるコミュニケーションの

〈図 4-1-3　外的報酬と内発的動機づけ〉

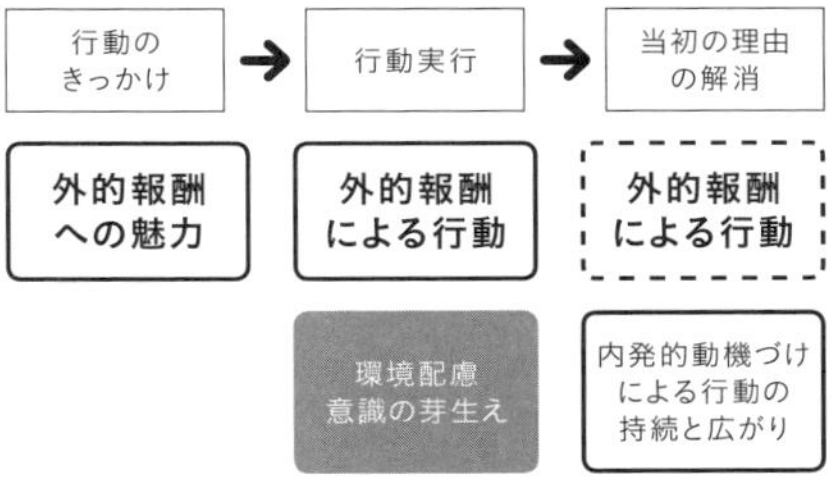

行動のきっかけ → 行動実行 → 当初の理由の解消

外的報酬への魅力 / 外的報酬による行動 / 外的報酬による行動

環境配慮意識の芽生え / 内発的動機づけによる行動の持続と広がり

〈図 4-1-4　一面呈示と両面呈示〉

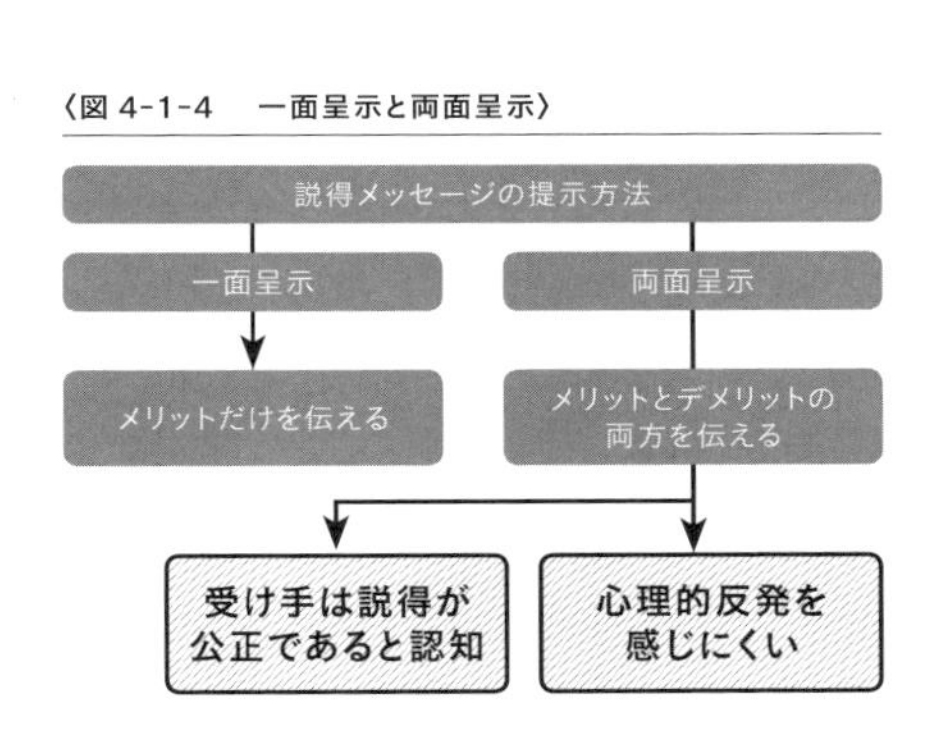

〈図 4-1-5　恐怖喚起の程度と態度・行動変容の大きさ〉

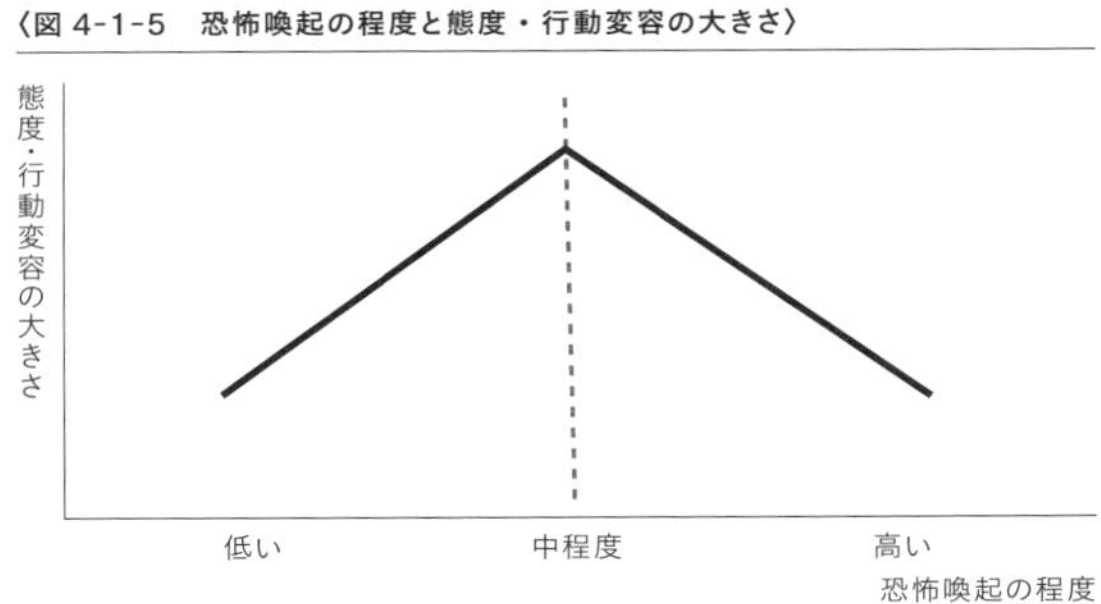

〈表 4-1-1　影響力の武器とその原理〉

影響力の武器	影響の原理
権威	送り手の信憑性（専門性や信頼性）を高める
好意	魅力の高い相手からの好意に影響されやすい
コミットメントと一貫性	自分で決めたり継続して行うことに固執しやすい
希少性	限られたものの入手で自由を確保できると思いやすい
社会的証明	皆がやっていることに信頼を置き、自分で同じようにしたい
返報性	相手から何かされたらお返しすることで社会でうまくやれる

こと。どちらがより効果的かは一概に判断できないが、情報の受け手が説得内容についての情報や知識をより多くもっている場合や教育水準が高い場合は両面呈示が効果的とされる。教育の程度が高い人は自分の態度を決定する際に、より多くの要因を考慮しようとデメリットを理解したほうが議論を受け入れやすくなる。またデメリットの呈示は、情報の送り手は公正な立場をとっていると認知しやすく心理的反発も小さい。一方、物事の判断がつきにくい幼少年など批判的な思考になれていない相手に対しては、一面呈示が効果的であるといわれる。

もうひとつは環境リスクを恐怖として受け手に伝える「恐怖喚起コミュニケーション」である。この説得メッセージには身体などへの危険に関する記述と危険を避ける方法についての記述があり、特定の行動を遂行すればその恐怖を経験する事態にはならないという内容が伝えられる。恐怖により説得の受け手は緊張状態となり説得内容への注意が高まる。説得メッセージの内容を実行することで恐怖から逃れられると受け手がイメージし、効果は高まる。表4-1-1は恐怖喚起の程度と態度・行動変容の大きさの関係を模式的に示しており、脅威の強さと説得効果の間に逆V字の関係が見られる。恐怖によって説得の話題への関心は高まるが、恐怖喚起が一定のレベルを超えるとその恐怖を回避する心理的機能（防衛機制）から説得への抵抗が大きくなる。

行動変容への社会的影響

社会的な行動である環境行動に与える影響について、チャルディーニによる6つの「影響力の武器」が参考になる。まず「権威」。情報の送り手の権威が高くなれば、専門性や信頼性による信憑性が高くなりその影響を受けやすくなる。たとえば白衣をまとった科学者が商品の説明をすると「専門家が言うのなら間違いはないだろう」と受け入れがちになる。次に「好意」。権威と同様、情報の送り手が魅力的であるほど影響を受けやすいし、その送り手が受け手に対して好意を持って接すれば影響はより大きくなる。魅力的な他者と関係を持ちたいという心理である。また、私たちは自分と似ている他者を好きになりやすいため、相手に合わせた振る舞いも影響力を高める。続いて「コミットメントと一貫性」。コミットメントとは過去に自分がとった行動に縛られ、行動の選択をそれに合わせてしまうことだ。私たちは自分が「一貫していたい」という心理があり、それによって他者からの信頼も得られるし、同じことを繰り返すことで楽にできることもある。いつも同じ商品を購入しがちなのは、「自分がよく考えて選んだ」という過去の行動に束縛されているからだ。受け手が普段どのような行動にコミットしているのかに合わせて行動を勧めれば、相手は自分自身の力で行動を実行するようになる。次に「希少性」。「限定商品」や「残りわずか」と言われるとついその商品がほしくなる。それを逃せば自分が将来それを得る機会の放棄となる。つまり自分にとっての選択肢を多く残しておきたい心理だ。これは「自由でありたい」という思いから生まれ、自由が脅かされそうになったとき私たちはその自由を回復しようとする。自分には今まさに選択肢があるのだと情報の受け手に意識させるのだ。次に「社会的証明」。ある商品が流行っているということは、多くの人にその商品が認められているのだと意味づけられることになる。人々の行動が手がかりとなって私たちの行動に影響する。私たちは客観的に社会全体を見ているわけではなく、見聞きした「社会的現実」がつくられていく。つまり社会の人々の振る舞いをどう認識させたらよいかが問題となる。最後に「返報性」。人から贈り物を得たり、自分のために何かしてもらったりした場合、「何かお返しをしなくては」という気持ちが働く。人の社会は「持ちつ持たれつ」の助け合いによって成り立っており、お返しは人類が獲得してきた行動スタイルと言える。知らず知らずのうちに相手から何かを受け取り、その恩義が後の自分の行動に影響を与えるのだ。

これらの代表的な影響の原理は、個人が意図せず無意識的に影響を受けることを理解しておくことが重要である。影響力の武器は、悪質商法や詐欺といった犯罪に悪用されることもあるが、私たちがいかに知らず知らずに影響を受け、またそれに無自覚であるかを社会に広めたうえで、こ

〈表 4-1-2　依頼の技法と影響力〉

	本依頼に対して	受け手の反応	本依頼	主な影響力の種類
段階的要請法	事前に小さな依頼	承諾	事前依頼より大	コミットメント
譲歩的要請法	事前に大きな依頼	拒否	事前依頼より小	返報性
特典除去法	特典を多く呈示	承諾	特典が除去される	コミットメント
特典付加法	特典が少ない	未決定	特典が加えられる	返報性

うした影響を社会全体の利益につなげられるよう努力していくことが必要である。

承諾誘導の技法

先の6つの影響力に関する理論を応用した、さまざまなバリエーションの心理的テクニックがあり、対面的な販売方法などに使われている。ここでは4つの技法を紹介する。それぞれの技法に理論がどのように使われているかをあわせて理解しておくと現実場面での応用につなげやすい。

まず段階的要請法（Foot-in-the-door technique）は、相手に受け入れてもらいたい依頼（本依頼）の前にそれより小さな依頼（事前依頼）をし、それに応じてもらうと事前依頼がない場合と比べ、本依頼の承諾率は高くなる。受け手は最初の依頼に応じるということが自分の行動へのコミットメントとなり、依頼内容に対して肯定的に捉えるようになる。

次に譲歩的要請法（Door-in-the face technique）は、応じてもらいたい依頼（本依頼）の前にそれより大きな依頼（事前依頼）をし、それをあえて断らせる。ここで依頼者はより小さな依頼である本依頼を行うと、事前依頼がない場合と比べて承諾率が高くなる。受け手は最初の依頼を断ったことで依頼者が要求を下げてきた（譲歩してきた）と捉え、自分も譲歩して依頼に応じてしまう。返報性の原理の応用である。

第三に「特典除去法」（The low-ball technique）は本来の依頼に魅力的な特典をつけておいて受け手の承諾を導き、その後、事情があって特典が取り除かれることとなり、改めて応じるかどうか尋ねられるが、当初の意思決定通り承諾してしまうことが多くなる。これは最初の承諾がコミットメントとなり、決定が覆せなくなってしまうため。この方法は詐欺など悪用に利用できてしまうもので、利用に際しては対象者を欺くことがないよう注意が必要だ。時間経過とともに当初の魅力が失われるような事態であっても、人は最初の決定をもとに行動を受け入れるということを理解しておきたい。

最後に「特典付加法」（The that's-not-all technique）は応じてもらいたい依頼を受け手が承諾するかどうか迷っている際に、特典をつけ加えていくことで承諾するようになること。受け手は最初の依頼に対して、特典が加えられたことへの返報性として承諾すると解釈される。

環境配慮への意識と行動を高めるには、環境問題の特徴である社会的ジレンマという特徴を理解したうえで環境配慮行動を決める個々の要因にアプローチすることが必要だ。行動を変えるには、言語的な説得的コミュニケーションや影響力の与え方の原理を応用して求められる行動を具体的に特定し、状況に応じてやり方を工夫していきたい。

すぎうら・じゅんきち
1969年愛知県生まれ。専門は社会心理学。2001年に名古屋大学で博士（心理学）取得。愛知教育大学で環境教育・教員養成教育等の担当を経て、現在は慶應義塾大学文学部教授。

エコ生活を支援する政策

大森恵子

エコ生活を阻む壁

環境に配慮した生活をするにはごみの分別やリサイクルなどさまざまな取り組みがあるが、CO_2排出削減の対策としては主に省エネルギー行動、省エネルギー機器・設備の導入や、住宅の断熱化、再生可能エネルギー設備の導入がある。

日本の2030年の温室効果ガス削減目標は、2013年度比で26％減となっている。そのためには、エネルギーの使用に伴う温室効果ガスの排出量のうち、家庭部門と業務その他部門で40％程度という大幅な削減が必要だ。

一般的に省エネは、使用エネルギーの削減に加え、光熱費も節約できるため、それぞれが取り組もうとするインセンティブがあると言える。しかし実際には、何らかの障害があるために取り組みが妨げられる場合があり、そういった障害を取り除く政策が考えられてきた。

たとえば、省エネ家電は家電本体の費用が通常機器よりも割高な場合でも、使用中の電気代が安くなることで、割高な分を回収できる場合がある。しかし、どの程度省エネとなるかといった情報の不足問題や、省エネ機器を選んで購入するために手間がかかるなどの取引費用の問題、資金面の制約、人が合理的な省エネ行動をとらないという行動の失敗など、さまざまな要因により購入されないケースがある。情報不足については、消費者が省エネ機器・設備の種類や導入した場合の光熱費の削減額などについて十分な情報を持っていないために、適切な省エネ機器・設備を選ばないという問題がある。取引費用については、消費者が機器の省エネ性能についての情報を集めたり、価格を比較したりといった費用が含まれる。この費用は機器・設備の価格には含まれないが、消費者が購入判断をする際には通常考慮すると考えられる。

機器・設備の購入に必要な資金がない場合や借りられない場合など、資金面が障害となって省エネ投資が行われない状況もある。また、行動の失敗については、近年発展している行動経済学において、各主体が経済合理的な判断を行うという、これまでの経済学での考え方が見直されている。たとえば消費者がより簡単で理解しやすい方法で省エネによる費用節約分を評価するので、正確に評価した場合より、省エネによる費用節約分が小さくなる。この状況で省エネ機器の割高分と省エネによる費用節約分を比較すると省エネによる費用節約分が過小評価されているので、省エネ機器は購入されないといったケースが起こる。

また、人は将来発生する収入（または支払い）を割り引いて考えるという主観的割引率の問題もある。たとえば、省エネ機器の購入によって光熱費が削減されるのは将来の出来事であり、支払いは現時点であるため、将来の光熱費の削減分が割り引かれて小さく評価されるため、額面で見た場合に光熱費の削減分により省エネ投資分が回収できる場合でも省エネ機器購入に結びつかないという問題がある。また、通常製品より価格が1万円高いが毎年1000円の光熱費が節減でき、使用期間の10年間で差額分が回収できる省エネ機器があった場合に、主観的割引率が1年あたり20%の人の将来の光熱費の差額分について評価額は約3600円となるため、その省エネ機器を購入しない可能性が高い。高い主観的割引率はそれ自体が障害ではないが、上記で取り上げた情報不足や資金不足などにより高くなる場合もあると考えられている。

これら全ての場合に政策が有効であるわけではないが、政策導入によって社会全体としての効率が高まる場合や、政策実施の費用が得られる便益を下回る場合には政策介入が妥当と判断できる。

エコ生活のための政策の種類

個人のCO_2排出削減の取り組みを妨げる要因を取り除き、かつ取り組みを促進するための手法としては、主に①経済的な負担や支援により誘導する経済的手法、②強制的な措置による規制的手法、③情報を提供する情報的手法がある。また、政府も国全体の消費の約1割を担っているなど消費者としての役割も大きいので、環境に配慮した製品やサービスを率先して購入する公共調達も政策に含まれる。これらの政策を組み合わせて実施されているケースも多い。

まず経済的負担を課す制度については、CO_2を発生させる化石燃料に対して課税をして価格を引き上げる環境税が代表的である。化石燃料やエネルギーの価格が上昇すると、節電などの省エネ行動によりエネルギー使用量が減少するだけでなく、省エネ機器に買い換えることで節約できる光熱費の額が大きくなるため、省エネ機器への買換促進効果がある。ただし、こういった価格面での効果については、高額の税でないと見られないとの指摘もある。経済的支援については、省エネ機器・設備を購入する資金が足りないなどのケースに対応する政策であるが、行動の失敗に対応する政策でもあるとされている。

化石燃料に課税する環境税は、日本でも2012年10月から地球温暖化対策税として、既存の石油石炭税への上乗せ税が導入された。税率はCO_2排出量1トン当たり289円となっており、2016年4月までの3年半をかけて段階的に引き上げられる予定だ。税率としては低いため、価格による省エネ効果は低いと考えられるが、税収が再生可能エネルギーの大幅導入や省エネルギーの抜本的な強化に使われており、温暖化対策としての効果を高めるものとなっている。

また、経済的な支援を行う制度として代表的なものとして補助金がある。CO_2排出削減の対策に、省エネ機器・設備の購入や住宅改修などに対してさまざまな補助金制度が設けられている例がある。補助金は社会的に受け入れられやすい施策ではある一方、省エネ機器であっても大量に導入されたり、使用量が増加した場合にはエネルギー使用量が増加したりすることもありえるため、限定的な使用が求められている。加えて、財源が必要となる。一般的に機器・設備に関する補助金は、その補助金がない場合でも機器・設備を購入する消費者に対して付与される、いわゆる「フリーライディング」の問題があり、補助金に必要な財源が大きくなるという問題点が指摘されている。このため、機器や設備に対する補助ではなく、エネルギー使用量の削減分について補助などのインセンティブを与える制度についても検討され、一部自治体などで実施されている。

省エネ機器・設備を購入した場合や住宅の省エネ改修をした場合に、何らかの税について軽減税率の適用や課税後の還付といった手法があり、補助金と同じく経済的な支援策に区分される。日本では、住宅の省エネ改修などに関して所得税・固定資産税の控除や低燃費自動車の自動車取得税・自動車税・自動車重量税について免税・軽減税率適用が行われている。

〈図 4-2-1　日本の 2030 年温室効果ガス排出削減目標（エネルギー起源二酸化炭素部門別排出量の目安）〉

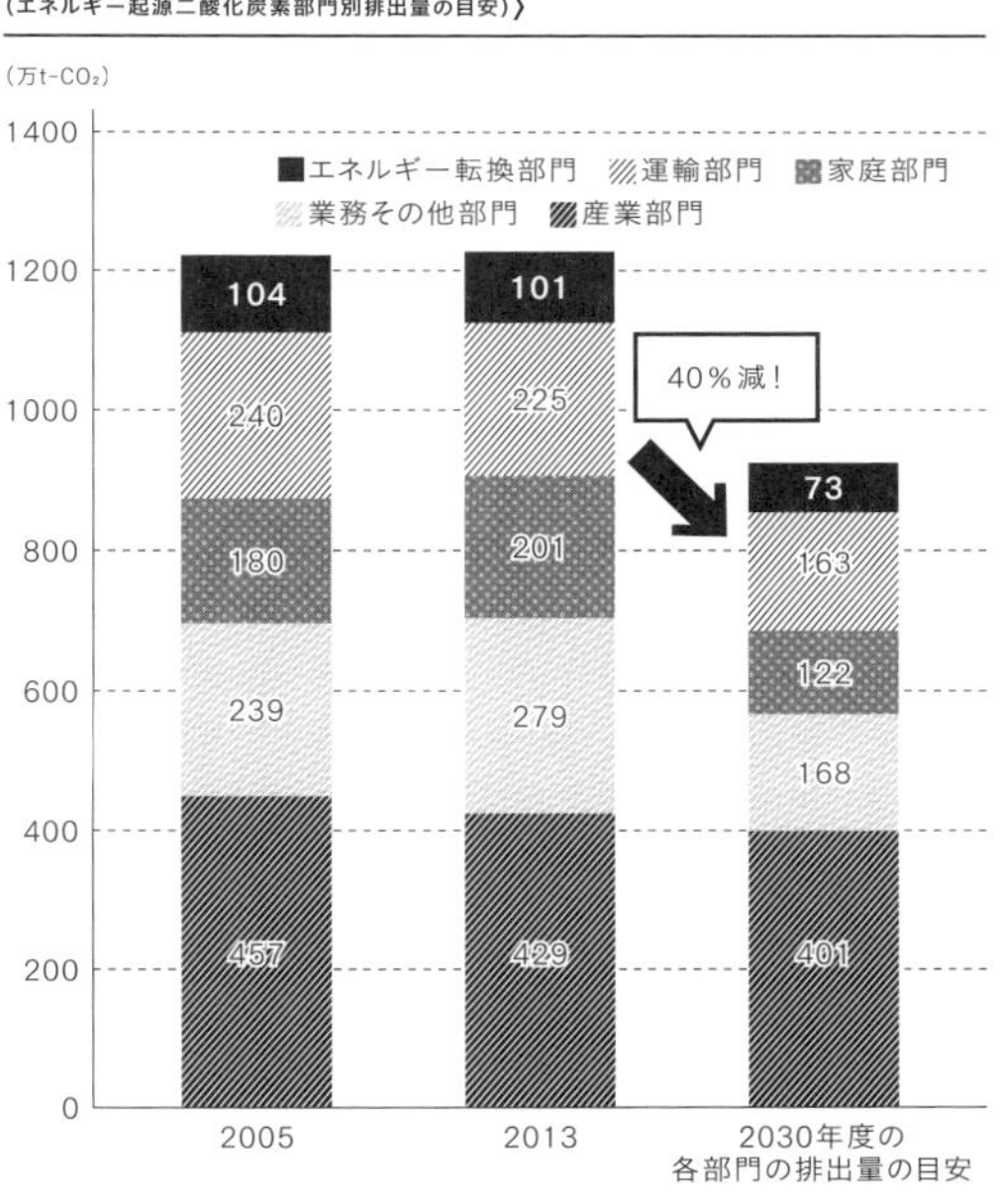

省エネ機器・設備の購入に当たっての支援策としては融資もある。機器・設備の費用として全額が融資される場合には、当初の自己資金が不要となる。省エネ機器・設備の導入により光熱費が削減され、その削減額を融資返済額に充当することで追加的な支出額を0または低額に抑える手法も提案されている。また、支援策として実施される場合は、利子に対して補助が行われ低利融資とされることもある。

また「ホワイト証書制度」という省エネの達成度に応じて証書が発行され、証書取引が可能な制度もあり、エネルギーの供給事業者に対して一定量の省エネ目標などが課される規制的手法の供給者義務（サプライヤーオブリゲーション）と組み合わされて実施されている。

エネルギー供給事業者は、目標を達成するために、消費者を対象とした省エネアドバイスや補助などにより住宅などの省エネ改修や省エネ設備の導入を進め、目標達成分については、制度管理者よりホワイト証書が発行される。対策の費用については、エネルギー供給事業者が負担するがその後エネルギー料金に転嫁される場合などもある。

続いて、②の規制的手法について紹介する。行動の失敗や取引費用の問題に対応するためには、販売される機器・設備や住宅・建築物にエネルギー効率性基準を設ける規制的な手法がある。日本では、家電・設備や自動車に対してトップランナー方式による省エネ基準が定められている。これは、エネルギー効率に関して目標年度までに達成するべき基準を設定するもので、製造事業者や輸入事業者に対して義務づけられている。基準の値は製品の大きさや重量などの区分ごとに現在商品化されている製品のうちエネルギー効率がもっとも優れている製品（トップランナー）の性能や技術開発の見通しなどをもとに決められる。

最後に③の情報的手法だが、省エネ機器・設備のエネルギー効率のレベルや機器・設備を導入した場合のエネルギーの削減見込み量について適切な情報提供を行うプログラムは、情報不足などの問題に対応するために実施されている。情報的手法のうち、ラベリングは代表的な制度であり、日本ではトップランナー基準の達成度合いを示す省エネラベリング制度や、省エネラベルと年間の電気料金の目安および5段階での省エネ性能の評価を組み合わせたラベルによる統一省エネラベルを小売店で表示する制度も実施されている。自動車については、燃費性能を星の数を記載したステッカーで自動車の車体に表示する制度もある。また、住宅に関しても住宅性能表示などの制度もある。

さらに、情報の提供としては、家庭でできる省エネの方法や家電の買い換えによる光熱費の削減額などの情報が、国や地方自治体などにより、インターネット、パンフレット、セミナーなどさまざまな方法で提供されている。夏期の軽装を呼びかけるクールビズなども情報的手法である。

イギリスにおけるグリーンディールの実施を呼びかけるポスター

各国における政策

消費者向けに省エネ機器・設備の購入や省エネ住宅改修を支援する制度については、各国で取り組まれているが、従来の補助金による支援に加えて融資を活用した取り組みもいくつか実施され始めている。このため、融資を活用した新しい政策例についてイギリスでの省エネ機器・設備の導入や住宅改修を支援するグリーンディール政策、ドイツの住宅の省エネ改修に対する支援および日本での政策の動向を紹介する。

まずイギリスでは、国全体の温室効果ガスを２０５０年までに１９９０年比で少なくとも80％削減するという目標を掲げている。目標達成においては、住宅・建築物からの温室効果ガスの排出量が全排出量の38％を占めており、この部門の対策が課題であった。さらに、国民の光熱費負担を削減することも目的に、２０１３年から住宅・建築物の省エネ改修や省エネ設備の導入費用を融資し、返済額をその後の電気料金に上乗せする形で徴収するという仕組みのグリーンディール制度が開始された。対象となる設備は壁や屋根、窓などの断熱などの省エネ改修や省エネボイラーなどの設備の導入など多岐にわたっている（表４-２-１参照）。

具体的な手続きは、まずグリーンディールを使って対象となる住宅などの改修を行いたい人がグリーンディールアセスメント事業者に依頼し、省エネ診断を行う。その結果に基づき、グリーンディールプロバイダーが省エネ改修工事の内容や費用の調達方法などが含まれたグリーンディールプランを作成する。費用の融資についてはグリーンディールのために融資を行うグリーンディールファイナンスカンパニーが設立されたが、グリーンディールプロバイダーが融資をするなどほかの資金を使うことも可能である。グリーンディールの特徴である、省エネ改修工事の費用をその後の光熱費の削減額で返済することにより、実質的な負担増なしに改修ができる点では、「ゴールデンルール」として少なくとも工事実施後1年間は守ることが目指されている。グリーンディールプランの契約が結ばれた後、グリーンディールプロバイダーが省エネ改修を実施するグリーンディール施工業者を手配し、省エネ改修工事が行われる。工事の実施後、住宅などの省エネ診断により新しいエネルギーパフォーマンス認証を取得することが推奨されている。

住宅が賃貸されている場合には、通常は家主が省エネ改

〈表 4-2-1　グリーンディールの対象〉

中空壁断熱（※1）	一枚壁断熱（※2）	屋根断熱
室内壁断熱	床下断熱	内窓設置
開口部の気密改修	高断熱ドア	省エネ給湯器
熱回収型換気システム	省エネ照明システム	バイオマスボイラー・暖房
地中熱ヒートポンプ	水利用ヒートポンプ	コジェネレーション
太陽光発電	太陽熱温水器	小規模風力発電

※1 1930年以降に建設された住宅の壁には中空があることが多い。家の外部からこの隙間に断熱材を入れ込むことで早く容易に断熱工事が可能となる。
※2 1930年までに建設された住宅の壁は中空のない一枚壁がよく使われている。この壁の内側又は外側に断熱をすることで大幅に熱の外部流出を防ぐことができる。

〈図 4-2-2　グリーンディールにおける費用負担の仕組み〉

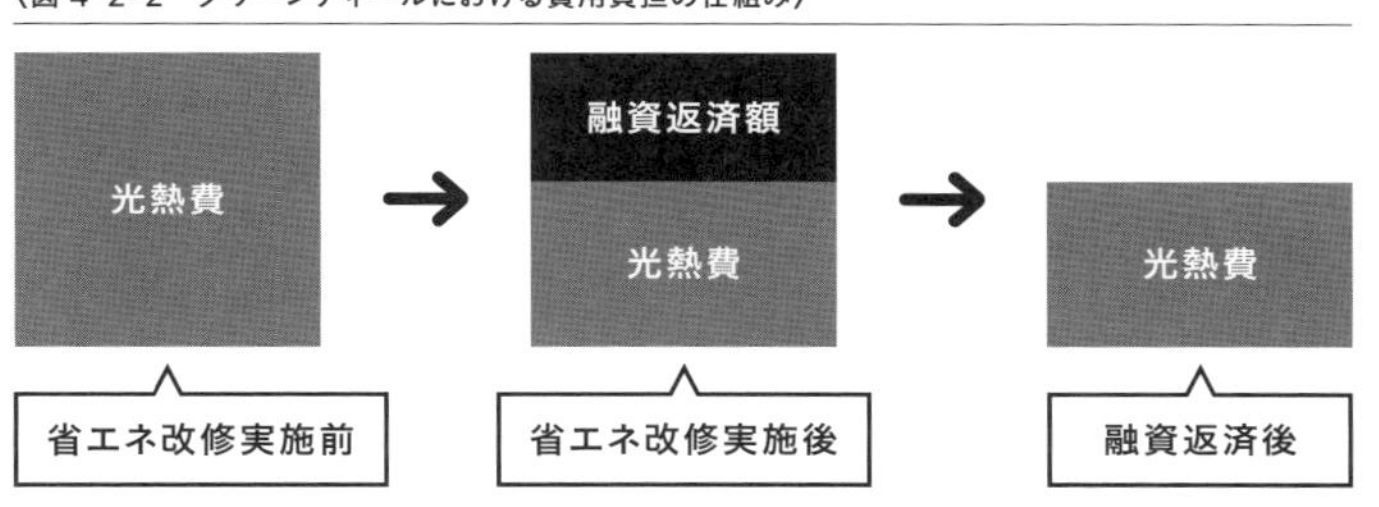

修を行い、光熱費削減のメリットは賃借人が受けるため、省エネ改修を行う動機づけがないという問題が指摘されているが、グリーンディールの場合は費用の支払いは光熱費に上乗せされ、賃借人が支払うことにより、この問題に対応している。債務は住宅に付随するので賃借人が引っ越した場合は、次の賃借人が支払いを引き継ぐ。さらに、賃借人が住宅の省エネ改修を行う際、２０１６年以降は家主が賃借人の要望を拒めないなどの強制的な措置も講じられている。

グリーンディールへの早期参加を促すために、省エネ改修工事への政府補助金が数次にわたって実施されている。またＥＣＯ（エネルギー供給事業者義務制度）という電気・ガスといったエネルギー供給事業者に対して、需要家の温室効果ガス削減について3種類の目標を課す制度もある。第1の目標である炭素排出削減目標は、費用の高い断熱改修の実施促進であり、第2の炭素削減コミュニティ目標は低所得地域や地方での住宅用エネルギー利用者に対して断熱などの促進を図るものである。第3は家庭用暖房コスト削減目標で、低所得者層や脆弱な家庭に対して暖房コストを削減するための断熱やボイラー修理、交換を促進するものとなっている。これらの目標はいずれも定量的な目標が課されており、エネルギー供給事業者はこれらの目標を達成するために普及啓発を実施したり、家庭向けの省エネ機器・設備補助金（全額補助または一部補助）などを設けている。

グリーンディールやＥＣＯを通じて約１３５万件の住宅・建築物に１６６万件の省エネ機器・設備が導入された（２０１５年9月末現在）。全体の96％はＥＣＯを通じて行われている。ＥＣＯで導入されている設備のうちもっとも多いのは中空壁の断熱、その次が屋根断熱、ボイラー改修と続いている。ＥＣＯによる補助金の利用率が高く、融資の利用率が低いのは、政府の融資機関による利子率が高い（8～10％程度）ことも一因と考えられる。

ドイツではドイツ復興金融公庫（ＫｆＷ）によるＣＯ２削減を目的としたエネルギー効率改修プログラムが実施されている。支援方法としては低利融資と補助金がある。これは、融資を希望しない消費者に対しても支援措置を設けるためであり、消費者は低利融資と補助のいずれかを選ぶことができる。低利融資はエネルギー効率基準と連動しており、目標となる省エネレベルに達したことがエネルギーの専門家により証明された場合に融資額の一部が減免される。減免額の割合は省エネレベルに応じて決められている。補助金額についても省エネレベルに応じて補助額が決められている。新築住宅は改修よりも低い水準ではあるが低利融資と一部減免制度が設けられ、２０１２年の一年間で、このプログラムにより省エネ改修された住宅は24万件、新築住宅は11万６０００件となった。また、ＣＯ２削減量は77万ｔと評価されている。

このＫｆＷの融資制度は、エネルギー効率基準と連動した融資・補助制度である点や、個別の省エネ設備についての支援ではなく、改修後の住宅の省エネレベルに応じた支援であるため、より抜本的・包括的な省エネ改修を促進する点などが高く評価されている。しかし融資と補助が選択できるようになって以来、補助の申請割合が高くなっており、またエネルギー効率が低いレベルの省エネ改修の件数が高いレベルの改修よりも多いという課題もある。

一方の日本では、家庭向けの省エネ機器・設備導入支援制度として、たとえば国の制度では家庭用燃料電池（エネファーム）のような限定的な先進機器に対する支援が多い。ただし２００９年には緊急経済対策の一環として、省エネ家電（エアコン、冷蔵庫、地デジ対応テレビ）に対する補助を行う家電エコポイント制度や燃費効率の高い自動車へのエコカー補助金が実施され、２０１０年からは省エネ住宅に対する住宅エコポイント制度も実施された。地方自治体による補助制度もさまざまな機器・設備について行われている。

消費者向け省エネ設備や省エネ改修のための低利融資制度はまだ実施例が少ないが、主に地方自治体によって実施されている。融資の対象設備は太陽光発電や燃料電池、省エネ給湯器、内窓や住宅の断熱改修などさまざまである。また、省エネ診断制度を実施した後で融資ができるなど省エネ診断と組み合わされた取り組みもある。

今後の展望

消費者の行動を環境配慮型、特に低炭素のものに変革していくためには、経済的な手法、規制的な手法、情報的な手法を効率的に組み合わせる必要がある。あわせて、消費者の多様性に着目した、さまざまな政策メニューの提示が今後必要となると考えられる。

イギリスではグリーンディール制度による省エネ改修に対する融資制度やＥＣＯによるエネルギー供給事業者に消費者への省エネ補助金の義務づけなど資金面での支援制度が設けられている。さらに省エネ効率の低い住宅については一定の期限以降は賃貸できないといった強制制度も予定されている。ドイツのＫｆＷの融資事例でも、省エネ基準と融資及び融資の減免といった制度が組み合わされ、より効率の高い省エネ改修を促すとともに、自己資金で省エネ改修をする消費者に向けては融資ではなく補助制度も設けられるなど消費者の選択を活かしつつ省エネ改修が進められるような仕組みとなっている。

ただし、これらの支援策においても、消費者は費用が低く取り組みが容易な省エネ改修を選ぶ傾向も見られる。また日本は財政面で厳しい状況にあるなど、政策実施のための予算には限りがある。政策の実施においては、各政策の効果について継続的な評価を行い、その結果を政策の改善や新たな政策検討に活かしていくことが求められている。

おおもり・けいこ
１９９０年京都大学経済学部卒業後、環境庁（現環境省）入省。地球温暖化対策、環境基本法案作成、環境アセスメント、家電エコポイント制度などを担当。現在、環境保健部環境保健企画管理課長。

おわりに

人間活動を環境との関係で律する仕掛けの典型的なものに、ＩＳＯ１４００１の環境マネジメントシステムがあります。ここでは、企業であれば、まずは自社のさまざまな活動のうち、環境へ大きな負荷を与えているもの、つまり、環境側面を特定します。次に、その活動と環境への影響との関係を分析し、影響の低減などを目指して、活動を律する手段や目標を立て、実行します。さらに、目標に照らしつつ実行の状況をチェックして、うまくいっていなければ取り組みを修正していくという仕掛けです。企業は多種類の活動を同時に行っていて、環境の広範な要素に大小さまざまの影響を与えていますし、他方で数多くの環境法規からコンプライアンスを求められています。そのためＩＳＯのような整理された枠組みが必要になるのです。

家庭について見ると、これまでに環境家計簿といったツールが発展してきました。典型的なものは１９９６年に生まれた環境庁版です。これは、家庭の活動と環境との関係を見るに際して、収入、水道光熱費、食料費などの家計項目と、電力、ガス、水道、ガソリンなどの消費と、処理に出されるごみの種類と量という環境項目とを取り上げて、対比的に記入できるようになっています。家計支出は円単位で集計できますが、環境への負荷は、この家計簿では大胆に割り切ってCO_2の量で集計します。こうすることでCO_2という形の環境への負荷を減らすと家計も助かる、という姿が見えてくるようになっています。前述の企業の仕組みと比べると、環境家計簿では環境側面はずっと限られ、また取り組みの対象となる環境負荷はCO_2だけに絞られています。

このような話を本書の最後に出したのは、これらとの対比が本書の特色を浮き彫りにするように思ったからです。本書は、暮らしの環境側面に関しては、家庭を超えた上流から下流までをカバーしています。このため企業も多数登場します。また考察している環境要素の点でも環境家計簿とは違い、CO_2だけを取り上げているのではありません。さらに言えば、減らすべき環境負荷にとどまらず、むしろ増やすことの望まれる生物多様性から風流・風雅までをも取り上げています。環境家計簿はもとより、ISO14001よりもかなり広いことが、本書の構想の大きな特色です。

しかし、それは強みでもありますが、弱みでもあります。本書の編集作業を通して、生活者が向き合う環境問題の広さと奥行きに改めて驚かされ、到底私の査読できる範囲ではないと思いました。私の未熟な査読意見にお腹立ちになった先生方もいらっしゃったに違いありません。この場を借りてお詫び申し上げます。さらに、ここに収めた論考だけでは十分ではない、ということにも気づかされました。それほど奥が深いということです。

したがいまして、もし本書がある程度歓迎されて再版の機会が巡ってきたら、私としては、さらに本書に手を加えて充実したものにしたいと思っています。衣食住の切り口では「衣」の分野の論考が少ないため、たとえばフェアトレードなどの具体的な取り組みを加えたいです。企業では家庭からのCO_2排出割合の大きい「自動車」分野など、もっと多くの分野の企業から出稿していただいて、その進めるサービスや製品に込められた環境の技や匠を紹介してほしいと思っています。

もうひとつ、不十分と思われることがあります。鼎談のなかでも話題になったのですが、生活者、消費者が正しく十分な知識を持ったとして、それを行動に移すには「腹に落ちる」必要があるということです。私は大学を卒業してすぐ、住宅設備メーカーのショールームで実際にお客様（＝消費者）と一緒にキッチンやお風呂などの商品選定をサポートする仕事を担当しました。ここで痛感したのは、消費者が商品選定で考慮するのはデザイン・使い勝手であり、「環境性能」ではまず選ばれないということでした。

では「腹に落ちる」ために必要なことは何か。

振り返ってみると、私自身がスマートマンションや最新型の省エネ家電の購入に踏み切れたのは、そのような行動をしている人が近くにいたからです。環境行政を主導されながら自らエコハウスに私財を投じエコライフを実践されてきた小林光先生に出会えたからです。環境を自身のライフワークにされ、行動されている環境行政や大学の先生方と出会い、共感したからです。本書は書籍という性格上、「実際に接する」ことはできませんが、執筆者の先生方には限られた紙面のなかでできるだけ読者へのメッセージやご自身の思いを入れていただくようにお願いしました。対談では村上周三先生のご自宅やご自身のライフスタイルについても質問させていただきました。そして私自身が査読作業を通じて、先生方の熱い思いを受け取ることができました。畝山智香子先生には食材のリスクと環境のバランスについて多くのご助言をいただき、私が執筆した章にもご助言を反映させました。都筑建先生から太陽光発電の家庭での採用率は日本が一番高いとのご教示を賜り、日本人の環境意識もまんざらではない、と嬉しくなりました。ちょうど査読作業中に、長島孝行先生がラジオ番組に出演され、バイオミミクリーへの夢を語られたことも心に響きました。

本書の執筆者は各分野の権威の方々なので、講演会やラジオ、テレビに出演される方も少なくありません。ぜひ、興味をもった分野の先生の講演会や企業のイベントに出向いていただき、共感してもらいたいです。私自身が授業で接することができるのは、年間２００名程度ですが、本書を教科書に一人でも多くの学生に共感してもらえるよう力を尽くしたいと思います。また、本書にご登場いただいた先生方や企業とのワークショップを開くなど、共感、共進化を目指した企画を考えているところです。

以上のような、未完成さはあるにせよ、本書は類書のないユニークな本になりました。読者の皆様がますます環境目利きになっていくことに関して、本書が少しでもお力を貸すことができたとしたら、とても嬉しいです。

最後に、本書をならせるにあたってお力を発揮してくださった方々に御礼を申し上げたいと思います。短期間での執筆依頼にも関わらず、快くお引き受けくださった執筆者の皆さま、ご出稿いただいた企業の皆さま、お忙しいなか対談・鼎談にお越しいただいた先生方、企画から編集、出版まで、粘り強く進めてくださった『木楽舎』の木村絵里氏、指出一正氏、ライターの松井健太郎氏、カメラマンの高岡弘氏、そして大学教員として走り始めたばかりの未熟な私にこのような大役を任せてくださった小林光先生に心より御礼申し上げます。

本書をきっかけに、日本の各地でさまざまなエコライフが始まりますように。

２０１６年４月　豊貞佳奈子

索引
index

ABC / 123

ま

や

ら

は

地球とつながる暮らしのデザイン

2016年5月31日　第1刷発行

編著	小林 光 豊貞佳奈子
発行者	小黒一三
発行所	株式会社 木楽舎 〒104-0044 東京都中央区明石町11-15 ミキジ明石町ビル6F Tel：03-3524-9572 http://www.sotokoto.net
印刷・製本	株式会社シナノ
ブックデザイン	柴田裕介
イラスト	深川 優
図版作成協力	関谷恵理奈

Printed in Japan
ISBN978-4-86324-099-5　C0077

本書では、本文用紙については頁当たりのパルプ使用量が少ない嵩高紙を使用し、印刷に当たっては光化学大気汚染防止などの観点で植物油インクを用いました。